卡耐基
写给年轻人的
成功密码

（美）戴尔·卡耐基◎著　张卉妍◎编译

中國華僑出版社
北　京

图书在版编目 (CIP) 数据

卡耐基写给年轻人的成功密码 / （美）卡耐基著；张卉妍编译 . —北京：中国华侨出版社，2014.12（2019.6 重印）

ISBN 978-7-5113-5017-6

Ⅰ .①卡… Ⅱ .①卡… ②张… Ⅲ .①成功心理—青年读物 Ⅳ .① B848.4-49

中国版本图书馆 CIP 数据核字（2014）第 272867 号

卡耐基写给年轻人的成功密码

著　　者：（美）戴尔·卡耐基
编　　译：张卉妍
责任编辑：子　墨
封面设计：韩立强
文字编辑：龚雪莲
美术编辑：李丹丹
经　　销：新华书店
开　　本：720mm × 1020mm　1/16　印张：28　字数：486 千字
印　　刷：北京鑫海达印刷有限公司
版　　次：2015 年 2 月第 1 版　2019 年 6 月第 3 次印刷
书　　号：ISBN 978-7-5113-5017-6
定　　价：68.00 元

中国华侨出版社　北京市朝阳区静安里 26 号通成达大厦 3 层　邮编：100028
法律顾问：陈鹰律师事务所
发 行 部：（010）58815874　传真：（010）58815857
网　　址：www.oveaschin.com
E-mail：oveaschin@sina.com

前言

戴尔·卡耐基是20世纪美国最伟大的成功学大师、人际关系学鼻祖、现代成人教育之父，他为人类作出了杰出的贡献。

1888年11月24日，卡耐基出生在美国密苏里州的一个贫苦农民家庭。1904年，他高中毕业后就读于密苏里州华伦斯堡州立师范学院。他虽然得到全额奖学金，但由于家境贫困，他还必须参加各种工作以赚取必要的学习费用。这使他养成了一种自卑的心理，因而他想寻求出人头地的捷径。在学校里，具有特殊影响和名望的人，一类是棒球球员，一类是那些辩论和演讲获胜的人。他知道自己没有运动员的才华，就决心在演讲比赛上获胜。他花了好几个月的时间练习演讲，但都以一次又一次的失败告终。失败带给他的失望和灰心，甚至使他想到自杀。然而在第二年里，成功之门终于向他敞开。

1908年大学毕业后，卡耐基来到科罗拉多州的丹佛市，受雇做了一名推销员，后来他又到南奥马哈为阿摩尔公司贩卖火腿、肥皂和猪油。他的这项推销工作虽然做得很成功，但在1911年他却到纽约的美国戏剧艺术学院学习表演。一年以后，他感到自己并不具备演戏的天分，于是又回到推销行业，为一家汽车公司当推销员。但做推销员并不是卡耐基的理想，于是他决定白天写书、晚间去夜校授课，以赚取必需的生活费。他还希望为夜校教授演讲课，因为他认为，大学时代他在公开演说方面受过训练，具有较丰富的经验。也正是这些训练和经验，扫除了他的怯懦和自卑，让他有勇气和信心跟人打交道，增长了做人处世的能力。于是他说服了纽约一个基督教青年会的会长，同意他晚间为商业界人士开设一个公开演讲班。就这样，从1912年起，他开始了为之奋斗一生的成人教育事业。

卡耐基运用心理学和社会学知识，对人类共同的心理特点和人性进行了深刻的探索和分析，开创并发展出一套融演讲术、推销术、为人处世术、智力开发术为一体的独特的成人教育方式，并卓有成效。无论是西方国家还是东方世界，他的著作的译本几乎涵盖了所有语系的文字。而他开创的“人际关系训练班”，包括美国卡耐基成人教育机构、国际卡耐基成人教育机构，以及遍布世界50多个国家的分支机构，更是多达2000余所。他以超人的智慧、严谨的思维，在道德、精神和行为准则上指导万千读者，给人们以安慰和鼓舞，使他们从中汲取力量，从而改变自己的生活，开创崭新的人生。从总统到内阁大臣，从各界名流到普通百姓，卡耐基教育机构造就了千千万万的毕业生，所开创的成功学教育培训帮助无数人实现了自己的梦想，影响了整整几代人。他也由此奠定了第一代成功学大师的地位，被誉为“20世纪最伟大的人生导师”，畅销全球的美国《时代周刊》给予了他极高的评价——“或许除了自由女神，他就是美国的象征”。

“与其留给子孙财产，不如留给他们自信和勇气。”这是卡耐基于1932年在美国威斯康辛州密尔沃基市举办的工商业者协会上的演讲中说过的话。而他留给后人最丰厚的精神遗产就是他的成功学理论。卡耐基在实践基础上写出的成功学著作是20世纪最畅销的成功励志经典，它们共同构成了卡耐基为人处世、通向成功之路的成功学体系，与他的成人教育培训班相辅相成，改变了传统的成人教育方式，影响了千百万人的生活。

“不要犹豫！请立刻阅读！这是改变你一生的机会！”——大多数读过卡耐基著作的人都很熟悉这句话。本书收录了卡耐基最主要的作品，集结了卡耐基励志作品的精华，是卡耐基伟大思想的精髓所在。成功不是一个偶然，成功的品质早已写好，就看我们能否拥有那些成功必备的素质。卡耐基以其独到的见解分析人性，分析生活。在书中，他教会我们如何轻松地掌握一些为人处世的绝妙法则，从而使我们在事业上、生活中事事顺心，少些烦恼，少些忧愁。

这将是一部年轻人不可多得的人生指南，是能改变无数人命运的励志枕边书。书中那些真实的案例以及成功者的人生经验更能给予你智慧的启迪。技巧谁都可以掌握，但是经历却人人不同，如果你愿意花时间阅读书中的每一个例子，相信你会得到更多宝贵的东西。本书将帮助读者在职场工作、商务活动与社会交往中学会与人打交道，并有效地影响他人、获取他人的尊重和支持，掌握击败忧虑和自卑这两大人类成功之敌的要领，以创造幸福美好的人生。

目录

第一章

目标至上，人生比盖楼更需要规划

先有梦想，后有成功

在很多课堂上，有不同的学员问我梦想和成功的关系，根据我对很多成功人士的观察，得出一个重要的结论：一般而言，是先有梦想，后有成功。

设定明确的目标，是所有伟大成功的出发点。有98%的人之所以失败，就是因为他们都没有明确的目标，即使花费了九牛二虎之力，最后还是哪里都到不了。

要攀到人生山峰的更高点，当然必须要有实际行动，但是首要的是找到自己的方向和目的地。如果没有明确的目标，更高处只是空中楼阁，望不见更不可及。如果我们想要使生活有突破，到达很新且很有价值的目的地，首先一定要确定这些目的地是什么。

1952年的《生活》杂志曾登载了约翰·戈德的故事。

戈德15岁时，偶然地听到年迈的祖母非常感慨地说："如果我年轻时能多尝试一些事情就好了。"

戈德受到很大震动，决心自己绝不能到老了还有像老祖母一样无法挽回的遗憾。于是，他立刻坐下来，详细地列出了自己这一生要做的事情，并称之为"约翰·戈德的梦想清单"。

他总共写下了127项详细明确的目标。里面包括着10条想要探险的河、17座要征服的高山。他甚至要走遍世界上每一个国家，还想要学开飞机、学骑马。

他要读完《圣经》，读完柏拉图、亚里士多德、狄更斯、莎士比亚等十多位大学问家的经典著作。

他的梦想还包括要乘坐潜艇、弹钢琴、读完《大英百科全书》等。当然，有重要的一项，他还要结婚生子。

戈德每天都要看几次这份“梦想清单”，他把整份单子牢牢记在心里，并且倒背如流。

戈德的这些目标，即使从半个多世纪的今天来看，仍然是壮丽且不可企及的。但他究竟完成得怎么样呢?

在戈德去世的时候，他已实现了127个目标中的103项。他以一生设定并且完成的目标，述说他人生的精彩和成就，并且照亮了这个世界。

梦想是对于所期望成就的事业的真正决心。梦想比幻想好得多，因为它可以实现。人一旦有梦想有目标，自然就会为了实现它而发挥更大的心力，人生的光辉由此粲然可见。

我不断在课堂上讲述惠特尼的故事，因为他的传奇显示了梦想的伟大：

在1910年那一年，来自马萨诸塞州乡下的惠特尼和朋友合租在纽约的一家廉价寄宿公寓。惠特尼和其他穷困的乡下孩子唯一的不同点是：他决心成为一家大公司的老板。

惠特尼在纽约找到的第一份工作，是为一家大食品连锁店当零售店员。他为了更了解业务状况，便利用午餐时间到批发部门去工作。他这样做虽然不能得到别人的感谢和额外的薪水，可是当一个更好的工作出缺时，老板就想到惠特尼而把工作留给他。

从零售店员升为业务员，然后是部门主管、地区经理。随着岁月的消逝，惠特尼渐渐成为公司的核心骨干。后来他终于成为一家包装公司的总裁，实现了自己的梦想。

这个乡下孩子曾对室友说：“有一天我要成为一家大公司的总裁。”这句话并不是痴人说梦，他是在肯定自己的内在信念，为自己定下一个方向，借以鼓舞一生中的每一个行动。

为什么惠特尼能够获得成功？他工作努力——可是别人也一样努力。关键是，他知道他的方向。当他加班，当他换工作，当他学习业务上的新技能时——目标都朝向同一个方向。

漫无目的是不能成功者的咒语。他们茫然地找个工作，茫然地结婚……他们蹉跎岁月，彷徨地期待事情发生改变，心里却缺乏清楚的欲望和理想。

正如成功学家拿破仑·希尔所言：“你过去或现在的情况并不重要，你将来想获得什么。成就才最重要。除非你对未来有理想，否则做不出什么事来。有了目标，内心的力量才会找到方向。”所以说，一个人之所以伟大，首先在于他有一个伟大的梦想，一个伟大的目标。

目标的精彩预示生命的精彩

目标对于成功，犹如空气对于生命一样，目标是成功的生命线。对于成功来说，一个人过去或现在的情况并不重要，而未来想要获得什么成就，有什么样的追求才是最重要的。

洛克菲勒——美国著名的石油大王，在他的自传中，曾提出了一个有趣的设想：

若是将目前全世界所有的现金以及所有产业全都混合在一起，平均地分给全球的每一个人，让每个人所拥有的财富都一样多，经过半个小时之后，这些财富均等的人们，他们的经济状况就会开始有显著的改变。有的人在这时候已经丧失了分到的那一份：有的人会因为豪赌输光；有的人会因为盲目的投资而一文不名；有的人则会受到欺骗而迅速破产……于是财富分配又重新开始了，有些人的钱会变少，有些人的钱又开始多了起来，这种情形会随着时间的推移而变得更加明显。3个月之后，贫富悬殊将会变得十分惊人。

洛克菲勒十分自信地说：“我敢打赌，再经过两年时间，全球财富的分配情况就将和以前没什么区别。有钱的仍然是之前那些有钱人，而以前贫困的人依然贫困。”

洛克菲勒把这种现象的原因归结于人们的目标不同。

他说：“说这是命运也好，是机会使然或自然法则也好；总之，有些人的目标与行动，一定会使自己比其他人所受到的尊敬更多，他们所拥有的财富也将会更多。”

通常，奋斗者要想成功，最重要的因素是目标选择并付诸行动。

同为有目标的人，有人成功了，有人未成功，有人大成功，有人小成功。这与目标的“大小”有很大的关系。

大目标使人的生活是干事业，小目标使人的生活仅是过日子。古希腊哲学大师亚里士多德很深刻地区分了这样两种人，即“吃饭是为了活着”的人和“活着就是为了吃饭”的人。

人生的精彩来自于目标的精彩。一个人的人生之所以精彩，就在于他有精彩的目标。

所谓精彩的目标，就是要做大事，考虑更多的人，更多的事，在更大的范围内解决更多的问题，在更大的空间时间里产生更大的影响。

你的目标越精彩，你所要解决的问题就越大。你就得要有大本事，要有很多知识、技能，有时甚至要超越个人的得失，做出某些重大牺牲。

在这一过程中，你逐渐获得了超出常人的知识和能力，你已经变得那样的胸怀宽广、大公无私，你也会取得超越常人的成就，你的人生也就变得更加绚丽多彩。

“Q 世界”农产品公司的董事长霍华德·马古勒斯是美国加利福尼亚州的新一代农民。他的成就就是订立了自己精彩的人生目标并且努力完成目标的结果。

多年来，人们对农产品市场的繁荣与萧条几乎无法做任何的预估和控制，几乎所有的人都认为这本来就是靠天吃饭的行业。

而马古勒斯却从来不这样想，他给自己定下了一个精彩的目标：发展出一个新颖独特的品种，用来影响消费者的购买行为。他当然有自己充足的理由：这个行业其实和其他行业没什么区别，当市场处于低谷时，除非你有自己独特的产品，否则你就完了。农业市场也是这个道理，如果你也像大家一样生产萝卜白菜，只有市场上供小于求的时候，你才可能获利。我们的目标就是要想法调整市场，靠自己的独特性打开市场，创造更多的机会。

马古勒斯想到了改良甜椒。没错，就是改良甜椒。如果能发展出比其他的甜椒风味更为独特的品种，马古勒斯深信，不论零售市场如何，商店一定非常喜欢这种风味独特的品种。

于是，马古勒斯发展出一种“皇家红椒”。这种长形叶式的甜椒，一上市就取得了巨大的成功，人们吃过以后，就会继续购买它。

马古勒斯用目标为自己的人生抹上了精彩的一笔。目标具有神奇的推动力，促使人在现实中通过努力实现自己的目标。

约翰·查普曼说：“世人历来最敬仰的是目标远大的人，其他人无法与他们相比……贝多芬的交响乐、达·芬奇的《蒙娜丽莎的微笑》、莎士比亚的戏剧，以及人们认可的任何人类精神产品……你热爱他们，是因为，这些东西不是做出来的，而是由他们创造性地发现的。”

对于那些奥运金牌的获得者来说，他们的成功并不仅靠他们的运动技术，而且还靠其远大目标的推动。商界领袖也一样，政界精英亦然。伟大的目标就是推动人们前进的梦想。

一位医生对活到百岁以上的老人所拥有的共同特点做过大量研究。他叫大家思考一下什么是这些百岁老人共同的特点。大多数人以为医生会列举饮食、运动、节制烟酒以及其他会影响健康的东西。然而，令听众惊讶的是，医生告诉他们，这些寿星在饮食和运动方面没有什么共同特点。他们的共同特点是对待未来的态度——他们都有人生目标。

在我看来，你决定人生追求什么之后，你就做出了人生最重大的选择。要能如愿，首先要弄清你的愿望是什么。有了理想，你就看清了自己最想取得的成就是什么。有了目标，你就会有一股顺境也好逆境也罢都勇往直前的冲劲，你的目标使你能取得超越你自己能力的东西。你必须要有精彩的目标。当你有了精彩的目标时，你才会有伟大的成就。

目标为成功提供精神动力

目标是一个人成功的起点，是一个人奋斗的阶梯。虽不能说一个人只要有目标就能成功，但可以肯定地说，一个没有目标的人肯定不能成功。目标的力量是惊人的，它能给积极准备和实践者指明前进的方向和不竭的精神动力。具体说来应该有下面几点：

第一，产生动力，增强积极性

你给自己定下目标之后，目标就在两个方面起作用：它是努力的依据，也是对你的鞭策。目标给了你一个看得着的射击靶。随着你努力实现这些目标，你就会有成就感。

你的目标必须是具体的，可以实现的，这很重要。如果计划不具体会降低你的积极性。为什么？因为目标是你向前迈进的动力，如果你无法知道自己前进了多少，你就会泄气，甩手不干了。下面这个真实的例子说明，一个人若看不到自己的进步，会有怎样的结果。

1952年7月4日清晨，加利福尼亚海岸笼罩在浓雾中。在海岸以西21英里的卡塔西纳岛上，一个34岁的女人涉水太平洋，向加州海岸游去。

要是成功了，她就是第一个游过卡塔林纳海峡的女性，这名妇女叫费罗伦丝·查德威克。在此之前，她是从英法两边海岸游过英吉利海岸的第一位女性。

那天早晨，海水冻得她身体发麻。雾很大，她连护送她的船都几乎看不到。时间一个钟头一个钟头过去，有几次，鲨鱼靠近了她，被人开枪吓跑。她仍然在游。在以往这类渡海游泳中她的最大问题不是疲劳，而是刺骨的水温。

15个钟头之后，她又累，又冻得发麻。她知道自己不能再游了，就叫人拉她上船。她的母亲和教练在另一条船上。他们都告诉她海岸很近了，叫她不要放弃。但她朝加州海岸望去，除了浓雾什么也看不到。

几十分钟之后——从她出发算起15个钟头零55分钟之后，人们把她拉上船。又过了几个钟头，她渐渐觉得暖和了，就开始感到失败的打击，她不加思索地对记者说："说实在的，我不是为自己找借口，如果当时我看见陆地，也许我能坚持下来。"

人们拉她上船的地点，离加州岸只有半英里！后来她说，令她半途而废的不是疲劳，也不是寒冷，而是因为她在浓雾中看不到目标。

查德威克小姐一生中只有这一次没有坚持到底。两个月之后，她成功地游过同一个海峡。她不但是第一位游过卡塔林纳海峡的女性，而且比男子的记录还快了大约两个钟头。

查德威克虽然是个游泳好手，但也需要看见目标，才能鼓足干劲，完成她有能力完成的任务。当你规划自己的目标时千万别低估了制定可测目标的重要性。

第二，清楚你的理想

对生活的环境不满是人之常情。专家经过调查发现，在这些人中有98%的人对自己心中的理想世界没有一个清楚的印象。因为没有清晰的理想，他们就没有一个人生目标来促使自己去改变现状。

拿破仑曾说："不想当元帅的士兵不是好士兵。"同样对于一个企业来说"一个心中有目标的普通职员，会成为创造历史的人；一个心中没有目标的人，只能是个平凡的职员。"

第三，安排事情的轻重

目标给人作向导，凡是能接近目标的事情都应受到优先考虑，一个明确的目标有助于我们对日常工作中的事情进行取舍，清楚事情的轻重缓急。

对日常生活中的琐事，我们应该采取什么样的态度，取决于我们心中的原则，即成就目标的原则。有人说过："智慧就是懂得该忽视什么东西的艺术。"这句话正概括了这个真理。

第四，激发你的潜能

许多年前，媒体作过300条鲸鱼突然死亡的报道。这些鲸鱼在追逐沙丁鱼时，不知不觉被困在一个海湾里。弗里德里克·布朗·哈里斯这样说："这些小鱼把海上巨人引向死亡，鲸鱼因为追逐小利而暴死，为了微不足道的目标而空耗了自己的巨大的力量。"

没有目标的人，就像故事中的那些鲸鱼，他们有巨大的成功潜能，但他们把精力放在小事情上，而小事情使他们忘记了自己本应做什么。说得明白一些，要发挥潜力，获得事业的成功，你必须全神贯注于自己有优势并且会有高回报的方面。目标能助你集中精力。另外，当你不停地在自己的优势方面努力时，这些优势会进一步发展。最终，在达到目标时，你自己成为什么样的人比你得到什么东西重要得多。

第五，把握未来

成功人士总是事前决断，而不是事后补救。他们提前谋划，而不是等别人的指示。他们不允许其他人操纵他们的工作进程。不事前谋划的人其工作是不会有进展的。我们以《圣经》中的诺亚为例，他并没有等到下雨了才开始造他的方舟。

目标能帮助我们事前谋划，目标迫使我们把要完成的任务分解成可行的步骤。要想制作一幅通向成功的交通图，你就要先有目标。正如18世纪发明家兼政治家富兰克林在自传中说的："我总认为一个能力很一般的人，如果有个好目标，是会有大作为的。"

第六，合理安排时间和资源

一旦你确定了明确目标之后，就应开始预算你的时间和金钱，并安排每天应付出的努力，以期达到这个目标。由于经过时间预算之后，每一分每一秒都有进步，故时间预算必然会为你带来效益。同样地，金钱的运用应该有助于明确目标的达成，并确保你能顺利地迈向成功。

第七，把热情投入到你的专业当中

明确目标鼓励你行动专业化，而专业化可使你的行动达到完美的程度。

你对于特定领域的领悟能力，以及在此一领域中的执行能力，深深影响你一生的成就。普通教育之所以重要，就在于它可使我们发现自己的基本需要和欲望，然而一旦你确定自己的需要和欲望之后，便应立即学习相关的专业知识；而明确目标就好像一块磁铁，它能把达到成功必备的专业知识吸到你这里来。

第八，形成你的果断处事态度

成功的人能迅速地做出决定，并且不会经常变更；而失败的人做决定时往往很慢，且经常变更决定的内容。记住：有98%的人从来没有为一生中的重要目标做过决定；他们就是无法自行做主，并且贯彻自己的决定。

那么，要如何克服不愿意做决定的习惯呢？

你可以先找出你所面临的最迫切的问题，并且对此问题做出决定，无论做出什么样的决定都可以，因为有决定总比没有决定要好，即使开始时做了一些错误的决定，也没有关系，日后你做出正确决定的机率会愈来愈高。

当然，如果能够事先确定你的目标，将有助于做出正确的决定，因为你可随时判断所做的决定是否有利于目标的达成。

第九，善于抓住机会

明确目标会使你对机会抱着高度的警觉性，并促使你抓住这些机会。

柏克是一位移民到美国、以写作为生的作家，他在美国创立了一家以写作短篇传记为生的公司，并雇有6人。

有一天晚上，他在歌剧院发现，节目表印制得非常差，也太大，使用起来非常不方便，而且一点吸引力也没有。当时他就起了印制面积较小、使用方便、美观，而且文字更吸引人的节目表的念头。

于是第二天，他准备了一份自行设计的节目表样张，给剧院经理过目，说他不但愿意提供品质较佳的节目表，同时还愿意免费提供，以便取得独家印制权；而节目表中的广告收入，足以弥补这些成本，并且还能使他获利。

剧院经理同意使用他的新节目表，他们很快和所有城内的歌剧院都签了约，这项生意日后欣欣向荣，最后他们扩大营业项目，并且创办了好几份杂志，而柏克也在此时成为《妇女家庭杂志》的主编。

如果你能像发现别人的缺点一样快速地发现机会的话，那你就能很快成功。

成功人生需要成功规划

人是生活在梦想之中的。因为人们期翼未来比现在美好，所以才会活下去。人可以失去很多东西，但目标是无论如何不能丢的。看到这一节时，希望你能静下心来，找个地方仔细想一想，你需要的是什么样的人生，你为实现人生的目标会做什么！有这么一则故事：

主人的两头牛走丢了，就吩咐他的仆人出去找，可是等了半天也不见仆人回来，主人只得出去寻找，看个究竟。在野地里，主人看到他的仆人正在那里来回瞎跑，就问他："你到底在干什么？"仆人回答说："我刚才发现两头鹿，您知道鹿茸非常值钱，所以不必找什么牛了。"主人说："那你找到鹿了吗？"仆人说："我去追朝东跑的那头鹿，谁知道它跑得比我快。不过请放心，我记得朝西的那头鹿脚有点瘸，所以转过来再追它，相信我会捉到它的。"

叫他找牛他去追鹿，捉东边那只时却惦记西边那只，反复无常注定这个仆人最终肯定一事无成。一鸟在手胜过两鸟在林。不要给自己太多的事做，最重要的是把重要的一件事做好。

不论是砌砖工人或是推销员还是作家，不管我们选择何种职业，不管我们遇到何种困难，都要坚定一个信念：选我所爱，爱我所选。选择你自己喜欢的目标，然后努力奋斗，这才能使你成功。成功的人生需要清晰地规划，我们应该注意到目标规划的几个原则：

1. 目标的长期性原则

我们必须掌握真正的目标，并拟定实现目标的过程，澄明思虑，凝聚继续向前的力量。拿破仑·希尔告诉我们："目标必须是长期的、特定的、具体化的、远大的。"

没有长期的目标，你可能会被短期的种种挫折击倒。理由很简单，没人能像你一样关心你自己的成功。你可能偶尔觉得有人阻碍你的道路，但实际上最阻碍你进步的人就是你自己。其他人可以使你暂时停止，但能让你一直奋进的决定权永远掌握在自己手中。

如果你没有长期的目标，暂时的阻碍可能构成无法避免的挫折。家庭问题、疾病、车祸及其他你无法控制的种种情况，都可能是重大的阻碍。从本书中你将会学到：挫折（不管多严重）是进步的踏脚石，而不会是绊脚石。

当你设定了长期目标后，开始时不要尝试克服所有的阻碍。如果所有困难一开始就排除得一干二净，便没有人愿意尝试有意义的事情了。你今天早上离家之前，打电话到交通岗询问所有的路口交通灯是否都变绿了，交通警可能会认为你是疯子。你应知道你是一个一个地通过红绿灯，你不仅能走到你能看到的那么远的地方，而且当你到达那里时，你经常能看得更远。所以，只有确定了长期性的目标，你才能够始终有条不紊地追寻着自己的梦想。

2. 目标的单纯性原则

目标的建立必须单纯，你希望得到什么，你希望成为什么样的人，这些想法必须在你心中明确而单一。这好比是纯粹信仰的力量，当一个人向着心目中的唯一的神出发时，生命就开始燃烧，激情就开始迸发，行动也就更为坚定。只有这样，一个人的目标才更容易实现。

美国前总统罗斯福的夫人在年轻时从本宁顿学院毕业后，想在电讯业找一份工作，她的父亲就介绍她去拜访当时美国无线电公司的董事长萨尔洛夫将军。

萨尔洛夫将军非常热情地接待了她，随后问道：“你想在这里干哪份工作呢？”

“随便。”她答道。

“我们这里没有叫‘随便’的工作”，将军非常严肃地说道：“成功的道路是由目标铺成的！”

这个例子很生动地说明了目标的单纯性的重要。

目标很重要，几乎每一个人都知道，然而，一般人在人生的道路上，是朝着阻力最小的方向行事，这是“徘徊的大多数普通人”，而不是“有意义的特殊人物”。你必须是一位“有意义的特殊人物”，而不是一位“徘徊的大多数普通人”。

选一个最热的天气，从商店里买一些最大的放大镜以及一些报纸，把放大镜拿来放在报纸上，离报纸有一段小距离。如果放大镜是移动的话，永远也无法点燃报纸。然而，放大镜不动，你把焦点对准报纸，就能利用太阳的威力，这时纸就会燃烧起来。

不管你有多少能力、才华或能耐，如果你无法管理它，将它聚集在特定的目标上，并且一直保持在那里，那么你永远无法取得成就。那些枪法很准的猎人并不是向猎物群射击，而是每一次选定一只作为特定的目标。因此你的目标不能太笼统，而应该很清楚地确定出来。

3. 目标的可行动性原则

一个明确的目标可以使行动更有方向性，使一个人更能适应目前的境况并努力做出积极的改变。

曾有人做过一个实验：组织三组人，让他们分别沿着十公里以外的三个村子步行。

第一组的人不知道村庄的名字，也不知道路程有多远，只告诉他们跟着向导走就是。刚走了两三公里就有人叫苦，走了一半时有人几乎愤怒了，他们抱怨为什么要走这么远，何时才能走到？有人甚至坐在路边不愿走了，越往后走他们的情绪越低落。

第二组的人知道村庄的名字和路段，但路边没有里程碑，他们只能凭经验估计行程时间和距离。走到一半的时候大多数人就想知道他们已经走了多远，比较有经验的人说："大概走了一半的路程。"于是大家又簇拥着向前走，当走到全程的四分之三时，大家情绪低落，觉得疲惫不堪，而路程似乎还很长，当有人说："快到了！"大家又振作起来加快了步伐。

第三组的人不仅知道村子的名字、路程，而且公路上每一公里就有一块里程碑，人们边走边看里程碑，每缩短一公里大家便有一小阵的快乐。行程中他们用歌声和笑声来消除疲劳，情绪一直很高涨，所以很快就到达了目的地。

当人们的行动有明确的目标，并且把自己的行动与目标不断加以对照，清楚地知道自己的进行速度和与目标相距的距离时，行动的动机就会得到维持和加强，人就会自觉地克服一切困难，努力达到目标。

目标的确定必须具有行动性，目标只有和行动相结合才能发挥他的力量。所以，我们必须细心地考虑目标的可行性，我们有必要在长期目标下再订立具体可行的目标。

但是好多人都经常把目标订得很糟糕，因为人们喜欢行动（这比较具体而刺激），却不喜欢费精神去制定目标（这常是抽象的），诚如许多人所说的："定目标使人头痛。"

我们不能把目标放在真空中，制定的目标必须配合自己的需要、希望与限制，并注意什么需要留意。

短期目标应该代表你当前事业面临的主要问题，这些问题的分类依次是：重要性（解决这个问题或抓住这个机会，会使情况改观吗？）、类型（这个问题代表什么挑战？），及紧迫程度（如果不尽快处理，问题是否更糟，机会是否溜掉？）。一旦我们辨清主要问题，我们就定出优先顺序，然后集中处理最严重、最迫切的一个。

4. 目标的具体性原则

有些人的目标用很笼统的词句表达，譬如“当一名成功律师”；有的则比较具体，如“要能有效治疗大趾跟黏液囊炎肿”。广泛的事业目标也有用，因为拥有整个的观点，可以解放想象力，帮助我们探究所有可能的选择。但是，广泛的目标却不能使我们确定自己所要做的是什么，由于这个缘故，我们需要将事业目标具体化。

假如你有了一个广泛的事业目标，而你想拟个计划，定出具体的目标，下面是你应该做的：在白纸顶端写下那个广泛的目标，然后自问：“我如何实现这个目标？”尽你所能地想出答案，把它们记录下来。现在，它们已够具体了，能提供你所需要的帮助了吗？假如仍不能，就每一点再问：“我如何实现这个目标？”最后你会发觉，眼前出现的是呈金字塔形的目标网，塔尖是广泛的目标，底部则是无数具体的目标，它们直接指向有范围的行动计划。

有了这个行动计划，你的目标才可能达成。

制定目标的六个步骤

成功始于目标的设定，没有目标的人成功的机会是非常小的。目标大与小并不重要，重要的是，你一定要有一个明确的目标。

1. 确定你的“理想清单”

你必须列出这一生当中你所想要完成的每一个目标。如果我们要去超级市场购买 11 种东西，但是我们只列了五六种，很可能就有五六种忘记买，因为我们没有列清单。在你的人生当中，假如你想要实现所有的目标和梦想，那第一个步骤就是要把它列出来。列出来并不表示你一定做得到，可是没有列出来，你忘记的可能性是 99.99%！

2. 进行优先级处理

我们常听很多人说，他有这个梦想，他有那个梦想，他这个时间要做这个，那个时间又要做那个……他时常矛盾。矛盾的原因是他没有排好优先级，所以你必须不断地为你的目标排定优先级。

譬如你现在要房子，又要车子，又要业绩上升，又要照顾家庭，又要出国旅游……在同一个时间、在同一个月里，这样的话，时间一定无法分配。所以优先级一定要排列清楚。

3. 设定具体期限

梦想要成真，就一定要有期限。当你把期限写下来时，你就可以很清楚地了解，这个目标是太急，还是太慢，还是太多目标都要在同一个时间内实现。有些人写完梦想清单，发现他的目标都是长期的目标。当你的目标都是长期目标的时候，你必须把它分成一些短期的行动方案、行动步骤。有些人设立完目标，发现他的目标都是短期目标。这时我会建议他设立一些长期目标，让自己平衡一下，这是非常重要的。

4. 盯紧核心目标

很多人有很多目标，可是没有一个最主要的目标，所以他头脑一下想着这个目标，一下又想着那个目标，反而不容易实现。

成功学有一个定律谈到“你只要重复不断地思考某件事情，并且有自信心，它都是可以变成真的”。假如没有一个核心目标让你每一分每一秒来思考，你实现目标的几率是比较小的，因为你重复的次数不够多。

5. 经常温习你的目标

我们都有过这种感觉，有的目标长时间不回头去看看就会变得模糊，甚至忘记。要经常不断地重复你的目标，对核心目标，更得把它深刻地嵌在头脑中，使得你在遇到困难时，或者与别人闹别扭时，或者是睡觉做梦时都想到它。利用这种潜意识的力量，你的成功会变得自然并且轻而易举。

6. 了解谁能帮你达到目标

记得以前有一个研究成功学超过 50 年的人，他讲了一个成功最重要的秘诀，他说：“别人要的东西你多给他一点，别人不要的你就少给他一点。”

所以当你列出谁可以帮助你的时候，第一个请你列出来他可能需要什么帮助，你先去帮助他；你给他更多他所想要的，那他自然会反过来帮助你，这就驱动了所谓的互惠定律。

这里非常重要的一点就是“模仿”。找出有谁已经实现你想要实现的目标或是结果，他是怎么实现的？也许你没有办法亲自见到他，但你可以查阅有关他的资料。假如你能够见到他、清楚地问他，他给你讲 30 分钟，效果可能比你自己查资料好 10 倍以上。

第二章

孕育野心，只有想赢才能赢

心中想赢才一定能赢

有学员在课堂上提问，如何才能获得成功的人生。我给出的答案是：要想获得成功的人生，就必须先有渴求成功的信念。也可以理解为，要有野心。

没有野心肯定不会有成就。如果一个人把时间都用在了闲聊和发牢骚上，就根本不会有想用行动改变现实的境况。对于他们来说，不是没有机会，而是缺少进取心。当别人都在为事业和前途奔波时，他只是茫然地虚度光阴，根本没有想到去跳出误区，结果只会在失落中徘徊。

有一天，尼尔去拜访多年未见的老师。老师见了尼尔很高兴，就询问他的近况。

这一问，引发了尼尔一肚子的委屈。尼尔说：“我对现在做的工作一点都不喜欢，与我学的专业也不相符，整天无所事事，工资也很低，只能维持基本的生活。”

老师吃惊地问：“你的工资如此低，怎么还无所事事呢？”

“我没有什么事情可做，又找不到更好的发展机会。”尼尔无可奈何地说。

“其实并没有人束缚你，你不过是被自己的思想抑制住了，明明知道自己不适合现在的位置，为什么不去学习其他的知识，找机会自己跳出去呢？”老师劝告尼尔。

尼尔沉默了一会说：“我运气不好，什么样的好运都不会降临到我头上的。”

“你天天在梦想好运，却不知道机遇都被那些勤奋和跑在最前面的人抢走了，你永远躲在阴影里走不出来，哪里还会有什么好运？”老师严肃地说，“一个没有进取心的人，永远不会得到成功的机会。”

如果一个人安于贫困，视贫困为正常状态，不想努力挣脱贫困，那么在身体中潜伏着的力量就会失去它的效能，他的一生便永远不能脱离贫困的境地。

众所周知，与拿破仑的成就一样显赫于世的还有他的一句名言：“不想当将军的士兵，不是好士兵。”这是对所谓“野心”的最好说明。古今中外，成大事者都是因为自己有一颗“想当将军”的野心而最后如愿以偿的。心理学认为，成绩有提升自我评价、增强自信心的作用，强大的野心能促使人更加积极、主动，富有智慧，所以，心中想赢的人，才能够赢。

富勒家中有7个兄弟姐妹，他从5岁开始工作，9岁时会赶骡子。他有一位了不起的母亲，她经常和儿子谈到自己的梦想：“我们不应该这么穷，不要说贫穷是上帝的旨意，我们很穷，但不能怨天尤人，那是因为你爸爸从未有过改变贫穷的欲望，家中每一个人都胸无大志。”这些话深植在富勒的心里，他一心想跻身于富人之列，开始努力追求财富，12年后，富勒接手一家被拍卖的公司，并且还陆续收购了7家公司。

他谈及成功的秘诀，还是用多年前母亲的话回答：“我们很穷，但不能怨天尤人，那是因为爸爸从未有过改变贫穷的欲望，家中每一个人都胸无大志。”富勒在多次受邀演讲中说到：“虽然我不能成为富人的后代，但我可以成为富人的祖先。”

有些人认为野心对人的生活和工作会产生不利影响，殊不知，缺乏争取好成绩的冲劲，这会对工作产生更严重的负面作用。如果你对工作缺乏野心，将很难获得成大事的机会。

从富勒的故事中可以看出，正是这种深植内心的野心与欲望使富勒施展出全部的力量，最终如其所愿成为“富人的祖先”。所以，人要有适度的野心，这样能尽力而为实现自我超越。

当你有足够强烈的欲望去改变自己命运的时候，所有的困难、挫折、阻挠都会为你让路，欲望有多大，就能克服多大的困难，就能战胜多大的阻挠。你完全可以挖掘生命中巨大的能量，激发成功的欲望，因为欲望有时就是力量。

那如何才能使自己拥有适度的野心呢？下面4条建议或许对你有所帮助。

（1）不要对成大事抱太大的期望，要设定可能达成的实际目标。

（2）没有强烈动机反能完成更多事，由此可知，野心应符合自己的个性，不必强求。

（3）周围的人对自己的期望不太满意时，往往会失去自信，偶尔会有更大的野心。因此，首先要检讨对自己的要求是否“合乎实际”，如果超过实际，必须立刻改进。

（4）过大的野心会影响健康。目标订得太高，被不可能实现的强烈野心侵蚀，容易患肠胃溃疡等疾病。

生命因为有梦而丰满

梦想越高，人生就越丰富，达成的成就越卓绝；梦想越低，人生奋斗力越差。这就是惯常说的：“期望值越高，达成期望的可能性越大。”

把你的梦想提升起来。它不应该退缩在一个不恰当的位置。接受梦想的牵引吧！

一个梦想大的人，即使实际做起来没有达到最终目标，可他实际达到的目标可能比梦想小的人的最终目标还大。

生命正是因为有了多姿多彩的梦想而显得丰富、饱满。

这是美国北纽约州小镇上一个女人的故事。她从小就梦想成为最著名的演员。18 岁时，在一家舞蹈学校学习 3 个月后，她母亲收到了学校的来信：“众所周知，我校曾经培养出许多在美国甚至在全世界著名的演员，但是我们从没见过哪个学生的天赋和才能比你的女儿还差，她不再是我校的学生了。”

被退学后的两年，她靠干零活谋生。工作之余她申请参加排练。排练没有报酬，只有节目公演了才能得到报酬。但是她参加排练的每个节目都能公演。

两年以后，她得了肺炎。住院三周以后，医生告诉她，她以后可能再也不能行走了，她的双腿已经开始萎缩了。已是青年的她，带着演员梦和病残的腿，回家休养。

她始终相信自己有一天能够重新走路。经过两年的痛苦磨炼，无数次的摔倒，她终于能够走路了。又过了 18 年——整整 18 年！她还是没有成为她梦想的演员。

在她已经 40 岁的时候，她终于获得了一次扮演一个电视角色的机会。这个角色对她非常合适，她成功了。在艾森豪威尔就任美国总统的就职典礼上，有 2900 人从电视上看到了她的表演；英国女王伊丽莎白二世加冕时，有 3300 人欣赏了她的表演……到了 1953 年，看过她表演的人超过了 4000 万。

这就是露茜丽·鲍尔的电视专辑。观众看到的不是她早年因病致残的跛腿和一脸的沧桑，而是一位杰出的女演员的天才和能力，看到的是一位不言放弃的人，一位战胜了一切困苦而终于取得成就的大人物。

一个没有梦想的人是没有灵魂的生命，生活对于他们来讲只是空虚、寂寞的，他们不知道用梦想来充实自己的内心世界。

有了梦想的人从不会产生悲观厌世的念头，他们更不会有空去想怎么消遣无聊的岁月。因为在他们看来，时间只怕不够实现梦想，哪里有那么多可以虚度的年华呢?

一个有了梦想的人，会感到有股强大的力量推着自己不断前进，而促使他们为自己的将来作精心的设计。从没听过任何一个有卓越成就的人是个毫无梦想，毫无计划的人，人生不相信误打误撞。

罗马纳·巴纽埃洛斯是一位墨西哥姑娘，16 岁就结婚了。在两年当中她生了两个儿子，丈夫不久后离家出走，罗马纳只好独自支撑家庭。但是，她决心谋求一种令自己及两个儿子感到体面和自豪的生活。

她用一块普通披巾包起全部财产，跨过里奥兰德河，在得克萨斯州的埃尔帕索安顿下来。她在一家洗衣店工作，一天仅赚 1 美元，但她从没忘记自己的梦想，即摆脱贫困过上受人尊敬的生活。于是，口袋里只有 7 美元的她，带着两个儿子乘公共汽车来到洛杉矶寻求更好的发展。

她开始做洗碗的工作，后来找到什么活就做什么。拼命攒钱直到存了 400 美元后，她和姨母共同买下一家拥有一台烙饼机的小店。

她与姨母共同制作的玉米饼非常成功，后来还开了几家分店。直到姨母感觉到工作太辛苦了，罗马纳便买下了她的股份。

不久，罗马纳经营的小玉米饼店铺成为美国最大的墨西哥食品批发商，拥有员工三百多人。

她和两个儿子经济上有了保障之后，这位勇敢的年轻妇女便将精力转移到提高美籍墨西哥人的地位上。

“我们需要自己的银行”，她想。

抱有消极思想的专家们告诉她：“不要做这种事。”

他们说：“美籍墨西哥人不能创办自己的银行，你们没有资格创办一家银行，同时永远不会成功。”

“我行，而且一定要成功。”她平静地回答说。结果她真的梦想成真了。

她与伙伴们在一个小拖车里创办起他们的银行。可是，到社区销售股票时却遇到另外一个麻烦，因为人们对他们毫无信心，她向人们兜售股票时遭到拒绝。

他们问道："你怎么可能办得起银行呢？""我们已经努力了十几年，总是失败，你知道吗？墨西哥人不是银行家呀！"

但是，她无论别人怎么看，她始终不放弃自己的梦想，努力不懈，如今，罗马纳创建的"泛美国民银行"取得伟大成功的故事在东洛杉矶已经传为佳话。后来她的签名出现在无数的美国货币上——她成为了美国第三十四任财政部长。

当你内心有了一个梦想，便要为之不懈努力，不要让他人的看法和外在的环境偷走你的梦想，出卖了自己梦想的人是不可能取得成功的。守住自己的梦想，不要让现实与困难磨碎它，成功是梦想的伴侣，想到的或许未必能得到，但不去想只能是永远也得不到。

你的财富始于你的梦想

梦想，是欲望的理想化。对于梦想，有各种不同的看法。有人认为健全的人会面对现实，不会沉溺于梦想。也有人觉得，爱梦想的人，根本不适合在现实社会存在。但我认为，只要懂得判断能够实现的梦想和近乎虚妄的梦想之间的差别，拥有梦想并不是一件坏事。

善于梦想的人，无论怎样贫苦、怎样不幸，他总有自信。他藐视命运，他相信好日子终会到来。一个伙计，会梦想到住在他自己的店铺中；一个贫苦的女工，会梦想着购置一所美丽的住宅。正是这种梦想，这种希望，这种永远期待着较好的日子到来，使我们可以维持勇气，可以减轻负担，可以肃清我们前进道路的困难、挫折。

哈佛·约翰以数百元的金钱创立了哈佛大学；耶鲁大学在初设时，只有少数的书籍。这是化梦想为现实的好例子。不要阻止你的梦想、信仰，并且鼓励你的憧憬，激发你的梦想，同时努力使之实现！你生命的方向，将全依你的梦想决定。

约翰·坦普登的高中时代是在田纳西州的曼彻斯特度过的。他内心里经常梦想着有朝一日要成为一家大公司的首脑。虽然这只是一名17岁男孩的梦，但却是其人生目标的萌芽。

进入耶鲁大学后不久，他的兴趣就从经营一般企业转移到研究评估公司财务之上。大学二年级时，他的父母由于生活拮据而无法再继续供他念书，迫使他陷入不知该休学就业还是该半工半读的窘状。

要做这个决定非常困难，但因为约翰有自己的梦想，因此他很快就作出决定：无论如何都要坚持到毕业。最后他也做到了。

3 年后，他除获得经济学士的学位外，同时还获得著名的路德奖学金，并取得全国优等生俱乐部耶鲁分会会长的头衔，以极其优异的成绩毕业。

以后的两年，他前往英国牛津大学进修硕士。此行对于他后来从事财务经营有很大的影响。

约翰回到美国后，便与一名田纳西的女子结婚。

随后，他前往纽约，正式开始追求自己的目标。

他的起步是一家颇具规模的证券公司，他在里面的职位为投资咨询部办事员。

不久，朋友告诉他有一家公司正在招聘年轻上进的财务经理。

这家公司的名称是国家地理勘察公司，是一家石油勘探公司。

约翰听说之后，便前往这家公司应聘，因为他认为这家公司可让他进一步学到许多有关财务经营方面的东西，于是他就进了这家公司，一干就是 4 年。

4 年之后，他又回到早先的那家公司工作，并等待机会。

最后，机会终于被他等到了，一名资深职员即将退休，这个人拥有 8 个相当有实力的客户，欲以 5000 美金出让。这对约翰来说是相当大的赌注，5000 美金相当于他的全部财产，若此举失败，他将会变得一文不名。而且，这些客户接下来之后，能不能留住还是问题。

这时约翰再一次面对重大抉择。最后，他一心想自立门户的野心战胜了一切，他接下这 8 个客户，并且立即前往拜访，十分坦率而且诚挚地向他们说明自己的理想与计划，客户们都被他的热情与直率感动了，都表示愿意留下观察一段时间。

当时的约翰才 28 岁。

两年的时间很快就过去了，熬到第 3 年，公司业务开始蒸蒸日上，客户也显著增加，约翰自立的梦想终于实现在现实生活中。今天，他已经是一家投资咨询公司的总裁，拥有将近一亿美元的资产，并兼任某大型互助银行的常务董事及数家公司董事。

梦想对于人生对于创富具有重要的指引作用。梦想，就是人的生命历程的预言。梦想所激发出来的使我们向上面展望、攀登的能力，是指示我们走上财富之路的指南针。

财富始于梦想，如果想要成为一个富有的人，就要先怀揣富裕之梦想。

孕育可敬的野心

亨利·范戴克说:“扬名天下并不算是最伟大的志向，愿意将整个人类提升到另一个层次，才是更可敬的野心。”事实证明，在同情、智慧以及正直的前提下，野心是一股积极向上的力量，它足以拨动勤勉的齿轮，为人们带来生机。

美国科学家R. C. 史奈特，曾经进行一项有趣的实验，证实太大的野心妨碍成绩的结果。

这一实验是依不同的动机赋予，将被实验者分成3组，各组按照指示解决相同问题。第一组只要自己解决完问题就没事了。这项指示引发不起任何野心。

第二组，答对了就有100元奖金。这项宣布使野心开始蠢蠢欲动。

第三组，为了刷新解答所需时间的记录，越快答完越好，除此之外还有2000元奖金。这明显引发了强烈野心。由实验结果得知，野心不大不小者的成绩最好。

树枝往哪个方向弯，树就往哪个方向长。有能力却未能发挥的人是人生的一大悲剧。有野心，再加上正直的品德、正确的方向，必然会凝聚成一股强劲的积极力量。

露丝·赛门是远近驰名的马萨诸塞州史密斯学院的新任校长，她的成功就是一个最典型的例子。从她身上也可以证明“美国人的梦想”绝对有可能实现，而且至今仍然深植在美国人心中。

小时候，赛门女士就告诉同学，将来有朝一日她会当大学校长。作为得克萨斯州一个小农场主的第12个孩子，她的口气真是不小。但是她可能无论如何也没有想到，她会成为美国顶尖大学的校长。她是第一位领导一流大学的非裔美国人，能够荣任大学校长的女性本来就不多，非裔美国人更是屈指可数。

大多数成功人士都有善于引导的父母，赛门女士也受到母亲极大的影响。她非常重视个性及道德，并且强调应该“爱人如己”。赛门女士说:“我不是为了得到高分、称赞或奖赏才努力读书，而是因为母亲告诉我们:‘用功读书是做学生的本分。’”

罗斯·甘贝尔博士说，人的个性在5岁的时候就已经形成80%。从赛门女士的例子可以得到最好的证明。评审委员之一的彼得·洛斯所说的:“我们希望找出最胜任的人选。赛门女士坚强的意志、优异的学术表现及坚忍不拔的个性，才是她获得这份工作的主要原因。”

孕育可敬的野心能使我们克服惰性，从安逸的生活中获得新的动力。

有一个老人在山里打柴时，拾到一只很小的样子怪怪的鸟，那只怪鸟和出生刚满月的小鸡一样大小，也许因为它实在太小了，又不会飞，老人就把这只怪鸟带回家给小孙子玩耍。老人的孙子很调皮，他将怪鸟放在小鸡群里，充当母鸡的孩子，让母鸡养育。母鸡没有发现这个异类，全权负起一个母亲的责任。

怪鸟一天天长大了，后来人们发现那只怪鸟竟是一只鹰，人们担心这只鹰再长大一些会吃鸡。为了保护鸡，人们一致强烈要求：要么杀了那只鹰，要么将它放生，让它永远也别回来。因为和这只鹰相处的时间长了，有了感情，这一家人自然舍不得杀它，他们决定将它放生，让它回归大自然。

然而，他们用了许多办法都无法让其重返大自然，他们把它带到很远的地方放生，过不了几天，那只鹰又跑回来了，他们驱赶它不让它进家门，他们甚至将它打得遍体鳞伤……许多办法试过了都不奏效。最后他们终于明白：原来鹰是眷恋它从小长大的家园，舍不得那个温暖舒适的窝。

后来村里的一位老人说：把鹰交给我吧，我会让它重返蓝天，永远不再回来。老人将鹰带到附近一个最陡峭的悬崖绝壁旁，然后将鹰狠狠向悬崖下的深涧扔去。那只鹰开始时如石头般向下坠去，然而快要到涧底时，它终于展开双翅托住了身体，开始缓缓滑翔，然后轻轻拍了拍翅膀，飞向了蔚蓝的天空，它越飞越自由舒展，越飞动作越漂亮。它越飞越高，越飞越远，渐渐变成了一个小黑点，飞出了人们的视野，永远地飞走了，再也没有回来。

沉湎于安逸，是人性中惰性的反映。人们喜欢舒适安逸的生活，一旦适应了它，便不愿再离开、再改变。但是，舒适会束缚住飞翔的翅膀，也许再也不能展翅高飞了。只有使自己胸怀大志，保持追求新目标的动力，生活才会更精彩，天空才会更蔚蓝。

赚钱是从野心开始的

赚钱的欲望很重要，这是一种进取的动力，是智慧的源泉。如果一个人从小就热爱钱财，对财富充满强烈的欲求，他就会为了实现这种欲求而比别人更努力、更积极地去发现一些“金点子”、“银点子”。赚钱在他们的眼里，已经成为一种生活方式、一种行为习惯。

洛克菲勒的父亲在做木材生意时，就不时向年幼的洛克菲勒传授这方面的经验。

洛克菲勒后来回忆道："首先，父亲派我翻山越岭去买成捆的薪材以便家里使用，我知道了什么是上好的硬山毛榉和槭木；我父亲告诉我只选坚硬而笔直的木材，不要任何大树或'朽'木，这对我是个很好的训练。"

年幼的洛克菲勒在经商方面初露锋芒。在和父亲的一次谈话中，父亲问他：

"你的存钱罐，大概存了不少钱吧？"

"我贷了 50 美元给附近的农民。"儿子满脸的得意神情。

"是吗？ 50 美元？"父亲很是惊讶。因为那个时代，50 美元是个不小的数目。

"利息是 7.5%，到了明年就能拿到 3.75 美元的利息。另外我在你的马铃薯地里帮你干活，工资每小时 0.37 美元，明天我把记账本拿给你看。其实，这样出卖劳动力很不划算。"洛克菲勒滔滔不绝，很是在行地说着，毫不理会父亲的惊讶表情。

父亲望着刚刚 12 岁就懂得贷款赚钱的儿子，喜爱之情溢于言表，儿子的精明不在自己之下，将来一定会大有出息的。

思路决定出路，观念决定行动。每个人的一生大致与他的设想保持相当：你想成为什么便会成为什么。这是法国存在主义哲学家萨特的一句名言，也是对许多人命运的注解。

一个乞丐懒洋洋地斜躺在地上，在他面前放着一只破碗，旁边还放着一根讨饭棍。每天都有很多人在他跟前经过，有的人见他很可怜，就在他的破碗里丢几个硬币。

有一天，在这个乞丐的面前出现了一个穿戴非常整齐的年轻律师，这个律师对他说："先生您好，您的一个远房亲戚不幸去世了，留下了 3000 万美元的遗产，根据我们的调查，您是这笔遗产的唯一继承人，所以请你在这份文件上签个字，这笔遗产就属于您的了。"一瞬间，这个人从一无所有的乞丐变成了富翁。

有个记者采访他："您得到这笔 3000 万的遗产后，最想做的是什么事呢？"

这个人回答说："我首先要去买一只像样一点的碗，再去买一根漂亮的棍子，这样我就可以像模像样地讨饭了。"

赚钱是从思想开始的，只有拥有赚钱的野心，才能实现赚钱的目标。洛克菲勒小小年纪就已经学会了驭钱，让钱生钱，这是他获得大成就的基础。

洛克菲勒小时候，全家过着不安定的日子，一次又一次被迫搬迁，历尽艰辛横跨纽约州的南部。可他们却有一种步步上升的良好感觉，镇子一个比一个大，一个比一个繁华，也一个比一个更给人以希望。

1854 年，15 岁的洛克菲勒来到克利夫兰的中心中学读书，这是克利夫兰最好的一所中学。据他的同学后来回忆说："他是个用功的学生，严肃认真、沉默寡言，从来不大声说话，也不喜欢打打闹闹。"

不管有多孤僻，洛克菲勒一直有他自己的朋友圈子。他有个好朋友，名叫马克·汉纳，后来成为铁路、矿业和银行三方面的大实业家，当上了美国参议员，并作为竞选总统的后台老板，在政界为洛克菲勒行将解散的美孚石油托拉斯进行斡旋。

洛克菲勒和马克·汉纳两人后来成了影响美国历史的大人物，在全班几十个同学中能结为知己，不能说出于偶然。美国历史学家们承认，他们两人的天赋都与众不同，一定是受了对方的吸引，才走到一起的。

表面木讷的洛克菲勒，其内心的精明远远超过了他的同龄人。汉纳是个饶舌的小家伙，通常是他说个不停，而洛克菲勒则是他忠实的听众。应当承认，汉纳口才不错，关于赚钱的许多想法也和洛克菲勒不谋而合，只是汉纳善于表达，而洛克菲勒习惯沉默罢了。有一次，汉纳问他："约翰，你打算今后挣多少钱？"

"10 万美元。"洛克菲勒不假思索地说。

汉纳吓了一跳，因为他的目标只是 5 万美元，而洛克菲勒整整是他的两倍。

当时的美国，拥有 1 万美元已经称得上是富人了，可以买下几座小型工厂和 500 英亩以上的土地。而在克利夫兰，拥有 5 万美元资产的富豪屈指可数。洛克菲勒开口就是 10 万美元，瞧他轻描淡写的模样，仿佛 10 万美元只是一个小小的开端。

当时同学们都嘲笑这个开口就是 10 万美元的家伙的狂妄，殊不知，不久的将来，洛克菲勒真的做到了，而且不是十万美元，而是亿万美元！

由于野心和自信，在小小的洛克菲勒的心目中，他已将自己的财富定在很高的位置上。最终，他也获得了比别人高亿万倍的成就。

不管我们目前的状况怎样，不论我们的能力强弱，我们先要给自己一个高要求，这样才有可能成就大事业，要是连想都不敢想，那就根本没有希望了。

远见为你打开财富之门

对同时代人影响最深远的是那些看得比别人多，比别人远的人。换言之，成大事者是具有远见的人。《韦氏新世界英语词典》给“远见”一词下的定义是：“被认为并非用眼睛看见的东西……感知到肉眼看不见的东西的能力……想象的力量或本领。”

从字面上说，“见”是看到物体的能力。我们说一个人视力好，是说他把眼前的物体看得清楚。如果他视力超常，就能看见远距离的东西。当我们用比喻的方式谈到“远见”时，意思就不一样了。远见是看到并非摆在眼前的东西的能力。远见指看到了别人未看到的重大意义的能力，是看到机会的能力。

远见也指看到将来的能力。指的不是神秘或预言方面的，而是想象方面的东西。作家乔治·巴纳说：“远见是在心中浮现的、将来的事物可能或者应该是什么样子的图画。”

人生要想有所成就，必须具有高瞻远瞩的眼光，一旦认定目标就全力以赴。切不可把美好的光阴浪费在左右摇摆上，要记得举棋不定只会让你失去拥有财富的机遇。

希腊船王奥纳西斯，曾是流落在街头的穷人。他曾为了拥有一块面包而幻想了好久。

那时，不要说分布大城市里的高档豪宅和流动在街头的名牌轿车了，只要有一间能让他暂时避避风雨的草房，他都会感动得一塌糊涂，奥纳西斯几乎成了一名乞丐。可贵的是，他没有跟许多乞丐一样，一辈子碌碌无为地乞讨下去，盲目无奈地在城市寄生，而是用自己的汗水，换来了劳动所得，并善于抓住机会，终于成为一名具有真正实力的大富豪。

奥纳西斯从学徒工干起，没有工资，每天的工作只能换来简单的温饱。他性情沉默，为人极为低调，渐渐地受到老板的赏识，付给他比较高的工资。

以后，虽然自己有了一点积蓄，开始做生意，他也先干那些投资极少、人们所不愿干的电报公司的焊接工程，也经营过许多人所不愿涉及的烟草生意。当时在希腊的烟草生意是极为萧条的。

有一年，一场空前的经济灾难，使不计其数的大资本家破产，许多工厂纷纷关门，失业率激增，不少人沦落街头。但他却在这场经济危机中，奋起直追，把自己的事业推向了空前繁荣。这是为什么呢？

原来，这次发生在世界范围内的经济危机，使世界上许多国家的经济堕入深渊，百业萧条。海上运输业也在劫难逃。第二年初，奥纳西斯得知，加拿大一家公司为了渡过危机，准备拍卖8艘货船，10年前价值100万美元，如今仅以每艘3万美元的价格拍卖。他像猎鹰发现猎物一样，极为神速地前往加拿大商谈这笔生意。

这一反常举止令同行们瞠目结舌。因为当时海运业空前萧条，当年的海运量仅为经济危机前一年的35%。那些精明的老牌海运企业家们避之唯恐不及，奥纳西斯在这样的情况下投资海上运输，无异于将钞票白白抛入大海。许多人规劝他，有些人甚至认为他智商低，成就不了大事业。

奥纳西斯清醒地看到，商业的发展很像股票行情，总是有起有落，经济的复苏和高涨终将代替眼前的萧条。危机一旦过去，物价就会从暴跌变为暴涨，如果能乘机买下便宜货，价格回升后再抛出去，转手就可赚到大钱。海运业虽暂受冲击，但交通非常重要，必有复苏之日，而且这一天肯定不远。奥纳西斯谢绝了亲朋好友的劝阻，果断将这些船全部买下。

果然不出所料，经济危机过后，海运业的回升居于各行之首，奥纳西斯买下的那些船只，一夜之间价格倍增。

几年后，奥纳西斯一跃成为海上霸主，他的资产几百倍地翻滚增加。1945年，他跨入了希腊海运巨头的行列。

远见可以给人们带来巨大的利益，打开不可思议的机会之门。远见增强一个人的潜力，一个人越有远见，就越有潜能。远见使工作轻松愉快。每一项任务都成了一幅更大的图画的重要组成部分。这样，当你努力工作，把工作做好时，没有任何东西比这种感觉更愉快的了。

远见使工作增添价值。同样，当我们的工作是实现远见的一部分时，每一项任务都具有价值。哪怕是最单调的任务也会给你满足感，因为你看到更大的目标正在实现。

远见预言你的将来。眼光长远的人往往能走在时代的前沿。他能看见别人所不能看见的东西，掌握事物发展的未来趋势，因而能先行一步。

一个人在成功的道路上能走多远，要看他是否有长远的眼光。有很多成功人的例子都说明了这一点。他们有的面临过金钱的诱惑，有的经历过困境的阻挠。

但他们往往能够执着于自己的梦想，从而摆脱眼前利益的诱惑，冲破困境的束缚。因为他们能够很清楚地看到未来的图景，所以他们能意志坚定，矢志不移。为了掌握自己的明天，你必须做一个有远见的人。

相信你能使自己活得更好，这只是第一步。要使自己的远见真正有价值，还必须与另一种能力——实现远见的能力相结合。有远见但不能把它变成现实的人，只是个空想家。

你需要一套实现远见的战略，下面的指导原则将对你有帮助。

（1）确定你的远见。如果你想成功，就必须确定你人生的远见。

（2）考察一下你当前的生活。将你自己的远见变成现实不是一蹴而就的事，这是一个过程，跟一次旅程十分相似。你决定去旅行之后，首先要做的事情之一，就是选择出发点。没有这个出发点，就不可能规划旅行的路线和目的。

（3）为达远见放弃小选择。因为所有的梦想都是有代价的。

（4）按自己的远见来规划自己的成长道路。人生的任何积极转变必定需要个人成长。

（5）常与成功人士接触。个人成长的过程包括与人接触。学习如何成功的最佳方法就是与成功人士接触。

（6）不断地表达你对自己梦想的信心。实现梦想要求你不断努力，并发挥出最大的冲劲。加强韧性与冲劲的方法之一，是不断地表达你对实现梦想的信心。

（7）预料到有人会反对你的梦想。那些自己没有梦想的人是不会理解你的梦想的。

（8）不要与消极思维者做密友。

（9）寻找实现理想的每条途径。全神贯注于你自己的理想，但对走哪条路才能实现理想，则应抱灵活的态度。

（10）不断自我超越。只付出一般努力是实现不了理想的。

（11）帮助与你有类似梦想的人。没有其他人的支持，就不可能有成功。

发掘你生命中的冰山

潜能是人类原本具备却忘了使用的能力，如果将人类的整个意识比喻成一座冰山的话，95% 隐藏在冰山底下的意识就是属于潜意识。

人类的潜意识具有超越一般常识，几乎可称之为全然未知的超意识能力。

人类的直觉、灵感、梦境、催眠、念力、透视力、预知力等都是潜在能力的具体表现。

生命的能量到底有多大？相信下面的故事会给你一个答案。

一个铁块的最佳用途是什么呢？第一个人是个技艺不纯熟的铁匠，而且没有要提高技艺的雄心壮志。在他的眼中，这个铁块的最佳用途莫过于把它制成马掌，他为此竟还自鸣得意。他认为这个粗铁块每磅只值两三分钱，所以不值得花太多的时间和精力去加工它。他强健的肌肉和三脚猫的技术已经把这块铁的价值从 1 美元提高到 10 美元了。对此他已经很满意。

此时，来了一个磨刀匠，他受过一点更好的训练，有一点雄心和一点更高的眼光，他对铁匠说："这就是你在那块铁里见到的一切吗？给我一块铁，我来告诉你，头脑、技艺和辛劳能把它变成什么。"他对这块粗铁看得更深些，他研究过很多煅冶的工序，他有工具，有压磨抛光的轮子，有烧制的炉子。于是，铁被熔化掉，碳化成钢，然后被取出来，经过煅冶，被加热到白热状态，然后投入到冷水或石油中以增强韧度，最后细致耐心地进行压磨抛光。当所有这些都完成之后，奇迹出现了，他竟然制成了价值 2000 美元的刀片。

铁匠惊讶万分，因为自己只能做出价值仅 10 美元的粗制马掌。经过提炼加工，这块铁的价值已被大大提高了。

另一个工匠看了磨刀匠的出色成果后说："如果依你的技术做不出更好的产品，那么能做成刀片也已经相当不错了。但是你应该明白这块铁的价值你连一半都还没挖掘出来，它还有更好的用途。我研究过铁，知道它里面藏着什么，知道能用它做出什么来。"

与前两个工匠相比，这个匠人的技艺更精湛，眼光也更犀利，他受过更好的训练，有更高的理想和更坚韧的意志力，他能更深入地看到这块铁的分子——不再囿于马掌和刀片——他用显微镜般精确的双眼把生铁变成了最精致的绣花针。他已使磨刀匠的产品的价值翻了数倍，他认为他已经榨尽了这块铁的价值。当然，制作肉眼看不见的针头需要有比制造刀片更精细的工序和更高超的技艺。

但是，这时又来了一个技艺更高超的工匠，他的头脑更灵活，手艺更精湛，更有耐心，而且受过顶级训练，他对马掌、刀片、绣花针不屑一顾，他用这块铁做成了精细的钟表发条。别的工匠只能看到价值仅几千美元的刀片或绣花针，他那双犀利的眼睛却看到了价值 10 万美元的产品。

也许你会认为故事应该结束了，然而，故事还没有结束，又一个更出色的工匠出现了。他告诉我们，这块生铁还没有物尽其用，他可以让这块铁造出更有价值的东西。在他的眼里，即使钟表发条也算不上上乘之作。他知道用这种生铁可以制成一种弹性物质，而一般粗通冶金学的人是无能为力的。他知道，如果煅铁时再细心些，它就不会再坚硬锋利，而会变成一种特殊的金属，富含许多新的品质。

这个工匠用一种犀利的、几近明察秋毫的眼光看出，钟表发条的每一道制作工序还可以改进；每一个加工步骤还能更完善；金属质地还可以精益求精，它的每一条纤维、每一个纹理都能做得更完善。于是，他采用了许多精加工和细致煅冶的工序，成功地把他的产品变成了几乎看不见的精细的游丝线圈。一番艰苦劳作之后，他梦想成真，把仅值 1 美元的铁块变成了价值 100 万美元的产品，同样重量的黄金的价格都比不上它。

但是，铁块的价值还没有完全被发掘，还有一个工人，他的工艺水平已是登峰造极。他拿来一块钢，精雕细刻之下所呈现出的东西使钟表发条和游丝线圈都黯然失色。待他的工作完成之后，你见到了几个牙医常用来勾出最细微牙神经的精致钩状物。1 磅这种柔细的带钩钢丝，如果能收集到的话，要比黄金贵几百倍。

铁块尚有如此挖掘不尽的财富，何况人呢？我们每个人的体内都蕴藏着无限丰富的生命能量，只要我们不断去开发，它就可以是无限大。工匠们都在生铁里看到了经过加工后的成品，我们也应该在自己的生活中看到灿烂的前途，并去把它化为现实。

如果我们只目光短浅地看到马掌或刀片，我们所有的努力与辛劳都不可能产生钟表发条与游丝。我们必须目光远大、必须勇于拼搏、经受考验并付出必要的代价，这样我们就能把我们的生命能量发挥到极致。而且还要坚信，我们所经受的痛苦和所做的努力最终会得到酬谢。生命能量是无限的，但是，我们应该学会珍惜，而不是挥霍它。

我们每一个人都有无限的潜能，就看你发掘了多少。促使潜能开发应用的方法有许许多多，但从成功学的角度而言，主要有四个方面，即“诱、逼、练、学”。

（1）“诱”就是引导。寻求更大领域、更高层次的发展，是人生命意识里的根本需求，因此，具有主体自觉意识的自我、有理性的自我，是绝不愿意停留在任何一种狭小、有限的状态之中的，而总是要想不断开拓以取得更大的发展（成功），从而更好地生存。这种炽热的、旺盛的发展需要，是成功渴望的表现，是潜能蓄势待发的前兆。只要对这种发展意识给予有益的暗示、引发、规划和培育，就能把潜能很好地激发出来、释放出来。

（2）“逼”就是逼迫。人是一个复杂的矛盾体，既有求发展的需要，又有安于现状、得过且过的惰性。能够卧薪尝胆、自我警醒的人少之又少，更多的人需要的是鞭策和当头棒喝式的促动。自己逼自己，使自我经常处在一个积极进取、创新求变的紧张状态，使潜能时常处在激发状态。目标达成了，“被逼”的状态解除了，人也就发展了。

（3）“练”就是练习。此处特指专家为开发人的潜能而专门设计的练习、题目、测验、训练，如脑筋急转弯、一分钟推理等，多做有益。另外，还包括“潜意识理论与暗示技术”、“自我形象理论与观想技术”、“成功原则和光明技术”、“情商理论与放松入静技术”等。

（4）“学”就是学习。学习绝对是增加潜能基本储量及促使潜能发挥的最佳方法。知识丰富必然联想丰富，而智力水平正是取决于神经元之间信息连接的面和信息量。

第三章

立即行动，一千个想法不如一个行动

你为什么还不行动

最削弱生命活力的事情，莫过于总是梦想富甲天下，却从不肯进行一丁点儿的努力去实现这些梦想。眼高手低，有理想而不行动，会消磨人的意志，摧毁人的创造力。

我们总是计划着未来的富裕生活，但是，如果我们不进行坚持不懈的努力，将其变为现实，那么，这些计划将永远只是计划，我们永远只是在纸上谈兵。

19世纪50年代，受旧金山淘金热的影响，年轻的美国小伙子李维·施特劳斯也按捺不住了。他放弃了自己轻松的文职工作，随着两个哥哥来到旧金山。到旧金山不久，他开办了一家百货店。

一天，一位来店里买东西的淘金工人无意中对施特劳斯说："你们的帆布包真的很适合我们，为什么不用帆布做成裤子给我们淘金工人穿呢？我想，那一定比我们现在的棉布工装裤结实耐用多了。"

说者无心，听者有意，施特劳斯经过一整夜地反复思考，决定立即采用这位淘金工人的建议，于是他马上取出一块帆布到裁缝店，做出了第一条帆布工装短裤。这种工装裤诞生以后，果然受到了众多矿工的喜爱。这种工装裤就是现在风靡全球的牛仔裤的前身。

过了些日子，一位从远方来看望施特劳斯的朋友见到工人购买工装裤的情形，向他建议道："我认为，你应该聘请一些有丰富经验的裁缝，先把这种裤子重新设计一番，再投入一些资金，并进行相应的广告宣传，然后把它完全地推向市场。"爽快的施特劳斯又立即接纳了这位朋友的建议，把经过重新设计的工装裤推向了市场。令施特劳斯没有想到的是，这种裤子不但吸引了大批矿工的喜爱，而且受到了年轻人的青睐。

这样一来，他引进设备，组装生产线，开始大批量地生产这种工装裤——牛仔裤，并利用各种媒体对牛仔裤进行大肆地宣传，甚至还大谈特谈起“牛仔文化”，无孔不入的宣传使牛仔裤广得人心。牛仔裤的市场前景越来越光明、越来越广阔，他的公司因此而获得了蓬勃发展。

要将梦想变为现实，一定要做三件事：第一，使我们的目标具体化；第二，集中精力，全力以赴；第三，将目标变为现实。在这一过程中，所必需的条件都取决于我们自己，而不是别人。无论我们身在何处，拥有多少财富，能把我们的理想变为现实的，只有我们的行动。

有千千万万的人拥有伟大的雄心、宏大的志向，他们也决定要实现这些理想，但是他们又因为疑虑、困惑而停滞不前，甚至不肯迈出一小步。他们一直在等待着，不敢前进，就像有魔鬼守在门口一样。他们常常不愿意全力以赴，更不用说完全切断自己的退路了。

立刻行动，绝不拖延，我们要注意下面几点：

1. 不要害怕承担责任

要立下决心，你一定可以承担任何正常职业生涯中的责任，你一定可以比前人完成的更出色。世界上最愚蠢的事情就是推卸眼前的责任，认为等到以后准备好了、条件成熟了再去承担才好。在需要你承担重大责任的时候，马上就去承担它，就是最好的准备。

无论何时不要让疑虑不安阻挡了你的努力，不要让它在起点就麻痹了你，使你不敢努力向前，甚至使你成为行动上的侏儒。让勇敢的自信伴随着你，把懦弱的怀疑赶走。

如果那些由于没有成就而感到失望的人，能够下定决心强迫自己去做那些尽管自己不喜欢却对自己最有益的事情，哪怕仅仅坚持一个月，他们都一定会在通往成功的大道上找到新的起点，更好地把握自己，更好地承担责任。而他们的整个工作效果都会得到很好的改善。

要相信自己的能力，相信那些尚未得到完全开发的潜能会随时来帮助你。“精诚所至，金石为开。”除了你自己，没有人可以关闭你实现自我的理想之门。除了你自己，世界上没有任何艰难险阻，也没有任何其他力量，可以妨碍你走上成功创富的道路。

2. 做事要尽可能直率、迅速

很多人之所以失败，一个重要原因就是因为办事时经常拖延迟误，不能迅速地加以解决。有许多有利的商机都在他迟疑不决、优柔寡断、左思右想的时候失去了。

无论你要表述什么，一定要用简洁透彻的方式来阐明。无论你的本领多高，学识多深，气势多大，脑子有多聪明，如果没有迅速果断的处事手段，是绝不能抓住要点而获得成功的。

有不少高等学校毕业的学生，获得了一定的学位，看起来似乎前程似锦。但是很多人缺乏一种迅速果断的性格，对所有的事务和职业他们往往都要左思右想，这样，机会就一个个从他们眼前溜走了。无法把握住良机，无法获得大的发展，最后令人大感失望。

3. 适当研究成功人士的做法

塞缪尔·斯迈尔斯认为，要想成功就要知道成功的人都采取什么样的行动。你必须研究成功者每一天都在做些什么，他们到底做了哪些跟你不一样的事，假如你可以如法炮制他们的行动，那么，你一定会成功。一个业务员要成功，必须拜访非常多的客户，如果他不知道，最顶尖的业务员一天拜访多少个客户，那么他根本就没有成功的机会；如果他无法付出顶尖业务员所做的行动，他就无法提高成绩。无论何时都要记住，只有行动才能出结果。

成功始于心动，成于行动

行动是成功创富的保证。任何伟大的目标，伟大的计划，最终必然落实到行动上。

拿破仑说：“想得好是聪明，计划得好更聪明，做得好是最聪明又最好。”

创富开始于心态，创富要有明确的目标，这都没有错，但这只相当于给你的赛车加满了油，弄清了前进的方向和线路，要抵达目的地，还得把车开动起来，并保持足够的动力。

现在做，马上就做，是一切成功人士必备的品格。

有一篇仅几百字的短文，几乎世界上所有的主要语言都把它翻译过。仅纽约中央车站就将它印了150万份，分送给路人。这篇短文的原作者是Eebert

Hubbard。文章最先出现在1899年的Philitine杂志，我看到后就把这个短文收录到我的书中。

文章中写到："在一切有关古巴的事情中，有一个人最让我忘不了。当美西战争爆发后，美国必须立即跟西班牙反抗军首领加西亚取得联系。加西亚在古巴的丛林中——没有人知道确切的地点，所以无法写信或打电话给他。但美国总统必须尽快与他合作。"

"怎么办呢？有人对总统说：'有一个名叫罗文的人，有办法找到加西亚，也只有他才找得到。'"他们把罗文找来，交给他一封写给加西亚的信。那个叫罗文的人拿了信，把它装进一个油质袋子里，封好，吊在胸口，划着一艘小船，四天以后的一个夜里，在古巴上岸，消失于丛林中。接着在三个星期之后，从古巴岛的那一边出来，徒步走过一个危机四伏的国家，把那封信交给加西亚。

但所有这些细节都不是我想说明的。我要强调的重点是："麦金利总统把一封写给加西亚的信交给罗文，而罗文接过信之后，并没有问：'他在什么地方？他是谁？还活着吗？怎样去？为什么要找他？那是我的事吗？报酬如何？'"

没有问题，没有条件，更没有抱怨，只有行动，积极、坚决的行动。

在人的一生中，有着种种创富计划，若我们能够将一切憧憬都抓住，将一切创富计划都执行，事业生涯上的富有，不知要怎样的宏大；我们的生命，不知要怎样的伟大。

我们总是有憧憬而不去抓住，有计划而不去执行，坐视各种憧憬、计划幻灭消逝。

凡是应该做的事，拖延着不立刻做，想留待将来再做，有着这种不良习惯的人总是弱者。凡是有力量、有能耐的人，总是那些能够在对一件事情充满热忱的时候，就立刻迎头去做的人。

曼利·史威兹喜欢打猎和钓鱼。他最大的快乐是带着钓竿和来复枪深入丛林，几天之后带着一身的疲惫和泥泞，心满意足地回来。

他唯一的困扰是，这项嗜好占去了他太多的时间。有一天，他依依不舍地离开扎营的湖边，回到保险公司工作时，突然产生了一个一般人认为很不实际的想法：荒野之中，也有人需要购买保险。

如此，他外出狩猎时，也一样可以工作。阿拉斯加铁路公司的员工，以及散居在铁路沿线的猎人、矿工都将成为他的潜在客户。

他立刻作好计划，并请教旅行社，然后就开始整理行李。他做好了所有的准备工作，以免“疑惑”袭上心头来恐吓他，使他认为这想法不切实际、会失败。之后，他立即搭船前往阿拉斯加。他沿着铁路来回走了无数次，“步行的曼利”是那些与世隔绝的人们对他的昵称。

他受到了热烈的欢迎，他不但是唯一和那些与世隔绝的人们接触的保险业务员，更是外面世界的象征。

除此之外，他还免费教他的潜在客户们理发和烹饪，经常受邀成为座上宾，享受佳肴。在短短的一年内，他的业绩突破百万美元，开展业务的同时他还享受到了登山、打猎、钓鱼的无限乐趣，他把工作和生活做了最完美的结合。

如果曼利·史威兹在梦想产生时，没有立即行动，可能会因为一再犹豫，无疾而终。想做的事情，立刻去做！

有计划而不去执行，使之烟消云散，这对于我们的品格力量会产生非常不良的影响。有计划而努力执行，这就能增强我们的品格力量。有计划不算稀奇，能执行制定的计划才算可贵。明确了方向，确定了目标，就应该用实际行动去追求理想。

斯通担任美国全国国际销售执行委员会执行委员时，曾作为该委员会的代表走访了亚洲和太平洋地区。在某个星期二，斯通给澳大利亚东南部墨尔本城的一些商业工作人员做了一次鼓励立志的谈话。到下一个星期四的晚上，斯通接到一个电话，是一家出售金属柜公司的经理意斯特打来的。意斯特很激动地说:“发生一件令人吃惊的事！你会同我现在一样感到振奋的！”

“把这件事告诉我吧！发生了什么事？”

“我确定的主要目标是把今年的销售额翻一番。令人吃惊的是，我竟在48小时之内达到了这个目标。”

“你是怎样达到这个目标的呢？”斯通问意斯特，“你怎样把你的销售额翻一番的呢？”

意斯特答道:“你在谈话中讲到你的推销员亚兰在同一个街区兜售保险单失败而又成功的故事。我记住你给我们的自我激励警句:‘立刻行动！’我就去看我的卡片记录，分析了10笔死账。我准备提前兑现这些账，这在先前可能是一件相当棘手的事。我重复‘立即行动’这句话达好几次，并用积极的心态去访问这10个客户。结果做了8笔大买卖，发扬积极心态的力量所做出的事是很惊人的！”

要当一个成功者，必须积极地努力，积极地奋斗。成功者从来不拖延，也不会等到“有朝一日”再去行动，而是今天就动手去干。他们忙忙碌碌尽其所能干了一天之后，第二天又接着去干，不断地努力、失败，直至成功。

要记住这句老话：“今天能做的事情不要拖到明天。”成功者一遇到问题就马上动手去解决。他们不花费时间去发愁，因为发愁不能解决问题，只会不断地增加忧虑。当成功者开始集中力量行动时，立刻就兴致勃勃、干劲十足地去寻找解决问题的办法。

你遇见过那种喜欢说“假若……我已经……”的人吗？有些人总是喋喋不休地大谈特谈他以前错过了什么样的成功机会，或者正在“打算”将来干什么样的事业。失败者总是考虑他的那些“假若如何如何”，所以总是因故拖延，总是顺利不起来。

总是谈论自己“可能已经办成什么事情”的人，不是进取者，也不是成功者，而只是空谈家。实干家是这么说的：“假如说我的成功是在一夜之间得来的，那么，这一夜乃是无比漫长的历程。”不要等待“时来运转”，也不要由于急于求成而恼火，要从小事做起，要用行动争取胜利。记住，立即行动！行动能让你像曼利一样，抓住稍纵即逝的宝贵时机，实现梦想。

不要拖延，现在就去做

成功人士肯定懂得这样的格言：“我们要明白一点：拖延、迟缓无异于死亡。”对于成功者而言，拖延是最具破坏性、最危险的恶习，它使你丧失了主动的进取心。一旦开始遇事拖拉，你就很容易再次拖延。而克服拖延唯一的解决良方，正是行动。

当你真的放手去做时你会惊讶地发现，你正迅速改变自己和自身的状况。正如英国首相及小说家本杰明·狄斯雷利所说：“行动未必总能带来幸福，但没有行动却一定没有幸福。”

深夜，一个危重病人迎来了他生命中的最后一分钟，死神如期来到了他的身边。在此之前，死神的形象在他脑海中几次闪过。他对死神说：“再给我一分钟好吗？”死神回答：“你要一分钟干什么？”他说：“我想利用这一分钟看一看天，看一看地。我想利用这一分钟想一想我的朋友和我的亲人。如果运气好的话，我还可以看到一朵绽开的花。”

死神说：“你的想法不错，但我不能答应。这一切都留了足够时间让你去欣赏，你却没有像现在这样去珍惜，你看一下这份账单：在60年的生命中，你有1/3的时间在睡觉；剩下的三十多年里你经常拖延时间；曾经感叹时间太慢的次数达到了10000次，平均每天一次。上学时，你拖延完成家庭作业；成人后，你抽烟、喝酒、看电视，虚掷光阴。

“我把你的时间明细账罗列如下：做事拖延的时间从青年到老年共耗去了36500个小时，折合1520天。做事有头无尾、马马虎虎，使得事情不断地要重做，浪费了大约三百多天。因为无所事事，你经常发呆；你经常埋怨、责怪别人，找借口、找理由、推卸责任；你利用工作时间和同事侃大山，把工作丢到了一旁毫无顾忌；工作时间呼呼大睡，你还和无聊的人煲电话粥；你参加了无数次无所用心、懒散昏睡的会议，这使你睡眠远远超出了20年；你也组织了许多类似的无聊会议，使更多的人和你一样睡眠超标；还有……”

说到这里，这个危重病人就断了气。死神叹了口气说：“如果你活着的时候能节约一分钟的话，你就能听完我给你记下的账单了。哎，真可惜，世人怎么都是这样，还等不到我动手就后悔死了。”

成功的最大敌人是，凡事等待明天。在所谓的风平浪静的生活中，你也许经常说到这样的话：“我要等等看，情况会好转的。”对于有些人来讲，这似乎已经成为他们习以为常的一种生活方式。他们总是明日复明日，因而也就总是碌碌无为。

在现实生活中我们不难发现，其实每个人都有惰性，不分事情的轻重，喜欢拖延；唯一的区别，是拖延的程度不同罢了。每一个人都有拖延的习惯，每当想要的时候，就立刻把想法作转换，转换为没有设定完成期限。这就是拖延的根源，如果已经设定了期限，就不会拖延，而且，那个期限如果是一定要完成的，无法再更改的，这样一来，就没有拖延的借口。

拖延是一个习惯，行动也是一种习惯，不好的习惯要用好的习惯来代替。仔细思考一下，拖延的事情迟早要做，为什么要等一下再做？现在做完等一下可以休息，有什么不好？现在休息，也许等一下要付出更大的代价。想一想，在日常生活当中，有哪些事情是你最喜欢拖延的，现在就下定决心，将它改善。从最简单的事情开始，当你可以激发自己的行动力的时候，你会非常有干劲，会非常想去完成一件事情。

当事情不如意时，一定是你没有掌握正确的方法；当完成的速度不够快的时候，一定是你使用的策略不对。当你开始拖延的时候，一定是你的优先顺序没有排列对，因为你不知道这件事有多重要。凡事掌握其根源，必定会得到非常大的收获和成效，不管你现在要做什么事，请立刻行动。

现在就去做你一直在推迟的事情。在采取实际行动之后，你会发现，拖延时间真的毫无必要，因为你很可能会喜欢自己一再拖延的这项工作。在实际工作中，你会逐步打消自己的各种顾虑。

问问自己："倘若你做了自己一直拖延至今的事情，最糟糕的结果会是什么呢？""最糟糕的结果"往往是微不足道的。因而你完全可以积极地去做这件事，认真分析一下自己的畏惧心理，你会懂得维持这种心理毫无道理。

给自己安排出固定的时间，如周一晚上 10 点至 10 点 15 分专门做曾被拖延的事情。你会发现只要在这 15 分钟内专心致志地工作，你往往可以做完许多拖延下来的事情。

要珍爱自己，不要为将要做的事情忧心忡忡。不要因拖延时间而忧虑，要知道，珍爱自己的人是不会在精神上这样折磨自己的。

认真审视你的现实情况，找出你目前回避的各种事情，并且从现在起逐步消除自己对真正生活的畏惧心理。拖延时间意味着在现实生活中为将来的事情而忧虑。如果你把将来的事情变成现实，这种忧虑心理必然会消失。

认真审视一下自己的创富计划。假设你今生今世还有 6 个月的时间，你还会做自己目前所做的事情吗？如果不会的话，你最好尽快调节自己的生活，现在就去做你最紧迫、最需要做的事情。为什么？因为相对而言，你的时间是很有限的。在时间的长河中，30 年和 6 个月是相差不多的。你的全部生命只不过是短暂的一瞬间，因而在任何方面拖延时间毫无道理。

行动，而不是犹豫

许多人害怕负起做决断的责任——决定不下要采取什么样的行动。因为他们担心，事情若是做不成功，他们便要成为责任的承担者。因此，他们尽可能避免负责，如有必要，他们会陷入忧愁、疑惧、或不知所措。这种焦虑和紧张，往往使身体和精神趋于崩溃。

1942年，有位住在加拿大尼加拉瓜瀑布地区的年轻小伙子，名叫柯思迪罗。他退伍之后，立刻在“安大略水力发电代办处”找到一份修理机械的工作。18个月以来，他一直表现良好，而且工作得很愉快。一天，上司告诉他一个好消息——他被升任为领班，负责管理厂内重机油的设备。

“从那时起，我便开始忧愁了。”柯思迪罗描述道：“我曾是个快乐的机械工，但调升为领班之后，日子便不再快乐了。我所负的责任带给我许多压力，不论是清醒时或在睡梦里、不论在厂内或家里，焦虑常是我最亲密的伴侣。”

“然后，事情发生了——我一直担心的紧急变故终于发生了。我当时正走向一个碎石坑，那里应有四部牵引机在工作。但坑里那时是一片寂静，我急忙跑过去看，原来四部牵引机都发生了故障。”

“我从没碰到过这样的大事故，因此脑子空空不知如何是好。我跑去找监督，告诉他这个天大不幸的消息，然后静等着他向我大发雷霆。”

但屋顶并没有掉下来，相反地，这位监督转过身来，若无其事地向我微微一笑，然后说了几个字眼——假如我有幸活到一千岁的话，也永远不会忘记这些字眼。他对我说：

“‘把它修好啊！’”

“就从那一刻开始，我所有的忧愁、恐惧和焦虑，完全一扫而空，整个世界又恢复了正常。我急忙拿了工具出去，马上开始修理那四部牵引机。这几个神妙的字眼可说是我一生的转折点，并且改变了我的工作态度。感谢那位监督，我不但再度对工作燃起了热忱，也下定决心——遇事不要惊慌，不要忧烦，只要赶紧‘把它修理好’，就可以啦！”

行动的过程就是对自我胆怯心理克服的过程。一个胆怯的人往往是没有自信的人，因而面对问题时退缩不前，选择逃避，不敢行动。一个人的成功是一个不断克服自我设限，果断行动追求最完美结果的过程。一个人只有不断打破自我认知和能力上的局限，才能不断进步。

住在印第安纳州的泰德·斯坦坎普先生，便是位幸运人士。他的父亲不仅了解积极行动的价值，并且知道如何把这个观念和习惯传授给儿子。事情的经过是这样的：

泰德·斯坦坎普12岁时曾被邻居一个孩子欺负，所以，他决心不再出门，这样比较保险。过了几天，作为他帮忙割草的奖励，泰德的父亲给了他一些钱要他去看电影和买冰激凌。泰德把钱放进口袋，但没有去看电影——虽然他是那么渴望去看电影——因为他怕会遇见那个邻居的孩子。

“我父亲以为我是生病了，”泰德·斯坦坎普说，“我含糊地回答他的问话。第二天傍晚我到巷子里去玩弹子。这时候我发现了我的敌人——他此时像《圣经》里被大卫王杀死的菲利斯丁巨人那样可怕——向我冲来。我吓得调过头拼命跑回我家的车库，谁知我爸爸正站在我面前。他问我究竟是怎么了，我谎称我们在捉迷藏。这时候一个声音传进来：‘出来，胆小鬼。’

“我爸爸手中多了一根两英尺长的厚厚的汽车皮带，语气平静地对我说，如果我不敢面对那个大块头，就必须等着挨皮带。我稍一犹豫，皮带就打在我的屁股上，那种疼痛比打架时挨过的拳头厉害多了。

“我像炮弹被发射般窜出车库，出其不意地冲向那个家伙。第一拳打得他没有心理准备，接二连三地又是几下，他只有狼狈逃窜。

“后来的几天成为我童年最快乐的记忆，勇气带给我的报偿是一种享受，我重获自尊，而且我得出一个有用的结论——不要逃避现实，要勇敢地面对它。一条汽车皮带和一个睿智的父亲叫我明白了一个真理。”

做出决定进而采取行动的能力是做好自我保护的要素之一。虽然多数人在大半生的时间里都循着常规生活，但没有人能预知紧急情况的发生，所以我们应当时刻准备行动。权衡利弊，选择最有利的办法付诸实施的习性的养成，可能会成为未来某天掌握我们自己以及以我们为支柱的人的生死关键。

住在俄亥俄州春田市的艾尔·比夏先生，便曾遇到这样的危机。比夏先生和妻子及三岁大的女儿一同开车到科罗拉多欢度圣诞佳节。那一天，风雪交加，高速公路上的车子都减速慢行。忽然，开在他们前面的几部车子都停住了，比夏也急忙煞车停下来，并试着倒转车子往回开。但风雪实在太大了，他们一不小心便陷入车道的积雪当中，动弹不得。

“我们停在那里几乎有一个钟头，内心实在焦虑不已。”比夏先生回忆当时的情况时说道：“在那一个钟头里，我们担忧的程度超过了所有以往的经历。夜色降临了，气温愈来愈低，风雪也变得更厉害了。路上的积雪愈来愈厚，我们的车子是绝对无法再开动了。我望着太太和女儿，心里知道必须赶紧采取行动，以求取生存。”

“我记得方才开车的时候，曾路过一栋农舍，距离我们停留的地方约 1/4 里远。假如我们能走到那里，生存或许有望。于是，我把女儿抱在怀里，便和太太一同向农舍出发。这真是一趟艰苦的路程！积雪高到我们的臂部，得费极大的力气才能向前走一小步。那真是痛苦的经历，但我们终于走到了农舍！”

“接着的24小时，我们都留在那栋有四间房的农舍里，还有另外33个人也因风雪而困在那里。但我们都觉得十分温暖、安全，简直就像到了天堂一样。事过境迁之后我们回想，假如那时我们没有毅然决然采取行动，而只呆坐在车里等候，相信我们早就冻死在风雪中了。”

是的，紧急的情况往往逼使我们要当机立断，立刻采取行动，不能多有犹豫、考虑的时间，否则情况将难以补救。当需要付诸行动的时候，不能犹豫。

行动造就真正的巨人

人们在做一件事情之前，总是先有目标和计划，然后才付出行动来实施。不要奢望不劳而获。机遇不会从天而降，它需要靠自己双手去创造和争取。

西方流传着这样一个故事：

很久以前，一位聪明的国王召集了一群聪明的臣子，给了他们一个任务：“我要你们编一本各时代的智慧录。好流传给子孙。”这些聪明人离开国王后，工作了很长的一段时间，最后完成了一本厚达十二卷的巨作。国王看了以后说：“各位先生，我确信这是各时代的智慧结晶，然而，它太厚了，我怕人们不会读，把它浓缩一下吧。”

这些聪明人又长期努力地工作，几经删减之后，完成了一卷书。然而，国王还是认为太长了，又命令他们再浓缩，这些聪明人把一卷书浓缩为一章，又浓缩为一页，然后减为一段，最后变为一句话。聪明的老国王看到这句话后，显得很得意。“各位先生，”他说，“这真是各时代智慧的结晶，并且各地的人一旦知道这个真理，我们大部分的问题就可以解决了。”

这句话就是：“天下没有免费的午餐”。

这则寓言告诉人们这样一个道理：你要实现你的人生理想，你就必须行动。行动能够抓住机会。从现在起，不要再说自己“倒霉”了。对于成功者来说，勤奋工作就是好运气的同义词。只要专心去做好你现在所做的工作，坚持下去直到把事情做好，“机会”就会来到。

怨天尤人不会改变你的命运，只会耽误你的光阴，使你没有时间去取得成功。如果你想要“赶上好时间、好地方”，就去找一样你能够拼上一拼的工作，然后努力去干。幸运不是偶然的。只要勤奋工作，就会把幸运女神召唤来。

行动发挥潜能。科学已经证明，人的潜能几乎是无穷的。行动，潜能就会增加；不行动，潜能就会减退。行动促使潜能发展，潜能的发展必然又带来更大的行动。行动会增强自信心，犹豫只会带来恐惧。克服恐惧的唯一办法就是立即行动。

跳伞的人拖得越久越害怕，就越没有信心。“等待”甚至会折磨各种专家，并使他们变得神经质。有经验的教师站在讲台上长时间不开口也会紧张得不行。著名播音员爱德华·慕罗在面对麦克风之前总是满头大汗，开始播音以后，所有的恐惧立即“烟消云散”了。行动可以治疗恐惧，许多老演员也有这种经验，立即进入状态，可以解除全部的紧张、恐怖与不安。

一般人则不了解这个道理，他们应付恐惧的常用方法就是“不做”或回避。多数推销员就经常这样，他们经常怯场，结果是越来越糟。克服恐惧的最佳办法，就是立刻就做。不管干什么事，制定目标之后，就要立即行动，不可一拖再拖。信息时代，是讲究速度和高效的，不行动就要落后。行动的步骤包括：

（1）确立明确的目标。有些人的目标比较笼统，比如说当一名科学家。有的则比较具体，比如要发明出治疗癌症的药。广泛的理想目标也有用，因为它们有整体的观点，可以解放想象力，帮助我们探究所有可能的选择。但是，广泛的目标却不能使我们确定自己所要做的是什么。由于这个缘故，我们需要具体的目标。

目标有两种，一种是“输出目标”，一种是“能力目标”。输出目标指的是可以凭借多种方式完成的目标。能力目标则比较难懂，但是重要性一样，这种目标可以用来回答这个问题：“为了达到我的输出目标，我必须擅长于什么？”输出目标和能力目标可谓携手并行，相互支持。比如有些女演员，她给自己订立的“输出目标”是，在明年的两个大型电视剧中出演。这个目标需要她表演成功才能达到，所以做一名引人注目的女演员，便是她的能力目标。

（2）行动必须忠诚于订立的目标。为什么要提出这个问题呢？因为在古今中外有关成功的实践或事例中，行动与目标背离，不依目标的要求行事，这是一种十分常见的错误，也是许多人最后目标落空，陷于失败的常有教训。

正如美国学者莫利斯博士所说：一般人的行为，经常与他的梦想或目标不一致，这种现象十分普遍，达到了令人吃惊的程度。其实，每个人都会犯这个毛病，只是程度不同罢了。而常犯这种毛病，无疑是在自己前进道路上放置障碍物，阻碍自己迈向成功。

不忠诚于目标，就是行动与目标的要求不协调，莫利斯博士举例说：售货员的目标是卖出更多的东西，行动却是对顾客蛮横无理；做丈夫的希望家庭美满，却对自己的妻子漠不关心；有的公司希望与客户和供应商建立相互信任的关系，提高自己的信誉，行动却是三天两头耍花招儿，欺诈不断；某个瘾君子发誓戒烟，却在家里和车上私藏香烟。诸如此类的事情，在我们的生活中确实经常见到。

为什么忠诚目标有时显得那样难呢？一个重要原因，是忠诚目标需要付出较大的努力，需要克服许多人性的弱点，需要对自己的欲望严加约束。所以行动忠诚于目标，是一件非常难于做到的事情，因为人人有这样那样的欲望，节制欲望需要付出极大的毅力，从更高的层次说，需要坚定的理想信念，需要有强大的精神支柱。

（3）化目标为行动。制定目标相对容易，难的是付诸行动。很多人都制定了自己的人生目标，但制定了目标之后，便把目标束之高阁，没有投入到实际行动中去，到头来仍然是一事无成。目标制定好后，就不能有一丝一毫的犹豫，而要坚决地投入行动。

把目标转化为行动，要尝试按以下步骤进行：

①将几个已经拖延很久但须马上开始的行动写下来，也许是学习、训练或交朋友等。

②写下没有开始行动的若干原因。为什么我当时没有行动？是不是当时有什么困难？回答这些问题有助于你认识未付诸行动的原因。

③写出你拖延行动而觉得快乐的理由。

④写出如果你不马上行动所造成的后果。

⑤写下那几个行动后的所有快乐。

光阴易逝，你在人生中真正能抓住的时间就是现在，就是今天。

第四章

忽略背景，谁都能成为伟大的人物

命运不完全由出身决定

每个人的人生起点不尽相同，但这并不意味着，其人生的最后结果就被出身定型。在这个世界上，永远不存在穷富世袭，也不存在成败罔替，有的只是“我奋斗，我成功”的真理。我们应该坚信，我们的命运最终由我们自己的行动决定，而绝对不是完全由我们的出身决定。

约翰·D.洛克菲勒小的时候，家境十分贫寒，又加上一次次的搬迁，日子十分不安稳。在保存下来的洛克菲勒出生地照片上，人们可以清楚看到的是一幢简陋的木板房，周围是光秃秃的山坡和灰蒙蒙的天空。房子仿佛是用两节货车车厢拼凑在一起的，很是粗陋，唯一能使画面有点生气的就是搭在其中一个房门上的凉篷。“我敢肯定没有谁家的孩子比他们更可怜，”洛克菲勒的一位邻居说，“他们一年四季身上穿的衣服总是破破烂烂的，一副又脏又饿的样子，让人很同情。”

洛克菲勒和弟弟妹妹们一起睡在楼上一间连墙泥都没有的屋子里，冬天只能靠着与厨房相连的烟筒取暖；房子太过简陋，雪花和寒风会从墙缝径直往屋里灌进来。在黎明前的黑暗里，洛克菲勒常常被伐木工的砍树声或者雪橇在雪地上滑行时的咯吱声惊醒。清晨时分，母亲就会站在楼梯口喊身为长子的洛克菲勒：“儿子，该起床了，是时候给牛挤奶了！”年少的洛克菲勒尽管还没有睡醒，但是总是不迟疑地走向谷仓。在昏暗而寒冷的谷仓里，约翰常常站在奶牛刚刚让出来的那块热乎地方，好让凉冰的双脚暖和一下。

1855年8月，美国的克里夫兰依旧暑热难当，年方16岁的洛克菲勒就开始四处求职。这个少年踌躇满志地翻开全城的工商企业名录，从中挑拣知名度高的公司。他求职的公司大多位于繁华的弗莱茨区。洛克菲勒很有一种“初生牛犊不怕虎”的劲头，每到一家企业，张口就要见老板。这些人当然是见不着的，他便直截了当地对老板的助手说：“我会记账，想找个事情做！”

已经六个星期了，找工作的事情似乎颇为不顺，洛克菲勒屡屡碰壁，但是他并不气馁，每天早上8点，身着黑色高领衣裤、系着黑领带的他准时离开住处，去赴每一个预约的面试。他走遍了克利夫兰全城的知名公司，情况似乎越来越糟糕。

直到1855年9月26日的一天，他走进一家从事农产品运输代理的公司，老板看了他写的字之后对他说：“留下来试试吧。”洛克菲勒脱下外衣马上开始工作，工资的事提也没提。他过了三个月才收到第一笔补发的微薄的报酬，周薪5美元。这就是洛克菲勒的第一份工作，是他自己都记不清被拒绝多少次后得到的工作。洛克菲勒以此为开端，在这家公司勤勤恳恳地工作，磨炼了自己的意志，为以后的创业奠定了基础。

洛克菲勒曾经对儿子说过：“我小时候家境贫寒，记得我刚上中学时所用的书都是好心的邻居给买的。我的人生起点也只是一个周薪只有5美元的簿记员，但是经过不懈的努力奋斗，我却建立了一个令无数人艳羡的石油王国。”

在很多人看来，这似乎是天赐的幸运，无可复制的传奇。但是洛克菲勒认为这是对他持之以恒、积极奋斗的回报，是命运之神对他艰苦付出的奖赏。

洛克菲勒时刻给子女灌输自立、自强的思想。他告诉他们在商界很多人都曾经因为穷困缺少机会，但后来都经过自己的努力奋斗白手起家，开创了一代伟业。

洛克菲勒一生有五个子女，其中唯一的儿子小约翰后来继承了洛克菲勒的大部分财产。但是在约翰和姐姐们小时候，洛克菲勒有意识地不让子女知道自己是个富人。他担心如果孩子们知道已经坐拥如此庞大的家产后就会腐化堕落，失去节俭与奋斗的美好品质。“我不能用财富埋葬我心爱的孩子，愚蠢地让他们成为不思进取，只知道依赖父母的果实的无能者。”

当然他不吝啬帮助自己的孩子。在小洛克菲勒从学校毕业后，洛克菲勒就让他进了百老汇大街26号的标准石油公司纽约总部——老约翰的办事处做了自己的助理。用老约翰自己的话说就是：“我期望你在不远的将来就能卓尔不群，并胜我一筹。我决定将你留在我身边，无非是想让你的事业生涯有个高起点，让你无须艰难跋涉便可享有迅速腾达的机会。”

洛克菲勒强调，拥有巨额的家产和高的起点，没有什么值得骄傲。洛克菲勒曾经做过这样一个比喻：我们这个世界就如同一座高山，当你的父母生活在山顶上时，注定你不会生活在山脚下；当你的父母生活在山脚下时，注定你不会生活在山顶上。在多数情况下，父母的位置决定了孩子的人生起点。但是决定你人生所能达到的高度的，却是你自己的奋斗。

当时美国马萨诸塞州的一项统计数字说，17 个有钱人家的孩子里面，竟然没有一个在离开这个世界的时候还是富翁。当时美国社会上也有一个广为流传的故事：

在美国费城的一个小酒吧里，有一群人聚会。其中一位客人谈起某位百万富翁，心生羡慕地说："他是白手起家的百万富翁啊，可真了不起。""是啊，"旁边一位比较精明的先生回答说，"他继承了两千万的家产，然后'通过他的努力'，他把这笔钱变成了一百万。"

这是讽刺富家子弟无能的故事，听到这个故事的人多半会哈哈大笑，但是洛克菲勒却唏嘘不已。他毫不掩饰地说："这是一个令人沮丧的故事。"

19 世纪的很多继承人却与其父辈或祖辈的作为大相径庭，他们只热衷于寻欢作乐，穷奢极欲，日食万钱，直到巨额家产被挥霍干净。洛克菲勒对于自己的子女不无忧虑，他告诫儿子说："今天这个社会，富家子弟正处在一种不进则退的窘境之中，他们中的很多人注定要受人同情和怜悯，甚至要下地狱。"他反复叮嘱孩子们，机会永远不会平等，但是结果却有可能平等，一定要踏实努力地奋斗。

小洛克菲勒显然没有辜负父亲对自己的期望，他一生始终遵循这一伟大家教，身体力行，克勤克俭，使家庭和睦兴旺。他不断壮大着父亲的事业，并对慈善事业作出了巨大贡献，维护了家族的声誉。

人生的起点有可能影响结果，但不会决定结果。能力、态度、性格、抱负、手段、经验和运气等因素，在我们的人生中扮演着极为重要的角色。大多数人都没有一个高的起点，有的只是平凡的家庭、平常的学历，但是这些人中却不乏成功者。即使暂时输在了人生的起跑线上，只要在冲向终点的过程中努力坚持，不放弃，终会有成功的可能。要有追求胜利的意志，并为此做好准备。起点低并不可怕，能笑到最后的才是真正的胜利者。

不要被贫困压倒

有些人生下来就身处贫困之家，有些人生在富贵豪门，这是先天的差距，贫困的孩子必须付出双倍的努力，才能获得成功。这是每一个被贫困困扰着的心灵所不得不面对的现实。

但我们必须坚信这样一句话："你可以贫困，但不能贫困一生。"人处在贫困的环境之中，更应该奋发上进，努力去追求成功，这样的成功也更弥足珍贵。

美国前总统亨利·威尔逊出生在一个贫苦的家庭，当他还在摇篮里牙牙学语的时候，贫穷就已经冲击着这个家庭了。威尔逊 10 岁的时候就离开了家，在外面当了 11 年的学徒工。这其间，他每年只能有一个月时间到学校去接受教育。

在经过 11 年的艰辛工作之后，他终于得到了一头牛和六只绵羊作为报酬。他把它们换成了 84 美元。他知道钱来得很难，所以绝不浪费，他从来没有在玩乐上花过一块钱，每个美分都要精打细算才花出去。

在他 21 岁之前，他已经设法读了 1000 本书——这对一个农场里的学徒来说，是多么艰巨的任务呀！在离开农场之后，他徒步到 150 公里之外的马塞诸塞州的内蒂克去学习皮匠手艺。他风尘仆仆地经过了波士顿，在那里他看了邦克希尔纪念碑和其他历史名胜。整个旅行他只花了 1 美元 6 美分。

他在度过了 21 岁生日后的第一个月，就带着一队人马进入了人迹罕至的大森林，在那里采伐原木。威尔逊每天都是在东方刚刚翻起鱼肚白之前起床，然后就一直辛勤地工作到星星出来为止。在一个月夜以继日的辛劳努力之后，他获得了 6 美元的报酬。

在这样的穷途困境中，威尔逊下定决心，不让任何一个发展自我、提升自我的机会溜走。很少有人像他一样深刻地理解闲暇时光的价值，他像抓住黄金一样紧紧地抓住了零星的时间，不让一分一秒无所作为地从指缝间白白流走。

12 年之后，这个从小在穷困中长大的孩子在政界脱颖而出，进入了国会，开始了他的政治生涯。

出身贫困并不可怕，只要像威尔逊那样面对困境不抱怨不低头，勤奋自强，就能获得成功。很多在贫困中长大的人往往自甘堕落，他们认为自己此生命该如此，再怎么奋斗也是徒劳，于是只能一生受穷，惶惶度日，更有一些人因心理极端不平衡而走上犯罪之路。

生命的贫富从某种意义上来说只能由你自己来决定，身处贫困若能不被贫困所累，奋发向上，积极奋斗，照样可以有一个富足的人生；相反，如果自甘堕落，即使生在富豪之家，也可能在中年以后坠入贫困之中。能不能突破贫困的瓶颈，关键还要看你自己。

改变自己，改变世界

在威斯敏斯特教堂地下室里，英国圣公会主教的墓碑上刻着这样的一段话：

当我年轻自由的时候，我的想象力没有任何局限，我梦想改变这个世界。

当我渐渐成熟明智的时候，我发现这个世界是不可能改变的，于是我将眼光放得短浅了一些，那就只改变我的国家吧！

但是我的国家似乎也是我无法改变的。

当我到了迟暮之年，抱着最后一丝努力的希望，我决定只改变我的家庭、我亲近的人——但是，唉！他们根本不接受改变。

现在在我临终之际，我才突然意识到：如果起初我只改变自己，接着我就可以依次改变我的家人。然后，在他们的激发和鼓励下，我也许就能改变我的国家。再接下来，谁又知道呢，也许我连整个世界都可以改变。

这段墓文令人深思。

大文豪托尔斯泰也说过类似的话："全世界的人都想改变别人，就是没人想改变自己。"别说命运对你不公平，其实每个人上帝都分配给了美好的将来，只是看你有没有把握住自己的人生了。有的人用习惯的力量让自己抓住了命运的手。有的人虽然最初与命运擦肩而过，但是他们改变了自己，又让命运转回了微笑的脸。

一夜之间，一场雷电引发的山火烧毁了美丽的"森林庄园"，刚刚从祖父那里继承了这座庄园的青年陷入了一筹莫展的境地，闭门不出，茶饭不思，眼睛熬出了血丝。

一个多月过去了，年已古稀的祖母获悉此事，意味深长地对青年说："孩子，庄园成了废墟并不可怕，可怕的是，你我的眼睛失去了光泽，一天一天地老去。一双老去的眼睛，怎么能看得见希望……"

青年在祖母的说服下，一个人走出了庄园。他没有目的地在街上闲逛，在一条街道的拐弯处，他看到一家店铺的门前人头攒动，原来是家庭主妇们正在排队购买木炭。那一块块躺在纸箱里的木炭让青年的眼睛忽然一亮，他看到了希望。

此后，青年雇了几名烧炭工，将在园里烧焦的树木加工成优质的木炭，送到集市上的木炭经销店。结果，本炭被抢购一空。然后他用这笔收入购买了一大批新树苗，一个新的庄园初具规模了。几年以后，“森林庄园”再度绿意盎然。

在生活中，每个人都会经受失败的挫折，还可能出现形形色色的屏障和难关。耳聋、失明、瘫痪、贫困、口吃，怎么办？自我怜悯是羞见于人的，唯有愿意为生命负责，改变自己以做出更好表现的人，才能拥有成功的人生。

托马斯·爱迪生是聋子，他要听到自己发明的留声机唱片的声音，只能靠用牙齿咬住留声机盒子的边缘，通过头盖骨骨头受到震动，才得到声响感觉。

美国科学家弗罗斯特教授苦斗 25 年，硬是用数学方法推算出太空星群以及银河系的活动、变化。他是个盲人，一点看不见他热爱了终生的天空。

达尔文被病魔缠身 40 年，可是他从未间断过从事改变了整个世界观念的科学预想的探索。爱默生一身多病，包括患有眼疾，但是他留下了美国文学第一流的诗文集。查理斯·狄更斯病不离体，却正是他在小说中为世界创造了许多最健康的人物。米开朗基罗肠功能紊乱，莫里哀有肺结核，易卜生有糖尿病……

美国哲学家威廉·詹姆斯曾经说过：“我们这一代最伟大的发现是，人类可以经由改变态度而改变自己的生命。”“我们这一代最伟大的发现是，人类可以由改变自己而改变命运。”尝试一下改变自己，世界很可能就会变得美好起来。

相信自己，我就是奇迹

每个人走什么样的路只能由自己决定，不要指望会有圣人来帮助你。只有认识到自己的伟大，认识到自己身上无穷的力量，才能充分发挥你的潜能，活出最好的自己。

1947 年，美孚石油公司董事长贝里奇到开普敦巡视工作，在卫生间里，看到一位黑人小伙子正跪在地板上擦拭水渍，并且每擦完一块地板，就虔诚地叩一下头。贝里奇感到奇怪，问他为何如此？黑人小伙子说，在感谢一位圣人。

贝里奇很为自己的下属公司拥有这样的员工感到欣慰，问他为何要感谢那位圣人？黑人小伙子说，是圣人帮着找了这份工作，让他终于有了饭吃。

贝里奇笑了笑说：“我也曾遇到一位圣人，他使我成了美孚石油公司的董事长，你愿意见一下他吗？”黑人小伙子说：“我是个孤儿，从小依靠锡克教会抚养，我很想报答养育之恩，这位圣人若使我吃饭之后，还有余钱了却心愿，我愿去拜访他。”

贝里奇说：“你一定知道，南非有一座很有名的山，叫大温特胡克山。据我所知，那上面住着一位圣人，能为人指点迷津，凡是能遇到他的人都会前程似锦。20 年前我去南非的时候登上过那座山，正巧遇到他，并得到他的指点。假如你愿意去拜访，我可以向你的经理说情，准你一个月的假。”

这位年轻的黑人在 30 天时间里，一路披荆斩棘、风餐露宿，走过草甸，穿越森林，历尽艰辛，终于登上了白雪覆盖的大温特胡克山，他在山顶徘徊了一天，除了自己，什么都没有遇到。

黑人小伙子很失望地回来了，他遇到贝里奇后说的第一句话是：“董事长先生，一路上我处处留意，直到山顶，我发现，除我之外，没有什么圣人。”

贝里奇说：“你说得很对，除你之外，根本没有什么圣人。”

20 年后，这位黑人小伙子做了美孚石油公司开普敦分公司的总经理，他的名字叫贾姆纳。2000 年世界经济论坛大会在上海召开，他作为美孚石油公司的代表参加了大会。在一次记者招待会上，针对自己传奇的一生，他说了这么一句话：“您发现自己的那一天，就是您遇到圣人的时候。”

在美国西部，有个天然的大洞穴，它的美丽和壮观出乎人们的想象。但是这个大洞穴没有被人发现，没有人知道它的存在，因此它的美丽也等于没有。有一天，一个牧童偶尔来到洞穴的进口处，从此新墨西哥州的绿色洞穴成为世界闻名的旅游胜地。

每个人身上都蕴藏着无穷的潜力，我们要学会描绘自己的心理蓝图。我们每个人都有 140 亿个脑细胞，一个人只利用了肉体和心智能源的极小部分，可以认为，我们只是处在“半醒”状态，还有许多未发现的“绿色洞穴”。正如美国诗人惠特曼诗中所说：“我，我要比我想象的更大、更美 / 在我的，在我的体内 / 我竟不知道包含这么多美丽 / 这么多动人之处……”

美国赫赫有名的钢铁大王安德鲁·卡内基就是一个能充分发挥自己创造机能的楷模。他 12 岁时由苏格兰移居美国，先在一家纺织厂当工人，当时，他的目标是决心“做全工厂最出色的工人”。因为他经常这样想，按此去做，终于成为全工厂最优秀的工人。后来命运又安排他当邮递员，他想的是怎样“做全美最杰出的邮递员”。结果他的这一目标也实现了。他在一生中总是根据自己所处的环境和地位塑造最佳的自己，他的座右铭就是“做一个最好的自己”。

20世纪最值得骄傲的是人类发现自身蕴藏着无穷的潜力。人是万物的灵长，是宇宙的精华，我们每个人都具有发扬生命的本能。我们每个人心里都有一幅“心理蓝图”或一幅自画像，有人称它为“自我心像”。如果你的心想做最好的你，那么你就会在内心的“荧光屏”上看到一个踌躇满志、不断进取的自我。同时，你会经常收到“我做得很好，我以后还会做得更好”之类的信息，这样你注定会成为一个最好的你。美国哲学家爱默生说：“人的一生正如他一天中所设想的那样，你怎样想象，怎样期待，就有怎样的人生。”

你的伟大超乎想象

在希腊帕尔纳索斯山南坡上，有一个驰名世界的戴尔波伊神托所，在它的入口处的巨石上赫然镌刻着这样几个大字：认识你自己！这就是古希腊哲学家们普遍认为的人类最高的智慧。但是大部分的人都把它理解为：仅认识你那消极的一面。

大部分的自我评估都包括太多的缺点、错误与无能。认识自己的缺点是很好的，但如果仅认识自己的消极面，就会陷入混乱，使自己变得没什么价值。认识自我其实最重要的是要认识自己的正面能量。

遗传学家阿蒙兰·辛费特曾说过：“在世界的全部历史上，从来没有别人和你完全一样，在那无限遥远的将来也绝不会再有另一个你。”你是一个极其特殊的人，为了捍卫生存的权利，出生之前就已进行了优胜劣汰的殊死争斗。

那是一场角逐一个单一的目标，即一个含有细微核子的宝贵卵子的大竞争，争夺的目标比针尖还小，精子本身，也要放大几千倍肉眼才能看得到。你一生中最具有决定性的战役，就在这样极轻微的程度下打响了。

精子的染色体，含有由父亲和他的祖先所提供的一切遗传原料与意向；卵子的染色体，含有母亲和她的祖先所提供并可以遗传的特性。你的父亲和母亲，则代表20亿年人类生存斗争的顶点。有一个最快乐、最健康，得到胜利的独特精子，与那正在等待的卵子结合，而形成一个微小的活细胞。

于是，对于你来说，当世界最重要的那个人的生命便开始孕育，而在那一刻你已经是冠军了。当你来到人世间，面对一切实际的目的，无论它有多么高远，你都能达到。因为，你从过去的巨大储藏库中，继承了达到目的所需的一切潜能与力量。

你是与生俱来的冠军。无论妨碍你的是怎样的困难和不幸，但与结胎之战时所克服的困难比较起来，前者还不及后者的1/10。记住：对于活着的人，胜利是内藏的。如果你有这样一个认识和信念，必将激发起有助于成功的无比坚定的热忱。

父亲看见儿子马歇尔在戴维斯的店里招待顾客，就问戴维斯："戴维斯，近来马歇尔生意学得怎样？"戴维斯答道："约翰，我们是多年的老朋友，为了不想让你日后懊悔，我还是对你实话实说吧。马歇尔肯定是个稳健的好孩子，这不用说，一看就知道。但是，即使在我的店里学上1000年，也不会成为一个出色的商人。他生来就不是个做商人的料。约翰，还是把他领回乡下去，教他学养牛吧！"

如果马歇尔依旧留在戴维斯的店里做个伙计，学习如何做生意，那么他日后绝不会成为举世闻名的商人。马歇尔没有留下来，他随后到了芝加哥，亲眼看见在他周围许多原来很贫穷的孩子做出了惊人的事业，他的志气突然被激起，他的心中也燃烧起一个要做大商人的决心。他不断问自己："如果别人能做出惊人的事业来，为什么我不能呢？"

其实并非马歇尔不具备做大商人的天赋，而是因为戴维斯店铺里的环境不足以激发他潜伏着的才能，无法发挥他贮藏着的巨大的生命能量。马歇尔最终成为一个出色的商人。

一般来说，人的才能源于天赋，而天赋又不太容易改变，所以很少有人相信潜能。但实际上，大多数人的志气和才能都深藏潜伏着，必须要外界的东西予以激发。志气与才能一旦被激发，如果又能加以继续关注和教育的话，就能冲破一切束缚，闪出光芒，否则终将萎缩而消失。因此，如果人们的天赋与才能不被激发、不能保持、不能得以发扬光大，那么，其固有的才能就会变得迟钝并失去它的力量。

爱默生说："我最需要的，就是有人叫我去做我力所能及的事情。"因为做"我"力所能及的事情，是表现"我"的才能的最好途径。拿破仑、林肯未必能做的事情，但"我"能够做，而这只是尽"我"最大的努力，发挥"我"所具有的才能。

在美国某市的法院里有一位法官，他中年时还是一个不识文墨的铁匠。60岁时却成为了全城最大的图书馆的主人，获得许多读者的称誉，被人认为是有学识的人。这位法官唯一的希望，是要帮助同胞们接受教育，获得知识。他自身并没有接受系统的教育，他的宏大抱负是怎样产生的呢？原来他不过是偶然听了一篇关于"教育之价值"的演讲。结果，这唤醒了他潜伏着的才能，激发了他远大的志向，从而使他成为了一个博学多才的人。

现实生活中，有许多人直到老年时才表现出他们的才能。为什么到老年时潜能才被激发呢？它们又是怎样被激发的呢？有的是由于聆听了富有说服力的讲演而受感动；有的是由于阅读富有感染力的书籍而受到激发；有的是由于朋友真挚的鼓励。对于激发一个人的潜能，作用最大的往往就是朋友的鼓励、信任与赞扬。

在印第安人的学堂里，曾经刊登过不少印第安青年的照片。他们在学校里毕业时的神情与他们刚刚从家乡里出来时的神情大为不同。在毕业照片上，他们是一副气宇轩昂的模样——脸上流露出智慧。看了这样的照片，你一定可以预见他们将来能做出伟大的事业来。但是大部分人回到他们自己的部落以后，奋斗不多时，就和原来大不相同了，逐渐又恢复旧日的面目。也有少数人由于具有坚强的意志，具备了抵抗堕落的力量。

和一般失败者面谈，你就会发现：他们是因为他们无法获得良好的环境，是因为他们从来不曾走入过足以激发人、鼓励人的环境中才失败的，最重要的是因为他们的潜能从来不曾被激发，他们没有力量从不良的环境中奋起振作。

在人的一生中，无论何种情形下，你都要不惜一切代价，走入一种可能激发你的潜能的气氛中，走入一种可能激发你走上自我发达之路的环境中。还应努力接近这些了解你、信任你、鼓励你的人，这对于你日后的成功，具有莫大的影响。

你更要与那些努力要在世界上有所表现的人接近，他们往往志趣高雅，抱负远大，接近这些坚决奋斗的人，你在不知不觉中便会深受他们的感染，养成奋发图强的精神。如果你做得还不十分完美，那些在你周围向上爬的人，就会来鼓励你下更大的努力，作更艰苦的奋斗。

我们每个人对自己所具有的无限潜能并不知道。只有等到大的灾难、大的变故降临到头上，或是重大的责任降临到肩上时，我们的潜能才会最大限度地施展出来。

一切平凡的工作，比如贩运木材、田间劳动、做店员、在市镇中做临时工，都不足以唤起格兰特将军心中潜伏着的睡狮；甚至连西点军校和墨西哥战争，都无能为力。正是美国内战的爆发，才唤醒了格兰特将军的潜能，使他的盛名为后人所知。在格兰特将军的身体里，有着一种巨大的“生命潜能”，但是一直到美国内战爆发，才激发出他的全部潜能。

又比如说林肯，他内在的生命潜能，是种地、伐木、做测量员、管理店务、做执照律师所不可能激发的，甚至做美国的国会议员也不能激发，而直到国家危急，他担当起伟大的责任后，才激发了他那巨大的潜能，成为美国历史上前无古人的大英雄。

想要激发自己的潜能，以下的练习可帮助你正确地衡量自己。确定你自己的五项主要资产。可请一些较客观的朋友来帮助你。例如，你的太太、你的长辈或教授，保证他们能够明智忠实地提出意见。通常须列出的资产项目可包括：教育、经验、技能、仪表、和谐的家庭生活、处世态度、品行、干劲等。

在每一项资产下，写出三位已经获得巨大成就的人物，但是这个人在这项资产上仍比不上你。这时，你就会发现你至少某一项资产比许多成功者强。唯一的结论是：你比你想象中的自己还要伟大。所以，绝不要看轻自己，你也能像他们一样成功。

过去不等于未来

学会经常把身后的门关上，把过去的一切留在身后。关上身后的门，并不是把你过去的经验和教训也关在身后，这些都是你人生的宝贵财富。你应把它们潜移默化地融化到你的血液里，让它变成一种本能，成为一种习惯，这样更有利于你奔向成功。

美国新泽西州的一所小学里，一个由26个孩子组成的班级被安排在教学楼一间很不起眼的教室里。他们都是一些曾经“失足”的孩子，有的吸过毒，有的进过少管所。家长、老师、学校对他们非常失望，甚至想放弃他们。

就在这个时候，一个叫菲拉的女教师接手了这个班，菲拉不像以前的老师那样整顿纪律，而是给大家出了一道选择题：选出一位在后来能够造福于人类的人，有三个候选人，他们分别是：

A. 笃信巫医，有两个情妇，有多年的吸烟史，而且嗜酒如命。

B. 曾经两次被赶出办公室，每天要到中午才起床，每晚都要喝大约一公升的白兰地，而且有过吸食鸦片的纪录。

C. 曾是国家的战斗英雄，一直保持素食的习惯，不吸烟，偶尔喝一点啤酒，年轻时从未做过违法的事。

大家都选择了C。

菲拉公布答案：A是富兰克林·罗斯福，担任过四届美国总统；B是温斯顿·丘吉尔，英国历史上最著名的首相；C是阿道夫·希特勒，法西斯恶魔。

大家都惊呆了。

此时，菲拉说：“孩子们，你们的人生才刚刚开始，过去的荣誉和耻辱只能代表过去。真正能代表一个人一生的，是他现在和将来的作为。从现在开始，努力做自己一生中最想做的事情，你们都将成为了不起的人。”

一番话改变了这26个孩子一生的命运。其中就有今天华尔街上最年轻的基金经理人——罗伯特·哈里森。“过去的荣誉和耻辱只能代表过去。”菲拉老师哲理性的话语让我们感受到一种教育理念的闪光。

现实生活中，曾经获得荣誉或者犯过错误的孩子比比皆是。“荣誉”也好，“错误”也罢，只能代表他们的过去，绝不能以此断定他们的将来。有过不光彩经历的孩子，其未来未必就黯淡无光。真正能代表一个人一生的，是他的现在和将来的作为。

在美国有位私生子，没有家人，过着流浪的生活，身边很多人都耻笑她是私生子。故意问她：“你是谁家的孩子”来给她难堪，她内心非常痛苦，她看不到人生的快乐，看不到前途的光明。

13岁那年的某一天，她在教堂做礼拜。临走的时候，牧师叫住了她，对她说：“过去不等于未来，人生重要的不是你的过去，重要的是你的将来。只要改变你的态度，别人拥有的，你也可以拥有。如果别人问你是谁家的孩子，你可以说，‘我是上帝的孩子。’”

从这一天起，那位女孩改变了她的态度。她不再在意别人的耻笑和白眼，遇到任何不开心的事，她对自己说“过去不等于未来。”最后她成为世界500强最著名的女企业家之一。

过去不等于未来，过去的都过去了，关键是未来。过去决定了现在，而不能决定未来，只有现在的作为及选择才能决定我们的未来。

曾为英国首相的劳合·乔治有一个习惯——随手关上身后的门。一天，有一个朋友来拜访他，两个人在院子里一边散步，一边交谈，他们每经过一扇门，乔治总是随手把门关上。

朋友很是纳闷，不解地问乔治：“有必要把这些门都关上吗？”乔治微笑着回答：“哦，当然有这个必要。我这一生都在关我身后的门，这是必须做的事。当你关门时，也就是把过去的一切留在了后面，不管是美好的成就，还是让人懊恼的失误，然后，你才可能重新开始。”

把过去的一切关在身后，也就是卸下身心上的包袱，这样才会更好地重新开始新的生活，这个问题却往往被我们所忽略。大多数人总是习惯于让过去的事情，无论成功或喜悦，无论失败或烦恼，挤占在脑海里不忍抛弃，结果使身心负载过重，浪费了精力，影响了事业的发展。所以，你应该试着放下昨天的包袱，从现在开始，为美好的明天而努力。

坚持不懈就一定成功

一个人在成功之前，一定会遭遇到很多挫折，甚至遭遇某种程度的失败。在失败重重打击一个人时，“最简单”和“最合逻辑”的方法就是放手不干，大多数人都是这样想的。

很多人看到不幸或失败迹象就心灰意冷，抛弃目标投降。而成功者则会抱定决心，坚忍不拔，坚持到底，直到实现他们的目标。

美国有史以来最成功的五百多位人士告诉记者，他们都是在失败的打击以后获得成功的，失败是个骗子，狡猾又奸诈，它最喜欢在一个人接近成功之际，给出点磨难。

坚持其实是世间最容易也是最难的事，做事情贵在坚持，持之以恒。说它容易，是因为只要你愿意去做，人人都能做到。说它难，是因为在这个过程中总会出现一些使你信心和毅力动摇的事情。因此能够坚持到底的人终究是少数。

开学第一天，古希腊大哲学家苏格拉底对学生们说："今天咱们只学一件最简单也是最容易做的事。每人把胳膊尽量往前甩，然后再尽量往后甩。"说着，苏格拉底做了一遍示范。"从今天开始，每天做 300 下。大家能做到吗？"

学生们都笑了。这么简单的事，有什么做不到的？过了一个月，苏格拉底问学生们："每天甩手 300 下，哪些同学坚持了？"有 90% 的同学骄傲地举起了手。

又过了一个月，苏格拉底又这样问，这回，坚持下来的学生只剩下 80%。

一年过后，苏格拉底再一次问大家："请告诉我，最简单的甩手运动，还有哪几位同学坚持了？"这时，整个教室里只有一人举起了手。

这个学生就是后来成为古希腊另一位大哲学家的柏拉图。

古今中外，众多的成功者并不是依赖机会或好运气，而是得力于他们坚忍不拔的精神。一个人要想成就一番大事业，都不可能一帆风顺。缺乏坚韧是失败的主要原因之一，也是大多数人常见的共同弱点。这个弱点可用努力加以克服。

为了你自己的目标，你有毅力坚持不懈吗？不管遇到多大的困难，多强的阻碍，你都能够坚持下来吗？想象我们有过多少次只因没有坚持到底而失败的事呢？许多失败，其实如果肯再多坚持一分钟，或再多付出一点努力，就可以转化为成功。

有位国际著名的推销大师，即将告别他的推销生涯，应行业协会和社会各界的邀请，他将在该城中最大的体育馆，做告别职业生涯的演说。

那天，会场座无虚席，人们在热切地等待着那位当代最伟大的推销大师作精彩的演讲。当大幕徐徐拉开，6 个彪形大汉抬着一个巨大的铁球走到舞台中央。

一位老者在人们热烈的掌声中，走了出来，站在铁球的一边。他就是那位今天将要演讲的推销大师。人们惊奇地望着他，不知道他要做出什么举动。

这时两位工作人员，抬着一个大铁锤，放在老者的面前。

老人请两个年轻力壮的人用这个大铁锤，去敲打那个铁球，直到把它滚动起来。

一个年轻人抢着铁锤，全力向铁球砸去，一声震耳的响声过后，那铁球动也没动。他用大铁锤接二连三地敲了一段时间后，很快就气喘吁吁了。

另一个人也不甘示弱，接过大铁锤把铁球敲得叮当响，可是铁球仍旧一动不动。

台下逐渐没了呐喊声，观众好像认定那是没用的，铁锤是敲不动铁球的。他们在等着老人做出什么解释。

会场恢复了平静，老人从上衣口袋里掏出一个小锤，然后认真地，面对着那个巨大的铁球。他用小锤对着铁球“咚”地敲了一下，然后停顿一下，再一次用小锤“咚”地敲一下。停顿一下，然后“咚”地敲一下，就这样持续地用小锤敲打着。

10 分钟过去了，20 分钟过去了，会场早已开始骚动，有的人干脆叫骂起来，人们用各种声音和动作发泄着他们的不满。老人好像什么也没发生，仍然一小锤一小锤地工作着。人们开始愤然离去，会场上出现了大块大块的空缺。

大概在老人进行到 40 分钟的时候，坐在前面的一个妇女突然尖叫一声：“球动了！”霎时间会场鸦雀无声，人们聚精会神地看着那个铁球。那球以很小的幅度真的动了起来。老人仍旧一小锤一小锤地敲着，铁球在老人一锤一锤的敲打中越动越快，最后滚动起来了，场上终于爆发出一阵阵热烈的掌声。在掌声中，老人转过身来，说：“当成功来临时，你挡都挡不住。”

成大事者身上最可贵的品质之一是坚持不懈，他们可能会有感到疲倦的时候，但是总能坚持、再坚持，直到渡过难关。可惜的是有很多人做不到这一点，所以被困难阻挡在成大事者的大门之外。

依靠坚韧为资本而终获成功的年轻人，比以金钱为资本而获得成功的人要多得多。人类历史上全部成大事者的故事都足以说明：坚韧是战胜平庸的最好药方。

第五章

思想成就人的伟大

精神成长影响个性及成功

一个人出生、逐渐成长，从一个自然人成长为社会人，随着经历的增加，他的思想精神也逐渐丰满成熟。美国心理学家哈帕格根据人成长过程中出现的不同精神状态，将精神成长分为六个阶段。

第一阶段是知识渐次增加，主要从经验中获取知识。小孩随着成长，不断地从周围人、从各种媒体、从自身的活动中吸取知识，形成自己最初的思想精神。

第二阶段，就是各种知识融会贯通，也就是智慧增进。随着年龄的增长，认识的增加，对各种知识有了一定的整体把握能力，能融会贯通，提升出智慧。

第三阶段就是“创造性”。随着认识和智慧的进一步增加，认识到现存的知识和事物有种种的不足，这时他能就局部某一方面提出问题，提出自己的意见。

第四阶段，是“混沌中的效力”。随着自我认识和知识的进一步成长，现存的问题和自己的反思旗鼓相当，对世界既明白又疑惑，整个世界和自我精神混沌不清。整个思想存在着这样的怀疑：“为什么我们要那样生活？我可不可以改变行为呢？”

第五阶段，是“个别化”。随着混沌的解决，自我思想得到升华，走向个性化、个别化阶段。个别化是精神成长的高水准表现，也就是有了独自的信念、价值、判断、观念、行动。

第六阶段，是现实上的成长。随着自我精神的进一步成长，个别化走向成熟，人们逐步学会将现实和幻想分开。认识到许多幻想只是“空”想，虽无大碍，却也于事无补，所以精神上更加努力面对现实。

我们发现一个人成就的大小是与他精神的成长、思想的格局成正比的，行为是受思想控制和指导的。有什么样的思想就有什么样的行为，有什么样行为就有什么样的人生际遇。

亨利·福特每年赚进数以百万计的美元，因为他有着明确的目标，并用具体的计划支持这项目标。在亨利·福特年轻时和他一起工作的那些工厂同事，除了看到每周的薪水袋之外，什么也没有看到，而且他们也只知道追求薪水。他们对自己没有什么要求。如果你想要有更多的收获，就先要对自己作更多的要求。

在精神成长的第一阶段到第四阶段，从某种程度上说，我们还不属于我们自己。因为在这些阶段中，我们还没有自己的较为稳定的信念、价值、判断、观念、行为。我们被历史的、前人的、大众的、习惯的、习俗的思想观念统治着，不能分辨，只能盲从，时常被潮流冲得一会儿左一会儿右，所以我们还不是自己的主人。当一个人精神思想不成熟的时候，即没有独立的个性化的思想时，这个人是不容易成功的。

有一首很著名的诗，作者在诗中说出了一个伟大的心理学真理：

如果你认为自己已被打败，那么你就被打败了；
如果你认为自己并未被打败，那么你就并未被打败；
如果你想要获胜，但又认为自己办不到，
那么，你必然不会获胜。
如果你认为你将失败，那你就已经失败，
因为，在这个世界上，我们发现
成功开始于人们的意识中——
完全视心理状态而决定。
如果你认为自己已经落伍，那么，你已落伍——
你必须把自己想得高尚一点。
你必须先确定自己，
才能获得胜利。
生命的战斗并不全是
由强壮或跑得快的人获胜；
但不管是迟是早，
胜利者总是认为自己是能获胜的人。

如果你下决心背诵这首诗，对你将大有帮助，并且你可以把它当作是你发展自信心的一部分装备及工具。

一个人的精神成长也不是一帆风顺的，有的人成长得快，有的人成长得慢。而还有许多人到老都还不能过渡到第五、第六阶段。一个人要相让自己的个性成功，就必须使自己的精神及思想加快过渡到成熟阶段。

相信你自己的思想，相信众人也会承认你内心深处所确认的东西，这就是天才。尽管摩西、柏拉图、密尔顿的语言平易无奇，但他们之所以成为伟人，其最杰出的贡献乃在于蔑视书本教条，摆脱传统习俗，说出他们自己的，而不是别人的思想。

一个人应学会更多地发现和观察自己心灵深处那一闪即过的火花，而不只限于仰观诗人、圣者领空里的光芒。在大众之声与我们相悖时，我们也应坚持真理，不作妥协。思想具有力量，当我们确信我们已经找到正确的思想指南并坚持下去，就一定会成功。

成功的思想要件

把握人生需要有正确的思想方法。正确的思想方法再加上积极进取的精神，可以使一个人获得伟大成就。反之，消极的破坏性的思想则将毁掉所有成功的可能性。

成功的思想要件包括：

1. 道德

道德是任何社会都需要有的，也是人之所以为人的重要的标志，是表现人的崇高精神、追求、志趣、良心之所在。没有道德的约束，社会就会混乱不已，满是兽行。没有道德，没有具有崇高精神的伟人，一个社会将失去光环，没有意义。

没有道德的社会就说不上是文明的社会，也是不可能长久存在、发展的社会。现代社会中的道德危机和善良的缺乏，主要在于个人主义和利己主义的极端泛滥，缺乏关心他人和为社会作贡献的精神。而道德沦丧和善良的缺乏不仅使社会利益受到危害，而且连个人的利益也受到损害。

2. 集体主义精神

从社会的发展角度看，虽然社会的发展是以分工、分化的途径实现的，社会发展了，人也就孤立化，个人越来越成为独立的个人，但是正是使人孤立化的许多条件又在更大范围内把各个人联系起来了。现代社会中的个人比以往任何时代都更加依赖于社会和他人，离开了社会和他人，任何个人都不可能生存、发展下去，不可能开展他的事业。

现代社会中的个人与个人之间的交往、联系，无论从广义上，还是从深度上讲都比以前要大得多、多得多、紧密得多。因此，社会的发展虽然一方面给予个人主义发展的可能，但另一方面，更加反对个人主义和利己主义，要求有集体主义。

3. 幸福观

幸福无疑不能没有物质条件，但是，如果只一味注重物质享受，实质上则是把自己降低到了一种动物本能的层次。如果一个人把物质享受当作自己唯一的幸福，那么就会使自己陷入无以自拔的物欲私念的罗网里，孜孜追求物质利益，不放过获取哪怕仅是蝇头小利的机会。

“玩物丧志”，一个人如果沉迷于豪华衣锦，醉心于吃喝玩乐，必然丧失奋斗意志，泯灭善良人性，或在经济上犯罪，或在政治上堕落。一个人只有在实现幸福的过程中树立高尚的理想，才能摆脱庸俗、低级的幸福观，正确地看待幸福，从而斗志旺盛地投入工作和创造活动中，获得心情愉快的感觉——幸福。

4. 理想

理想指向未来，又根源于现实，具有实现的可能性。莱布尼茨说，现在包含着过去，而又面向未来。在未来与现实的关系上，罗素认为，从感情上讲，未来比过去重要，甚至比现在还重要。人人都怀有美好的理想，充满了对未来的憧憬，而美好、崇高的理想又会令人奋发。

现代德国著名学者卡西尔认为，对未来事件的期望，甚至对未来行动的计划，并非完全是动物生命所不能达到的。但是，在人那里，对未来的意识经历了独特的意义变化。未来不仅是一个思想，它成了一个“理想”。这种变化意义在人的文化生活的一切阶段上都体现了出来。理想能够激励与鞭策人，让人持续地为之奋斗。

人的理想不仅是理性化的东西，而且还总带有希望的感情色彩。生活中的幸福，离不开人们寄希望于未来的那种情感，那种在希望中激起的浓烈而丰厚的情感。

也就是说，幸福必须表明一个人所处的状况，符合他对于生活的热情向往。从这个意义上说，幸福意味着实现了的或尚未实现的希望，是人们对理想和目标的一种不断追求。总之，幸福与人的希望、理想是密不可分的。

5. 友谊

友谊是美好而宝贵的东西。古今中外，有多少著名诗人动情地写下了一首首赞颂友谊的诗歌。

文艺复兴时代的意大利著名作家薄伽丘认为，友谊真是一样最神圣的东西，不光是值得特别推崇，而且值得永远的赞扬。它是慷慨和荣誉的最贤慧的母亲，是激励和仁慈的姊姊，是憎恨和贪婪的死敌：它时时刻刻都准备舍己为人，而且出于自愿，不用他人恳求。

现代伟大的科学家爱因斯坦写道："世间最美好的东西，莫过于有几个头脑和心地都很正直的朋友。"

上述这些精彩的诗句和深刻论述，说明人们需要结交朋友，人们不能缺少友谊；朋友的情谊是亲密的、幸福的；友谊是宝贵的，它是人生的无价之宝。

作为社会的人总是需要友谊的，人不可没有朋友。一个人如果离开了社会、离开了人群、离开了朋友，他就无法在社会上生存和发展，在精神上就会感到非常孤独、寂寞。

因此，一个想要获得成功的人，一定要把自己的客户、属下看成是你的挚友，只有以真诚的心去待人，才能获得事业上的成功。

在思想上要敢于冒险

古往今来，能成大事者一定是在思想上或行为上勇于追求，敢于冒险的人。总是回避困厄与风险的人，将与成功无缘。

第二次世界大战结束后，战胜国决定在美国纽约建立联合国。可是，办公场所建在哪里？在寸土寸金的纽约，要买一块土地谈何容易？特别是联合国机构刚刚成立，身无分文，硬性摊派不合适，征求募捐也很难——经过战争浩劫，谁也没有多余的钱。

正当各国政要一筹莫展时，美国著名的洛克菲勒财团决定投下一笔巨资，在纽约买下一大片土地，无偿赠送给联合国。洛克菲勒财团同时也将这块土地四周的地面都买了下来。

消息一传开，各财团舆论哗然，纷纷嘲笑洛克菲勒家族：如此经营，不要几年，必然沦落！洛克菲勒财团则不管他人如何议论，决心不变，坚持将土地奉送。

几年之后，联合国大厦建立起来了，联合国事务开展得红红火火，那块土地很快变成全球的一块热土。于是，它四周的地价也不断升值，几乎是成倍成倍地飙升。结果，洛克菲勒财团所购买的土地价值直线上升，所赢得的利润相当于所赠土地价款的数十倍、上百倍。

那些当初嘲笑洛克菲勒财团的大亨们，此时只能自嘲目力不济。巴甫洛夫曾说：“应该冒险，这是思想的权利。”生活和工作中，很多人的一个基本特征就是“怕”字当头，“不敢”为先，害怕受到伤害，害怕承担责任，害怕有可能的失败……做什么事都瞻前顾后，畏首畏尾。

而优秀人士总能坚持做到有良好的计划就去实施，有出色的点子就去执行，绝不会让自己处于一种躲避退让、被动挨打的地位。优秀人士大都鄙视守成有余而开拓不足、缺乏冒险精神的人生态度，他们无法忍受自己的事业始终处于一种小格局、小境界和小发展之中。

有人问一位股票界的成功人士：“股票会不会跌？”回答是：“很难说。”再问：“什么时候会上涨？”回答仍是：“很难说！”接着问：“能买哪一只股票？”回答还是：“很难说！”

问者说：“你什么都不确定，就去搞那么大项目的投资，是不是太冒险了？”他回答：“当你什么都知道，都弄清楚了的时候，不也正是一切都风平浪静，一切都已经成为历史的时候吗？我们就是在所有问题都还不确定的情况下进行投资，换取可能的成功啊！”

成功人士都是肯动脑筋、敢冒风险的人，他们愿意迎接通过努力取得成功的挑战。他们以迎接挑战为乐趣，但绝不意味着赌博。他们对于风险不大的事情不屑一顾，因为它不是挑战；也不会去冒太大的风险，因为这会得不偿失。《冒险》一书的作者维斯戈说“如果生活想过得好一点，就必须冒险。不制造机会，自然无法成长。”担心吗？危险吗？不确定吗？这是预料中的事，但为了前进一步，就必须暂时离开安全的处所。每一次的冒险，都无法避免会有所失。如果你一点都不怕，维斯戈说：“这种冒险根本不是冒险，对你一点也没有好处——没有任何冒险是绝对安全的。”

当然，冒风险也要从实际出发，因为我们的愿望是要获得成功。运用自己的技能克服困难，通过努力获得实际的成就，这是莫大的快事。冒风险不可胡来，因为风险过高或过低都不可能获得令人满意的结果。总之，创造人生的人总是乐于接受困难和挑战又能获得成功的人。

培养正确的思想方法

如果你想让自己成为一名成功人士，提高自己的做事效率，就必须培养并具备正确的思想方法。成功学大师奥里森·马登认为，一个人的工作效能与生活质量是以正确的思想方法为必然基础的。所以，如果你想让自己成为一名成功人士，提高自己的做事效率，就必须培养并具备正确的思想方法。

纳克博士认为能够把这个世界变成更理想的生活空间，全靠创造性的思考。纳克博士是美国的大教育家、哲学家、心理学家、科学家和发明家，他一生中在各种艺术和科学上有许多发明、有许多发现。纳克博士的个人经历证实，他锻炼脑力和体力的方法可以培养健康的身体并促进心智的灵活。

奥里森·马登曾带着介绍信前往纳克博士的实验室去造访他。当奥里森·马登到达时，纳克博士的秘书对他说："很抱歉，这个时候我不能打扰纳克博士。"

奥里森·马登问："要过多久才能见到他呢？"

秘书回答："我不知道，恐怕要3小时。"

奥里森·马登继续问："请你告诉我为什么不能打扰他，好吗？"

秘书迟疑了一下，然后说："他正在静坐冥想。"

奥里森·马登忍不住笑了："那是怎么回事呢——静坐冥想？"

秘书笑了一下说："最好还是请纳克博士自己来解释吧！我真的不知道要多久，如果你愿意等，我们很欢迎；如果你想以后再来，我可以留意，看看能不能帮你约一个时间。"

奥里森·马登决定等待。

当纳克博士终于走出实验室时，他的秘书给他们作了介绍。奥里森·马登开玩笑地把他秘书说的话告诉他。在看过介绍信以后，纳克博士高兴地说："你不想看看我静坐冥想的地方，并且了解我怎么做吗？"

于是他带着马登到了一个隔音的房间。这个房间里唯一的家具是一张简朴的桌子和一把椅子，桌子上放着几本白纸簿、几支铅笔以及一个开关电灯的按钮。

在谈话中，纳克博士说，每当他遇到困难而百思不解时，就走到这个房间来，关上房门坐下，熄灭灯光，让身心进入深沉的集中状态。他就这样运用“集中注意力”的方法，要求自己的潜意识给他一个解答，不论什么都可以。有时候，灵感迟迟不来；有时候似乎一下子就涌进他的脑海；更有些时候，得花上两小时那么长的时间它才出现。等到念头开始澄明清晰起来，他立即开灯把它记下。

纳克博士曾经把别的发明家努力钻研却没有成功的发明重新加以研究，使它尽善尽美，因而获得了二百多项专利权。他的成功秘诀就在于，能够加上那些欠缺的部分。

纳克博士特别安排时间来集中心神思索，寻找另外一点。对于这个“另外一点”，他很清楚自己要什么，并立即采取行动，因而他获得了成功。

要学会正确思考，首先要学会控制自己的思想。思想是一个人唯一能完全控制的东西。因为你的思想会受到周围环境的影响，所以，你必须有着一套科学有序的流程，来控制这些影响因素。为此，奥里森·马登对思维流程作了梳理，将正确思维归于以下四点：

1. 发现问题

“发现问题”是整个思维过程中最困难的一部分。要知道，在你提出问题之前，你不可能知道你要寻找的是什么解决方法，更不可能解决这个问题。

2. 分析情况

一旦你找出这个问题后，你就要从所处环境中发现尽可能多的线索。

在分析情况的过程中，你寻找的是具体的信息资料。你不要被一开始就找到问题的解决办法和答案所诱惑，而漏掉了别的办法。你应该强迫自己去寻找有关的信息资料，直到你觉得自己已仔细并准确地分析了这种情况之后，再作出判断。

3. 寻找可行的解决方法

一旦你找出了问题、分析了情况之后，你就可以开始寻找解决问题的办法。同样，你也要避免那些看起来似乎很好的答案。

在这一步骤中创造性是很重要的。除了那些一眼就看出似乎有道理的解决办法之外，你还要寻找其他的办法，尤其在采纳现成的方案时要特别留心。如果别人也探讨过同样的问题，而且其解决办法听起来也适合于你的情况时，就要仔细判断一下当时的情况与你的情况究竟相同在何处。注意，不要采用那些还没有在你这种情况下检验过的解决方法。

4. 科学验证

很多人到了上一步就停止了，这其实是不完整的，因而也是不科学的。一旦解决办法找到了，你就要对其进行检验和证明，看看这些办法是否有效，是否能解决提出的问题。在检验之前你不可能知道这些办法是否正确。在这个过程中，你所要做的就是寻找这种情况的原因，并加以解释，你要回答诸如“为什么”、“是什么”、“怎么会”这类问题。

以发散性思维拓展梦想宽度

有这样一则寓言：

一条鱼从小在一个小鱼缸中长大，它的心情并不好，因为它觉得鱼缸太小了，游了一会儿就到头了。随着小鱼慢慢长大，鱼缸已经显得太小了，主人便为它换了一个稍大些的鱼缸。鱼刚刚高兴了几天，又不满意了，因为没游多会儿还是碰到了鱼缸壁。最后，主人将它放回了大海，但鱼仍然高兴不起来。因为它再也游不到“鱼缸”的边缘了，它感到很没有成就感。

我们说，心有多大，舞台就有多大。小鱼的心已经被鱼缸限制了，在大舞台上也就无法顺畅舒展了。同理，我们的思维被局限时，也很难发挥出全部的能量。而如果我们的思维能够向四面八方辐射性地发散，我们分析问题、解决问题的能力也会有一个大的提升，供我们展示才华的舞台也就会变大。

发散思维的要旨就是要学会朝四面八方想。就像旋转喷头一样，朝各个方向进行立体式的发散思考。这首先要确定一个出发点，即先要有一个辐射源。怎样从一个辐射源出发向四面八方扩散，下面是提供的几种方法：

（1）结构发散，是以某种事物的结构为发散点，朝四面八方想，以此设想出利用该结构的各种可能性。

（2）功能发散，是以某种事物的功能为发散点，朝四面八方想，以此设想出获得该功能的各种可能性。

（3）形态发散，是以事物的形态（如颜色、形状、声音、味道、明暗等）为发散点，朝四面八方想，以此设想出利用某种形态的各种可能性。

（4）组合发散，是从某一事物出发，朝四面八方想，以此尽可能多地设想与另一事物（或一些事情）联结成具有新价值（或附加价值）的新事物的各种可能性。

（5）方法发散，是以人们解决问题的结果作为发散点，朝四面八方想，推测造成此结果的各种原因；或以某个事物发展的起因为发散点，朝四面八方想，以此推测可能发生的各种结果。

善于运用发散思维的人，常常具有别人难以比拟的“非常规”想法，能取得非同一般的解决问题的效果。艾柯卡就是一个典型的例子。

美国福特汽车公司是美国最早、最大的汽车公司之一。1956年，该公司推出了一款新车。这款汽车式样、功能都很好，价钱也不贵，但是很奇怪，竟然销路平平，和当初设想的完全相反。

公司的经理们急得就像热锅上的蚂蚁，但绞尽脑汁也找不到让产品畅销的办法。这时，在福特汽车销售量居全国末位的费城地区，一位毕业不久的大学生，对这款新车产生了浓厚的兴趣，他就是艾柯卡。

艾柯卡当时是福特汽车公司的一位见习工程师，本来与汽车的销售毫无关系。但是，公司老总因为这款新车滞销而着急的神情，却深深地印在他的脑海里。

他开始琢磨：我能不能想办法让这款汽车畅销起来？终于有一天，他灵光一闪，于是径直来到经理办公室，向经理提出了一个创意，在报上登广告，内容为：“花56美元买一辆56型福特。”

这个创意的具体做法是：谁想买一辆1956年生产的福特汽车，只需先付20%的货款，余下部分可按每月付56美元的办法逐步付清。

他的建议得到了采纳。结果，这一办法十分灵验，“花56美元买一辆56型福特”的广告人人皆知。

“花56美元买一辆56型福特”的做法，不但打消了很多人对车价的顾虑，还给人创造了“每个月才花56美元，实在是太合算了”的印象。

奇迹就在这样一句简单的广告词中产生了：短短3个月，该款汽车在费城地区的销售量，就从原来的末位一跃而为全国的冠军。

这位年轻工程师的才能很快受到赏识，总部将他调到华盛顿，并委任他为地区经理。

后来，艾柯卡不断根据公司的发展趋势，推出了一系列富有创意的举措，最终坐上了福特公司总裁的宝座。

善于运用发散思维的人不止艾柯卡，英国小说家毛姆在穷得走投无路的情况下，运用自己的发散思维，想出了一个奇怪的点子，结果居然扭转了颓势。

在成名之前，毛姆的小说无人问津，即使请书商用了全力推销，销售的情况也不好。眼看生活就要遇到困难了，他情急之下突发奇想地用剩下的一点钱，在大报上登了一个醒目的征婚启事：

“本人是个年轻有为的百万富翁，喜好音乐和运动。现征求和毛姆小说中女主角完全一样的女性共结连理。”

广告一登，书店里的毛姆小说一扫而空，一时之间“洛阳纸贵”，印刷厂必须赶工才能应付销售热潮。原来看到这个征婚启事的未婚妇女，不论是不是真有意和富翁结婚，都好奇地想了解女主角是什么模样的。而许多年轻男子也想了解一下，到底是什么样的女子能让一个富翁这么着迷，再者也要防止自己的女友去应征。

从此，毛姆的小说销售一帆风顺。

发散思维具有灵活性，具有发散思维的人思路比较开阔，善于随机应变，能够根据具体问题寻找一个巧妙地解决问题的办法，起到出其不意的效果。培养发散思维，拓展思维的深度与广度，你的思维触角延伸多远，你的人生舞台就有多大。

走出思维囚禁的栅栏

只活了 41 岁的奥地利小说家弗兰茨·卡夫卡，是现代派文学的最有影响的人物。这位现代艺术的探险者虽夭年短暂，但不朽的灵魂却附着在他的作品中自由潇洒地长驻人间。导致他获得成功的原因固然众多，不过，他对“每个人都生活在自身携带的栅栏内”的醒悟，以及为跨越这种“栅栏”所采取的狂放无羁的艺术思维方式，不能不说是他成功地拿到“放在最高处的桂冠”的重要缘由之一。

警惕自囚于这种“自身携带的栅栏”，并及时地从中走出来，实在是一种可贵的品质。与生俱来的独一无二的创造自由态度，勇于进取，绝不自损、自贬，在学习生活中勇于独立思考，在日常生活中善于注入创意，在职业生活中精于自主创新，正是能够从自我囚禁的“栅栏”里走出来的鲜明标志。

形成创造力自囚的“栅栏”，通常有其内在的原因，是由于思维的知觉性障碍、判断力障碍以及常规思维的惯性障碍所导致的。知觉是接受信息的通道，感、知觉的领域狭窄，通道自然受阻，创造力也就无从激发。这条通道要保持通畅，才能使信息流丰盈、多样，使新信息、新知识的获得成为可能；也才可能使得信息检索能力得到锻炼，不断增长其敏锐的接收能力、详略适度的筛选能力和信息精化的提炼能力，这是形成创新心态的重要前提。

判断性障碍大多产生于心理偏见和观念偏离。要使判断恢复客观，首先需要矫正心理视觉，使之采取开放的态度，注意事物自身的特性而不囿于固有的见解或观念。这在新事物迅猛增殖、新知识快速增加的当今时代，尤其值得重视。

常规思维的惯性，又可称之为“思维定势”，这是一种人人皆有的思维状态。当它在支配常态生活时，还似乎有某种“习惯成自然”的便利，所以不好说它的作用全不好；但是，当面对创新的事物时，如若仍受其约束，就会形成对创造力的障碍。注意培养“质疑能力”，控制“思维定势”的影响范围，是克服“思维定势”负面影响的关键。

美国杰出的发明家保尔·麦克里迪曾讲述过这样一个故事：

这是几年前的一件事。我告诉我儿子，水的表面张力能使针浮在水面上，他那时才10岁。我接着提出一个问题，要求他将一根很大的针投放到水面上，但不得沉下去。我自己年轻时做过这个试验，所以我提示他要利用一些方法，譬如采用小钩子或者磁铁等等。他却不假思索地说：“先把水冻成冰，把针放在冰面上，再把冰慢慢化开不就得了吗？”

这个答案真是令人拍案叫绝！它是否行得通倒无关紧要，关键一点是：我即使绞尽脑汁冥思上几天，也不会想到这上面来。经验把我限制住了，思维僵化了，这小伙子倒不落窠臼。

我设计的“轻灵信天翁”号飞机首次以人力驱动飞越英吉利海峡，并因此赢得了214000美元的亨利·克雷默大奖。但在投针一事之前，我并没有真正明白我的小组何以能在这场历时18年的竞赛中获胜。要知道，其他小组无论从财力上还是从技术力量上来说，实力远比我们雄厚。但到头来，他们的进展甚微，我们却独占鳌头。

投针的事情使我豁然醒悟：尽管每一个对手技术水平都很高，但他们的设计都是常规的。而我的秘密武器是：虽然缺乏机翼结构的设计经验，但我很熟悉悬挂式滑翔以及那些小巧玲珑的飞机模型。我的“轻灵信天翁”号只有70磅重，却有90英尺宽的巨大机翼，用优质绳作绳索。我们的对手们当然也知道悬挂式滑翔，他们的失败正在于懂得的标准技术太多了。

阻碍我们成功的，不是我们未知的东西，而是我们已知的东西。要从自囚的“栅栏”走出来，还创造力以自由，首先就要还思维状态以自由。在此基础上，对日常生活保持开放的、积极的心态，对创新世界的人与事，持平视的、平等的姿态，对创造活动，持成败皆为收获、过程才最重要的精神状态，这样，我们将有望形成十分有利于创新生涯的心理品质，并使得有可能产生的形形色色的内在消极因素，及时地得以克服。

走出思维囚禁的栅栏，需要突破思维定式。创新不需要天才。创新只在于找出新的改进方法。任何事情的成功，都是因为能找到把事情做得更好的方法。

拿破仑·希尔问PMA成功之道训练班上的学员：“你们有多少人觉得我们可以在30年内废除所有的监狱？”

学员们显得很困惑，怀疑自己听错了。一阵沉默以后，拿破仑·希尔又重复：“你们有多少人觉得我们可以在30年内废除所有的监狱？”

确信拿破仑·希尔不是在开玩笑以后，马上有人出来反驳：“你的意思是要把那些杀人犯、抢劫犯以及强奸犯全部释放吗？你知道这会有什么后果吗？这样我们就别想得到安宁了。不管怎样，一定要有监狱。”

“社会秩序将会被破坏。”

“某人生来就是坏坯子。”

“如有可能，还需要更多的监狱呢！”

拿破仑·希尔接着说：“你们说了各种不能废除的理由。现在，我们来试着相信可以废除监狱。假设可以废除，我们该如何着手。”

大家有点勉强地把它当成试验，沉静了一会儿，才有人犹豫地说：“成立更多的青年活动中心可以减少犯罪事件。”

不久，这群在10分钟以前坚持反对意见的人，开始热心地参与了。

“要清除贫穷，大部分的犯罪都起源于低收入的阶层。”

“要能辨认、疏导有犯罪倾向的人。”

“借手术方法来治疗某些罪犯。”

总共提出了18种构想。

这个实验的重点是：当你相信某一件事不可能做到时，你的大脑就会为你打出种种做不到的理由。但是，当你相信——真正地相信——某一件事确实可以做到，你的大脑就会帮你找出解决问题的各种方法。

有志者事竟成，这是创新思维的根本。而传统的想法则是创新成功计划的头号敌人。传统的想法会冻结你的心灵，阻碍你的进步，干扰你发展你真正需要的创造性能力。

以下是发展创新思维的方法：

（1）要乐于接受各种创意。要丢弃“不可行”，“办不到”，“没有用”，“那很愚蠢”等思想束缚。

（2）要有实验精神。废除固定的例行事务，去寻找新的餐馆、新的书籍、新的戏院以及新的朋友，或是采取跟以前不同的上班路线，或过一个与往年不同的假期，或在这个周末做一件与以前不同的事情等等。

（3）要主动前进，而不是后退。成功的人喜欢问：“怎样才能做得更好？”

（4）要明白进步一点，就是一种收获。最大的成功都是保留给具有我能把事情做得更好的态度的人。

（5）要迎合消费者的喜好。

（6）要把握投资良机。

（7）创意是思想的果实，但是只有适当的管理彻底实行之后才有价值。

（8）不要让创意平白飞掉，要随时记下来。

（9）定期检查你的创意。

（10）继续培养及完善你的创意。

（11）每一个灵感都是新构思。

（12）不要轻易放过偶然的现象。

（13）千万别小看自己无意中的主意。

第六章

要学会跟成功者在一起

接近赢家就能成为赢家

赢家做事有一套自己的方式，他们通常都以不同的方式思考和行动，凡是在某领域出类拔萃的人，其所思与所为都不同于该领域中的一般人。

这些赢家也许不自觉于自己做的事有别于他人，很少想这个问题，也不谈论。但就算赢家不说出他们成功的秘诀，经由观察还是可以推论得知。

例如，学徒向工匠学手艺，学生借着协助教授做研究而学习，年轻的艺术家花时间与有成就的艺术家相处——都是借着协助与模仿，从而观察佼佼者的做事方式。

观察杰出人士你会发现，他们看事情的方式不一样，管理时间的方式不一样。如果他们所做的你也做到了，或甚至能做到同行者通常做不到的事，你才可能爬到顶尖。

意大利和法国地灵人杰，是盛产艺术人才，特别是诞生视觉艺术人才的好地方。皮尔·卡丹正是喝这两个艺术圣地的水长大的。

皮尔·卡丹为意大利人，1924 年出生于水都威尼斯，喝了两年威尼斯的水后，又随父母移居法国。意大利人有精巧的手工艺技术，对意大利人制造的皮具、时装等精品，皮尔·卡丹从小醉心，长大一直作为他学习模仿的对象以及自己进行独创的参照。

皮尔·卡丹小学毕业后，便到时装店当店员，师傅们制衣、缝衣、时装设计，更成为他勤苦学习、模仿的对象。战后他进“蒂柯”时装店任设计师，施展设计才华，很受蒂柯老板也是出色时装设计家的器重，薪酬翻了几番，收入非常丰厚。只因一次失窃事件，店家怀疑到是前来找他的朋友作的案，他感到受辱，坚决辞职自立门户了。

其时是 1953 年，他的时装店的名字，设计制作时装精晶的品牌，统统用自己的名字。从此“皮尔·卡丹”精品名牌，响遍法国，享誉世界。也是意大利工艺、法国手艺，在皮尔·卡丹的突破式模仿创意中，使其精品时装更加另世界称奇。

优秀的人是那些在人格、品行、学问、道德等方面都胜过你的人，与他们的交往，你就能尽量吸收到种种对你有益的东西，可以鼓励你在事业上激起更大的灵感和努力来。

19 世纪的维也纳，国王在公共场所出场时，人们要欢呼三次以示隆重。可 1824 年 5 月 7 日贝多芬的《第九交响曲》首次演出后，热情激动的观众竟欢呼达五次之多，直到警察出面才停止了这么狂热的场面。

《第九交响曲》是乐圣贝多芬登峰造极的音乐作品。贝多芬，这个“震惊世界的人”（著名作曲家莫扎特语）的震惊世界的作品《第九交响曲》，正是突破式模仿之作。贝多芬的模仿表现在三个方面：

其一是思想模仿。贝多芬生活在德国，他通过康德、席勒等人的作品，对卢梭的法兰西共和思想十分憧憬和向往，因而在他的《第九交响曲》中充分体现出这种共和思想。

其二是音乐模仿。贝多芬在《第九交响曲》创作过程中，收集了大量的与卡比尼风格相近的法国音乐家缪尔的作品，并将他们的风格渗透到自己的创作中去。

其三是作曲技法的模仿。贝多芬在《第九交响曲》第四章《欢乐颂》的合唱中，模仿了卡比尼和缪尔的作曲技法。

但我们不能说《第九交响曲》思想是卢梭的，音乐是缪尔的，作曲技法是卡比尼和缪尔的。这些在《第九交响曲》中统统消失了，都融进该曲并成其为有机的部分不能分离以致不能分辨了。这就是创造技法中突破式的模仿。

头脑与头脑之间，心灵与心灵之间，有着一种伟大的感应力量；这种感应力量，虽无法测量，然而它的刺激力，它的破坏及建设力是十分巨大的。假使你常同比你低下的人混在一起，则他们一定会把你拖下去，一定会降低你的志愿和理想。尽量跟那些道德高尚、性情良好、光明磊落的人交往，这样所得到的好处是十分惊人的。每一个人都会受益于周围的人的大部分思想、举止与个性，甚至连你的智商也会受到环境与伙伴的影响。

在以色列的克伊布兹，各项实验的结果显示，东方犹太儿童的智商平均为95，而欧洲犹太儿童的平均智商为105。这证明欧洲犹太儿童比东方犹太儿童要聪明些。可是当他们都在克伊布兹住过4年以后，由于当地环境是积极的，学习环境良好，而且献身学习的气氛也很高涨，所以平均智商都达到了115的相同水准。

这一点很令人兴奋。当你跟具有积极态度、道德观的正派人士为伍时，成功的机会也就大为增加了。与优秀的人交往总是会使自己也变得优秀。优秀的品格通过优秀的人的影响四处扩散。“我本是块普通的土地，只是我这里种植了玫瑰。”有其父必有其子，品格优秀的人必然造就品格优秀的人。卡农·莫斯利指出：“成功是可以传染的，接近赢家就能成为赢家。”

大人物是你的成功捷径

我们想成为什么样的人，背后就得站着一群什么样的人。有人说：“看一个人的人际关系，就知道他是怎样的人，以及将会有何作为。大多数人的成功源于良好的人际关系。”

看一个人的才能，不是看他的口袋里有多少钱，而是看他的朋友的层次。成功者总是用心去经营人脉“磁场”，想方设法结交贵人，尤其是上流社会中的大人物。

当你遇到任何无法应付的困难而要寻求帮助时，明智的做法是找一流的人物请教。如果向一个失败者请教，就跟请求庸医治疗绝症一样可笑。因为这种人一辈子都没有出息，从来都没有成功过，是没有能力给出高明的意见和建议的。

19世纪20年代初期，罗斯柴尔德在巴黎发迹，不久之后他就面对最棘手的问题：一名犹太人，法国上流社会的圈外人，如何才能赢得排斥外国人的法国上层阶级的尊敬呢？罗斯柴尔德是了解权力的人，他知道他的财富会带给他地位，但是他会因此在社交上被疏离，最后地位与财富都将不保。因此他仔细观察当时的社会，思考如何受人欢迎。

慈善事业？法国人一点也不在乎。政治影响力？他已经拥有，如果再在上面花心思只会让人们更加猜疑。他终于找到一个缺口，那就是无聊。在君主复辟时期，法国上层阶级非常无聊，因此罗斯柴尔德开始花费惊人的巨款供他们娱乐。

他雇用法国最好的建筑师设计他的庭园和舞厅，雇用最有名的法国厨师卡雷梅准备法国人未曾目睹过的奢华宴会。没有任何法国人能够抗拒，即使这些宴会是德国犹太人举办的，罗斯柴尔德每周的晚会都会吸引很多客人。

罗斯柴尔德的晚会反映出他渴望与法国社会打成一片，而不是混迹于商界的思想。透过在“夸富宴”中挥霍金钱，他表现出他的欲望不只在金钱方面，而是希望进入更珍贵的文化领域。罗斯柴尔德透过花钱赢得社会接纳，但是他所获得的支持不是金钱本身可以买到的。事实证明，在以后相当长的一段时间里，他一直受惠于这些贵族客人。

罗斯柴尔德用他的行动告诉我们，跻身上流社会，与成功人士在一起，至少让你看起来像一个成功者，即使你可能还没成功。跻身于上流社会后，你将更容易获得成功的机会。

一个人要成功，就必须要善于借助外界的力量。这里的“借力”既指借助别人的智慧，也指寻找有用的社会资源。纵观历史上那些成功的人，无不是由于善于借助外界力量的支持而取得事业成功的。人不可能样样精通，一个人要想达到自己的目的，就需要善于借势。

每一个伟大的成功者背后都有另外的成功者在支撑着。没有人是靠自己一个人达到事业顶峰的。所以，如果你想成为出类拔萃的人，就一定不能忽略人脉的储备。一个人的力量是十分有限的，许多问题往往不是一个人能够独自解决的。当问题因无法解决而陷入僵局时，你就必须请教能为你指点迷津的人，请他们帮助你，给你建议，以便顺利解决问题。

借助成功人士的成功氛围

心理学研究表明，环境可以让一个人产生特定的思维习惯，甚至是行为习惯。环境能够改变我们的思维与行为习惯，直接影响到我们的工作效能与生活。

和成功人士在一起，有助于我们在身边形成一个成功的氛围，在这个氛围中，我们可以向身边的成功人士学习正确的思维方法，感受他们的热情，了解并掌握他们处理问题的方法。

下面是一位百万富翁请教一位千万富翁的对话。通过这个故事可以让我们知道和成功人士在一起的重要作用。

“为什么你能成为千万富翁，而我却只能成为百万富翁，难道我还不够努力吗？”一位百万富翁向一位千万富翁请教道。

“你平时和什么人在一起？”

“和我在一起的全都是百万富翁，他们都很有钱，很有素质……”那位百万自豪的回答。

“呵呵，我平时都是和千万富翁在一起的，这就我能成为千万富翁而你却只能成为百万富翁的差别。”那位千万富翁轻松地回答。

由此我们可以看出造成他们差距的是他们所处的环境不同，也就是说交往的朋友不一样。生活中有这样一个规律：你的年收入是你交往最密切5位朋友年收入的平均值。

假如你第5位朋友年收入分别是：6万，7万，10万，13万，14万。总和是50万，那你的年收入就应该在10万左右。当然这个数字只是理论上的，但我们接触的事实大多是这样的。因此，有这么一句话：“看你身边的朋友就知道你是个什么样的人。”

1. 审视自身的环境，寻找有益的同伴

你所遇到的人，决定你的命运。良好的环境可以促进人的成功，恶劣的环境会阻挠人的成功。所以，假如你想要取得事业上的成功，就应该先看看周围的环境是不是与它相适合。

同类事物互相影响，和某一种人相处久了，慢慢就会变得和他有些相象。和成功的人在一起，慢慢会受到影响，言谈举止、行为处事会学到他的一些方法；和开心的人在一起，就会逐渐变得开心；和有魅力的人在一起，会不知不觉增加魅力；和运气好的人在一起会沾光。

假如和一群消极的人在一起，每天听到的都是消极的话，不断输入潜意识，就会变得和他们一样消极。原因是，人与人之间通过意识、潜意识、生物场等等途径不断地在交换物质、信息。你所接触的环境决定了你的思想格局，你的思想言行都是你所在环境的各种反映。接触正面，运用的就是正面的东西，接触负面，使用出来都是负面东西。

巧妙利用环境因素，是成功的速成方法。因为你时刻在与环境相互作用，换言之就是时刻在环境中学习，所以，想要得到一个什么样的结果，就尽量处在一个什么样的环境中，通过与环境的接触学习其中的东西。我们要在自己的周围建立一种成功的氛围，积极接触那些能够为我们带来正面启示的人，即发现有益的同伴，这样我们的工作起来才会越来越顺利。

那么哪些是有益的同伴呢？就是那已经功成名就或者正朝这个方向前进的人，那些具有追求成功动机的人、自信的人，那些愿意将所知传授给别人的人，包括教师、教练、主管、同事、家庭成员中的长者和智者、训练员和领袖。他们使你攀登顶峰的路途更为平坦。

2. 结交优于自己的人

那些能够为我们带来益处的人往往是那些优于我们自己的人。一位成功学专家认为，“一个最有可能成功的人，他在朋友圈子中的成就应当是最低的。”为什么是这样呢？因为只有你的朋友比你强的时候，你才能从交友中获益；假如所有的朋友都没你棒，就不太妙。

3. 和成功者在一起

如果你与成功者在一起学习，他们都非常热情，非常有行动力，你跟他们在一起，不行动都不行。一个人要成功，必须做到下面几点：

第一，他必须帮成功者工作。

第二，当他开始成功的时候，一定要跟更成功的人合作。

第三，当他越来越成功时，要找成功者来帮他工作。

只要你能依照这 3 个方法，按部就班地去做，你一定会非常成功。一般人无法成功，是因为他们连帮成功者工作的态度都没有，他总是想要自己先发明一套。事实上，当你还没成功模式之前，自己发明出来的力法人多数效果都是有限的。

环境能让你产生特定思维习惯，甚至是行为习惯。环境的确能影响思维与行为习惯，左右你的人生。所以要慎重地把自己的环境调整好，当你调整好了，你就会海阔天空。

这里有一个非常明显的例子，如果你的父母都是教书的，你从小就生长在校园的环境中，你长大后你的个人修养及其他方面的修养就会好一些。环境的选择对人的确非常的重要，在温馨宁静的家庭长大的孩子跟在凌乱嘈杂的家庭长大的孩子肯定也会有很大的不同。

因此，如果你要获得成功，就要时刻在自己的身边形成一个“成功”的氛围，最好的办法就是尽量地找机会和成功人士在一起，多多感受和学习和他们身上的优秀品质。

与上进心强的人共处

与一个上进心强的朋友相处，你也会在他的影响或激励下，变成一个积极进取的人。

尼克·亚历山大的故事就是一个很好的例子。他在孤儿院长大——那是一种老式的孤儿院，孤儿们从早上5点钟工作到日落，伙食既糟糕又无法填饱肚子。

尼克是一个聪明的小孩，14岁时就从中学毕业了。接着，他便开始谋生。

他在一家裁缝店找到了操作缝纫机的工作。14年以来，他一直在那种环境下工作。后来，那家裁缝店加入了工会，尼克的工资提高了，工作时间缩短了。

尼克·亚历山大幸运地娶了一个女孩，她是一个很有上进心的人，她对尼克说希望他能够上大学，但这样的梦想对于尼克这样的孤儿来说谈何容易。为了帮助尼克，在他们结婚之后不久，他们把存款凑在一起，开了一家亚历山大房地产公司。尼克的太太特丽莎甚至把订婚戒指卖掉了，以便增加他们那笔小小的资本。

公司经营了两年，生意兴隆，于是特丽莎支持尼克去上大学。尼克在36岁的时候，得到了学位——这是他在人生道路上所抵达的第一个里程碑。尼克感到特别幸福和满足，因为他实现了一个以前想都不敢想的目标。

但他的太太鼓励他树立新的目标，尼克又回到房地产事业——成为他太太的生意伙伴。他们又有了一个新目标——在海边买一幢房子，最后，他们也实现了那个梦想。

至此，尼克就这样坐下来轻松享受了吗？没有。他们有一个小女孩要教育。如果他们能把他们商业大楼的分期付款缴清，把大楼变成公寓出租，收入的租金就能付孩子上大学的费用了。这个目标，他最终也实现了。

亚历山大夫妇目前正在为他们的退休保险金努力。现在尼克单独主持事业，特丽莎则照顾他们的家庭。

尼克过上了一种忙碌、幸福、成功的生活，因为他的太太总是为他树立不同的目标，使他们的努力有一个明确的方向。

尼克是幸运的，因为他拥有一个上进的推手，这让他没有躺在每一个小成功上享受生活，而是在妻子的激励下不断设置和实现新的目标，这就是我们所说的“上进的朋友让人不断进取”的含义。

上进心强的人往往不会甘于平庸的命运，他们会想办法让自己出人头地，也会激励身边的人去努力实现梦想。

马利安出生在美国南部一个贫困的黑人家庭，他5岁时便开始劳动。马利安的大多数伙伴都是佃农的孩子，他们都很早就参加劳动。这些家庭认为贫穷是命运的安排，因此，并不奢望改善自己的生活。

但是小马利安有一位不平常的母亲，母亲不肯接受这种仅够糊口的生活。她时常对儿子说："马利安，我们不应该贫穷。我不愿意听到你说：我们的贫穷是上帝的意愿。我们的贫穷不是上帝的缘故，而是因为你的父亲从来就没有产生过致富的愿望。我们家庭中的任何人都没有产生过出人头地的想法。"

"没有人产生过致富的愿望"，这个观念在马利安的心灵深处刻下深深的烙印，以至于改变了他的整个人生。他决定把经商作为生财的一条捷径，最后选定经营肥皂。于是，他挨家挨户出售肥皂达12年之久。

后来，他获悉供应肥皂的那个公司即将拍卖出售。马利安很想把它买下，他依靠自己在多年经营活动中树立的良好信誉，从朋友那里借了一些钱，又从投资集团那里得到了帮助，筹集到115万美元，但还差1万美元。当他漫无目的地走过几个街区后，看到一家承包事务所的窗子里还亮着灯。马利安走了进去，看见写字台后面坐着一个因深夜工作而疲惫不堪的人。马利安直截了当地对他说："你想挣1000美元吗？"这句话吓得这位承包商差一点倒下去，"想，当然想。"

"那么，请你给我开一张1万美元的支票，当我还这笔借款的时候，将另付出1000美元利息给你。"当马利安离开这个事务所的时候，口袋里已经有了一张1万美元的支票。

后来，他不仅得到那个肥皂公司，而且还在其他7个公司和一家报馆取得了控股权。当有人与他一起探讨成功之道时，他就用母亲多年以前所说的那句话回答："我们是贫穷的，但不是因为上帝，而是我们从来没有想到要致富。"

是的，马利安就是被母亲的意志所鼓舞，从而改变了命运。可见，身边若有一位有上进心的朋友做推手，人就更容易被激起出人头地的愿望和热情。有上进心的人一般都不害怕困难，有时候还会刻意创造机会，锻炼自己战胜困难的勇气和能力，这一点，也可以给身边的朋友有益的启示。

上进的朋友会让我们远离懈怠、超越自己、永不满足……这些都可以让我们受益终生。所以，我们要选择这样的人做朋友，让他们推动我们取得进步。想要成功，就与成功者走在一起；想要成为一个积极进取的人，就与上进心强的人做朋友。

主动结交成功者，少走弯路

事业成功的人，有赖于比自己优秀的朋友，不断刺激自己力争上游。因为优秀的人就是一个更高的平台，帮助你一步步登上事业顶峰。主动结交成功者，可让你省出走弯路的精力。

要和优秀的人相识，并不像通常所想象的那么困难，就是要结交地位较高的人也如此。尤其是年轻人更需要把握与地位较高的人亲近的机会。

美国少年亚当在杂志上读了大实业家威廉·亚斯达的故事，很想知道得更详细些，并希望能得到他们对后来者的忠告。有一天，亚当跑到纽约，也不管几点开始办公，早上7点就到了威廉·亚斯达的事务所。

在第二间房子里，亚当立刻认出了面前的那个人就是自己所要拜访的人。亚斯达刚开始觉得这少年有点讨厌，然而一听少年问他："我很想知道，我怎样才能赚得百万美元？"他的表情便柔和起来，俩人竟谈了一个小时。随后亚斯达还告诉他该去访问其他实业界的名人。亚当照着亚斯达的指示，遍访了一流的商人、总编辑及银行家。

在赚钱这方面，他所得到的忠告并不见得对他有所帮助，但是能得到成功者的知遇，却给了他自信。他开始仿效他们成功的做法。过了两年，亚当成为他当过学徒的那家工厂的所有者。24岁时，他是一家农业机械厂的总经理，为时不到5年，他就如愿以偿地拥有百万美元的财富了。

亚当活跃在事业界多年，总结出了自己成功的一个信条就是多与优秀的人结交，建功立业的前辈能带给你一个改变命运的机遇。

杰克是美国印第安纳州小乡镇上的铁道电信事务所的新雇员。16岁时他便决心要独树一帜。27岁他当了管理所所长。后来，成为俄亥俄州铁路局局长。他给刚进校门读书的儿子的忠告是："在学校要主动和一流人物结交，有能力的人不管做什么都会成功……"

萨加烈也说了同样的话："如果要求我说一些对青年有益的话，那么，我就要求你时常与比你优秀的人一起行动。就学问而言或就人生而言，这是最有益的。学习正当地尊敬他人，这是人生最大的乐趣。”

不少人总是乐于与比自己差的人交际。这的确可以得到自慰。因为，在与这些人交际时，能产生优越感。可是从不如自己的人当中，显然是学不到什么的。而结交比自己优秀的朋友，能促使我们更加成熟。

结交朋友虽然出于偶然的机会认识，但朋友对个人的影响却是很大的。因此，在交朋友时要善于考虑并选择比你更优秀的人，这样意味着你离成功更近了一步。

第七章

是否真有“机会平等”这件事

机会眷顾有准备的人

所谓机遇，要因人而异。在有准备的人那里，机遇一露头就会被发现、抓住，进而转化为成功。而在没有准备的人那里，机遇就不会被发现。

对一个人的成功产生决定性影响的机遇是不多的。对机遇的到来必须要有敏锐的嗅觉和判断能力。当别人对机遇的到来还麻木不仁时，你能捷足先登，抢占先机，就俘获了机遇。那些对机遇的到来懵然无知，或后知后觉的人，也必然无法挽到它的臂膀。

萧伯纳曾说:“人们总是在责怪自己的机遇不好。我不相信机遇。世界上杰出的人物都是主动寻找自己所希望的机遇；如果找不到，他们便去创造这样的机遇。”

有人坐等机会，希望好运气从天而降。如果没有做好准备，即使机会降临，也难以发现。

有位年轻人，想发财想得发疯。一天，他听说附近深山里有位白发老人，若有缘与他相见，则有求必应，肯定不会空手而归。于是，那年轻人便连夜收拾行李，赶上山去。

他在那儿苦等了5天，终于见到了那个传说中的老人，他求老者赐给他好运。

老人便告诉他说:“每天清晨，太阳未东升时，你到海边的沙滩上寻找一粒‘心愿石’。其他石头是冷的，而那颗‘心愿石’却与众不同，握在手里，你会感到很温暖而且会发光。一旦你寻找到那颗‘心愿石’后，你所祈愿的东西就可以实现了！”

每天清晨，那个年轻人便在海滩上捡石头，发觉不温暖又不发光的，他便丢下海去。日复一日，月复一月，那个年轻人在沙滩上寻找了大半年，却始终也没找到温暖发光的“心愿石”。

有一天，他如往常一样，在沙滩开始捡石头。一发觉不是“心愿石”，他便丢下海去。一粒、二粒、三粒……突然，“哇……”

年轻人大哭起来，因为他突然意识到：刚才他习惯性地扔出去的那块石头是“温暖”的……

当机遇到来时，如果你麻木不仁就会和它失之交臂。人们只要抓住机遇，利用机遇，努力奋斗，就可以获得真正幸福的人生。

机遇的产生和利用都需要有其主、客观条件。从主观上讲，机遇只属于那些有准备的人。这里的准备主要有以下内容：一是知识的积累。没有广博而精深的知识，想发现和利用机遇是不可能的。二是思维方法的准备，只具备知识，而没有必要的思维方法，只能让机遇白白地从身边溜走。

当然，成功而有效的思维方法的掌握不是一朝一夕的事情，它需要人们下苦工夫，在长期的生活实践中培养训练。因此，我们既要勤于思考，又要有独立思考的能力。但我们也得明白，不论是知识积累方面的准备，还是思维方法方面的准备，都是一个过程。

人的主观条件非常重要，它要求人们应努力学习和工作。从客观条件讲，机遇的产生和利用需要有良好的社会环境，如自由的科研氛围、平等的择业工作机会，及良好的家庭环境、教育程度等。机遇的产生是主、客观条件相互作用的结果，它既有必然性，也有偶然性。只有捕捉住机遇，才能使其由可能性向现实性转化，从而使人们走向成功的峰巅。

怎样去准备呢？那就要留心周围的小事，独具慧眼。在日常生活中，常常会发生各种各样的事，有些事使人大吃一惊，有些事却毫无惊人之处。一般而言，使人大吃一惊的事会使人倍加关注，而平淡无奇的事往往不被人所注意，但它却可能包含有重要的意义。

一个有敏锐洞察力的人，他会独具慧眼。

19世纪的英国物理学家瑞利正是从日常生活中洞察到，端茶水上来时，茶杯会在碟子里滑动和倾斜，有时茶杯里的茶水也会洒一些，但当茶水稍洒出一点弄湿了茶碟时会突然变得不易在碟上滑动了。瑞利对此作了进一步探究，做了许多相类似的实验，结果得到一种求算摩擦的方法——倾斜法，给人们的科学事业做出了极大的贡献。

当然，我们说培养敏锐的洞察力，留心周围小事的重要意义，并不是让人们把目光完全局限于“小事”上，而是要人们“小中见大”、“见微知著”。只有这样，才能更好地发现机遇。

在具备敏锐洞察力的前提下，还必须具备一定的判断力。判断力不仅对于正常情况下的科学发现活动和其他实践活动是重要的，对于异常情况下的科学发现活动及社会急剧变化时的实践活动更为重要。在物质文明与精神文明飞速发展的今天，人们应该据自己的判断力，选择和从事有利于社会又适合自己，能给自己带来物质和精神生活幸福的工作。

把握机遇需要亮出你自己

在研究中发现，对许多成功者产生决定性影响的机遇次数是极少的，少的只有一两次，多的也仅四五次。因此，对于渴求成功的人，机遇的质量重于数量。要选择对自身成长最有效用的机遇，放弃那些对成才帮助不大的机会。尽可能使机遇在你的成才之路上发挥出最大的作用。

机遇是不会主动与你会晤的，你只有不断地醒目地亮出你自己、展示你自己，找到赏识你的人，吸引他人（包括名人、伯乐）的关注和重视，你才有可能找到机遇。过于含蓄，羞羞答答，不敢亮出自己才能的人，得不到“伯乐”重视、社会认可，那就是必然的了。

有一匹千里马，身材瘦小，但却能矫健如飞，日行千里。这匹千里马混在众多马匹之中，黯淡无光，没有多少人知道它有与众不同的奔跑能力，因为它看起来实在太瘦弱。马场的马一匹匹被买主买走，这匹千里马始终没有被人相中。但千里马并不为之所动，在心里甚至耻笑那些庸庸之辈，对那些买主更是不屑一顾，认为他们目光短浅，与其被他们挑中，宁愿自己一个人永远这样待着。马场的老板对这匹马渐渐地没有了信心和耐心，给的草料数量和质量越来越糟糕。但千里马仍然信心很足，它相信总有一天，伯乐会相中它的。

有一天伯乐真的来了，他在马场转了半天，来到了这匹千里马面前。千里马高兴极了，心想，这下机会来了。伯乐拍了拍马背，要它跑跑看。千里马见伯乐如此举动，心里很是不快，如果是伯乐，肯定一眼就会相中我，为什么还不相信我，还要我跑给他看呢？这个人一定不是真伯乐！于是千里马拒绝奔跑。伯乐兰望地摇摇头，走了。

又过了一段时间，马场的马只剩下千里马这一匹了。老板见它可怜，本想骑着它回老家去，好好饲养它，可千里马就是不走。无奈之下，老板只好把千里马杀了，拿到街上去卖马肉。

一切靠你自己主动，美好的东西不会主动跑到你面前来，就算天上掉下馅饼，也要你主动去捡，而且你还必须抢先别人一步。金子如果被埋在土里就永远不会闪光。如果要闪光只有两种可能：一种是被矿工侥幸发掘，而这几乎不可能；另外一种是通过自己的力量破土而出。如果你努力，如果你是真金，这种可能几乎等于必然。

一个有才干的人能不能得到重用，很大程度上取决于他能否在适当场合展示自己的本领，让他人认识。如果你身怀绝技，但藏而不露，他人就无法了解，到头来也只能空怀壮志，怀才不遇了。关于表现自我的人总是不甘寂寞，喜欢在人生舞台上唱主角，寻找机会表现自己，让更多的人认识自己，让伯乐选择自己，使自己的才干得到充分发挥。

自我表现应把握的几条原则：

1. 推荐以对方为导向

在推荐自己的时候，注重的应该是对方的需要和感受，并根据他们的需要和感受说服对方，被对方接受。

某重点高校学生琳琳，个性外向，多才多艺。她听说一家知名刊物招聘记者，便立即前去面试，谁知由于准备工作不足，她对该刊物缺乏了解，回答此类问题时张口结舌，尽管她成绩很好，也很聪明能干，却没能赢得总编的好感。琳琳的自我表现因为导向错误而归于失败。

2. 不要害怕失败

“人有百号，各有所好”，对人才的需求也是这样。假如你尽管针对对方的需要和感受仍说服不了对方，没能被对方所接受，你应该重新考虑自己的选择。但是不要因为一次失败便失去自我表现的勇敢。你应该调整的是你的期望值，而不是自我表现的态度和方法。

3. 掌握一些方法

人们通过面试可以取得推荐自己、说服对方、达成协议、交流信息、消除误会等功效。自我表现时，应注意和遵守以下法则：依据面谈的对象、内容做好准备工作；语言表达自如，要大胆说话，克服心理障碍；掌握适当的时机，包括摸清情况、观察表情、分析心理、随机应变等。

4. 要有自己的特色

表现自己必须先从引起别人注意开始，如果别人不在意你的存在，那就谈不上表现自己。那么，如何引起别人的注意呢？关键是要有自己的特色。这里所谓特色，就是你个人的风格、特点、优点、长处，那些有别于旁人的，不流于俗的东西，你尽可以大胆展现出来，定会令人眼前一亮。

5. 应知难而退

在表现自我时，如果发现时机不对或者对方无兴趣，就要“三十六计，走为上策”。这时候，表现要冷静，不卑不亢地表明态度，或者自己找个台阶下，给人留下明理的印象。

人生处处都有机遇，现实生活中有很多机遇都在等着你，所以大胆地表现自己很重要。希望那些还没被认识的各种人才，是珍珠就要让自己发光，从而获得机遇的垂青。

留心小事，把握机遇

如何抓住机遇，并没有固定的模式和准则可循，但过人的洞察力和预见能力无疑是非常重要的。平时留心周围的小事，可练就敏锐的洞察力。

《致富时代》杂志上，曾刊登过这样几个故事：

有一个自称“只要能赚钱的生意，都做”的年轻人哈特，在一次偶然的机会听人说，市民缺乏便宜的塑料袋盛垃圾。他想：“这个塑料袋的生意，说不定我就能做。”于是他立即进行了市场调查，通过认真预测，认为有利可图。他开始着手行动，很快把价廉物美的塑料袋推向市场。结果，靠那条别人看来一文不值的“垃圾袋”的信息，两星期内，哈特赚了 4 万美元。

富尔顿 10 岁时，和几个小朋友一起去划船钓鱼。富尔顿坐在船舷上，他的两只脚不在意地在水里来回踢着。不知什么时候，船缆松了扣，小船漂走了。富尔顿没有忽视这种生活中的小事，他发现自己的两只脚起了船桨的作用。富尔顿长大以后，经过刻苦的学习和研究，终于制造出世界上第一艘真正的轮船。

麦可·西姆公司原是一家仅有30多人生产雨衣的小公司，因产品滞销，公司陷入困境。一天，董事长麦可·西姆先生从人口普查材料中发现，美国每年出生婴儿500万，这引起他的深思：尿布这个不显眼的小产品，大企业不屑一顾，但却是婴儿的必需品，就算每个婴儿每年最低限度只用两条，一年就是一千多万条，何况还有广阔的国际市场。于是他立即转产婴儿尿布，结果产品畅销国内外。

现代社会是信息时代，人与人之间的竞争就是技术和信息的竞争，日常生活中可利用的信息当然不局限于气象和新闻，只要我们思路开阔，头脑灵活，善于捕捉有价值的信息，能帮助你发展事业的信息无处不在。

查克·豪斯是惠普公司一位聪明能干、积极努力的工程师，几年前正在研制一种新型显示监视器时，上级通知他放弃这个努力。他通过广泛调查，预见到这种显示器必然有巨大的潜力。因此，他没有理会上级的指示，继续进行这种新产品的研制，而不管上级多次要求他停止这项工作的压力。他说服他所在部门的研究与开发经理，把这种监视器投入了生产和市场。结果，惠普公司销售了17000台这种监视器，赢利3500万美元，豪斯也因“超乎工程师的正常职责范围，表现出异乎寻常的藐视上级指示”而受到重奖。

实际上，促使豪斯出人头地的主要因素是他超乎常人的预见力。如果他不能正确预见到产品畅销，则没有足够的勇气违背上级指示；如果预见和判断错误，则会受到上级的严厉指责，可能因此被炒鱿鱼。

梅隆家族是美国的超级巨富，第一次世界大战以后，它垄断了新兴的制铝工业；第二次世界大战以后，它又以石油为主要产业在美国工矿企业中雄居首位。

据美国《幸福》等杂志的统计，1970年梅隆财团控制下的企业总资产约为329亿美元，在美国八大财团中占第六位。

梅隆财团第一代创始人托马斯·梅隆则是这份家业的开拓者。梅隆家族祖祖辈辈生活在爱尔兰乡间，只有很少的土地，比较贫困。

托马斯·梅隆14岁的一天，他在种荞麦，突然，托马斯在犁过的田中发现了一本散落的《本杰明·富兰克林自传》。从这本书里，托马斯看到了像他一样的普通人，也可以富有教养、通达事理、出人头地。他后来写道：“我看到了富兰克林，他比我还穷，但凭着勤奋、节俭，他终于变成了才识出众、睿智果断、富有而又闻名的人物。”从此，一种不安躁动在他心里，那就是富兰克林吸引他去思考放弃土地。

这个偶然事件给托马斯的影响贯穿其毕生，43年以后，当他最终建造起象征他事业顶峰的银行大厦时，他没有忘记在人形山头的中央，矗立起一座富兰克林塑像。

从托马斯·梅隆身上可以看出，要把握机遇，获得灵感，还必须善于利用他人的成功经验。这不仅包括别人通过辛勤的努力所换来的结果，也包括别人努力的过程。

智者创造机遇

你可曾想过幸福而美好的人生是如何得来的吗？要是你只在等待机遇，等待人家的提拔，等待别人的帮助，你一生将永远不会发迹。

创造机遇，使亚历山大成就了他的事业。只有能创造机遇的人，才能达到他的期望，完成他的抱负。经验告诉我们，等待机遇是一种极其笨拙的行为。你不要以为机遇像是一个到你家里来的客人，他在你的家门口敲门，等待你开门把它迎接进来。恰好相反，机遇是不可捉摸的，无影无形，无声无息，它有时潜伏在你努力的工作中，有时徘徊在无人注意的境地里。你假如不用苦干的精神，努力去寻求、去创造，也许你永远不会遇着它。

有这样一个故事：

一个年轻人靠在一块草地上，懒洋洋地晒着太阳。这时，从远处走来一个奇怪的东西，它周身发着五颜六色的光，六条腿像船桨一样向前划着，使它的行走十分快捷。

“喂！你在做什么？”那怪物问。

“我在这儿等待机会。”年轻人回答。

“等待机会？哈哈！机会什么样，你知道吗？”怪物问。

“不知道。不过，听说机会是个很神奇的东西，它只要来到你身边，那么，你就会走运，美极了。”

“你连机会什么样都不知道，还等什么机会？还是跟着我走吧，让我带着你去做几件对你有益的事吧！”那怪物说着就要来拉他。

“去去去！少来添乱，我才不跟你走呢！”年轻人不耐烦地撵那怪物。

那怪物只好一个人离去了。

这时，一位长髯老人来到年轻人面前问道：“你为什么不抓住它啊？”

“抓住它？它是什么东西？”年轻人问。

“它就是机会呀！”

“天啊！我把它放走了。不，是我把它撵走了！”年轻人后悔不迭，急忙站起身呼喊机会，希望它能返回来。

“别喊了，”长髯老人说，“我告诉你关于机会的秘密吧。它是一个不可捉摸的家伙。你专心等它时，它可能迟迟不来，你不留心时，它可能就来到你面前；见不着它时，你时时想它，见着了它时，你又认不出它；如果当它从你面前走过时你抓不住它，那么它将永不回头，使你永远错过了它！”

“我这一辈子不就失去机会了吗？”年轻人哭着说。

“那也未必，”长髯老人说，“让我再告诉你另一个关于机会的秘密，其实，属于你的机会不止一个。”

“不止一个？”年轻人惊奇地问。

“对。这一个失去了，下一个还可以出现。不过，这些机会，很多不是自然走来的，而是人创造的。”

年轻人甚是不解。

“刚才的一个机会，就是我为你创造的一个，可惜你把它放跑了。”老人说。

“太好了，那么，请您再为我创造一些机会吧！”年轻人说。

“不。以后的机会，只有靠你自己创造了。”

“可惜，我不会创造机会呀。”

“现在，我教你。首先，站起来，永远不要等。然后，放开大步朝前走，见到你能够做的有益的事，就去做。那时，你就学会了创造机会。”

人不仅要能把握机会，还要能千方百计地创造机会。善于把握机会，利用机会完成创造的人是聪明的人，而在这种聪明的基础上创造机会，让机会为我所用则是更加了不起的人。

唯一能创造良机的，只有你自己。有了这种认识，才能由被动的寻找变成主动的创造，由被动的接收变成主动的拥有。依赖别人及推卸责任是庸俗和无能的表现。什么都不去做，只想依靠别人，根本没有改变的希望。人生的一切变化，都是缘于自己的创造。

机遇从来就不是拱手奉上的，你必须创造机遇。每个人在生命的每个阶段，都会有很多机遇。这些机遇可能不是你所喜欢的，但是，你所利用的每个机遇，都会为你带来更大更好的机遇。身体或智能上的缺陷，或许意味着你必须去探索一些别人所不知道的领域，但这也表示，你拥有他人所没有的机遇。

那些以无比热情看待自己工作和事业的人，总能发掘无穷的机遇；相反的，那些抱怨没有人给他们机遇的人，就只能旁观自己的机遇。当你下定决心不再让他人替你决定未来，更拒绝让暂时的挫折击倒时，你就注定会成功，机遇也总会出现在你的左右。

善于创造机会，并张开双臂拥抱机会的人，是最有希望与成功为伍的。莎士比亚说："聪明人会抓住每一次机遇，更聪明的人会不断创造新机遇。"怎么创造机遇呢？创造机遇要有目的地、主动地去发掘或制造有利的环境，利用现有的资源，以最有效的方式，创造利益。

20世纪初美国有一家专门经销煤油及煤油炉的公司，创立伊始曾大量刊登广告，极力宣扬煤油炉的诸多好处，但收获甚微，其产品无人问津，货物大量积压，公司濒临绝境。有一天，老板突然灵机一动，招来手下职员，让他们登门向住户无偿赠送煤油炉。

住户们得到无偿赠送的煤油炉，真是大喜过望，岂有拒收之理？不久公司的煤油炉就赠送一空。当时的炉具还没有现代化，人们生火做饭只能用木柴和煤。

这时，煤油炉的优越性显现出来了，家庭主妇们一天也离不开它了。很快她们便发现煤油烧完了，这回只能自己到市场上去买。当时煤油价格并不低，但已离不开煤油炉的人们也只得掏腰包了。再后来，煤油炉也渐渐用旧了，于是只好买新的，如此循环往复，这家公司的煤油和煤油炉便畅销不衰了。

机会绝非上苍的恩赐，优秀的人不会坐等机会而是主动创造机会。一个成功人士，绝不是一个消极的观光客，而是一个积极的参与者。你应以自主的行动去面对即将在你身边短暂停留的机遇，机遇来到你身边，只有你抓住它，它才可能为你停留，并在你的人生中升值。

兴趣在哪里，成功就在哪里

罗素说过，他的人生目标就是使"我之所爱为我天职"。也就是说，他要把生活中最感兴趣的事作为其终身职业，这的确是个值得效仿的好方法。

要确定你的终生奋斗目标，首先要问问你自己的兴趣究竟在哪里。所谓兴趣，是指一个人力求认识某种事物或爱好某种活动的心理倾向，这种心理倾向是和一定的情感联系着的：“我喜欢做什么？我最擅长什么？”

一个人如果能根据自己的兴趣去设定事业的目标，他的积极性将会得到充分发挥，即使在工作中尝尽了艰辛，也总是兴致勃勃、心情愉快；即使困难重重也绝不灰心丧气，而能想尽一切办法，百折不挠地去克服它，甚至废寝忘食，如痴如醉。

爱迪生就是个很好的例子。他几乎每天都在实验室里辛苦工作十几个小时，在那里吃饭、睡觉，但他丝毫不以为苦。“我一生中从未做过一天工作。”他宣称，“我每天其乐无穷。”难怪他会成为一位杰出的人士。

对很多人来说，要发现自己擅长做什么事，是一个比较困难的问题，因为他们宁可相信别人，也不相信自己。其实，不必看轻自己，要相信你的能力是独一无二的。社会上大多数的人，只会羡慕别人，或者模仿别人做的事，很少有人去认清自己的专长，了解自己的能力，然后锁定目标，全力以赴。

据调查，有 28% 的人正是因为找到了自己最擅长的职业，才彻底地掌握了自己的命运，并把自己的优势发挥得淋漓尽致。这些人自然都跨越了弱者的门槛，而迈进了成大事者之列。相反，有 72% 的人正是因为不知道自己的“对口职业”，而总是别别扭扭地做着不擅长的事，因此，不能脱颖而出，更谈不上成大事了。实际上，世界上大多数人都是平凡人，但大多数平凡人都希望自己成为不平凡的、成大事的人，梦想成大事，才华获得赏识，能力获得肯定，拥有名誉、地位、财富。不过，遗憾的是，真正能做到的人，似乎总是不多。

如果你用心去观察那些成大事者，会发现他们几乎都有一个共同的特征：不论才智高低，也不论他们从事哪一种行业，担任何种职务，他们都在做自己最擅长的事。

发现并且判断自己的兴趣所在，有时需要一定的时间，所以杰出人士通常会通过对自己以往经历的回顾，将自己的兴趣归于某种兴趣类型，然后以此为基础为自己的将来定位。

作家斯贝克一开始并没有意识到自己会成为作家，曾几次改行。开始，他因为身高一米九以上，爱上了篮球运动，成为市男子篮球队队员。因为球技一般，年龄渐长，他又改行当了专业画家。他的画技也无过人之处，当他给报刊绘画时，偶尔也写点短文，终于发现自己的写作才能，从此走上了文学创作的道路。

杰出人士在为自己的价值能够得以实现而寻找途径的时候，所遵从的第一要务不是要求自己立即学习到新的本领，而是试图将自己身体内原有的才能发挥到极限。对于这个问题，有一个很恰当的比喻：要使咖啡香甜，正确的做法不是一个劲儿地往杯子里加砂糖，而是将已经放入的砂糖搅拌均匀，让甜味完全散发出来。由此可见，发现自己是何等重要！

现代人才学发现，人至少有 146 种不同类型的才能，而现在的考试制度只能发现 41 种，人的大部分才能未能很好地被开掘和利用起来。人的潜能如同在地下的石油，只有发现它，把它开采出来，它才能发光发热。对于兴趣和各种职业之间的关系，有学者做出了如下分类：

（1）愿与人接触——喜欢同人交往，结交朋友，对销售、公共关系、采访、信息传递一类活动感兴趣。相应的职业如推销员、公关人员、记者、咨询人员、教师、导游、服务员等。

（2）喜欢从事帮助人的工作——乐于助人，试图改善他人状况，帮助他人排忧解难。相应的职业如福利工作、慈善事业、医生、律师、保险员、护士、警察等。

（3）喜欢研究人的行为——对人的行为举止和心理状态感兴趣，喜欢谈论人的问题。相应的职业如社会学、心理学、人类学、组织行为学、教育学、政治学等方面的研究和调查分析。

（4）愿做领导和组织工作——喜欢掌管一些事情，希望受人尊敬并获得声望，在活动中时常起骨干作用。相应的职业如政治家、企业家、社会活动家、行政管理、学校辅导员等。

（5）喜欢表现和变化的工作——对表演、运动、惊险、刺激的事情感兴趣，喜欢经常变动、无规律的但具挑战性的工作。相应的职业如演员、运动员、作曲家、旅行家、探险家、特技人员、海员、职业军人、警察等。

（6）愿干规律性工作——喜欢常规性、重复的、有规则的活动，习惯在预先安排好的程序下工作。相应的职业如图书管理员、文秘、统计、打字、公务员、邮递员、档案管理员等。

（7）喜欢具体的工作——希望能很快看到自己的劳动成果，愿从事制作有形产品的工作。相应的职业如室内装饰、时装设计、摄影师、雕刻家、画家、美容美发、烹饪、机械维修、手工制作、证券经纪人等。

（8）喜欢抽象和创造性的工作——对需要想象力和创造力的工作感兴趣，喜欢独立工作，乐于解决抽象问题，具有探索精神。相应的职业如哲学研究、科技发明、经济分析、文学创作、数理研究等。

（9）喜欢操作机械——对运用一定技术、操作各种机械去创造产品或完成任务感兴趣，喜欢使用工具，尤其是大型的马力强的先进机械。相应的职业如飞机、火车、轮船、汽车驾驶，机械装卸，建筑施工，石油、煤炭的开采等。

（10）喜欢钻研科学技术——对分析的、推理的、测试的活动感兴趣，长于理论分析，喜欢独立工作并解决问题，也喜欢通过试验做出新发现。相应的职业如气象学、生物学、天文学、物理学、化学、地质学等的研究和实验。

（11）喜欢同具体事物打交道——喜欢操作具体事物，默默无闻，埋头苦干。相应的职业诸如制图、地质勘探、建筑设计、机械制造、计算机操作、会计、出纳等。

当你在了解了兴趣与各种职业之间的关系之后，如何完成对自己兴趣的评估是十分重要的。有条件的话，你不妨参加一次标准化兴趣测试，以此准确把握你的兴趣所在，寻找一份可以满足你已明确感兴趣的工作，千万不要做自己没兴趣的工作。

爱因斯坦说过：“兴趣是最好的老师。”这也是他对自己获得巨大成功的经验总结。心理学研究表明，一个人对他感兴趣的事情，可以发挥智力潜能的80%以上，而做不感兴趣的事情，则只能发挥智力潜能的20%。因此，做你感兴趣的事，做你想做的事，你才有可能获得成功。

培养坚忍果断的性格

机遇需要你耐心地等待，不是你想要的时候就会到来的，如果没有一点忍耐力，做事毛糙，是绝对抓不住机会的。

人生总不可能一帆风顺，逆境与困难总会接踵而至，面对种种人生的不如意时，如果急于求成，只会把事情越弄越糟，相反，静下心来，从长计议，忍一步海阔天空，事情往往会起到意想不到的变化。

只要有一定的忍耐力，能够承受一些别人所不能忍耐和承受的东西，就会获得比别人更多的机会。事实上，忍耐力是为人的一种基本素质，这项素质修炼得越好，所得到的机会也就越多，就会比别人获得更大的成功。

常言道“机不可失，时不再来”，机遇的特征之一就是它的瞬时性，由于机遇稍纵即逝，所以往往难于掌握。形势变化创造机遇，但也能抹杀机遇。此外，由于竞争的激烈，只要你稍一迟疑，机遇就会被别人抢夺去了。

因为机遇的稍纵即逝性，所以要求人们在面对机遇时一定要果断行事，犹豫不决、优柔寡断只会让机遇一次又一次从自己手中溜掉。

在培养果断的品质中，我们要分清和杜绝两种情况：

一种是鲁莽行事。在自己还没有认清情况之前，遇到事情不加分析与判断，急匆匆就着手去做，这样的人，即便机遇能够降临到他的身上，也会被他浪费甚至是破坏掉。

做事果断和鲁莽行事是有本质区别的：前者是在冷静思考和深入分析的基础上做出决策，是打有准备、有把握的仗；而后者则像一只没头的苍蝇，只会横冲直撞，永远也不可能实现目标。

要杜绝的另一种情况就是“三思而不行”。我们经常说“要三思而后行”，然而，现实生活中许多的人最终的结果却是三思而不行，因为他思考得太多，反而难以作出决定。

果断与缜密的关系并不矛盾，当我们面临某种选择时，缜密应该是第一位的，没有细致深入的分析，永远也不可能做出正确的选择；而一旦做出了选择，就要立即着手实施，任何的犹豫、磨蹭和反复都有可能导致机会的擦肩而过。

真正的果断所要求的不仅仅是决策和执行的迅速，更为重要的是要在最短的时间内做出最有价值的选择，然后再以最高的效率着手实施。

第八章

做你自己

主宰自己的命运

从自身以外的因素来解释自己不幸的原因，这种态度最终不仅不会取得任何成果，而且还会导致个人的尊严、自尊心、自由的丧失。相反，如果你能完全地承担个人的责任，那么，你就能通过你所作的选择，自由地创造你的命运。

我曾见过很多女人，都表现出她们“把负变正的能力”。已故的威廉·波里索，也就是《十二个以人力胜天的人》一书的作者，曾经这样说过：“生命中最重要的一件事是不要把你的收入拿来算做资本。任何一个傻子都会这样做。真正重要的事是从人的损失里去获利。这就需要有才智才行，而这一点也正是一个聪明人和一个傻子之间的区别。”

亨利曾经说过：“我是命运的主人，我主宰我的心灵。”做人应该做自己的主人；应该主宰自己的命运，不能把自己交付给别人。

然而，生活中有的人却不能主宰自己。有的人把自己交付给了金钱，成为金钱的奴隶；有的人为了权利，成了权利的俘虏；有的人经不住生活中各种挫折与困难的考验，把自己交给了上帝；有的人经历一次失败后便迷失了自己，向命运低头，从此一蹶不振。一个不想改变自己命运的人，是可悲的；一个不能靠自己的能力改变命运的人，是不幸的。

哲学家蓝姆·达斯曾讲了一个真实的故事。一个因病而仅剩下数周生命的妇人，一直将所有的精力都用来思考和谈论死亡有多恐怖。

以安慰垂死之人著称的蓝姆·达斯当时便直截了当地对她说：“你是不是可以不要花那么多时间去想死，而把这些时间用来活呢？”

他刚对她这么说时，那妇人觉得非常不快。但当她看出蓝姆·达斯眼中的真诚时，便慢慢地领悟到他话中的诚意。

“说得对！”她说，“我一直忙着想死，完全忘了该怎么活了。”

一个星期之后，那妇人还是过世了。她在死前充满感激地对蓝姆·达斯说：“过去一个星期，我活得要比前一阵子丰富多了。”

一些无知的人都相信，一个人一生的事，是在呱呱坠地的时候已经由上天决定好了的，所以是“落地喊三声，好歹命生成”，而跟个人的努力是完全无关的。如果上天决定了他的好命运，即使他们不去做事，像一条懒虫似的生活，他的命运也会好起来的，做事是多余的；如果他的命运不好，即使他焚膏继晷，夜以继日地苦干，也是不会获得什么好处的，上天早就决定了他一生艰苦，辛勤劳作又有什么用处呢？

所以，在这些人眼里富翁是天生的，一生下来他便是个富翁；领袖人物是天生的，他们降生时一定带点儿什么征兆；中等人是天生的，他们只落得一生温饱；强盗歹徒是天生的，他们是魔鬼的工具；一生受苦的人是天生的，他们是世人的奴隶。这就是典型的宿命论。

一个人的成功，要经过无数考验，而一个经受不住考验的人是绝对不能干出一番大事的。很多人之所以不能成就大事，关键就在于无法激发挑战命运的勇气和决心，不善于在现实中寻找答案。任何成功者无不凭借自己的努力奋斗，掌控命运之舟，在波峰浪谷中破浪扬帆。

有人说，美国银行大王摩根的手掌上有条成功线，所以他才能够成为一个“银行界的巨子”。但摩根先生却不相信这样的鬼话。他说：

“我在这十多年间，细细观察过自己的亲戚、朋友和职员的手掌，有这根成功线的，不下两千多人，但他们的境遇大部分都不太好。假如说，有成功线的人都可以获得成功的话，为什么这两千多人又是个例外呢？根据我的观察，在这两千多个有成功线而不能获得成功的人中，有500多个人是懒汉，他们懒惰得什么事也不肯动手。其中至少有三百多人是傻子，连ABC也读不出正确的读音来！至少有六百多人想奋发图强，做一点大事，但因为他们的人际关系处理得不好，或者因为他们本身根本没有学过什么专业的技能，或者因为他们刚在这项事业开了头之后受了一点点挫折，中途就放弃了，这样，他们的事业便失败了，而一生也只能在失败中度过！总之，手掌上有成功线的人未必会获得成功，其根源主要是在于他们本身的生理缺陷、技能缺陷和心理缺陷，并不是什么冥冥的主宰使得他们成功或失败的！”

每个人都要努力做命运的主人，不能任由命运摆布自己。像莫扎特、梵·高这些历史上的名人，都是我们的榜样，他们生前都没有受到命运的公平待遇，但他们没有屈服于命运，没有向命运低头，他们向命运发起了挑战，最终战胜了命运，成了命运的主宰。

你为什么要把命运交给别人掌控呢？自己去掌舵，生命才会更精彩。著名传记作家莫洛亚写道：“我研究过很多在事业上获得成功的人的传记资料，发现了一个现象，就是不管他们的出身如何，他们都有着一个共同点，即永远不向命运低头。在对命运的控制上，他们的力量比命运控制他们的力量更强大，使得命运之神瘫痪无力地向他们低头！”

找到属于你的音符

人生最大的骄傲，不是外来的掌声、名利或权势；掌声会停，名利、权势也不过是暂时的锦上添花且总会成为过眼云烟的。倒不如试着学习认识自己的潜能，对自己的言行负责，并在设定方向之后，不畏艰辛，静心、努力、不懈地追寻，一旦真的找着了最能感动自己灵魂的“那一个音符”，必得人生至乐。

俄国戏剧家斯坦尼斯拉夫斯基在排练一场话剧的时候，女主角突然因故不能演出。他实在找不到人，只好叫他的大姐来担任这个角色。他的大姐以前只是干些服装准备之类的事，现在突然演主角，由于自卑、羞怯，排练时演得很差，这引起了斯坦尼斯拉夫斯基的不满和鄙视。

一次，他突然停止排练，说：“如果女主角演得还是这样差劲，就不要再往下排了！”这时，全场寂然，受屈辱的大姐久久没说话。突然，她抬起头来，一扫过去的自卑、羞怯、拘谨，演得非常自信、真实。

斯坦尼斯拉夫斯基用《一个偶然发现的天才》为题记叙了这件事，他说：“从那以后，我们有了一个新的大艺术家……”

试想，如果不是原来的女主角因故不能演出，如果斯坦尼斯拉夫斯基不叫他大姐试一试，如果不是他大发雷霆，使他的大姐受到刺激这些偶然因素，一位戏剧表演家就一定会被埋没了。

科学的门类不同，需要的素质与才能也不同。比如，做一个杰出的临床医生，必须具有很好的记忆力；研究理论物理学，抽象思维能力必不可少；一个数学家没有必要一定具备实际操作、设计和做实验的能力，虽然这种能力对于一个化学研究者来说是必不可少的；而天文学是一门观察科学，需要很好的观察能力，浓厚的兴趣和长久的毅力。

人的兴趣、才能、素质也是不同的。如果你不了解这一点，没能把自己的所长利用起来，你所从事的行业需要的素质和才能正是你所缺乏的，那么，你将会自我埋没。反之，如果你有自知之明，善于自我设计，从事你最擅长的工作，你就会获得成功。

这方面的例子实在是太多了：

阿西莫夫是一个科普作家，同时也对自然科学颇有研究。一天上午，他坐在打字机前打字的时候，突然意识到："我不能成为一个第一流的科学家，却能够成为一个第一流的科普作家。"于是，他几乎把全部精力放在科普创作上，终于成了当代最著名的科普作家。

伦琴原来学的是工程科学，但他在老师孔特的影响下，做了一些物理实验，逐渐体会到，这才是最适合自己干的行业，后来果然成了一个有成就的物理学家。

一些遗传学家经过研究认为：人的正常的、中等的智力由一对基因所决定。另外还有五对次要的修饰基因，它们决定着人的特殊天赋，起着降低或提高智力水平的作用。一般来说，人的这五对次要基因总有一两对是"好"的。也就是说，一般人总有可能在某些特定的方面具有良好的天赋与素质。

汤姆逊由于有一双"笨拙的手"，在处理实验工具方面感到很烦恼，因此他的早年研究工作偏重于理论物理，较少涉及实验物理，并且他找了一位在做实验及处理实验故障方面有惊人能力的年轻助手，这样他就避免了自己的缺陷，发挥了自己的特长。

珍妮·古道尔清楚地知道，她并没有过人的才智，但在研究野生动物方面，她有超人的毅力、浓厚的兴趣，而这正是干这一行所需要的。所以她没有去攻数学、物理学，而是到非洲的原始雨林里考察黑猩猩，终于成了一个有成就的科学家。

所以，每一个人都应该努力根据自己的特长来设计自己的目标，量力而行。根据环境、条件，自己的才能、素质、兴趣等，确定进攻方向。不要埋怨环境与条件，应努力寻找有利条件；不能坐等机会，要自己创造条件。从事科学研究的人不仅要善于观察世界，善于观察事物，也要了解自己，挖掘自己的潜能，拨动自己特有的音符。

你的坐标在哪里

现实生活中的人就像夜幕下的星星一样，都在按照自己的轨迹不停运动。然而，对于许多人来说，他们生活于人世，却无法找到自己生活的坐标系。他们总是参照别人的标准活着，别人怎么做他都觉得是对的，别人追求什么他也追求什么，以为自己最后肯定会拥抱幸福。

对于现实生活中每一个人来讲，都可能会碰到这样的问题：你发现自己前面无时无刻都在走动着一个导师，他给你指引道路——他告诉你什么是幸福，并帮助你定义成功。

诺贝尔化学奖的获得者奥托·瓦拉赫曾是一个被认为是成才无望的“笨学生”。瓦拉赫在读中学时，父母为他选择了主修文学。不料一个学年结束以后，老师为他写下了这样的鉴定：“瓦拉赫很用功，但过分拘泥，这样的人即使有着完美的品德，也很难在文学上有所作为。”无奈之下，父母只好尊重儿子的意见，让他改学油画，可瓦拉赫既不善于构图，又不长于润色，对艺术的理解力也不够敏锐，成绩在班上是倒数第一，得到的评语更是令人难堪：“非常遗憾：你在绘画艺术方面所表现的素质令人失望，将来恐怕难有造诣。”

面对如此“笨拙”的学生，绝大部分老师认为他将难有作为。只有化学老师认为他做事一丝不苟、耐性专一，具备做好化学实验应有的品格，建议他试学化学，瓦拉赫接受了化学老师的建议。从此，瓦拉赫的潜能被激活了，智慧的火花迸发出耀眼的光芒，昔日同学眼中的“丑小鸭”终于变成了日后的“白天鹅”。

和奥托·瓦拉赫一样，我们每个人身上都蕴含着一份特殊的才能，只要我们能够找准自己各自内心里的“宝藏”，努力去挖掘，勇敢去尝试，那么，我们就能够取得令人称赞的成绩。每个人出生的时候，上帝都在他的心中放了一块无价之宝。宝贝若是放错了地方便是废物，所以请一定要找到你的长处，经营你的优势，靠自己去搜寻人生的宝藏。

有这样一些颇具才干的人，尽管年逾三十，但仍然没有选择好一生的职业。他们说并不知道自己适合做什么。对于这样的人来说，即便是才华横溢，也会在漫无目的的东碰西撞中消磨身上的锐气。曾经，有一个年轻人（暂且称他F先生）由于职业发生问题跑来找我。我给你们讲讲与这个年轻人的会见过程。

这位F先生举止大方，聪明，大学毕业已经4年。

我们先谈了有关他目前的工作、受过的教育、背景和对事情的态度，然后我对他说：“你找我帮你换工作，你喜欢哪一种工作呢？”

“喔！”F先生说：“那就是我找你的目的，我真的不知道想要做什么？”

我替他接洽几个老板面谈，对他没有什么帮助。因为误打误撞的求职法很不聪明。由于他至少有几十种职业可选择，选出合适职业的机会却并不大。

我这样做希望他明白，找一项职业以前，一定要先深入了解那一行才行。于是我对他说：“让我们从这个角度来看看你的计划，10年以后你希望怎样呢？”

先生深思了一下，最后说：“好！我希望我的工作和别人一样，待遇很优厚，并且买一栋好房子。当然，我还没深入考虑过这个问题。”

我对F先生说这是很自然的现象。我对他解释：“你现在的情形仿佛是跑到航空公司说：‘给我一张机票’一样。除非你说出你的目的地，否则人家无法卖给你。”

接下来我又对他说：“除非我知道你的目标，否则无法帮你找工作。只有你自己才知道你的目的地。”

这使F先生不能不仔细考虑。接着我们又讨论各种职业目标，谈了两小时。我相信他已经学到最重要的一课：出发以前，必须树立好目标。

人喜欢比较，也容易向那些现在比自己处境好的人看齐。人的惯常思路是“他有什么，我也应该有”、“他因为有这些东西，所以比我幸福”，而从来不去思考“他真的幸福吗？”这个问题。我们不是别人的克隆品，我们是一个自然而然的自己。即使我们有一天变得高贵变得有钱，我们也还是我们自己。人最大的悲哀就是按照别人给自己设定的方式顺从地度过自己的一生。

要想找到自己的坐标，就必须做到以下几点：

（1）要有确立的目标。只有知道终点所在，才能到达终点，而梦想也才会成真。期待的必须是确立的目标。可惜的是，一般人大多并未具备上述观念，因此很难实现真正的理想。毕竟没有清楚的追求目标，想要期待至善的结果出现，这简直是不可能的事。

（2）要找到自己的强项。任何人如果能对自己的工作、身体及毅力都完全信任，且努力工作、全心投入的话，那么他就已经找到了自己的强项，无论目标或理想如何遥不可及，他也必能排除万难，达成愿望。

（3）要勤奋。从来没有听说过有什么懒惰闲散、好逸恶劳的人曾经取得多大的成就。只有那些在达到目标的过程中面对阻碍全力拼搏的人，才有可能达到成功的巅峰，才有可能走到时代的前列。对于那些从来不尝试着接受新的挑战，从来不迫使自己去从事那些对自己最有利的却显得艰辛繁重的工作的人来说，他们是永远不可能有太大成就的。

（4）要严格要求自己。任何人都应该对自己有严格的要求。他不能一有机会就无所事事地打发时光；他不能够放任自己清晨赖在床上；他也不能只在感到有工作的心情时才去工作。他必须学会控制和调节自己的情绪，不管是处于什么样的心境，他都应当促使自己去工作。

（5）要有远大志向。绝大多数胸无大志的人之所以失败，是因为他们太懒惰了，因而根本不可能取得成功。他们不愿意从事辛苦的工作，不愿意付出代价，不愿意做出必要的努力。他们所希望的只是过一种安逸的生活，尽情地享受现有的一切。在他们看来，为什么要去拼命地奋斗、不断地流血流汗呢？为什么不享受生活并安于现状呢？

（6）要有完善的计划。像那些优秀的企业一样，要有自己的计划。从某个角度来看，人也是一种商业单位。你的才干就是你的产品，你必须发展自己的特殊产品，以便换取最高的价值。下面有两种很有效的步骤可以帮你做到这一点。

第一，把你的理想分成工作、家庭与社交三种。这样可以避免冲突，帮你正视未来的全貌。第二，针对下面的问题找到自己的答案。“我想完成哪些事？想要成为怎样的人？哪些东西才能使我满足？”用下面的10年长期计划可以帮你回答以上问题。

（1）10年以后的工作：

①我想要达到哪一种收入水平？

②我想要寻求哪一种程度的责任？

③我想要拥有多大的权力？

④我希望从工作中获得多大的威望？

（2）10年以后的家庭：

①我希望我的家庭达到哪一种生活水准？

②我想要住进哪一类房子？

③我喜欢哪一种旅游活动？

④我希望如何抚养我的小孩？

（3）10年以后的社交：

①我想拥有哪种朋友呢？

②我想参加哪种社团呢？

③我希望取得哪些社区的领导职位呢？

④我希望参加哪些社会活动呢？

找到自己成功的坐标

自我定位是决定人们各自行为方式的重要因素。每个人，无论是聪明或愚蠢，贤良或奸诈，都不会去做一件在当时他认为与自己的身份、年龄、性别、能力以及他本身任何一方面不相宜的事情。就像穿衣服，你会选择和自己年龄、职业相称的服装，讲话时会选择和自己身份相称的词句，甚至外出吃饭也会选择与自己的经济能力相称的场所。

总而言之，每个人都会依照对自己的认知和定位，来决定哪些事可以做，哪些不可以做，或是该怎样去做好一件事情。有一则英国寓言说：

有一天，一个国王独自到花园里散步，使他万分诧异的是，花园里所有的花草树木都枯萎了，园中一片荒凉。后来国王了解到，橡树由于没有松树那么高大挺拔，因此轻生厌世死了；松树又因自己不能像葡萄那样结许多果子，也死了；葡萄哀叹自己终日匍匐在架上，不能直立，不能像桃树那样开出美丽可爱的花朵，于是也死了；牵牛花也病倒了，因为它叹息自己没有紫丁香那样芬芳；其余的植物也都垂头丧气，没精打采，只有顶细小的心安草在茂盛地生长。

国王问道：“小小的心安草啊，别的植物全都枯萎了，为什么你这小草这么勇敢乐观，毫不沮丧呢？”

小草回答说：“国王啊，我一点也不灰心失望，因为我知道，如果国王您想要一棵橡树，或者一棵松树、一丛葡萄、一株桃树、一株牵牛花、一棵紫丁香等，您就会叫园丁把它们种上，而我知道您希望于我的就是要我安心做小小的心安草。”

当一个人读懂了人生定位的意义时，他至少成功了一半。有了自己的生活方式、思考方式，便不会在别人的思想中无所适从；有了自己明确的人生定位，便不会在意别人挑剔的目光。不同的人有不同的生活方式，你没有必要努力达到他人口中所谓的标准。

别人的人生与自己的人生，自然是不同的。自己的人生，掌握在自己的手中，是“传奇的辉煌”还是“人生的悲剧”，全在于自己的定位，若能专心致力于自己的生活，一定会达到期望的效果。如果一个人能够发现自己和别人在学习、生活方式方面的差异，发现自己的长处，让自己有机会依照自己擅长的方式获取知识和技能，那他就不至于在学习上遭遇痛苦或不必要的失败经历。

一个年轻人在逛集市的时候，看见一位老人摆了个捞鱼的摊子，他向有意者提供渔网，捞起来的鱼归捞鱼人所有。这个年轻人一时童心大发，蹲下去捞起鱼来，他一连捞碎了三只网，一条小鱼也未捞到，见老人眯着眼看自己，心中似乎暗自窃笑，他便不耐烦地说：“老板，你这网子做得太薄了，几乎一碰到水就破了，那些鱼又怎么捞得起来呢？”

老人回答说：“年轻人，看你也是念过书的人，怎么也不懂呢？当你心中生出意念想捞起你认为最美的鱼时，你打量过你手中所握的渔网是否真有那能耐吗？追求不是件坏事，但是要懂得了解你自己呀！”

“可是我还是觉得你的网太薄，根本捞不起鱼。”

“年轻人，你还不懂得捞鱼的哲学吧！这和众人所追求的事业、爱情、金钱都是一样的。当你沉迷于眼前目标之际，你衡量过自己的实力吗？”

目标越大，得失越大，挫折感也就越大，人生之苦不都是这样吗？也许我们该放弃那些大而美丽的目标，选择伸手可及的目标。人应该务实一点，企望着遥不可及的事物，不如把宏大的计划分成几部分，从容易的着手，一步步达到自己的目的。

人生最大的难题莫过于认识你自己。许多人认为自己没有出息，不会有出人头地的机会，理由是“生来比别人笨”，“没有高等文凭”，“没有好的运气”，“缺乏可依赖的社会关系”，“没有资金”等。而要获得成功就必须正确认识自己，坚信“天生我材必有用”。

爱默生在散文《自持》中如是说：

每个人在受教育的过程当中，都会有段时间确信：嫉妒是愚昧的，模仿只会毁了自己；每个人的好与坏，都是自身的一部分；纵使宇宙间充满了好东西，不努力你什么也得不到；你内在的力量是独一无二的，但是除非你真的去做，否则连你自己也不知道自己真的能做什么。

另外，道格拉斯·玛拉赫也用一首诗表达了他对“定位”的深刻理解：

如果你不能成为山顶上的高松，那就当一棵山乡里的小树——但要当棵溪边最好的小树。

如果你不能成为一棵大树，那就当一丛小灌木。

如果你不能当一丛小灌木，那就当一片小草地。

如果你不能是一只麝香鹿，那就当尾小鲈鱼——但要当湖里最活泼的小鲈鱼。

我们不能全是船长，必须有人也当水手。

这里有许多事让我们去做，有大事，有小事，但最重要的是我们身旁的事。

如果你不能成为大道，那就当一条小路。

如果你不能成为太阳，那就当一颗星儿。

决定成败的不是你尺寸的大小——而在于做一个最好的你。

金无足赤，人无完人。但是每一个来到这个世界上的人都有一个属于他自己的位置，即人生坐标，谁在最短的时间内找到了自己的人生坐标，谁就取得了达到成功的优先权。

积极而正确的评价可以给一个人巨大的前进动力，消极的评价则往往会使人失去奋斗的勇气和生活的乐趣。因此每一个人都要尽可能地把最好的一面挖掘出来。明确定位，做最真实的自己。我们只有做好自己，才能更好地发展和完善自己，才能更好地激励自己和他人。

读懂生命，编织生命的精彩

只有当一个人正确地认识到生命的价值，并且努力地去实现它，才能够战胜生命的阻碍和磨难，获得令人瞩目的成就。只有正确认识到生命的意义和价值，才能够实现生命的精彩。

丹麦人芬生没有辜负他来到人世间的43年。在托尔斯豪思学校读书时，校长的评语：“芬生是个可爱的孩子，但天资低，颇为无能。”中学毕业，他爱上了一位渔家姑娘。正当他做着迷人的幻梦时，他染上了可怕的胞虫囊病，心爱的姑娘离他而去。

失恋和疾病引起的屈辱使他下决心开始重新规划自己的人生。他写下座右铭：“你一天到晚心烦意乱，必定一事无成。你既然期望辉煌伟大的一生，那么就应该从今天起，以毫不动摇的决心和坚定不移的信念，凭自己的智慧和毅力，去创造你和人类的快乐，只有这样，你生命才能焕发青春。”

后来，芬生考进了哥本哈根大学医学院，并发誓不学成才绝不回家。毕业后，他毅然辞去了母校的工作，放弃了优厚的薪俸，把毕生精力都集中在医学研究上，并按照着自己的人生设计从事了一项造福人类的宏伟事业——研究用光线治病。1893 年，芬生发现红外线能治疗天花。1895 年，芬生又发现紫外线能治疗狼疮。1903 年 12 月 10 日，瑞典斯德哥尔摩第三次举行诺贝尔奖授奖庆典。芬生终于以他“用光线治病”这一医学史上的卓越贡献获得了诺贝尔奖。

生命的宝贵不只在于它只有一次，而且还在于它完全可以由我们自己设计。每个人都是自己生命的设计师，可以靠自己选择和行动来实现自己生命的精彩。

有一位父亲，在他很小的时候父母就去世了，他成了一名孤儿，孤苦伶仃，一无所有，流浪街头，受尽磨难。最后终于创下了一份不菲的家业，而他自己也已经到了人生暮年，该考虑辞世后的安排了。

这位父亲有两个儿子，他们都很能干，人品也不错。几乎所有的人包括他自己，都认为应该把财产一分为二，平分给两个儿子。但是，在最后一刻，他改变了主意。

他把两个儿子叫到床前，从枕头底下拿出一把钥匙，抬起头，缓慢而清楚地说道：“我一生所赚得的财富，都锁在这把钥匙能打开的箱子里。可是现在，我只能把这把钥匙给你们兄弟二人中的一人。”

兄弟俩惊讶地看着父亲，几乎异口同声地问道：“为什么？这太残忍了！”

“是，是有些残忍，但这也是一种善良。”父亲停了一下，又继续说道：“现在，我让你们自己选择。选择这把钥匙的人，必须承担起家庭的责任，按照我的意愿和方式，去经营和管理这些财富。拒绝这把钥匙的人，不必承担任何责任，生命完全属于你自己，你可以按照自己的意愿和方式，去赚取我箱子以外的财富。”

兄弟俩听完，心里开始动摇。接过这把钥匙，可以保证你一生没有苦难，没有风险，但也因此而被束缚，失去自由。拒绝它？毕竟箱子里的财富是有限的，外面的世界更精彩，那样的人生充满不测，前途未卜，万一……

父亲早已猜出兄弟俩的心思，他微微一笑：“不错，每一种选择都不是最好，有快乐，也有痛苦，这就是人生，你不可能把快乐集中，把痛苦消散，最重要的是要了解自己，你想要什么？要过程，还是要结果？”兄弟俩豁然开朗。哥哥说：“弟弟，我要这把钥匙，如果你同意的话。”弟弟微笑着对哥哥说：“当然可以，但是你必须答应我，好好管理父亲的基业，如果你答应我的话，我就可以放心去闯荡了。”二人权衡利弊，最终各取所需。这样的结局，与父亲先前的预料不谋而合，因为这时候最了解儿子的莫过于看着他们长大的父亲。

二十多年过去了，兄弟俩经历、境遇迥然不同。哥哥虽然生活舒适安逸，但是并没有沉沦，把家业管理得井井有条，性格也变得越来越温和儒雅，特别是到了人生暮年，与去世的父亲越来越像，只是少了些锐利和坚韧。弟弟生活艰辛动荡，几起几伏，受尽磨难，性格也变得刚毅果断。与二十年前相比，相差很大。最苦最难的时候，他也曾后悔过，怨恨过，但已经选择了，已经没有退路，只能一往无前，坚定不移地往前走。经历了人生的起伏跌宕，他最终创下了一份属于自己的事业。这个时候，他才真正理解父亲，并深深地感谢父亲。

每个人的生命都掌握在自己手中。你可以选择平凡，也可以选择挑战，但无论过哪一种生活，都应当对自己的生命负责，充分发挥自己生命的潜能与价值。因此我们要摆正好自己的心态，对自己的生命负责，走好人生的每一步，用自己的努力让我们的人生永放光彩。

第九章

拥有宇宙般强大的内心能量

保持平衡心态的N个要诀

科学研究发现，人类65% ~ 90%的疾病与心理的压抑感有关。紧张、愤怒和敌意等不良情绪使人易患高血压、动脉硬化、冠心病、消化性溃疡、月经不调等，而且破坏人体免疫功能，加速人体衰老过程。联合国国际劳动组织发表的一份调查报告也认为，“心理压抑是20世纪最严重的健康问题之一”。现代生活中如何保持心理平衡，这是人们共同关心的问题。美国心理卫生学会提出了保持心理平衡的一些要诀，值得我们借鉴。

（1）对自己不苛求。我们每个人都有自己的抱负，有些人把自己的抱负目标定得太高，根本实现不了，于是终日抑郁不欢，这实际上是自寻烦恼；有些人对自己所做的事情要求十全十美，有时近乎苛刻，往往因为小的瑕疵而自责，结果受害者还是自己。为了避免挫折感，应该把目标和要求定在自己能力范围之内，懂得欣赏自己已取得的成就，心情就会自然舒畅。

（2）适时放弃。我们在生活中，时刻都在取与舍中选择，我们又总是渴望着取，渴望着占有，常常忽略了舍，忽略了占有的反面：放弃。懂得了放弃的真意，也就理解了“失之东隅，收之桑榆”的妙谛。

（3）学会自嘲。自嘲是一种特殊的人生态度，它带有强烈的个性化色彩。自嘲作为生活的一种艺术，它具有干预生活和调整自己的功能。它不但能给人增添快乐，减少烦恼，还能帮助人更清楚地认识真实的自己，战胜自卑的心态，应付他人的评价带来的压力，摆脱心中种种失落和不平衡，获得精神上的满足和成功。

（4）多舍少求。俗话说“知足者常乐”，老是抱怨自己吃亏的人，的确很难愉快起来。多奉献少索取的人，总是心胸坦荡，笑口常开。整天与别人计较工资、奖金、提成、隐性收入的人心理怎么会平衡？只有听之任之，给多少也不在意的人心情才比较稳定。

（5）对亲人期望不要过高。妻子盼望丈夫飞黄腾达，父母希望儿女成龙成凤，这似乎是人之常情。然而，当对方不能满足自己的期望时，便大失所望。其实，每个人都有自己的生活道路，何必要求别人迎合自己？

（6）暂离困境。在现实中，受到挫折时，应该暂将烦恼放下，去做你喜欢做的事，如运动、打球、读书、欣赏等，待心境平和后，再重新面对自己的难题，思考解决的办法。

（7）当机立断。悬而未决的事情绝不会自行解决，相反只能让人更多地处于不安状态，所以在遇到悬而未决的事情时，要学会当机立断。

（8）寻找港湾。你需要一间自己的房间。房间不要堆得太满，四周放些自己喜爱的东西，如一张对你很重要的画，一束香气四溢的花，每天到这里放松一次。

（9）时刻保持一种积极思维。你是自己命运的创造者，推卸责任不仅毫无用处，而且还会削弱自信，必须停止自己是牺牲品的想法。

（10）减少刺激。不需要知道一切，相信已得到自己需要的信息；也不必参加肤浅的谈话，只需对与自己有关和感兴趣的问题发表看法。

（11）每天沉思。沉思能带来力量和心灵的平静，每次至少有十分钟不被打扰，最好是没有任何依靠，背挺直坐着，闭眼、深呼吸。

（12）寻找自信。你是有才能的，只是很少得到欣赏，也可能连自己也低估了你的长处和才能，但你必须将至少一种能力变为业余爱好，如书法、绘画等。

（13）自我发泄。你有权发火，被压下的怒气往往使人变得抑郁、消沉和听天由命，自我发泄可以减轻你的内心压抑感。

（14）享受生活。每天享受一些好的东西，在别人欣赏你的同时，你也会越来越自我欣赏。

（15）回归自然。自然能使人获得安慰和解脱。

（16）献出爱心。在对他人做了友爱的举动时，也就是为自己内心的心理平衡做事情。

（17）适当让步。处理工作和生活中的一些问题，只要大前提不受影响，在非原则问题方面无须过分坚持，以减少自己的烦恼。

（18）对人表示善意。生活中被人排斥常常是因为别人有戒心。如果在适当的时候表示自己的善意，诚挚地谈谈友情，伸出友谊之手，自然就会朋友多，隔阂少，心境自然会变得平静。

（19）找人倾诉烦恼。生活中的烦恼是常事，把所有的烦恼都闷在心里，只会令人抑郁苦闷，有害身心健康。如果把内心的烦恼向知己好友倾诉，心情会顿感舒畅。

（20）帮助别人做事。助人为快乐之本，帮助别人不仅可使自己忘却烦恼，而且可以表现自己存在的价值，更可以获得珍贵的友谊和快乐。

（21）积极娱乐。生活中适当娱乐，不但能调节情绪，舒缓压力，还能增长新的知识和乐趣。

任何一位成大事者在厄运来临的时候，总是保持一种平衡的心态，不会因为前面的路被堵死，而无计可施。因为成大事者深信自己的力量能战胜一切不幸，前面的路堵死，他会积蓄全部的力量，努力寻找另外一条路。

学会心理调控

心理调适就是为你的情绪确定方向。人的一生不可能总是一帆风顺的，在遇到挫折和失败时，适当的心理调控可以帮助我们战胜一切挫折和失败。

杰克逊是一位犹太裔心理学家，第二次世界大战期间，他和全家人都被关押在纳粹集中营里，而且受尽了折磨。没多久，家人不堪忍受纳粹的残酷折磨纷纷离他而去，只留下一个妹妹，两个人相依为命。当时，他的处境也十分艰难，随时面临死亡的威胁。

刚开始的时候他痛苦不堪难以忍受。后来有一天，他忽然悟出了一个道理：就客观环境而言，我受制于人，没有任何自由；可是，我的自我意识是独立的，我可以自由地决定外界刺激对自己的影响程度。

他认为自己完全有选择如何做出反应的自由与能力。

于是，他靠着各种各样的记忆、想象与期盼不断地充实自己的生活和心灵，不断磨炼自己的意志，让自由的心灵超越了纳粹的禁锢，看到生命的希望。他的这种行为和手段也影响了其他狱友，他们之间相互鼓励，一直到战争结束，最后终于重见天日。

杰克逊后来这样写道：每个人都有自己的特殊工作和使命，他人是无法取代的。生命只有一次，不可重复。所以，实现人生目标的机会也只有一次……归根到底，其实不是你询问生命的意义何在，而是生命正在向你提出质疑，它要求你回答：你存在的意义何在？你只有对自己的生命负责，才能理直气壮地回答这一问题。

在杰克逊生命中最痛苦、最危难的时刻，在杰克逊精神行将崩溃的临界点，他靠自己的顿悟，不仅挽救了他自己，而且还挽救了许多患难与共的生命。其关键在于他能通过成功的心理调控，战胜自我，战胜环境，安然渡过心理危机。

在日常生活中，当你面临困境时，学会心理调控至关重要。冷静地处理心理压力不是难事，那些在绝境中不惊不慌，保持冷静的人并非天生就有这份能耐，他们也都是在生活中逐渐学会的。每一个人也可从中学到减轻压力的自我心理调节方法。

1. 找到控制压力反应的方法

生活中的压力可能并非来源于所陷入的生活困境，而是来源于我们对这些生活经历所采取的反应。你无法控制生活降临于你头上的打击，但你却能控制自己对待这一打击的态度。所以，在面临心理压力时，你一定要做到：不要让压力占据你的头脑。保持乐观是控制心理压力的关键，我们应将挫折视为鞭策我们前进的动力，不要养成消极的思考习惯，遇事要多往好处想，洞察你自己的心声。许多人对一些情形已形成条件反射，不假思索就做出反应。我们应多聆听自己的心声，给自己留一点时间，平心静气地想一想，努力在消极情绪中加入一些积极的思考。

2. 尝试创造一种内心的平衡感

心理学家认为，保持冷静是防止心理失控的最佳方法。而每天早或晚进行 20 分钟的盘腿静坐或自我放松术，则能创造一种内心平衡感。这种屏除杂念的静坐冥想能降低血压，减少焦虑感。有一项研究表明，过度焦虑烦躁的人每天花 10 分钟静坐，集中注意数心跳，使自己心跳逐渐变缓慢。10 个星期后，他们的心理紧张均有一定程度的减轻。此外，按摩对减轻压力感也非常有效。

3. 懂得平衡你的生活

生活中，经常听见许多人抱怨时间老是不够用，事情也老干不完。这种焦虑和受压感对许多人来说已成为他们生活的一部分。那些为工作或生活疲于奔命的人，并不懂得生活的真正含义。要平衡自己的生活应尝试换个角度想问题，抽空去想一想或回味一下那些令自己快乐的事情。你为琐事而紧张不安、忧心忡忡是无济于事的，你应想个办法来解决这一问题。一个行之有效的方法是把一切都写下来。每天早起 10 分钟，把自己的感受写满 3 页 16 开的纸，事后不要修改，也无须再重读。过一段时间当你把自己的烦恼都表达出来之后，你会发现自己的头脑清楚了，也能更好地处理这些问题了。这种自我交谈的方法能帮助你解决许多问题。

其实，在我们走向成功的道路上，也会面临大大小小的心理压力，我们都应该通过成功的心理调控去掌握自我，战胜自我，迎接前面更为绚丽的风景，让人生处处充满阳光。

拥有乐观心态的 9 种方法

具有乐观、豁达性格的人，无论在什么时候，他们都感到光明、美丽和快乐的生活就在身边。他们眼睛里流露出来的光彩使整个世界都溢彩流光。

具有乐观心态的人，他们的特点是把眼光盯在未来的希望上，把烦恼抛在脑后。培养乐观、豁达的性格，将会对你终生有益，那么，乐观心态该如何培养呢?

1. 凡事朝好的方向想

有时，人们变得焦躁不安是由于碰到自己所无法控制的局面。此时，你应承认现实，然后设法创造条件，使之向着有利的方向转化。此外，还可以把思路转身别的什么事上，诸如回忆一段令人愉快的往事。

2. 不要太挑剔

大凡乐观的人往往是“憨厚”的人，而愁容满面的人，又总是那些不够宽容的人。他们看不惯社会上的一切，希望人世间的一切都符合自己的理想模式，这才感到顺心。

挑剔的人常给自己戴上是非分明的桂冠，其实是在消极地干涉他人。怨恨、挑剔、干涉是心理软弱、“老化”的表现。

3. 学会适度屈服

当你遇到重创时，往往变得浮躁、悲观。但是，浮躁、悲观是无济于事的。你不如冷静地承认发生的一切，放弃生活中已成为你负担的东西，终止不能取得的活动希望，并重新设计新的生活。大丈夫能屈能伸，只要不是原则问题，不必过分固执。

4. 学会体悟自己的幸福

有些想不开的人，在烦恼袭来时，总觉得自己是天底下最不幸的人，谁都比自己强。其实，事情并不真的是这样，也许你在某方面是不幸的，在其他方面依然是很幸运的。如上帝把某人塑造成矮子，但却给他一个十分聪颖的大脑。请记住一句风趣的话：“我在遇到没有双足的人之前，一直为自己没有鞋而感到不幸。”生活就是这样捉弄人，但又充满着幽默，想到这些，你也许会感到轻松和愉快。

5. 要保持一颗快乐的心

快乐的人身边总是不乏家人和朋友，他们不关心自己是否能跟得上富有的邻居的脚步。最重要的是，他们有一颗快乐的心。正如《真正的快乐》的作者塞利格曼所说，快乐的人很少感到孤单。他们追求个人成长和与别人建立亲密关系；他们以自己的标准来衡量自己，从来不管别人做什么或拥有什么。快乐的人以家人、朋友为中心，而那些不快乐的人在生活中，时不时地冷落了这些人，在这个时候他们就会倍感孤单。

6. 学会微笑

微笑是世界上最美的表情。面对一个微笑着的人，你会感到他的自信、友好，同时这种自信和友好也会感染你，使你油然而生出友好来，使你和对方亲切起来。正如英国谚语所说：“一副好的面孔就是一封介绍信。”微笑，将为你打开通向友谊之门，发展良好的人际关系，建立乐观的心态。

7. 将情绪低沉的想法甩到一边

如果你因出现情况而无法做什么事，不必和他人商议，以免使你更痛苦。当低沉的情绪一进入你的脑内时，立即想其他的事。

8. 拥有一个感激的心情

感激的心情与乐观心态也有很大关系。心理学研究显示，把自己感激的事物说出来和写出来能够扩大一个成年人的快乐。感激自己健康地活着，感激自己是自由的，感激自己还有一个美好的未来，感激过去他人赠予你的一切。

9. 与乐观者为伍

尽可能选择具有积极氛围的环境，选择积极乐观的朋友。避免受到不良情绪的感染，是保持乐观心态的一个重要方法。

10. 学会释然

有些问题根本没有解决办法，因此你必须让它按自身的方式发展。思想控制情感，因此，如果你设想烦恼消失了，实际上你就会感到豁然开朗，坏心情随之一扫而光。

11. 甩掉肩上的包袱

工作过多而感到不胜负荷可能是郁闷心情产生的根源。最好的解决办法就是尽量减少工作表上的内容，到环境幽雅的地方解决晚餐，让家里人自己洗衣服（你只要花上 5 分钟时间告诉他们怎样操作就够了）。用 5 分钟时间把该做的事情列个清单，这样你就会感到一切尽在掌握之中。

12. 回忆你的幸福时光

记住，当邻居羡慕你培养孩子的方式时，你感到多么高兴；当你的老板征求你的意见时，你有多么骄傲。记下别人对你的赞美和你取得的成绩，当你需要肯定自己是多么优秀时，花 5 分钟时间回忆一下。

13. 大声宣布：今天是我的日子

列出五件你喜欢但很少做的事，例如：买件漂亮的衣服，洗一个澡，看场好电影，听优美的音乐，选本喜欢的书，坐在麦当劳里喝着咖啡听着音乐，累时偶尔抬头欣赏来来往往的人群。

乐观是一种积极的人生态度。拥有乐观心态的人对任何人或事总是抱着乐观的态度，即使遇上困难和挫折，他也会认为这是一件好事，这样的人生当然常常会有意外的惊喜。

如何培养积极的心态

每个人都处在一定的环境之中，长期以来，我们已习惯于认为是环境制约了我们。其实，真正制约我们的并非环境，而是我们的心态。在通往成功的路上，能否有一个良好的心态，直接影响着你最终能否摘取成功的桂冠。

心态一般可分为积极心态和消极心态。积极心态能发挥潜能，能吸引财富、成功、快乐和健康；消极心态则排斥这些东西，夺走生活中的一切，使人终身陷在谷底，即使爬到了巅峰，也会被它拖下来。

积极心态的特点是信心、希望、诚实、爱心和踏实，消极心态的特点是悲观、失望、自卑、虚伪和欺骗。那么，该如何培养自己的积极心态呢？我们不妨从以下几个方面做起：

1. 明确自己的目标

希望、愿望、欲望与预期目标的差别是迥异的，只有用积极的心态才能使这四者转化为最后的现实。这就要使自己有清晰辨别这四者的能力，这是养成积极心态的第一步，也是必须弄清的准备工作。记住，你的心态是你——而且只有你——唯一能完全掌握的东西。

2. 让自己积极地行动起来

许多人总是等到自己有了一种积极的感受再去付诸行动，这些人在本末倒置。积极行动会导致积极思维，而积极思维会导致积极的人生心态。心态是紧跟行动的，如果一个人从一种消极的心态开始，等待着感觉把自己带向行动，那他就永远成不了他想成为的积极心态者。

3. 在点滴生活中培养自己的积极心态

不需要看早上的电视新闻，你只要瞄一眼权威性报纸的头版新闻就够了，它足以让你知道将会影响自己生活的国际或国内新闻。看看与你的职业及家庭生活有关的当地新闻，不要向诱惑屈服，而浪费时间去看别人悲惨故事的详细新闻。在开车上学或上班途中，可听听电台的音乐或自己的音乐带。如果可能的话，和一位积极心态者共进早餐或午餐。晚上不要坐在电视机前，要把时间用来和你所爱的人聊聊天。

4. 具有正确的判断力

建立适合你的生活方式，别浪费时间以免落于他人之后。除非有人愿意以足够的证据，证明他的建议具有一定的可靠性，否则别轻易被他人所影响，因为你可能会因一时大意而被误导，或被当成傻瓜。另外，对于善意的批评应采取接受的态度，而不应采取消极的反应。接受并学习他人对你行为方式的客观评价，利用这些评价做一番反省，并找出应该改善的地方。别害怕批评，你应该勇敢地面对它。

5. 学会感恩，付出真爱

试着在每一个日子祈祷，无论晴天碧日或是雨雪纷飞。感谢你已拥有的生活，因为在这个世界上，并不是人人都可以达到这种水平，很多人还在为生存而挣扎。感恩，还意味着要有爱心和包容心。试着和你曾经不合的人联络，并向他致上最诚挚的歉意。这项任务愈困难，就愈值得去做，因为它可以使你摆脱掉内心的消极心态。你应承认：“爱”是医治生理和心理疾病的最佳药物。爱会改变你体内的化学元素，以使它们有助于你表现出积极心态，爱也会扩展你的包容力。享受爱的最好方法就是付出你自己的爱。

6. 把“不可能”从你的字典里去掉

首先你要认为你能，然后去尝试、再尝试，最后你发现你确实能。所以，把“不可能”从你的字典里去掉，把你心中的这个观念铲除掉。谈话中不提它，想法中排除它，态度中去掉它，抛弃它，不再为它提供理由，不再为它寻找借口，用“可能”代替它。

7. 把自己看成成功者

当我们开始运用积极的心态并把自己看成成功者时，我们就开始成功了。但我们绝不能仅仅因为播下了几粒积极乐观的种子，然后指望不劳而获，我们必须不断给这些种子浇水，给幼苗培土施肥，才会收获成功的人生。

这些培养积极心态的方法，你可以都试一试。也许你日后的成功就得益于其中的某个方法。

调整心态，改变未来

现代社会弥漫着一股“浮躁”的气息，“浮躁”几乎成了现代人的一种“通病”。染上它，我们常常坐卧不宁，心不在焉，浅尝辄止，身心俱惫……当我们处于这种心态的时候，我们的气场也多半处于紊乱状态，无法释放我们的正面能量。

内心能量是真实反应人内心深处、意识深层的能量场，与我们的心态密切相关。同一个人在不同的时刻，因为思想、性情、情绪的不同，会有不同的心态。不同的心态也表现出截然不同的气场——或强或弱，或和谐或紊乱等等。可以毫不夸张地说，人们可以通过改变自己的心态来改变内心能量，进而改变生活和命运。

那么，我们该如何调整心态，开启动力气场呢？

你要知道，获得强大的内心能量有两个重要的前提：一是坚决，二是忍耐。意志坚决而又懂得忍耐的人也会遇到艰难，碰到困苦、挫折，但他绝不会一蹶不振。只有这种心态才能带来超强的气场动力。

电影巨星席维斯·史泰龙曾经非常落魄，身上只剩一百美金，连房子都租不起。那时候的史泰龙立志当一名演员，他自信满满地到纽约的电影公司应征。因外貌平平及咬字不清，史泰龙总是遭到拒绝……纽约五百家电影公司都拒绝了他之后，史泰龙依然在坚持。不同的是，这次他写了一个剧本。不过，这次也并不容易，他的剧本遭遇了1854次拒绝！但是，史泰龙还再次出发了！在被拒绝了1855次之后，终于找到一个愿意接这个剧本的公司！但对方却不同意他在电影中演出。史泰龙答应了，他继续坚持，等待机会。

坚持不懈的史泰龙终于成为了超级巨星！韧性是人们在极其艰苦的精神和肉体的压力下仍然能够保持热情的精神，坚韧是一种永不退缩、不达目的誓不罢休的王者精神。拥有这种精神，你的气场就有永远也使不完的动力来源，它会伴你走向成功之路。只要你确定人生的目标，专注于你的目标，那么你所有的思想、行动及意念都会朝着那个方向前进。

美国科学家曾通过研究发现，一个人一生的能量全部收集起来换算成电能，可以照亮北美大陆一个星期，如果用金钱去衡量，相当于数百亿美金。不要忘了，你是世界的主人，你可以想到更多的办法调整心态，让你的气场爆发。

此刻的你，不妨仔细思考一下：你现在的人生处于什么样的位置？你的心态处于什么样的状态？境遇并不能决定我们的命运的，调整心态，你就能改变未来！赶快调动你内心的强大能量，引发你的心态革命吧！

适应一切无法改变的

荷兰阿姆斯特丹有一座15世纪的教堂遗址，上面的题词令人终生难忘：“事必如此，别无选择。”这几个字令人心痛，却又是人不得不承认的真实处境。

在人的一生中，总是有一些事情，虽非心甘情愿，却也无可奈何。正如每一条所走过来的路径都有它不得不这样跋涉的理由一样，每一条要走上去的前途也都有它不得不那样选择的方向。逆来顺受是一种无奈，却也是人生的必修课。

生活中总是充满了不可捉摸的变数，如果它给我们带来了快乐，当然是很好的，我们也很容易接受。但事情却往往并非如此，有时，它带给我们的会是可怕的灾难，这时如果我们不能学会接受它，而让灾难主宰了我们的心灵，那我们生活就会永远地失去阳光。

心理学家威廉·詹姆士曾说：“心甘情愿地接受吧！接受现实是克服任何不幸的第一步。”

汉斯小时候曾和几个小伙伴在密苏里州的老木屋顶上玩，他们爬下屋顶时，在窗沿上歇了一会，然后跳了下来。汉斯的左食指戴着一枚戒指，往下跳时，戒指钩在钉子上，扯断了他的手指。

汉斯尖声大叫，非常惊恐，他想他可能会死掉。但等到手指的伤好后，汉斯就再也没有为它操过一点心。有什么用呢？他已经接受了不可改变的生活现实。

后来汉斯几乎忘了他的左手缺了一根手指。

有一次，汉斯在纽约市中心的一座办公大楼的电梯里，遇到一位男士，汉斯注意到他的左臂由腕骨处切除了。汉斯问他这是否会令他烦恼，他说：“噢！我已很少想起它了。我还未婚，所以只有在穿针引线时觉得不便。”

我们每个人迟早要学会这个道理，那就是我们只有接受并适应不可改变的现实。“事必如此，别无选择”，这并非容易的课程。即使贵为一国之君也应该经常提醒自己。英王乔治五世就在白金宫的图书室里挂着这句话：“请教导我不要凭空妄想，或作无谓的怨叹。”哲学家叔本华曾表达过相同的想法：“接受现实是人生的必修课程。”

显然，环境不能决定我们是否快乐，我们对事情的反应反而决定了我们的心情。耶稣曾说：“天堂在你心内，当然地狱也在。”

我们都能渡过灾难与悲剧，并且战胜它。也许我们察觉不到，但是我们内心都会有更强的力量帮助我们渡过。我们都比自己想象的更坚强。

已故的美国小说家塔金顿常说：“我可以忍受一切变故，除了失明，我绝不能忍受失明。”可是在他60岁的某一天，当他看着地毯时，却发现地毯的颜色渐渐模糊，他看不出图案。他去看医生，了解到残酷的事实：他即将失明。有一只眼差不多全瞎了，另一只也将接近失明，他最恐惧的事终于发生了。

塔金顿对这最大的灾难如何反应呢？他是否觉得：“完了，我的人生完了！”完全不是，令他惊讶的是，他还蛮愉快的，他甚至发挥了他的幽默感。这些浮游的斑点阻挡他的视力，当大斑点晃过他的视野时，他会说：“嗨！又是这个大家伙，不知道他今早要到哪儿去！”完全失明后，塔金顿说：“我现在已接受了这个现实，也可以面对任何状况。”

为了恢复视力，塔金顿在一年内得接受12次以上的手术。他放弃了私人病房，而和大家一起住在大众病房，想办法让大家高兴一点。当他必须再次接受手术时，他提醒自己是何等幸运："多奇妙啊，科学已进步到连人眼如此精细的器官都能动手术了。"

平凡人如果必须接受12次以上的眼部手术，并忍受失明之苦，可能早就崩溃了。塔金顿却说："我不愿用快乐的经验来替换这次的体会。"他因此学会了接受，并相信人生没有任何事会超过他的容忍力。面对不可避免的现实，我们还应该学着做到诗人惠特曼所说的那样："让我们学着像树木一样顺其自然，面对黑夜、风暴、饥饿、意外与挫折。"

一个有12年养牛经验的人说过，他从来没见过一头母牛因为草原干旱、下冰雹、寒冷、暴风雨及饥饿，而会有什么精神崩溃、胃溃疡的问题，也从不会发疯。面对现实，并不等于被动接受所有的不幸。只要有任何可以挽救的机会，我们就应该奋斗。但是，当我们发现情势已不能挽回了，我们就最好不要再思前想后，拒绝面对。

要接受不可避免的现实，唯有如此，才能在人生的道路上掌握好平衡。

99%的烦恼其实不会发生

每个人都会遇到解决不了的问题，都会产生一定的忧虑情绪，但不要过分地忧虑。有些不必忧虑的事情我们就不要去想它，但偏偏有很多人为了那些不可能发生的事情而发愁，因为他们从来没有意识到，99%的烦恼其实都没有发生。无端的烦恼是要不得的，因为它会困扰我们的生活和工作。

布莱克伍德谈到：1943年夏季，世界上大多数烦恼似乎都降临到我的头上。40年来，我的生活一直很顺畅，只有一些身为丈夫、为人之父及生意上的小烦恼，我通常也都能从容应付。可是突然间，接二连三的打击向我袭来，我因为下面这些烦恼整晚辗转反侧。

（1）我办的商业学校，因为男孩都入伍参战去了，面临严重的财务危机，很多知识水平低的女孩在武器工厂工作的工资，比我们学校的毕业生上班的薪水还高。

（2）我的长子也在军中服役，像所有有儿子出外作战的父母一样，我非常牵挂担忧。

（3）俄克拉何马州正在征收土地建造机场，我的房子——由我父亲继承来的——正位于这片土地上，我能拿到的赔偿金只有市价的十分之一。可是最惨的是，我无家可归，因为城市内的房屋不足，我担心我不能找到一个遮蔽一家六口的房子。说不定我们得住在帐篷里，连能不能买到一顶帐篷，我也感到怀疑。

（4）我农场的水井干枯了，因为我的房子附近正在挖一条运河。再花500美元重新挖个井就等于把钱丢到水里，因为这块土地已被征收了。我每天早上得运水去喂牲口，可能要干两个月，我的后半辈子完了。

（5）我住在离商业学校10英里远的地方，限于战时的规定，我又不能买新轮胎，所以我老担心那辆福特老爷车会在前不着村后不着店的荒郊野外抛锚。

（6）我的大女儿提前一年高中毕业，她下定决心要念大学，我却筹不出学费，她会因此而心碎的。

一天下午，我正坐在办公室里为这些事烦恼着，我忽然决定把它们全部写下来，我不怕给我一个奋斗的机会去解决这些问题，只是这些困难好像已超出我的控制范围。看着这些问题，我觉得束手无策。于是只有把这张写着烦恼事项的纸收起来。就这样，几个月过去了，我几乎忘了写下的是什么。一年半以后，有一天整理东西时，又看到这张列下了损坏我健康的六大烦恼。我一面看一面觉得很有趣，同时也学到了一些东西，因为我担心的事情没有一项发生。

这六大烦恼的发展情形如下：

（1）我发现担心学校无法办下去是无意义的，因为政府开始拨款训练退役军人，我的学校不久就招满了学生。

（2）我发现担心从军的儿子也无意义，他毫发无损地回来了。

（3）我发现担心土地被征收去盖机场也是无意义的，因为附近发现了油田，因此不可能再被征收了。

（4）我发现担心没水喂牲口是无意义的，既然我的土地不会被征收，我就可以花钱掘口新水井。

（5）我担心车子在半路抛锚是无意义的，因为我小心保养维护，倒也维持下来了。

（6）我发现担心长女的教育经费是无意义的，因为就在大学开学前六天，有人奇迹般地提供给她一份从事稽查的工作，可以用课余的时间兼差，从而顺利地筹足了所需的学费。

我以前也听人们谈道，99%的烦恼都不会发生，我一直不太相信，直到我再看到自己这张烦恼单，我才完全信服。

虽然我白白为这些烦恼而担忧，但我还是觉得很值，因为我学到了一个永生难忘的经验，体会到一个深刻的道理：为了根本不会发生的事而饱受煎熬，这是一件多么可悲的事啊！生活中99%的烦恼都不会发生！

你还在为一些不会发生的事而烦恼吗？明白了人们爱自寻烦恼后，把一切忧虑放下吧，当这99%的烦恼变成99%的快乐与好心情时，你的人生将会呈现出另一种风景。

如何培养你的抗挫折心态

面对挫折，每个人的态度迥然不同，有人积极，有人消沉，有人陷入苦恼不堪的恶性循环中不能自拔，有人却能迅速从不良状态中跳出来更加奋发进取。可以说，挫折是人生的一块试金石。法国前总统戴高乐说：“挫折，特别吸引坚强的人。因为他只有在拥抱挫折时，才会真正认识自己。”

一旦挫折产生，就要敢于正视，而不能怨天尤人；就要冷静地找出产生挫折的原因，并进行客观的分析；就要积极地寻求恰当的方式方法战胜自我。具体来讲，如果要战胜困难，培养你的抗挫折心态，应该做到下面的几个方面。

1. 靠自己拯救自己

更多的时候，人们不是败给外界，而是败给自己。

有两个人同时到医院去看病，并且分别拍了X光片，其中一个原本就生了大病，得了癌症，另一个只是做例行的健康检查。但是由于医生取错了底片，结果给了他们相反的诊断，那一位病况不佳的人，听到身体已恢复，满心欢喜，经过一段时间的调养，居然真的完全康复了。而另一位本来没病的人，看到医生的诊断，内心起了很大的波动，整天焦虑不安，失去了生活的勇气，意志消沉，抵抗力也跟着减弱，结果还真的生了重病。

看到这则故事，真的是令人哭笑不得，因心理压力而得重病的人是该怨医生还是怨自己呢？乌斯蒂诺夫曾经说过：“自认命中注定逃不出心灵牢狱的人，会把布置牢房当作唯一的工作。”以为自己得了癌症，于是便陷入不治之症的恐慌中，脑子里考虑的更多的是“后事”，哪里还有心思寻开心，结果被自己打败。而真的癌症患者却用乐观的力量战胜了疾病，战胜了自己。

俗话说“哀莫大于心死”，绝望和悲观是死亡的代名词，只有挑战自我，永不言败者才是人生最大的赢家。

2. 增加对成功的体验

一个人如果经常遭到挫折，那么他的自信心就会减弱。所以，要多发现自己的长处，多运用自己的优势，做一些自己力所能及的事情，从中取得成功的经验，然后增强自己的自信心，战胜挫折。要变通进取，从挫折中不断总结经验，产生创造性的变迁。补偿是一种有用的变通进取的方式，此处受到挫折，到彼处得到补偿，就像俗语说的，东方不亮西方亮，旱路不通水路通。碰上挫折，胸怀宽广些，给自己留的余地大一些。

3. 把挫折当作难得的人生考验

在真正坚强的人眼里，挫折不是一种打击，而是一次考验，一次磨砺的机会。因为他们清楚在挫折的后面，正是自己苦苦追求的目标。这种人在挫折降临之后，首先会用他冷静、理智的头脑，认真分析挫折产生的原因及眼前的处境，审时度势。例如，原来确定的目标是否恰当、客观条件是否成熟、操作方法是否正确、自己努力的程度是否足够。在分析过程中发现合理的因素，在挫折中看到希望，然后满怀信心地、自觉地促进挫折向好的方面转化，最终战胜挫折，走向成功。

眼睛向着理想，脚步踏着现实，努力朝着目标前进。当遇到困难时，你应该暗暗对自己说：这正是考验我的时候，正是体现我生命本色的时候。对于那些无法实现的目标，可以用新的目标来代替。只要你不服输，失败就不是定局。

4. 树立正确的人生观

法国微生物学家巴斯德在青年时代就已经正确地认识到了立志、工作、成功三者之间的关系，他说：“立志是一件很重要的事情。工作随着志向走，成功随着工作来，这是一定的规律。立志、工作、成功是人类活动的三大要素。立志是事业的大门，工作是登堂入室的旅程，这旅程的尽头有个成功在等待着，来庆祝你的努力结果。立志的关键，是要树立正确的人生观。”

拥有正确的人生观、世界观，拥有远大理想，并且能用正确的积极的眼光去看社会看生活的人，往往更能够承受挫折带来的影响。

5. 培养自信心与意志力

一个人若对自己丧失了信心，他就会失去前进的勇气。在挫折面前，要做最好的准备，做最坏的打算，对前景要抱有积极乐观的态度，相信“冬天已经来了，春天还会远吗”。只要不失去信心，不丧失意志力，就没有失败，就有逆境顺转的机会，就会看到希望之光。因此要经常给自己打气，鼓励自己。平时应该多参加一些竞赛的活动，大胆地表现自己，抱着积极参与的精神，不斤斤计较眼前的得失。

6. 学会适当的发泄

把痛苦和忧伤埋在心里，会给人带来一种沉重和压抑的感觉。如果能将这种感觉向亲朋好友痛快淋漓地倾诉出来，得到他们的关心和慰藉，或者通过剧烈运动，把某些无用的东西当作泄愤的对象，那么过后心情会舒畅许多。但必须注意不能采用不正当的宣泄方式，否则会造成不良的后果，适得其反。

第十章

幸运之神常眷顾勇者

用勇气刺穿恐惧的黑暗

许多人简直对一切都怀着恐惧之心：他们怕风，怕受寒；他们吃东西时怕有毒，经营商业时怕赔钱；他们怕人言，怕舆论；他们怕困苦的时候到来，怕贫穷，怕失败，怕收获不佳，怕雷电，怕暴风……他们的生命，充满了怕，怕，怕！

当心态和思想随着恐惧而起伏不定时，干任何事情都不可能收到功效。在实际生活中，真正的痛苦其实并没有想象中那么大。那些使得我们未老先衰、愁眉苦脸的事情，那些使得我们步履沉重、面无喜色的事情，实际上并没有发生。

恐惧消耗人们的精力，损害和破坏人们的创造力。心存恐惧的人是无法充分发挥其应有才能的，他只会使自己无法做到最好。如果处境困难，他就会束手无策，焦虑不安。这时，就需要拿起勇气的利剑，刺穿恐惧的黑暗。

勇气是一切时代伟大奇迹的创造者。无论你需要什么，首先要把它置于勇气之中。不要问怎么办、为什么或什么时候，而一定要全力以赴，一定要有勇气。

在19世纪50年代的美国，有一天，黑人家里的一个10岁的小女孩被母亲派到磨坊里向种植园主索要50美分。

园主放下自己的工作，看着那黑人小女孩敬而远之地站在那里，便问道："你有什么事情吗？"黑人小女孩没有移动脚步，怯怯地回答说："我妈妈说想要50美分。"

园主用一种可怕的声音和斥责的脸色回答说："我绝不给你！你快滚回家去吧，不然我用锁锁住你。"说完继续做自己的工作。

过了一会儿，他抬头看到黑人小女孩仍然站在那儿不走，便掀起一块桶板向她挥舞道："如果你再不滚开的话，我就用这桶板教训你。好吧，趁现在我还……”话未说完，那黑人小女孩突然像箭镞一样冲到他前面，毫不畏惧地扬起脸来，用尽全身气力向他大喊：“我妈妈需要50美分！”

慢慢地，园主将桶板放了下来，手伸向口袋里摸出50美分给了那黑人小女孩。她一把抓过钱去，便像小鹿一样推门跑了。园主目瞪口呆地站在那儿回顾这奇怪的经历——一个黑人小女孩竟然毫无惧色地面对自己，并且镇住了自己，在这之前，整个种植园里的黑人们似乎还从未敢想过。

“跟生活的粗暴打交道，碰钉子，受侮辱，自己也不得不狠下心来斗争，这是好事，使人生气勃勃的好事”。正是勇气的支撑，使身体单薄的小女孩选择了抗争。“应当惊恐的时候，是在不幸还能弥补之时；在它们完全不能弥补时，就应以勇气面对它们”。

在著名女作家乔治·艾略特的生活之中，人们终于知道了她为什么没有与赫伯特·斯宾塞结婚。那不是她的错，因为她非常爱他，非常想与他结婚。他们有很多共同之处，他也追求她很多年，很多人都以为他们将要结婚。

有一天，斯宾塞用抛硬币来决定是否结婚，如果是正面就结婚，如果是反面就不结婚。结果硬币是反面，他决定不结婚。这个决定虽然称不上残酷，却有点草率。当然，这也深深地伤害了艾略特，因为她深深地爱着他，也期待着他的爱。她很痛苦。

在心碎数月之后，她写信给一位朋友说：“我很好，很‘勇敢’，我本来想把这个词换成‘快乐’的。”当然，她也是幸运的，如果她自己有所察觉的话。斯宾塞冷酷、无情而又易怒。如果他们结婚，她所受到的痛苦可能更大，更不用说斯宾塞常年有病了。

实际上，这可以称得上是一种幸运的解脱方式。斯宾塞的个性僵硬，很多人认为他的哲学也是僵硬的。毕竟，离艾略特而去的是一个居然会用抛硬币来决定自己终身大事的家伙。斯宾塞这样的行为说明，如果不是出于自私，则肯定是他的心理有问题。由于斯宾塞一生未婚，可以说，对于其他女性来说，这也是幸运的。

当我们知道“勇气”可以代替“快乐”时，我们是幸运的，只是因为它揭示了生活中的一个事实。虽然我们失去了一些东西，但是，我们同时也有所得。快乐是不可捉摸的，在我们的面前忽隐忽现。当我们追寻她时，她却不在那里，我们必须费尽心思去寻找她，她是非常害羞和狡猾的。

恐惧虽然阻碍着人们力量的发挥和生活质量的提高，但它并非是不可战胜的。只要人们能够积极地行动起来，在行动中有意识地纠正自己的恐惧心理，那它就不会再成为我们的威胁了。

正像乔治·艾略特面对失恋的痛苦一样，伟大的胸怀应该表现出这样的气概——用笑脸来迎接悲惨的厄运，用百倍的勇气来应付一切的不幸。勇气在哪里，成功就在哪里；勇气在哪里，生命就在哪里。在勇气的天空下，我们才能美丽地活着……

成功的原则是掌握主动

决定我们命运的不是环境，而是心态。无论身处什么样的环境，一旦养成了消极被动的工作态度和习惯，人就很容易不思进取、目光狭隘，慢慢地丧失活力与创造力，忘记了自己当初信誓旦旦的人生信条与职业规划，最终将走向好逸恶劳、一事无成的深渊。而最可怕的是生活态度的消极，工作上的消极、失败与无望，这些必然会对人产生非常可怕的负面影响。想想看，一个人消极地面对世界，满眼的灰色，为周围的朋友、同事所不屑，该是多么的可悲！

环境怎样是好？怎样是坏？标准并不在环境本身，而在于人如何自处：置身其间，不迷失自己，保持积极主动的精神，这样的环境再“坏”也是好环境，反之，再“好”的环境也是坏环境。环境对人确实有一定的影响，而最关键的还是人自身，顺境或逆境都不能成为消极被动的借口。

1940 年 10 月，贝利生于巴西古拉斯州的一个小镇。

在巴西，男孩子要做的第一件事就是踢球。贝利很小的时候便和小伙伴们玩起了足球。贝利与其伙伴们都是贫穷人家的孩子，他们买不起球。但困难没有阻挡他们踢球的爱好，于是他们就自己做了一个：先找一只最大的袜子，塞满了破布或旧报纸，然后把它尽量按成球形，最后在外面用绳子扎紧。他们的球越踢越精，球里面塞的东西也越来越多，越来越重。一个男子汉夏天不穿袜子照样可以走路，可是到了冬天，贝利他们仍然没有袜子穿。他们只是这样想：有了东西当球踢，这是多么快乐的事啊！

7 岁那年，贝利的姑姑送给他一双半新的皮鞋。他把这双鞋当成了宝贝，只有星期日上教堂才舍得穿，穿上它感到很神气。他永远不会忘记这双鞋，因为有一天他穿了它踢球，结果鞋子就给踢坏了，为这还挨了妈妈的罚。他本来只是想知道穿着鞋踢球是什么滋味。

也就是从7岁起，贝利经常去体育场，一边看球，一边替观众擦鞋。球赛结束后爸爸来接他时，他已经赚了不少钱！他们手拉手地回家，父子俩都是有收入的人了！

贝利8岁时进入包鲁市的一所学校学习。他仍然光着脚踢球，不管严冬，还是酷暑。他的球技在这日复一日的磨炼中已经让许多大人刮目相看了。就在这之后不久，人们就见识到这个孩子精彩绝伦的球技了。

从球王贝利的成长故事中，我们可以得到这样一个道理：决定我们命运的不是外在的环境、条件，而是我们自身的奋斗。只有不被环境摆布，掌控人生主动权的人才配拥有胜利的光环。环境如何并不能成为消极被动的借口。一味把责任推给环境，一个人一旦养成了这种消极的习惯，那么处于顺境便盲目满足、放弃努力，遇到成功便自我满足、停滞不前；处于逆境便轻易退缩、灰头土脸，遇到困难便轻言放弃、怨天尤人。

我曾经说过："我的成功原则就是主动。在任何行业里，能达到自己主要人生目标的每一个人，都必须运用这项原则。它之所以十分重要，是因为没有一个人的成功，能够不借助于它的力量。你可以称之为'主动'的原则。研究一下任何一位被视为确实有所成就的人，你会发现，他都有一个明确的主要目标，也有一个完善的计划以达到他的目标，他的大部分心思和努力，都投注在如何主动去达到这一目标上。"

多数人之所以把自己的生活弄得一团糟，没能获得成功，至少有部分原因是因为他们不能够正确地看待自己，他们对自己往往抱有一种消极悲观的态度。记住，"人是他自己最可恶的敌人"。

有些人虽然有目标和理想，而且努力工作，但是最终仍然失败了；有人希望做些有创造性的事，偏偏无所表现，为什么？问题或许就出在他自己的内心。

每个人的内心都有一个属于自己的小宇宙，当我们有了某种决心，并且相信它会变为事实时，我们小宇宙里的所有力量就会动起来，而把自己的决心推向实现目标的方向。在不经意的某一天，你会发现，理想真的成为现实了。回头看一看，这些都是当初你自己的选择，重要的是那种认为你行的念头一直在支撑着自己，从而改变并影响着自己的行为。

但是你还是你，这仍然是你自己的选择，也是你自己的能力，只是你将这种能力表现出来，就像将深深沉睡在地下的矿藏挖掘出来一样，它本是属于你的，关键在于你是否知道自己有，是否相信只有自己才是命运的决定者。

勇气在，就没有失败

每个人都有一大堆的愿望，一堆的想当然，正是这些自造的想法，影响他们做出选择，这就是缺少勇气。他们因为恐惧而害怕选择自己认为不可能的愿望，因此也错过了成功机会。

人生，不论到了哪一步境地，只要你还有勇气向成功挑战，你就还没有失败。所谓失败，都可以算作你的宝贵经验，是可以创造财富的。所以，只要勇气还在，你就未败。

1865 年，美国南北战争结束了。一名记者去采访林肯，他们有这么一段对话：

记者：“据我所知，上两届总统都曾想过废除农奴制，《解放黑奴宣言》也早在他们那个时期就已草就，可是他们都没拿起笔签署它。请问总统先生，他们是不是想把这一伟业留下来，让您去成就英名？”

林肯：“可能有这个意思吧。不过，如果他们知道拿起笔需要的仅是一点勇气，我想他们一定非常懊丧。”

记者还没来得及问下去，林肯的马车就出发了，因此，记者一直都没弄明白林肯的这句话到底是什么意思。

直到 1914 年，林肯去世 50 年了，记者才在林肯致朋友的一封信中找到答案。在信里，林肯谈到幼年的一段经历：

“我父亲在西雅图有一处农场，农场里有许多石头。正因如此，父亲才得以用较低价格买下它。有一天，母亲建议把上面的石头搬走。父亲说，如果可以搬走的话，主人就不会卖给我们了，它们是一座座小山头，都与大山连着。”

“有一年，父亲去城里买马，母亲带我们到农场劳动。母亲说，让我们把这些碍事的东西搬走，好吗？于是我们开始挖那一块块石头。不长时间，就把它们弄走了，因为它们并不是父亲想象的山头，而是一块块孤零零的石头，只要往下挖一英尺，就可以把它们晃动。”

林肯在信的末尾说，有些事情人们之所以不去做，是因为他们认为不可能。

而许多不可能，只存在于人们的想象之中。

如果你有一个不可战胜的灵魂，那么无论在你身上发生什么事，无论面前有多么大的困难，都无法影响到你。当你意识到自己从伟大的造物主那里获得源源不断的能量时，能真正影响到你的事情根本没几件。因为，无论什么事情降临在你身上，你都可以保持内心的平静。

那些成功的人们，如果当初都在一个个“不可能”的面前，因恐惧失败而退却，而放弃尝试的机会，则不可能有所谓成功的降临，他们也将平凡。没有勇敢的尝试，就无从得知事物的深刻内涵，而勇敢做出决断了，即使失败，也由于对实际的痛苦亲身经历，而获得宝贵的体验，从而在命运的挣扎中，愈发坚强，愈发有力，愈接近成功。

20世纪初，有个爱尔兰家庭想移民美洲。他们非常穷困，于是辛苦工作，省吃俭用三年多，终于存够钱买了去美洲的船票。当他们被带到甲板下睡觉的地方时，全家人以为整个旅程中他们都得待在甲板下，而他们也确实这么做了，仅吃着自己带上船的少量面包和饼干充饥。

一天又一天，他们以充满嫉妒的眼光看着头等舱的旅客在甲板上吃着奢华的大餐。最后，当船快要停靠爱丽丝岛的时候，这家其中一个小孩生病了。做父亲的找到服务人员说：“先生，求求你，能不能赏我一些剩菜剩饭，好给我的小孩吃？”

服务人员回答：“为什么这么问？这些餐点你们也可以吃啊。”

“是吗？”这人说，“你的意思是说，整个航程里我们都可以吃得很好？”

“当然！”服务人员以惊讶的口吻说，“在整个航程里，这些餐点也供应给你和你的家人，你的船票只是决定你睡觉的地方。并没有决定你的用餐地点。”

不甘平凡，勇敢地挑战自我、挑战潜能，下定决心，铁了心去做。你可能面对不同的局面，但必须要时刻记住：要为梦想去奋斗，你有信心获得成功，你就能成功。

这是因为你体内有一股巨大的潜能。你勇敢，困难便退却；你懦弱，困难就变本加厉地欺负你。你勇敢，就可能成功；你懦弱，则肯定会失败。

害怕风险会错失机遇

如果你人生的牌在众人之中处于下风，这个时候，你该怎么办？其实很多人都会遇到这样的情况，情势在所难免，你必须抓住那些在你面前一闪而过的机会。

你需要记住的是，任何机遇都会有风险存在，千万记住，不要因为害怕风险而放弃机遇，因为敢于冒险，你才能在人生的赌局中打个翻身仗。

1921 年的苏联，经历了内战与灾荒，急需救援物资，特别是粮食。哈默本来可以拿着听诊器，坐在清洁的医院里，不愁吃穿地安稳度过一生。但他厌恶这种生活，在他眼里，似乎那些未被人们认识的地方，才是值得自己去冒险、去大干一番事业的战场。他做出一般人认为是发了疯的抉择，踏上了被西方描绘成地狱般可怕的苏联。

当时，苏联被内战、外国军事干涉和封锁弄得经济崩溃，人民生活十分困难，霍乱、斑疹、伤寒等传染病和饥荒严重地威胁着人们的生命。列宁领导的苏维埃政权采取了重大的决策——新经济政策，鼓励吸引外资，重建苏联经济。但很多西方人士对苏联充满偏见和仇视，把苏维埃政权看作是可怕的怪物。到苏联经商、投资办企业，被称作是“到月球去探险”。

哈默成了第一个在苏联经营租让企业的美国人。此后，列宁给了他更大的特权，让他负责苏联对美贸易，哈默成为美国福特汽车公司、美国橡胶公司、艾利斯——查尔斯机械设备公司等 30 多家公司在苏联的总代表。生意越做越大，他的收益也越来越多，他存在莫斯科银行里的卢布数额惊人。

经常有人向哈默请教致富的“魔法”。他们坚持认为：哈默发大财靠的不仅是勤奋、精明、机智、谨慎之类经商应有的才能，一定还有“秘密武器”。

在一次晚会上，有个人凑到哈默跟前请教“发家的秘诀”，哈默皱皱眉说：“实际上，这没什么。你只要等待俄国爆发革命就行了。到时候打点好你的棉衣尽管去，一到了那儿，你就到政府各贸易部门转一圈，又买又卖，这些部门大概不少于两三百个呢！”听到这里，请教者气愤地嘟哝了几句，转身走了。

第一次冒险使哈默尝到了巨大的甜头。于是，“只要值得，不惜血本也要冒险”，成了哈默做生意的灵魂。

冒险就是抓住一个机遇，希望生活得更好，不管改变的是生活形态、你的性格或是人际关系。要想成功就要冒险，不然，没有人愿意漂泊天涯，也没人会去开创新事业。如果你从不冒险一试，那你一生也不过随波逐流，随时等着大风大浪来把你击垮。

冒险具有一定的危险性，但是想改变现状，就必须把冒险作为一生中的重要手段。抓住机遇是件很不容易的事情，也不是每个人想做就能做到的事情。正因为如此，冒险才显得那么重要，冒险也才有冒险的价值。

抓住机遇也像一切冒险一样，你必须先放弃事前不确定的输赢，去探取你没有一定把握的下一步。纽约一个大美术商劳埃德则极具冒险精神。

1938年3月，德国军队越过了奥地利边境，劳埃德赶在希特勒到达维也纳之前，带着10美元辗转到伦敦，并于1948年创立了“马尔伯勒高雅艺术陈列室”。主要为英国许多显赫的家族出售其收藏的艺术珍品，后来经营现代派的绘画作品。短短的6年就成为现代派美术作品最大的出口代理商。他的买主中，包括教皇保罗六世。

劳埃德对美术作品兴趣不大，只关心通过作品的买卖赚大钱。所以，他采取了纯商业式交易和职业化的处理，其作品大部分都是代销的，美术馆只在生意结束后收取佣金。但美术馆除了场地以外，还提供广告、推销、邮寄、保险和运输等全套服务。所以美术家对劳埃德的服务是满意的，他们的作品在这里不仅可以卖到最高价，而且不管销售情况如何，美术馆都给予他们稳定的生活津贴，以至于各国的画家都愿意同他们来往。

美术馆已成为一个世界美术界的超级大鳄，它在苏黎世、罗马、东京、伦敦、多伦多、蒙特利尔都设有分馆，每年的销售总额为2500万美元，占世界美术品市场的5%～10%。

仅仅从劳埃德这种无所顾忌地将风险带到美术品市场的行为上，足以看出犹太美术商独具一格的眼光和魄力。

世界上的机遇多多，但几乎每一次机遇都存在一定的风险，机会和风险并存，想抓住机会就必须冒险。想要成功，千万不要因为害怕冒险而放弃机遇。

做机遇面前的强者

机遇与我们的生活，与我们的事业密切相关。在商业活动中，对时机的把握甚至完全可以决定你的成就。而胆识却是把握时机的一种手段，是让机遇变为财富的一种方法。哈默与威士忌酒的故事，就是机遇与胆识创造巨额财富的故事。

哈默一生中最活跃的25年是1931年从俄国回来后开始的。在这25年里，他得心应手，在他发生兴趣的任何行业里都取得了成功。除了从事艺术品的买卖外，他还做过威士忌和牛的生意，从事过无线电广播业、黄金买卖以及慈善事业。有些时候，他像杂技演员玩球那样，同时玩几个或者所有的球。

当富兰克林罗斯福正在逐渐走近白宫总统宝座的时候，哈默的眼睛虽然盯在销售自己的艺术品上面，可是他的耳朵却在倾听着来自四面八方的消息，他听到一个清晰的信号，一旦“新政”得势，禁酒法令就会被废除，为了满足全国对啤酒和威士忌酒的需要，那时将需要数量空前的酒桶，而当时市场上没有酒桶。

自从1920年实行禁酒法以来，市面上很少需要酒桶。可是现在情况不同了，到处都嚷嚷着要酒桶，特别是要用经过处理的白橡木制成的酒桶供装啤酒和威士忌酒使用。哈默博士非常清楚什么地方可以找到制作酒桶用的桶板。

除了俄国还能到哪里去找呢？他在俄国住了多年，清清楚楚知道苏联人有什么东西可供出口。他订购几船桶板，当货轮抵达时，他发现对方没有执行订货合同，他们运来的不是成型的桶板，而是一块块风干的白橡木木料，需要加工才能制成桶板。但哈默只是短时间里感到有些沮丧，他在纽约码头俄国货轮靠岸的泊位上设立了一个临时性的桶板加工厂。酒桶从生产线上滚滚而出之时，恰好赶上废除禁酒法令的好时机。这些酒桶被那些最大的威士忌和啤酒制造厂以高价抢购一空。

然而他的财富之路也并不是一帆风顺的。时逢战争期间，全国对酒的需求量很大，使得他所有的酿酒厂在谷物开放期间都加班加点生产，而此时政府却宣布禁止用谷物生产酒。哈默只好改为生产用土豆酒掺和的各种牌子的混合酒。

但后来政府对用谷物酿酒又开禁了，市场上再也没有人买他的新牌混合酒了。顾客要的是名牌纯威士忌酒，至少窖存4年以上的陈酒。在这表面看来是灾难性的时刻。多亏他哥哥哈利的一个电话，也多亏他弟弟维克托采取的与众不同的办法，才使他在灾难中得救。

哈利电话中讲的是酒的价格问题。他刚刚光临过一家纽约的酒店，这次光临使他开了眼界。他在酒店里以典型的维护他兄弟利益的态度要买一瓶丹特牌酒。掌柜的说他们不经营这个牌子的酒，实际上，在开始时，哈默的这种产品也只限于在肯塔基州和伊利诺伊州出售。于是，哈利就要买一瓶老祖父牌威士忌酒，价格是一样的，当时卖 7 美元，这种酒也是肯塔基州生产的酸麦芽浆做的。但是掌柜的并未从货架上取下一瓶老祖父牌威士忌，而是做了一件威士忌酒店老板不常做的事情：他把手伸到柜台底下，从下面拿出一瓶 1/5 加仑装的贴有天山牌商标的酒来，他把这种未经许可非法生产的私酒满满斟上一杯。“你尝尝这个，”他对哈利说，“我们不能把这酒放在货架上，我们把它存放在柜台底下，只卖给我们的老顾客。我们一般要顾客买几瓶别的酒，才给他搭一瓶天山牌酒。”

哈利品尝了一下，觉得味道和丹特及其他最高级的陈年威士忌不相上下。

“你这酒卖多少钱？”哈利问掌柜的。

“4.49 美元。”掌柜的压低声问推心置腹地说。

哈利随即把这个情况打电话告诉了哈默，这消息无异像是在卖酒业里爆炸了一颗炸弹。也真是巧合，哈默老早就准备在陈年威士忌酒业里搞个大的突破。他已经决心把 1/5 加仑装的 4 年威士忌陈酒的价格每瓶降低到 4.9 美元，这个价格至少会使爱喝烈性威士忌酒的人感到高兴。

当时零售价 1/5 加仑装每瓶 7 美元，他每年卖 2 万箱，每箱赚不到 20 美元。他决定把酒的价格大幅度降低，降到每箱只赚很少的钱，但他的目的是几年之内把销售量增加到每年 100 万箱。他的这一决定把那些一心想把哈默排挤出酿酒行业的老资格竞争对手们弄得目瞪口呆，非常沮丧。

正在此时哈利的电话来了，告诉他当时市场上已经有一种质量相当好的烈性威士忌酒，偷偷摸摸地只卖 4.49 美元，这个价格是掺有 35% 谷物酒精的威士忌酒的价格。哈默打电话给他的副总经理库克，这时库克正准备要发动一场广告宣传，那是哈默和他事先商量好的。

“把所有的广告都改一下，”哈默指示说，“新价应改变 4.45 美元。”

“那可不行。”库克争辩说。

“谁说不行？”哈默反问。

“我说不行，”库克说，“没有人按照混合酒的价格卖过纯威士忌酒，这没有先例。”

“生意经恰恰就在这里，”哈默解释说，“这正是我们要这么做的原因，酒客们会自己对自己说：‘嘿，我既然可以用买一瓶混合酒的价格买一瓶纯威士忌，我还买混合酒干什么？’花同样的钱可以喝到真正的陈年老酒，为什么还要去喝含有 65% 酒精的货色呢？”

就这样，酒瓶上有凸起字迹“肯塔基威士忌酒的皇冠宝石”的特制丹特牌酒就在全国推销了。而这时，哈默的弟弟维克托又耍了一套富有艺术性的把戏：他购买了很多哈布斯堡王朝的皇冠和珠宝（后来在哈默艺廊出售），举行了一次巡回展览。这实际上是一次为推销丹特牌酒而做的广告。他邀请当地的妇女名流在各种义卖集会上戴上这些珠宝做表演。报刊的专栏里常常出现触目惊心的画像：奥地利哈布斯堡王室的一只冕状头饰歪戴在只值 4.45 美元的威士忌酒瓶上。

只用了两年工夫，丹特牌酒就从地区性的名牌货一跃而成为美国全国第一流的名酒。每年销售 100 万箱的目标也同时达到了。哈默无疑也成了首屈一指的富翁。

总结起来，哈默的富有得益于他的非凡的胆识和善于捕捉机遇的独到的眼光。面对机遇，强者和弱者，总有不同的态度，前进，还是退缩，决定了能否成功，也决定了人生的高度。

每个人都应该做机遇的强者，活得主动，活得强悍，才能活出自我。

在困难面前要能重新站起

在成长过程中难免会遇到挫折和困难，在困难面前跌倒是很正常的。关键是你是否能够重新从挫折中站起来，不被困难所击跨。能够承受挫折的人才能够坚持到底，取得胜利。

在一则报道中有这么一个故事：有一群登山爱好者准备征服一座海拔 6000 米的高山。于是，他们组成一个小分队扎营在海拔 2000 米的山脚等待天气好转。他们当中有些是专业性的登山运动员，体魄健壮，经验丰富。

天终于晴朗了，微风轻吹，队员们开始行动起来，由经验丰富的队员带领出发了。

在攀登者脚下，高山有种驯服般的宁静，只有峰顶的冰川在阳光下闪着迷人的光辉。每个登山者都沉浸在攀登的乐趣中。他们用手提电台与基地保持着联系，不时地向遥远的家中通话，向亲人叙述他们在高山上所见的美景。

正当他们慢慢接近主峰的时候，灾难悄悄降临了。突然间，乌云翻滚，狂风肆虐，气温骤降。几个经验丰富的登山运动员知道情况不妙，要求大家全力返回。可是，由于在路上逗留时间过长，夜已慢慢逼近，按经验他们已无法下山，只能等营救人员前来。狂风如开堤之水，怒吼而来，许多队员的衣服被风撕破，手套也脱落了……

祸不单行的是，有位队员的腿部被飞石击中，出了大量的血，伤员痛苦地呻吟着。

风越吹越大。严寒也随之降临。伤员极其痛苦地喊：“我冷，我冷……”血流出后又很快结成冰。有一个登山者说：“现在天色尚未全黑，让我来背他下山，或许他会有救。”

“你这是去找死，营救人员马上会来的。”众人劝他。可是，他还是背起伤员努力向山下走去。

夜幕降临了，山上起了暴风雪，营救人员根本无法上山。第二天，营救人员发现在原处等待救援的人们紧紧挤在一起，已经僵硬了，救援的人员在海拔4000米的地方发现伤员和背着他的人，竟然还活着。

营救人员说在这种天气下能存活下来简直是奇迹。他们分析原因后断定，他们之所以能活着，是因为他们一个晚上都没有停止过高强度的运动。

在困难面前摔倒是难免的，最关键的是你能够重新站起来，并且承受一次又一次的摔倒，即挫折、失败或迷惘，这样坚持到底，才能取得胜利。

作为电影制片人，鲍勃可谓是一帆风顺。

鲍勃若是满足于做制片人，也许他真会一帆风顺。然而，他认为，做制片人还不能充分发挥他的才能和创造性。在好莱坞，真正的荣耀属于导演。

他执导了一部片子，评论界众说纷纭，票房很低。导演鲍勃可不像制片人鲍勃那样受人欢迎了。失败接二连三地向他袭来。

一年之内，电影砸锅，朋友抛弃他，婚姻破裂。他从加利福尼亚逃到纽约，过起了隐姓埋名的生活。他疯狂地寻找新的根基，倾家荡产买下了一个套房。“我完全垮了。”他说。

他坐在纽约的套房里，陷入了冥思苦想。面对生活与事业的双重打击，他决定偃旗息鼓，他获得了安宁。

对于鲍勃和那些有成就的人，关键是要控制局面。但是，失败使他完全失控了。也许他没有必要控制，也许他可以改变，也许改变了会更幸福。

最后，鲍勃重新回到了洛杉矶，回到他失败的地方。他怀揣着从未有过的谦卑感回去了。一切都得重新开始，一种完全不同的自我意识支持着他。

他放下面子，从低级的活开始干。“我得倒退三步，才能前进四步。倒退虽然痛苦，却必不可少。”

鲍勃最终还是重登好莱坞的顶峰，这一次，他既非制片人，亦非导演，而是电影公司的董事。

鲍勃知道自己是幸存者。

鲍勃现在正是轻装上阵。他的价值观非常明确。也许，他会遇到更多的挫折，但他绝不低头。在他看来，成功并不在于重新当上电影公司的总裁，而在于审视自己的生活这一过程。他将这一精神旅程视为最大的成就。

看着鲍勃的精神之旅，你会明白“我完全垮了”对鲍勃来说是错误的，而对你来说，也是——错误的。

“失败了再爬起来”，看起来是一句鼓舞克服危机者最好的话，但是要真正实现起来，需要的是自我鼓励的品质和勇气。有无这种品质和勇气，就直接决定了谁是一个危机者，谁是一个优势者。更为主要的是能在挫败之时看到站起来的希望！

梅西 14 岁的时候来到美国，因为他从 7 岁起就跟着裁缝师学缝纫，所以到了美国之后，很顺利地就在一家裁缝店中找到了工作。

到了 18 岁时，梅西决定要成立一家属于自己的店。

于是，他和弟弟及其他合伙人共同买下了一间礼服店，他信心十足地把所有的积蓄都投资在这里。但是，接下来发生的许多事情，却不断地考验着梅西开店的决心。

先是在即将开业的前一天晚上，被小偷偷走了将近 8 万美元的存货；接下来他再度进的货，又在一场意外大火中付之一炬。

后来，他才发现保险经纪人欺骗了他，根本没有把他支付的保险费支票交给保险公司，所以这场火灾等于没有保险。

更惨的是，可以证明公司存货内容和价值的一位重要证人，却正好在这个时候去世了。

接二连三的打击实在让梅西受够了，他决定到别的裁缝店工作。但是，过了没多久，他渴望拥有自己事业的欲望又开始蠢蠢欲动了起来。

于是，他再度鼓起勇气，开了一家裁缝兼礼服出租店。这一次，他决定多采纳别人的意见，但在大方向上他依然坚持自己做决定。因为，他始终相信：如果因此跌倒了，是他让自己跌倒的；如果他站了起来，那也是靠自己站起来的。

因为梅西坚持着这个信念，所以不久之后，他的“法兰克礼服出租店”终于成为底特律的知名店铺。

梅西的经历告诉我们，当人生出现挫折和困难时，只要我们坚定成功的信念，不被失败击跨，那么最后等待我们的必将是成功。

困难不是终点，反而是强者的起点。所以，不管遭遇什么危险，切勿心生怯意，意图逃脱，只要我们鼓起勇气面对现实，就会有扭转乾坤、转危为安的情形出现。

第十一章

储存知识就是储存黄金

将知识转化成财富

人类知识可分为两大类：一类是普通知识；另一类是专门知识。普通知识，不论其数量和种类有多少，对于聚敛金钱，是很少能派上用场的。它是基本的、积聚性的，是在大学各科系所有的，几乎是所有文明社会都知道的。能够赚钱的是专门知识。

知识本身不会吸引金钱，更不会去攫取权力，除非我们懂得运用我们的智慧，通过一个实际的行动方案，我们才能达到目的。知识本身只是一种“潜力”，我们必须懂得运用自身的组织与计划，通过一系列有目的行为，才能将这种潜在的东西变为现实的，使它给我们带来实实在在的物质与权力，同时还有荣誉。

真正有才能、能成功的人，是那些有专门知识的人，他们能把自己智慧的灵光发挥得淋漓尽致，在追求中将普通知识升华为自己的专门知识，从而达到成功的目标，实现自我价值。尤其是在知识大爆炸、信息产业化的今天，专门知识已成为这个社会中最直接最有力的力量。

知识是创富的基础，也是创富的手段。鲍罗·道密尔的成功凸显了知识整合的意义，以及专门知识的作用，鲍罗·道密尔是在美国工艺品和玩具业中享有盛誉的传奇性的人物。

1945年，这位21岁匈牙利青年，身上只带了5美元到美国闯天下。20年后，他成为百万富翁。道密尔初到美国的18个月，就换了15份工作，有些甚至是别人梦寐以求的。这在别人看来是无法理解的，但道密尔觉得，那些工作，除了能维持生存外，都不能展示他的能力。

通过当推销员，他获得了人生的第一桶金。随后，他用自己所挣的钱收购了一个濒临倒闭的工艺品制造厂。当时道密尔只提出两个条件，不负责工厂旧的债务，他接手以后的亏损由他自己负责。另外，尽管他只占有工厂的70%的股份，但这个工厂将来如果挣了钱，他的利益要占90%。一年后，这家工厂起死回生，获得了惊人的利润。道密尔是怎么成功的呢?

原来，他接手工厂后，首先仔细研究公司的每一项作业程序，由定价、消耗到销售，由生产到管理，把每一项缺点记录下来。他对这些可能导致工厂亏损倒闭的要素进行排列分析，确定哪些是不合理的，哪些是可调整的，然后，他针对这些缺点进行了一系列的调整。通过对一系列因素的比较和测算，道密尔最终得出结论：工厂濒临倒闭的主要原因在于管理成本太高和产品定价太低。

针对这一结论，他采取了行动。首先，要降低管理成本，他就必须裁减大批职员。道密尔把留下来的管理人员的工作量加倍，薪水也加倍，以与工作量相适应。这些留下来的人，由于待遇提高也增加了责任心。其次提高产品价格，以此来增加盈利。在加价前，道密尔先加强服务质量，以减少顾客的埋怨，改变消费者对公司的看法，让他们觉得物有所值。当时机成熟时，才加价。

事实证明他是正确的，道密尔通过对工厂各个环节的精细化管理，工艺品制造厂不仅扭亏为盈，还使道密尔赚到了人生的第一个一百万。

在知识经济时代里，富翁大都是知识大亨；但知识大亨却不见得都是富翁，二者之间还有着相当大的距离。如果认为在知识经济时代，有了知识就能发财，持有多少知识就能立即兑换成多少财富，那是非常幼稚的想法。

我们说知识能创造财富，但不是笼统地指一般的知识，也不是指存在于人的大脑或书本上的那种知识，而是指资本化以后的知识，而如何将知识资本化，是决定知识能否转化为财富的关键。过去许多人皓首穷经，学富五车，但却终生一贫如洗，原因就在于没有将掌握的知识资本有效地转化为产业资本。

看不到自身的价值可以说是广大知识分子的通病。他们尽管知识渊博、才华出众、富于创造，但由于认识不到自己的价值或者耻于将智慧与知识转化成金钱，于是他们的知识与智慧只能像被埋没的宝藏一样，一钱不值；或者为别人偶然得到，钱让别人赚走了。

在知识经济时代，一个人的富有与他本身拥有的知识的多少并不一定成正比。一个高中毕业生，如果能将自己的知识资本化，并善于借用别人的智慧，他可以财源滚滚；相反，一个知识渊博的大学教授，如果无法将自己的知识资本化，他就永远富不起来。

总之，在知识经济时代，仅有知识是不够的，重要的是如何将知识资本化。谁能勇敢地将自己的知识与智慧推向市场转化成产品，谁就能成为新一代富翁。

成为一个领域的专家

有一个自以为是全才的女孩，毕业以后屡次碰壁，一直找不到理想的工作。她觉得自己怀才不遇，对社会非常失望，因为她感到，是因为没有伯乐来赏识她这匹“千里马”。

痛苦绝望之下，她来到大海边，打算就此结束自己的生命。在她正要自杀的时候，正好有一个老妇人从这里走过，救了她。老妇人就问她为什么要走绝路，她说自己不能得到别人和社会的承认，没有人欣赏并且重用她……

老妇人从脚下的沙滩上捡起一粒沙子，让女孩看了看，然后就随便地扔在地上说：“请你把我刚才扔在地上的那粒沙子捡起来。”

“这根本不可能！”女孩说。

老妇人没有说话，接着又从自己口袋里掏出一颗晶莹剔透的珍珠，也是随便扔在了地上，然后对女孩说：“你能不能把这个珍珠捡起来呢？”

“这当然可以。”

“那你就应该明白是为什么了吧？你应该知道，现在你自己还不是一颗珍珠，所以你还不能苛求别人立即承认你，如果要别人承认，那你就要由沙子变成一颗珍珠才行。”

故事告诉我们，当我们去抱怨现实对我们的不公之时，先问一下自己到底是珍珠还是沙子。如果暂时还不是珍珠，那就努力让自己成为珍珠，相信沙子再多，也掩盖不住珍珠的光彩。

——你是否真的走在前进的道路上？

——你是否像画家仔细研究画布一样，仔细研究职业领域的各个细节问题？

——为了拓宽自己的知识面，或者为了给你的老板创造更多的价值，你认真阅读过专业方面的书籍吗？

——在自己的工作领域你是否做到了尽职尽责？

如果你对这些问题无法做出肯定的回答，那么这就是你无法取胜的原因。每个人在这个社会上生存，就是要不断地解决问题，然后不断成长，最后成为一个杰出的人才。人与问题的关系是猎手与猎物的关系。要么，人是猎手，问题是猎物；要么，人是猎物，问题是猎手。不是你消灭它，就是它消灭你。

无论从事什么职业，都应该精通它。让这句话成为你的座右铭吧！下决心掌握自己职业领域内的所有问题，使自己变得比他人更精通。如果你是工作方面的行家，精通自己的全部业务，就能赢得良好的声誉，也就拥有了一种潜在的成功秘密武器。

事实上，之所以会出现各种各样的“问题”，主要还在于自身想得太多，而做得太少，愿望太大，而促使愿望实现的行动太少。我们都愿意成为“一个领域的专家”，那么，怎样才能修炼成功呢？

首先，我们要将问题消灭在萌芽状态，而不是任其发展到不可收拾的状态才仓促应对。这就需要我们进行长期积累和总结，每天进步一点，每周进行总结，根据现象，通过自己的分析，得出判断，再用自己的判断和真实的状况比，发现差异，寻找原因，不断修正和深入。

一位剑道大师有3个儿子，都跟他学习剑道。一天，大师想测试一下3个儿子对剑道掌握的程度，就在自己房间门帘上放置了一个小枕头，只要有人进门时稍微碰动门帘，枕头就会正好落在这个人头上。

他先叫大儿子进来。大儿子走近房门的时候，发现了枕头，于是将之取下，进门之后又放回原处。二儿子接着进来，他碰到了门帘，当他看到枕头落下时，便用手抓住，然后又轻轻放回原处。最后，三儿子急匆匆跑了进来，当他发现枕头向他坠来时，情急之下，竟然挥剑砍去，在枕头将要落地之时，将其斩为两截。

大师对大儿子说道：“你已经完全掌握了剑道。”并给了他一把剑。然后他对二儿子说道：“你还要苦练才行。”最后，他把三儿子狠狠责骂了一通，认为他这样做是家族的耻辱。

大师凭什么原则给三个孩子不同的评价呢？其中的一点，就是对问题的觉察。大儿子能够以最敏锐的思维觉察到问题，并且将问题消灭在萌芽状态；二儿子发现问题较晚，但当问题发生时，处理得当；三儿子根本没有发现问题，当问题出现时，便采取极端的应急方式进行处理，结果把不应该砍断的枕头砍断了——自己制造了新的问题。而一个优秀的人，应能在第一时间察觉问题，并进行妥善处理。

其次，做一个领域的专家，还要学会提出问题，爱因斯坦说：“提出问题比解决问题更重要，因为解决一个问题也许只是数学上的或试验上的技能而已。而提出一个新的问题、新的可能性，从新的角度去看旧的问题，却需要有创造性的想象力，标志着科学的真正进步。”

优秀的人总能主动去发现问题，并且具有一种责无旁贷的责任感——只要发现了问题，这就是我的问题！不管前面是否有权威人士，是否有比自己更有学识和能力的人，我就是解决这一问题的最佳人选。这种方式使他们永远具有一种天生的优势。即使在开始时没有知识等方面的优势，但最后能出成果的，必然是他们。

做一个领域的专家，我们可以从 5 个方面去“要问题”：

第一，向“关键点”要问题。关键点往往决定全局，因此，我们要重视：哪些点、哪些环节、哪些岗位、哪些人、哪些时间是关键的？关键点抓准了就能够纲举目张。

第二，向“薄弱点”要问题。一个链条有 10 个链环，其中 9 个链环都能承受 100 公斤拉力，唯独一个链环的承受拉力只有 10 公斤，那么这个链条总体能承受的拉力就只能是 10 公斤，这取决于最薄弱的那个环节。

第三，向“盲点”要问题。盲点就是你疏忽而看不到的地方。向盲点要问题，就是要到我们容易忽视的点、岗位、部门、工序、人员、时间等上面，去发现问题，或去防止问题的发生。

第四，向“奇异点”要问题。奇异点，是异乎寻常的点。异常现象可以提供新的机遇，或者引发创新，带来变革；

第五，向“结合点”要问题。上下级之间、前后工序之间、甲乙方之间、单位与外部环境之间、计划的两个环节之间等，都属于两个事物的连接部位，即结合点。结合点是最容易出现问题的，为什么？因为结合点部位是信息的集散地，是矛盾的集中地。

发现问题，并全力以赴地解决问题，最终，问题一定会被你掳获，成为你的猎物。这是我们每一个人都需要坚持的做事原则，而你，也可以成为名副其实的一个领域的专家。

当自己成长为沙滩上的珍珠，便会轻易被人捡起。让自己成为专家，让自己变为不可或缺的，便能真正体现自己的价值。

从信息中寻找赚钱机遇

《塔木德》中说，即使是风，嗅一嗅它的味道，你就可以知道它的来历。在如今这个信息化的社会，一切东西都可以用信息来代替和表示。信息是这个时代的最大财富，拥有了信息就等于拥有了财富。信息满天下，专寻有心人。

一个有着聪明头脑的人，一定会对周围出现的有用信息非常敏感，只要善加利用，就一定能获得成功。如果你想改变现状，必须多多培养自己，搜集和辨别信息的能力，善于利用你周围的信息，成功的机会不会离你太远。

洛克菲勒知道信息的重要性，并很早就开始利用信息赚钱了。他曾说："一条有价值的信息，一个准确的情报，会使一大笔生意成功。"

1858 年是洛克菲勒开始工作的第三年，在那三年里，洛克菲勒的工作井井有条，他的勤劳和头脑令老板赞叹不已。在那一年他无意中听到从国外来的客商谈论英国发生饥荒的事情，就是这样一个消息令洛克菲勒激动不已。他翻看了近期的很多关于英国的报纸，通过分析，他判断英国在不久之后将发生大饥荒，这对很多人来说是个不幸的消息，可洛克菲勒从这个消息中嗅出了巨大的商机。

于是，在洛克菲勒的主张之下，公司购买了大量的小麦、面粉、甚至还有火腿、食盐等。不久之后，英国果然发生了饥荒，公司的货物销往外国，从而赚取了大量的利润。因为这件事情，很多人对年仅 19 岁的洛克菲勒刮目相看。

值得一提的是，洛克菲勒非常关注着外界的一举一动，看报是他每天必须做的一件事情，多年以来，看报他已经养成了看报的习惯。不论生意多么繁忙，他每天早上都会翻阅秘书送来的各类报刊。洛克菲勒的贸易依赖于市场信息，来自全国各地的电报汇聚到他的办公室，这里也就变成了解各种信息的俱乐部。

在当今的信息时代，谁掌握了信息，谁就掌握了商机。我们都听过"井底之蛙"的故事，故事中的青蛙由于不了解外面的信息，便以为世界只有"井口那么大"，从而不愿跳出井口，寻找另外的生活，最终落得个被渴死的下场。

不懂得掌握信息优势的创业者就如同“坐井观天”的青蛙，最终只能走向末路。而看得到井外面更广阔天空的创业者，有了信息，行动就不会盲目，才能够以更客观的视角来面对市场，更好地应对激烈的市场竞争。这一点不仅在投资领域成立，在商业争斗、人际往来中都一样有效。

信息是有价的，从信息里赚钱首先要从信息里发现商机，抓在别人之前抓住信息，你就比别人先抓住了商机，进而抢先抓住财富。

我们来看一下美国政治家和哲人的伯纳德·巴鲁克赚钱的故事。

巴鲁克是靠那种对信息的敏感，而一夜之间发了大财。

1898年的一天晚上，他正和父母一起待在家里聊天，突然广播里传来消息，西班牙船队在圣地亚哥被美国海军消灭，听后，父母继续聊天，但是布鲁克的心情却再也难以平静。他知道，西班牙船队的覆灭意味着美西战争即将结束。

那天正好是星期天，第二天是星期一，在当时美国的证券交易所在星期一都是关门的，但伦敦交易所则照常营业。巴鲁克立刻意识到，如果他能在黎明前赶回自己的办公室，就有可能发一笔大财。

在那个年代，汽车还没有出现，而火车在夜间是不运行的。巴鲁克急中生智，他赶到火车站，租了一列专车。他终于在黎明前赶到了自己的办公室，在其他投资者尚未“醒”来之前，做成了几笔大交易。就这样，巴鲁克一举成功了。

成功的秘诀，在于随时随地把握时机。有了宝贵的信息，得到了好的主意，还需要有切实可行的措施，才能使愿望变成现实，把信息变为金钱，否则一切都只是空想。

经营者获取市场信息，制定经营策略，为的是把握机会。所谓机会是指一时一地出现的某种特殊条件，它带有一定的偶然性，往往稍纵即逝。精明的人，一旦顺手“牵”着机会，就会以最快的速度利用它。正是快一步天高地阔，慢一着满盘皆输。

靠信息发财，是办实业做买卖必不可少的法宝，没有信息，经营者就像盲人，面对四通八达的交叉路口不知如何起步。

不仅是经营者，生活中许多人缺乏信息意识，不做调查，仅凭主观愿望就盲目去做，结果导致在激烈的竞争中一败涂地；而有些人尽管重视信息，但常常由于不能对得来的信息做出快速决策而错失良机。成功的秘诀，就是随时随地把握时机。

提高本领，向财富靠近

虽然人人都想赚钱，个个都希望创富，并且许多人也想了办法，尽了努力，但真正赚了钱的却总是极少数，大多数人还是两手空空、囊中羞涩。为什么辛勤耕耘却毫无收获？难道真的是“生死有命、富贵在天”？不！导致这个社会有人富、有人穷的一个重要原因，在于创富素质的高低、赚钱本领的大小。

赚钱是一门学问，创富更是一种艺术。要想在商界有所收获，你必须首先具备商界中人最基本的素质，掌握赚钱创富最起码的本领，否则的话，你很难达到创富的目的。有人不服气，说我并不比那些创富者笨，不比那些创富者懒，甚至我比他们更有文化、更有水平，为什么就赚不到钱呢？把文化水平等同于赚钱的本领，这是许多人认识上的误区，实际上这是两个并不相同的概念。许多人学历不高、文化不多，却能成为巨富，这是因为他们有赚钱的素质；有的人学富五车、才高八斗，却偏偏穷困潦倒，这是因为他们没有赚钱的本领。

有的人做生意亏本，办企业破产，很大一部分原因就是他们缺乏这种创富的素质和赚钱的本领。所谓素质，是一个人本质的、内在的东西，指人平日的修养，既包括先天性的特征，又包括通过后天的学习、积累所具备的思想和认识水平。所谓本领，是一个人在某一方面所拥有的能力，是从事某项事业的技能。创业者自身素质的高低和赚钱本领的大小，是决定其成败得失的关键。

创富学者研究表明，知足的人、保守的人、怯懦的人、懒惰的人、孤僻的人、自以为是的人、狭隘的人、有一点成绩就忘乎所以的人、狂妄的人、消极的人、容易轻信别人的人、容易冲动的人、多疑的人，往往也是缺乏赚钱本领的人。商人之始祖白圭说过，一个人如果智谋不足以权变，勇敢不足以决断，仁爱不能够取舍自如，强硬不能够坚守不移，就不可能成为一个真正的商人。这是对赚钱本领最精辟的见解。

曾经有人问过美国汽车大王福特：“假如您失去了现在所有的财产会怎么样呢？能再赚回来吗？”福特一笑，回答道：“再给我 5 年的时间，我就能把它们重新赚回来。”这不是福特吹牛皮、说大话，会赚钱的人在哪里都能赚到钱，而不会赚钱的人你给他钱也不见得能够守住。一位创富学者甚至断言，假使把目前占世界人口 10% 的富豪所拥有的钱全部分给目前占世界人口 10% 的最低收入者，不出三五年，这些钱又会回到这些富豪们的口袋里去。

显然，这种说法有点夸张，但是，赚钱本领有高低，却是不争的事实。不过，赚钱本领并不完全是天生的，而是可以通过学习提高，可以通过实践培养的。

有人说江山易改，本性难移，那是错误的。实际上，只要我们有恒心、有毅力，肯学习、善思考，就完全可以提高赚钱的素质，培养赚钱的本领。

列一份学习计划书

在竞争的社会中，失败的人永远是那些不会充实自己，不懂得成长的人。没有谁生下来就能成功，即使再聪明的人也需要学习别人的长处来弥补自己的不足。

人的成长过程，就是一个不断发展自我，充实自我的过程。要想不断地成熟，要想不断地超越自我，你就需要取长补短充实自己，让自己变得轻松的竞争法则就是获得更多的知识。

歌德说："人不是生来就拥有一切的，人是靠从学习中所得到的一切来造就自己的。"如果没有强大的知识储备，就难以获得成功。凡是想要实现伟大目标，就必须不断学习。

在犹太教中，勤奋好学不但仅次于敬神，而且也是敬神的一部分。

犹太人对于知识问题，有一个相当实际的认识：知识就是财富。有这么一个典故，来说明犹太人对知识的理解：

有一次，一艘大船出海航行，船上的旅客尽是些大富翁，唯有一个人例外，他就是拉比。富翁们闲着没事，就互相炫耀自己所拥有的巨额财富。正当他们彼此之间争论得不可开交之时，那位拉比却说："我觉得还是我最富有，只是现在我的财富不能拿给你们看。"

半途中，海盗袭击了这艘船，富翁们的金银财宝等全被抢掠一空。

海盗们离去后，这艘船好不容易抵达了一个港口，但已没有资金继续航行了。

下船后，这位拉比因其丰富的学识和高尚的人格，立刻受到居民的器重，被请到学校里去教导学生。过了一段时间，这位拉比偶然遇上那些曾经同船旅行的富翁们。如今，他们都已陷入朝不保夕的凄凉境地。

富翁们深有体会地对拉比说："你以前讲得一点不错，一个有学问的人，等于什么都拥有。"

从这则故事中，犹太人得出的结论是：由于知识可以不被抢夺且可以随身带走，所以教育是最重要的。犹太人的这个结论，十分直观、实际。在当今世界，知识就是财富，受教育程度同收入的关系是非常明显的。掌握一门本领，扩充自己的知识面，找到自己的弱点，让自己变得越来越强。知识就是力量，在任何时代，任何时候都不会改变。

需要提醒的是，我们必须头脑清醒，知道自己应该学习和补充什么。睿智的人，能够看清自己的短板，不断查漏补缺。

现在社会上各种培训班琳琅满目，让人目不暇接，究竟选择什么样的技能充电，能让自己的知识构架体系更加完备呢？这就得看你自己未来的发展中你自身的短板在什么地方了。

以下就是一份学习计划书，你不妨参考一下：

1. 做好自我评估

自我评估的目的，是为了认识自己、了解自己。只有认识了自己，才能对自己的学习目标做出正确的选择，才能选定适合自己的学习路线，才能为以后的职业生涯目标做出最佳抉择。自我评估应包括自己的兴趣、特长、学识、性格、技能、智商、思维方式和方法、道德水准，等等。通过对自己的经历及经验的分析，找出自己的专业特长与兴趣，这是学习生涯规划的第一步。

2. 充分认识和了解外在环境

包括工作与教育的权利、工作的机会、政治环境、经济环境、社会环境、文化环境的认识与探索等。

3. 确定志向和目标

在制定学习生涯规划时，首先要确定志向，这是学习生涯规划中最重要的一点。目标的设定要以自己的最佳才能、最优性格、最大兴趣、最有利的环境等信息为依据。

4. 选择未来职业路线的发展方向

应该问自己，未来的职业向哪一路线发展；是向行政管理路线发展，是向专业技术路线发展；还是先走技术路线，再转向行政管理路线。由于发展路线不同，对职业发展的要求也不相同，所以一定的支持系统是必要的。因此，在职业生涯规划中，必须做出抉择，以便使自己的学习、工作以及各种行动都沿着职业生涯路线或预定的方向前进。通常，学习生涯路线的选择包括：哪一路线能让自己发展，以及能往哪一路线发展。

5. 付诸行动

在确定了学习生涯规划后，行动便成了关键的环节。没有行动，目标就难以实现，也就谈不上终身学习。这里所指的行动，是指落实目标的具体措施。例如，为达到目标，在工作方面，应当采取什么措施在提高工作效率的前提下达到学习的目的；在业务素质方面，应计划好该学习哪些知识，掌握哪些技能，以提高自己在工作方面的业务能力；在潜能开发方面，采取什么措施开发个人潜能，等等，都要有具体的计划与明确的措施。并且，这些计划要明晰具体，以便于检查。

6. 评估与修订学习生涯规划

影响规划的因素有很多。有的变化因素是可以预测的，而有的变化因素难以预测。在此情况下，要使学习生涯规划行之有效，就必须不断地对其进行评估与修订。修订的内容包括：学习内容的重新选择，学习生涯路线的选择，人生目标的修正，实施措施与计划的变更，等等。

当然，计划的制定因人而异，你可以根据自己的情况稍作调整；而计划制定的最终目的是为了执行，所以，你以后的行动就更为重要了。

不懂的时候“查一查”

每个人都要注意学习，因为一个人的知识面再广，也肯定有他不了解的东西。而在信息爆炸的今天，海量的信息无时无刻不在冲击着我们，我们不懂不会的东西实在太多了。如果完全需要你自己来探索，那毫无疑问的是，你从此就埋葬在了信息的海洋里。

彼得的外祖父十分疼爱彼得，当外祖父陪彼得做拉丁文功课时，他们会一同翻书查找不认识的单词，在这种偶尔协作的瞬间，彼得体验到了亲情的美好。彼得认为，教育的终极目标是为了满足好奇心。因此，父母能为孩子做得最好的事，就是不断地激发他们的好奇心。

许多成功人士的家庭的常用做法就是广泛讨论各种问题，并经常提议“查一下”，当孩子们存有疑问时，当某一讨论或学校功课需要更多信息时，家长们就让孩子们就会求助于家里的《世界百科全书》或多年累积下来的《国家地理》杂志。

书本绝对是我们最好的朋友之一，因为那些知识都是前人已经总结出来的经验，这个时候，你通过阅读书籍就可以掌握知识了，而不用自己再来摸索。牛顿曾经说过，我之所以看得比别人远，是因为我站在了巨人的肩膀上。所以我们也要善于站在巨人的肩膀上，前人已经总结了几千年的经验，而你只需要花上几年时间就可以让它们变成你自己的。

古希腊的著名哲学家苏格拉底，每当别人赞叹他学习渊博，智慧超群的时候，他总是谦虚地说："我唯一知道的就是我自己的无知。"爱因斯坦说过："人们解决世上所有的问题，是用大脑、能力和智慧，而智慧则来源于日常知识的积累。"一个知识贫瘠的人，是不会主动开启智慧的大门，寻求成功之路的，就好像一只坐井观天的青蛙。

有一只青蛙长年住在一口枯井里。它对自己生活的小天地满意极了，一有机会就要当众吹嘘一番。

有一天，它吃饱了饭，蹲在井栏上正闲得无聊，忽然看见不远处有一只大海鳖在散步。青蛙赶紧扯开嗓门喊了起来："喂，海鳖兄，请过来，快请过来！"海鳖爬到枯井旁边。青蛙立刻打开了话匣子："今天算你运气了，我让你开开眼界，参观一下我的居室。那简直是一座天堂。你大概从来也没有见过这样宽敞的住所吧？"海鳖探头往井里瞅瞅，只见浅浅的井底积了一汪长满绿苔的泥水，还闻到一股扑鼻的臭味。海鳖皱了皱眉头，赶紧缩回了脑袋。青蛙根本没有注意海鳖的表情，挺着大肚子继续吹嘘："住在这儿，我舒服极了！傍晚可以跳到井栏上乘凉；深夜可以钻到井壁的窟窿里睡觉；泡在水里，让水浸着两腋，托住面颊，可以游泳；跳到泥里，让泥盖没脚背，埋住四足，可以打滚。那些跟头虫、螃蟹、蝌蚪什么的，哪一个能比得上我呢！"

青蛙唾沫星儿四溅，越说越得意："瞧，这一坑水，这一口井，都属我一个人所有，我爱怎么样就怎么样。这样的乐趣可以算到顶了吧。海鳖兄，你不想进去观光观光吗？"海鳖感到盛情难却，便爬向井口，可是左腿还没能全部伸进去，右腿的膝盖就被井栏卡住了。海鳖慢慢地退了回来，问青蛙："你听说过大海没有？"青蛙摇摇头。海鳖说："大海水天茫茫，无边无际。用千里不能形容它的辽阔，用万丈不能表明它的深度。传说四千多年以前，十年九涝，海水没有加深；三千多年以前，八年七旱，海水也不见减少。海是这样大，以至时间的长短、旱涝的变化都不能使它的水量发生明显的变化。青蛙弟，我就生活在大海中。你看，比起你这一眼枯井、一坑浅水来，哪个天地更开阔，哪个乐趣更大呢？"青蛙听傻了，鼓着眼睛，半天合不拢嘴。

世界无限广阔，知识永无穷尽。如果把自己看到的一个角落当作整个世界，把自己知道的一点点知识看作人类文化的总和，那就会跟枯井里的青蛙一样，成为孤陋寡闻、夜郎自大和安于现状的可恶角色。当今世界科技发达、瞬息万变，拘泥于单一的环境、安于现状的人难成大事。只有放开眼光，不断去汲取新知的人，才有可能构筑和实现他人无法企及的梦想。

人生短短岁月，在历史面前只如白驹过隙。就算一个人不停地学习，他能掌握的知识也是极其有限的，学无止境，千万不可骄傲自大，必须谦虚谨慎，利用手头的工具不断充实自己。正因为如此，我们可以看到不少人工作以后依然充电继续学习。

如果有人说自己的水平已经足够了，不需要再继续学习了，这其实是他走下坡路的开始，只有不断学习，利用各种条件来提升自己的水平，我们才能不断进步。

在与人交流中碰撞出智慧

智慧与智慧交换，能得到更多、更有效的智慧，与他人交换想法，你会从中获得意想不到的启发，这也是有效利用发散思维的一种表现。

一位发明家曾经讲过这样一个故事：

有一家工厂的冲床因为操作不慎经常发生事故，以至于多名操作工手指致残。技术人员设计了许多方案，为了解决这一问题，就是要让冲床在操作工的手接近冲头时自动停车。他们先后采用红外线超声波、电磁波构成的许多复杂的检测控制系统，都因为成本高或性能不可靠等原因而放弃了。

正当技术人员一筹莫展时，他想到了交流，便带着自己的想法和工人们一块儿讨论，大家七嘴八舌，你一个点子，我一个想法，围绕避免事故这一中心，大家的建议就像放射性的线一样，射向四面八方，每一条线就是一种不同的方法。讨论了半天，最终确定了一个方案：让工人坐在椅子上操作，在椅子两边扶手上各装一个开关，只有它们同时接通时，冲床才能启动。

操作工两手都在按开关，怎么会发生事故呢？这样一来，交换一下想法，在发散性的建议中得出最佳的方案，原本看似复杂的问题也得到了有效的解决。

当代科学研究，不仅要充分挖掘个人智慧，而且还要积极倡导一种团队智慧，各学科、各门类的人才坐在一起，实行智慧的大融合、大交流、大碰撞，才能实现团队智慧成果的最优化。美国的硅谷聚集了那么多高科技企业，那么多科技精英，大家“扎堆”的目的就是近距离地搭建一个交流平台，在信息大融合中，实现信息共享、智慧共享。

许多人都知道库仑定律。据说库仑早年是巴黎的一位中学教师，对电荷之间的相互作用力很感兴趣，想找出它们的规律，但苦于无法测量这种微小的力。法国大革命时期，库仑为求安宁去乡下暂住，对农家的纺车又发生了兴趣，看着用棉花纺的细细的纱线，觉得妙不可言。他随手抽断一根刚纺成的纱线，拿到眼前细看，注意到纱的接头总是向相反的方向卷曲，拧得越紧，反卷的圈数就越多。库仑便和纺纱的农妇交谈起来。

一位科学家和一位农妇的交谈随即引发了一个划时代的发现。

与农妇的交谈使库仑的思维更加发散，针对纱线卷曲的问题，库仑进行了许多方面的设想。最后，他终于意识到，根据纱线卷曲的程度可以度量扭力的大小，可以用同样的原理来测量电荷之间的作用力。不久库仑回到巴黎，做出了一支利用细丝扭转角度测量力矩的极为灵敏的秤，精确测量了电荷的相互作用力与距离的电量的关系，发现了成为电学重要基础的库仑定律。

科学家与普通人之间的差别，比人们想象的要小得多，两者的交流，只有行业和性质的差别。事实证明，不同行业的交流具有极大的互补性，促使思维可以向更多的方向发散，得到更多的创见，以利于问题的解决。

每个人都需要与他人进行交流，一个人自锁书城，两豆塞耳，必然孤陋寡闻，难以超越。你有一个水果，我有一个水果，交换后仍旧是一人一个。但是人的想法却不是如此，你有一个想法，我有一个想法，交换后每人至少有两个想法，由此还会衍生出许许多多其他的想法。这也是启发发散思维的好方法。

现在我们常说的“头脑风暴”方法就是大家在一起就一个问题各抒己见，思想碰撞的一种方法。当一群人围绕一个特定的兴趣领域产生新观点的时候，这种情境就叫作“头脑风暴”。由于会议使用了没有拘束的规则，人们就能够更自由地思考，进入思想的新区域，从而围绕一个中心点发散性地产生很多的新观点和问题解决方法。当参加者有了新观点和想法时，他们就大声说出来，然后在他人提出的观点之上建立新观点。所有的观点被记录下但不进行评估，只有头脑风暴会议结束的时候，才对这些观点和想法进行评估。

那么你就清楚了，头脑风暴会帮助你提出新的观点。你不但可以提出新观点，而且你将只需付出很少的努力。头脑风暴是个尝试——检测的过程。头脑风暴中应用什么技巧取决于你欲达到的目的。你可以应用它们来解决工作中的问题，也可以应用它们来发展你的个人生活。

如果你遵循头脑风暴的规则，那么你的个人风格无论是什么样，头脑风暴也会奏效。很自然，某些技巧和环境对一些人更适合，但是头脑风暴足够柔性化，能够适合每个人。

第十二章

时间是最昂贵的稀有商品

做一个珍惜时间的人

人的一生是一个不间断的过程，如果把人有限的一生比作一个线段的话，那么它是以时间为刻度表现出来的。按照物理上来说，人人每天皆有 24 小时的光阴。有人一事无成，也有人极其自然地完成众多工作。把握人生，必先把握时间。那么如何利用时间这种资源呢？

首先要把时间看成可运用的东西。扣掉睡眠和用餐等生理时间、上班时间、通勤时间之后，你或许觉得个人时间所剩无几。不过切勿断言“情况果真如此”，还请仔细反省一番。你是否在浪费光阴？譬如发呆似的守在电视机前，由于懒得关掉节目就一直观赏下去——你有没有这样的经验呢？事后只觉脑袋空空。这种情况之下，毫无疑问地您是在浪费时间。

其次，如果集中专注于某项工作的话，就可避免浪费光阴。主动活用时间是很重要的。要把时间当作完成工作、享受休闲、充实人生的重要资源妥善掌握。从“无”到“有”的观念转变乃是创造时间的积极条件。倘能扭转观念，就连那些成天叫嚷时间不够的人，也会发现 5 分钟或者 10 分钟的零碎光阴迎面而来。尽管一日当中忙里偷闲只能赚一两个钟头的时间，然而日积月累下来成果就相当可观了。

时间运用的重要原则之一就是在我们处理事物时，应按事情的轻重缓急去处理。时间问题研究专家阿兰·拉肯，在时间调度方面有很多珍贵的经验。在制定计划前，他把要处理的事情进行分类，最重要的定为 A 类，次要的定为 B 类，再次的定为 C 类；并将每天的工作也按重要程度分成三类，着力于 A 类工作，不为 C 类工作耗费过多时间。

他认为，如果长期坚持下去，有可能在半年中能干完几年的事。这位时间专家在运筹时间上，讲究科学、实效，他给自己总结了61条省时的经验，很有参照价值。现择要介绍几种：

（1）珍惜每一分钟。把所有的时间都当作有用的时间，努力从每一分钟中得到满足，但并不一定要干什么事情。尽量去喜欢自己正在干的一切事情，永远做乐观主义者，相信自己会成功。从不把时间浪费在为失败而后悔上，也从不把时间浪费在懊悔没有去做哪件事上。时时提醒自己："要干重要的事情总是会有足够的时间的。"如果认为某件事情是重要的，就想法找时间去干。先干重要的事，而且要尽量干得更机智而非干得更辛苦。特别要努力干A类事，而不是B类和C类事。对大的项目，要从收益最大的部分开始，而后会常常发现没有必要再做其余的部分。要使自己有足够的时间投身于重要的工作。

（2）每月修订一次自己的人生目标。每天重温自己制定的目标，并用每天的行动去接近这个目标。在办公室里应放上自己对人生目标的陈述，借此提醒自己。即使是在干一件最小的事，心中也不忘那个长期的目标。在每天早晨就进行计划，安排好一天工作的轻重缓急。每天都有一张当天要做哪些事的清单，并将它们按重要程度排列，然后尽可能一有时间就去干最重要的工作。在每月事先安排的工作计划中，应使自己除了能为"烫手"的项目留出额外的时间外，还能使工作有所变化并保持平衡。养成好习惯，按着"任务清单"的顺序干，绝不跳过困难的工作。为自己定下工作的最后期限。

（3）每天都努力找出一种新的节约时间的方法。读书用跳读的方法，搜索书中的要点。口袋里放上些卡片，以便随时作些简短的笔记和记录下头脑中的一些想法。养成长时间地聚精会神地干一件事情的能力，在同一时间内只集中精力干一件事。将精力集中投入于具有最好的长期效益的项目。平时保持桌面的整洁，以便于工作。把最重要的文件放在桌子的正中央，使所有的物品都各得其所，这样就把找东西的时间减少到最低限度。时时地问自己："此刻，什么是我利用时间的最佳方式？"

（4）永远放弃"等候时间"。检查自己的旧习惯，看看是否有需要杜绝或加以改进的地方。如果不得不等什么，就把它当作"时间的礼物"，用它来休憩，或去做一些本来不会去做的事情。当问自己"如果我不干这件事，会发生什么可怕的事情吗？"得到的答案是否定的，就不去干。注意努力不去浪费别人的时间。当完成了重要的工作时，让自己休息一下，用做对自己的特别奖赏。

阿兰·拉肯在长期实践中总结而成的利用时间高效运行方法，可行而实用，我们每个人都能创造适合自己的提高时效的方法，充分开发时间的价值。

善用零碎时间

争取时间的唯一方法是善用时间。把零碎时间用来从事零碎的工作，从而最大限度地提高工作效率。比如在车上时，在等待时，可用于学习，用于思考，用于简短地计划下一个行动，等等。充分利用零碎时间，短期内也许没有什么明显的感觉，但经年累月，将会有惊人的成效。

“世界上真不知有多少可以建功立业的人，只因为把难得的时间轻轻放过而默默无闻。”滴水成河。用“分”来计算时间的人，比用“时”来计算时间的人，时间多59倍。可能你很重视零碎时间，但你并不一定掌握利用这些时间的方法。

按照下述方法掌握你的时间，你会发现你的工作变得更有效率了。

1. 嵌入式

即在空白的零碎时间里加进充实的内容。人们由某种活动转为另一种活动时，中间会留下一小段空白地带，如到某地出差时的乘车时间，会议开始前的片刻，找人谈话的等候时间等等。对这种零碎的空余时间应该充分加以利用，做一些有意义的事情。

1849年，恩格斯从意大利的热那亚坐船去英国。一路上，船上的旅客大多数在无聊地饮酒作乐，消磨时光。恩格斯却一直待在甲板上，不时地往本子上记录太阳的位置、风向及海潮涨落的情况。原来，他利用乘船时机正在研究航海学。

2. 并列式

即在同一时间里做两件事。例如做饭、散步、上下班的路上，都可以适当地一心两用。不少人在下厨房做饭时，仍能考虑工作问题，有的还准备好笔和纸，一边干活，一边构思，对工作有什么新的想法，马上就记录下来。

英国文学史上的著名女作家艾米莉·勃朗特在年轻的时候，除了写作小说，还要承担全家繁重的家务劳动，例如烤面包、做菜、洗衣服等。她在厨房劳动的时候，每次都随身携带铅笔和纸张，一有空隙，就立刻把脑子里涌现出来的思想写下去，然后继续做饭。

3. 压缩式

即延长自己某次活动的时间，把零碎时间压缩到最低限度，使一项活动尽快转为另一项活动，免去很长的过渡时间。

一位历史学家曾经说道："好些年总想找个比较长的完整时间写东西，可是总等不来，可以利用的时间也就轻易地滑溜过去了；如今一有时间就写，化零为整，许多零碎时间妥善地利用起来，不就是一个大整数？这笔账过去不会算，自己想想，真是蠢得可以。"

亨利·福特说："据我观察，大部分人都是在别人荒废的时间里崭露头角的。"我们每天都有许多时间在等待中度过，等车、等人、排队缴费等，认真算起来，你会发现平均每天光是用在等待上的时间就不下30分钟。而一般人以为那只是短暂的而忽略掉，于是每天把不少的片段时间白白地浪费了。

等待的时间总是难过的，尤其是赶时间的时候，一切如慢动作般进行，你会觉得世界上仿佛只有自己在焦急似的，非常难熬。如果能学会充分利用等待的时间，不仅对你知识的增加、事业的成就，而且对你良好性格和情绪的维护都有莫大益处。

世界上许多有成就的人都非常注重余暇时间的价值。

一天，生病的达尔文坐在藤椅上晒太阳，面容憔悴，精神不振。一个年轻人路过达尔文的面前，当他知道面前这位衰弱的老人就是写了著名的《物种起源》等作品的达尔文时，不禁惊异地问道："达尔文先生，您身体这样衰弱，常常生病，怎么能做出那么多事情呢？"达尔文回答说："我从来不认为半小时是微不足道的很小的一段时间。"

的确，达尔文非常珍惜时间，他曾在给苏珊·达尔文的信中说："一个会白白浪费一小时的人，就不懂得生命的价值。"

著名美国作家杰克·伦敦从来都不愿让时间白白地从他眼皮底下溜过去。睡觉前，他默念着贴在床头的小纸条；第二天早晨一觉醒来，他一边穿衣，一边读着墙上的小纸条；刮脸时，镜子上的小纸条为他提供了方便；在踱步、休息时，他可以到处找到启动创作灵感的语汇和资料。不仅在家里是这样，外出的时候，杰克·伦敦也不轻易放过闲暇的一分一秒。出门时，他早已把小纸条装在衣袋里，随时都可以掏出来看一看，想一想。

有人算过这样一笔账：如果每天临睡前挤出15分钟看书，假如一个中等水平的读者读一本一般性的书，每分钟能读300字，15分钟就能读4500字。一个月是126000字，一年的阅读量可以达到1512000字。而书籍的篇幅从60000字到100000字不等，平均起来大约75000字。每天读15分钟，一年就可以读20本书，这个数目是可观的，远远超过了世界上人均年阅读量，然而这却并不难实现。

爱因斯坦曾组织过享有盛名的“奥林比亚科学院”，每晚例会，与会者总是手捧茶杯，边饮茶，边议论，后来相继问世的各种科学创见，有不少产生于饮茶之余。现在，茶杯和茶壶已列为英国剑桥大学的一项“独特设备”，以鼓励科学家们充分利用空余时间，在饮茶时沟通学术思想，交流科技成果。

凡在事业上有所成就的人，都有一个成功的诀窍：变“闲暇”为“不闲”，也就是不偷清闲，不贪逸趣。你要想获得成功，就必须学会如何擅用零碎时间。

追求时间的最大成果

时间不是不够用，而是我们不知道如何有效利用。大家总是说，做过的事可以弥补，明天也许更好，以致忽略了时间的可贵。

富兰克林曾经说过，“时间就是金钱”。可是，若以此来衡量时间，我们会发现，昨日就像一张作废的支票，我们对其无能为力；而明天又像是一张借条，不可信赖。因此，唯一可以动用的“现金”，也就是宝贵的今天。

因此，要想正确投资，以确保未来的丰硕成果，分析、计划、行动，三个步骤缺一不可。

1. 分析

想要知道时间是如何用掉的最好方法就是：用心观察自己的日常作息，准备一本记事本，详细记录一周的活动。每一天（包括周末）都按时划分，每完成一件工作，就在记事本上写下完成事项和所花费的时间。然后，留意你自己对时间利用状况的感受：是利用妥当还是浪费了？精神是高昂或是沮丧？谁剥夺你的时间或提高了你对时间的利用效率?

一周之后，摘要记录各项活动所花的时间：打电话、写信、开会、和朋友聚会、运动、休闲、和家人相处等等活动的时间各占多少。分门别类后，这份摘要可以告诉你各项活动所花费的时间。接下来，检查你的体能周期状况：你是上午体力比较好，还是下午？如果有规律可循，可考虑在体力最好的时候，做最重要的工作。

想一想，你体力最好的时候，是串门子，还是独处？也许你喜欢一个人独自工作；也许你不喜欢孤独的滋味，所以花在电话上的时间过多。有没有什么日常琐事可以一并处理，或切割成数个部分，做更有效地处理？二者都可有效节省你的时间。有哪些事根本就不需要浪费时间来做，可不可能避免重蹈覆辙？有哪些事可以做得再快点，更有效率点？你通常花多少时间在重要与不重要的工作上呢？

把时间利用得当和利用不得当的活动区别开来。想想，该如何改变行为模式，来提高效率呢？

2. 计划

善于预算和规划时间，是时间运筹的第一步，是管理时间的重要战略，而远大目标是管理时间的先导和根据。因此，需以明确的目标为轴心，对自己的一生做出规划：长计划，短安排，将大目标分解成若干具体的目标，并预计完成目标的日期。

订计划，也包括对“预算”的检查督促。你要经常检查某一短期目标的实现情况，看其是否如期完成。

3. 行动

制定计划很容易，然而严格执行计划，则需要顽强的意志。依据计划所列的优先顺序迅速、果断、有效率地采取行动，可以把你因迟疑、拖延所带来的不快压力一扫而光。要主动控制时间，少做浪费时间的事，多做能节省时间的事。

研究表明，大约有20%的成年美国人喜欢拖拖拉拉，这给他们的工作和生活都带来了不良后果。所以，要与拖拉习气作斗争，要设法做到以下几点。

（1）定出期限。即使计划中没有时限，你也要为自己定上一个。要真有那么一个时限，那么在终期来临之际再去看看做了多少工作，你也许就会吓一跳。所以，在每一周末来临之际，你都要问问自己究竟做了多少事。

（2）砍掉枝枝节节。注意因事情停止和返工而浪费掉的时间和精力。要学会在某段时间内集中精力于某一件事，这会给你自己树立一种标准。而且，在你放下一件事情以前，你都力求把它了结，或至少提出解决的办法来，那样，你也就培养了一种很好的习惯，这种习惯会为你的将来带来很好的收益。

（3）犒劳一下自己。最好是在每次按时完成计划的时候，你都给自己一个小小奖励，比如给自己买支冰激凌雪糕，或挑个阳光明媚的日子，放自己去逛逛街……这些都属小事，但对自己的鼓励却很大。

管理时间，就像这样

迪安·阿尔福德说：“片刻的时间比一年的时间更有价值，这是无法变更的事实。时间的长短在重要性和价值上并不成正比。偶然的、意想不到的5分钟就可能影响你的一生。但谁又能预料这个重要时刻在什么时候来临呢？”

每天的时光都是造物主赐予我们的珍贵礼物，它新奇、亮丽，充满着各种美妙的机遇。岁月易逝，不要为了无用的念头就虚度年华，浪费精力；不要眼盯着时钟，企盼光阴飞逝；不要虚掷它，不要浪费它，因为你未来的财富就在今天珍贵的时间里。

许多人日复一日花费大量的时间去做一些与他们梦想不相干的事情。不要成为他们其中的一分子，让你生命中的每个日子都值得“计算”，而不要只是“计算”着过日子。

一个人真正拥有，而且极度需要的只有时间。其他的事物多多少少都部分或曾经为他人拥有。像是你呼吸的空气、在地球上占有的空间、走过的土地、拥有的财产等，都只是短时间拥有。时间如此重要，但仍有很多人随意浪费掉他们宝贵的时间。

太多人浪费80%的时间在那些只能创造出20%成功机会的人身上；雇主花费太多时间在那些最容易出状况的20%的人身上；经纪人花费太多时间在不按时参加演出工作的演员或模特儿身上；政治家花费多数时间为20%的需求、有问题或就是问题的本身的人运作议事，而那些人甚至不是当初投票给他们的选民。

玛丽·露丝在《节约时间与创意人生》一文中写道：“我的工作有一部分是市场咨询，常常要和人们讨论如何建立事业。我通常会建议他们，他们可以自由运用自己的时间，但最重要的时间应该优先留给那些帮助自己建立事业、认真想成功和愿意协助自己达到成功的人身上。”

尽可能避免不必要的电话和约会，特别在你一天中效率最高的时段。节省其他的时间，优先处理那些能帮助你达成目标和梦想的工作和约会。

美国麻省理工学院对3000名经理作了调查研究，发现凡是优秀的经理都能做到有效安排时间，使时间的浪费减少到最低限度。《有效的管理者》一书的作者德鲁克说：“认识你的时间，是每个人只要肯做就能做到的，这是一个人走向成功的有效的自由之路。”根据有关专家的研究和许多领导者的实践经验，有效安排时间的方法可以概括为下列5个方面：

（1）善于集中时间。切忌平均分配时间。要把自己有限的时间集中在处理最重要的事情上，切忌不可每样工作都抓，要有勇气并机智地拒绝不必要的事、次要的事。一件事情来了，首先要问：“这件事情值不值得做？”绝不可遇到事情就做，更不能因为反正做了事，没有偷懒，就心安理得。

（2）善于把握时机。时机是事物转折的关键时刻。抓住时机可以牵一发而动全身，以较小的代价取得较大的效果，促进事物的转化，推动事物向前发展。错过了时机，往往会使到手的成果付诸东流，造成“一着不慎，全局皆输”的严重后果。所以，成功人士必须善于审时度势，捕捉时机，把握“关节”，掌握“火候”，赢得时机。

（3）善于处理自由时间和应对时间。对于一名成功人士来说，存在着两类时间：一类是属于自己控制的时间，称作“自由时间”；另一类是属于对他人他事的反应的时间，不由自己支配，称作“应对时间”。两类时间都客观存在，都是必要的。没有“自由时间”，便完全处于被动、应付状态，不能自己支配时间。但是，要完全控制自己的时间，在客观上也是不可能的。没有“应对时间”，都想变为“自由时间”，实际上也就侵犯了别人的时间。因为个人的完全自由必然会造成他人的不自由。

（4）善于利用零散时间。时间不可能集中，往往出现很多零散时间。要珍惜并充分利用零散时间，把零散时间用来从事零碎的工作，从而最大限度地提高工作效率。

（5）善于运用会议时间。召开会议是为了沟通信息、讨论问题、安排工作、协调意见、做出决定。会议时间运用得好，可以提高工作效率，节约大家的时间；运用得不好，反而会降低工作效率，浪费大家的时间。

克服工作中的拖拉心理

大多数人都会在某个方面拖拖拉拉。有些人事事都是如此。拖拉是内在矛盾的外在表现，当我们决定做某件事的时候，我们的另一部分却在阻止我们。

对于人们拖拖拉拉的毛病，究其原因，分析如下：

（1）觉得不知所措：通常发生在信息量太大、细节太纷繁复杂的时候。

（2）过多地估计了所需的时间：认为这项工作太费时间，一辈子都做不完。这种想法的另一种表现是认为自己总在完成某件事情。

（3）宁愿去做别的事情：别的任何事情总好像比手头的事重要。

（4）觉得只要拖下去，一切自然会过去：工作会被取消，约会会被推延，等等。

（5）想做得完美无缺：这些人害怕上交报告，害怕完成工作，因为他们担心在审查中不被通过。他们拖到最后一刻，这样即使检查不合格，他们也会说："嗨！如果时间充裕的话，我会做得很好的。"

（6）不想承担责任：这样即使他们完不成任务，也没人要他们负责。

（7）害怕成功：如果他们成功了，他们能否永远保持那种状态？他们成功以后和别人怎么相处？

（8）声称自己喜欢最后的冲刺：这些人通常认为在"压力下"工作做得最好。但他们却没有想过，正当他们想全力以赴投入工作的时候，却又有其他意外之事，那该怎么办？

许多人虽然知道自己做事有拖拉的毛病，但却始终找不到自己拖拉的原因，以至于拖拉的毛病最终得不到完全的根治。首先，你要搞清楚一般是什么情况使你拖拉。

考虑一下如下几个问题：

（1）一般在什么情况下，你会拖拉？

（2）为什么不能克服？

（3）你得为拖拉付出什么代价？

（4）你拖延了很长时间以后，是什么使你又去做的？（期限到了？有报酬？还是外部的压力？

当你发现你在某些特别的事情上拖拉的时候，想想以下几点：

（1）这样的情况会给你带来什么样的矛盾冲突？你在回避什么？

（2）如果你耽搁了，会有什么样的后果？

（3）如果问题就是何时去做（你也确实没有可能不去做）的话，问一问你自己是否真的想为拖延付出代价？

在现代社会背景下，拖拉带给人们的危害主要表现为以下3个方面：

（1）让我们错过很多重要的机会。在现代社会，一切都处于快速变化之中，大量的信息每天都在高速而无序地流动着，我们每天都可能有很多机会改变自己的命运。可是由于拖拉成性，很多人都已经步入中年，却始终没有迈出那“改变命运的一步”。只要回忆一下自己曾经的梦想，我们就会发现，真正阻碍自己实现梦想的，其实就是我们自己，或者更确切地说，是我们凡事总爱拖拉的习惯。

（2）耽误重要工作的最后期限。我们知道，每个人的每件工作都是有一定的时间限制的——只不过有些工作的时间限制不是那么严格，而有些工作的时间限制比较严格罢了。这也就意味着，我们对任何工作都不可能无限期地拖延下去。在很多情况下，由于行动的节奏不够快，导致工作没有完成，造成时间上的延误，从而会出现浪费很多工作、甚至功亏一篑的结果。

（3）影响工作质量。很多人也知道自己的工作非常重要，必须保证质量，而且一定要及时完成，可他们还是总要到最后时刻才想起要抓紧时间。可由于已经拖拉太久，有时可能只来得及完成一部分，有时即便完成了，也根本没时间去进行最后的检查，只好匆匆忙忙把工作传递到下一个环节，结果可想而知。所以，对于那些已经踏入工作岗位的人来说，拖拉会使得他们的工作结果漏洞百出，从而很可能会影响到工作运作的效率和盈利能力。

那么，如何克服我们的拖拉心理呢？

1. 确立紧迫感

你没有紧迫感。在你的内心深处，你缺乏一种“只许成功，不许失败”的斗志。你无法强迫自己把全部精力集中到自己当前的工作上，所以很多问题都会接踵而至：效率低下，工作拖拉，质量不合格，精力不集中……虽然过高的压力会让人濒临崩溃，但适当的良性压力却可以有效促进工作效率的提高。

2. 练习倒计时

倒计时是最直接的建立紧迫感的方式。美国著名管理学家、组织行为学的创始人保罗·赫塞曾经这样评价一个人的行为动机：“在很大程度上是向着终点去的！”他相信，要想使组织当中的个人在工作的时候确立充分的紧迫感，管理者就必须先给员工准备一个紧绷的弹簧，随着截止日期的临近，这根弹簧会越绷越紧，直到最后任务完成。

具体的练习方法如下：

（1）为自己确定一项要在接下来一个小时内完成的工作。想想看，你有哪些工作需要在接下来的一个小时内完成，把这项工作具体写下来，包括要完成的工作内容、具体要求以及衡量标准。

（2）找一个带有秒表的时钟。最好它能够发出声音，并且每隔15分钟左右就能够提醒你一次：“时间已经不多了。”

（3）做好所有的前期准备工作。包括你完成该项工作所需要准备的各种材料和信息，暂时把电话设成语音留言，把你的手机调成振动。

（4）静下心来。深呼吸几次，让自己彻底平静下来。记住，倒计时最重要的目的在于让你学会感受到紧迫感，而不是给你带来压力，让你变得精神紧张。

（5）马上动手。在这个问题上千万不要拖拉，当你把所有的准备工作都完成之后，要立即开始，千万不要在按下时钟这个问题上拖拖拉拉。

（6）开始工作。在接下来的一个小时里，你要学会让自己保持紧张（当然，这只是在练习阶段），让自己感觉像是在考场里接受考试一样，学会对自己说：“监考老师就要过来收卷子了，我时间不多了。”

（7）好了，时间到。对照刚才列出的工作表检查一下，看看你是否完成了自己预定的计划，工作完成情况是否符合预定的衡量标准，然后给自己的成绩打分。

（8）不断重复，直至养成习惯。要想真正养成一种集中精力的习惯，你就必须不断地进行重复，并且在这个过程当中始终注意不要让自己以前的老毛病重犯。要知道，在培养新习惯的过程当中的最大的敌人就是以前的旧习惯，一定要克服它。

3. 把截止日期提前

从心理的角度来说，“将截止日期提前”的意义在于它可以极大地提高一个人心理上的紧迫感。大多数人都倾向于首先完成那些比较紧迫的任务。当然，理论上来说，“首先完成最重要的任务”似乎是更为合理的选择。所以当你向团队的某位成员交代一项任务的时候，如果你能够有意识地把截止日期稍微提前一些，这样就可以有效地增强对方心理上的紧迫感，从而提高其工作效率。

好莱坞传媒大亨巴瑞·迪勒曾经被其手下的员工称为“吸血鬼”，以其善于督促员工而闻名一时。在担任派拉蒙影业公司总裁期间，巴瑞·迪勒留给人们印象最为深刻的一句话就是：“抓紧时间，忘记上映日期吧，我们的工作就是要尽可能地完成手上的工作。”

如果你觉得自己是一个经常拖拉的人，我建议你也可以尝试一下把截止日期提前这种方法。比如说，你可以把自己完成某项作业的时间提前，或者是在有限的时间里为自己安排更多（超出了必要的工作量）工作，从而达到增强紧迫感的目的。

绝不浪费时间

没有人可以说爱丽诺·罗斯福总统夫人是个懒人。演讲、写作，在各国之间为友谊而努力——她每天的活动排满了整张行程表，但大部分比她年轻一半的女人也难以胜任这种繁忙。

当我在纽约访问罗斯福夫人的时候，她接着就要去另外一个城市，去参加一个民主党的集会。我曾问她，如何能够安排好完成这么多事情。她的回答很简单，也很容易理解：“我绝不浪费时间。”她告诉我，她在报上发表的许多专栏，都是在约会和会议之间的空当完成的。她工作到深夜，清晨就起床。

我们大家和罗斯福夫人一样，都有 24 个小时。我们的 24 个小时是怎么过的呢？我们“没有时间”去念一些好书、参加自修课程、出席家长与教师的联谊会、带小孩子到动物园，或是做许多我们喜欢做的、或应该做的快乐和有益的事情。

保罗·柏派诺博士，在《如何创造婚姻生活》一书中说道：“家庭主妇大都觉得家事占去太多时间。这种看法值得详细地检讨一下。如果任何一位女人愿意把她一星期内的时间详记下来，结果可能会使她大吃一惊。”

在纽约市社会研究学校里，开了一门叫作人际关系的研究课程。这个课程的教师是一名成功的职业妇女和教育家爱丽丝·来斯·库克小姐。课程开始的时候，每个学生要做出他们一星期内时间和工作的记录表。

“当学生们在记录表上看到了，”库克小姐说，“他们浪费了多少时间来打毫无目的的电话，或是跑一次杂货店可以买完的东西却要分成两次买，通常他们就会大吃一惊，而开始计划更有效率的日常生活。”

“当我做好自己的时间和工作记录表以后，”库克小姐接着说，“我很清楚地发现，我必须停止看这么多侦探小说。并不是每个人都应该停止看侦探小说。但是，事情很明显，我无法既做完所有我计划的事情，又欣赏太多的侦探小说。”

为此，可能有人会问：“至于每天浪费的时间：等待某人打电话、等候公共汽车、乘地下火车、在美容院里坐在吹风机下等着，难道我们不能好好使用这些时间？”

有些人懂得利用这些时间。

已故的哈尔兰·F. 史东，是全美最高法院的首席法官，有一次他告诉一个大学毕业班同学说：“这世界上的许多重要事情是使用15分钟的工夫来完成的，这段时间通常都被人们浪费掉。”

“万事通”专家约翰·基尔南，是个著名的地下火车乘客。看到他坐在地下火车里专心地看着济慈的诗集，或是一篇有关鸟类生态的论文，这都是很平常的事。

西奥多·罗斯福当总统的时候，他的桌上总摊着一本书，所以，他能够在两次约会之间的两分钟到三分钟的空当里念书。另外小塞尔德·罗斯福曾经说过，他父亲的卧室里有一本诗集，所以他能够在穿衣服的时候背下一首诗。可见罗斯福总统在节省时间方面做得是多么出色！

可是，我们之中许多人经常哭诉着说：“没有时间念书。”

你很容易计算出你自己所“浪费”的时间是什么，好好利用这些时间吧！你不是一直想要学习一种外文？改善你的外表？写作、唱歌、画画、游玩？不要说你没有时间。学学那些有作为的人的做法——使用那些繁忙的预定计划表里出现的空当。

有一本畅销书，书名叫《一打比较便宜》，这是福南克·吉尔布雷斯家庭的故事。

已故的福南克·吉尔布雷斯是个工程师，他是动力科学研究的先驱专家。他和他的妻子莉莉安·吉尔布雷斯博士致力于把节省时间和劳力的方法带进商业界和工厂，同时也带进家庭管理方式里。

吉尔布雷斯夫妇共有3个小孩，他们从小就在一种观念下长大，认为时间是一种天赐的礼物，必须很讲效率地利用。在吉尔布雷斯家里，时间从不会被浪费。孩子们早上刷牙准备上学的时候，甚至可以从他们父亲放在浴室内的大字海报上学会许多新字。

蒂娜·盖塞狄是顾问工程师沙尔瓦多·S. 盖塞狄的妻子兼助手。她把她先生在事业上所使用的高效率方法应用到家庭管理方法上。

盖塞狄太太在写给我的信中说："我们的信念是，清除掉杂草，我们就可以天天欣赏到花朵。那就是说，尽可能在最短的时间里做完基本必做的工作，如此我们就可以有更多的空闲去做我们所喜欢的事情。

"有了三个活泼的小壮丁，以及一间庞大的房子和花园需要都整理，还有社团活动，做我丈夫的秘书，再加上要负责家里的文化、宗教与社会职责，我所有的时间都必须做两倍工作，我还要想办法做我丈夫的助手，找出一些他可能漏掉的文章，提醒他必须参加的集会，为他构思一些改进的方案。

"我曾经在洗碟子或是替小孩热奶瓶的时候，想出许多增加营业效率的方法。我们在游玩的时间，和孩子们一起做运动，我们大家都在一起玩乐。

"我们的工作进度表是有弹性的，并非固定不变。有时候我们会把例行事务抛到窗外，专心去做一件特殊的事情或计划。"

这对夫妇懂得如何生活，如何工作，以及如何把生活和工作调和进行，而获得适当的结果。就像罗斯福夫人，她从不浪费时间。

应该说明的是，世界上最忙碌的人、做最多事情的人比起那些什么都不干的懒人要有更多的时间。

这些人能够做完较多的事情，因为他们学会了安排自己的时间和家务——重视我们大家都拥有的宝贵金矿——时间。

记住：浪费时间比浪费金钱还要悲惨，金钱失去了还可以赚回来——时间，是永远回不来的。以下这些规则，将会帮助你把宝贵的时间发挥出更大的作用。

（1）把你每天使用时间的方式做个忠实的反省。这个工作至少要做一星期。看看你的时间浪费到哪里去了。

（2）每星期为下一周做一次每天的时间计划。为每天的工作安排一段合理的时间，可以消除神经紧张、疲乏和混乱。如果这个方法适合于大公司总经理，它应该就会对所有的人有好处。

（3）在你工作的时间里，要避免不必要的工作中断。只要有点经验，你就能够学会在你努力于做好一件事的时候，暂时不理会电话和门铃的响声。不久之后，你的朋友就学会了只在某些特定时间才打电话给你——他们也会因为你讲求效率而更加尊敬你。

工作省时的方法

亚尔诺德·白尼特在《如何利用一天24小时》这本书中告诉我们："时间的赐予，真是每天的奇迹……你在早晨醒来的时候，喔！像变魔术那样，在你生命世界里，还有没使用的24小时！这24小时是你的。这是最珍贵的财产。

"我们之中，有谁充分使用每天24小时来生活呢？我所说的'生活'，并不是指生存，也不是指混日子……我们之中，有谁在他一生中没有对自己说过：'如果我的时间多一点，我一定可以做得更好？'我们将永远得不到更多的时间。我们每天拥有的只有24小时。"

以下是节省工作时间的方法和建议：

（1）牢记女职员的生日。整体工作能不能顺利进行，在很多情况下关键多在于女性职员，似乎每家公司都是如此，女性职员就像工作调节器一样。即使复印一份文件，小姐们肯不肯尽心帮忙，都会影响到工作效率与工作成果，因此很多人对女性职员都特别用心。为此，最好的方法是记住小姐们的生日，在当天送她们一张生日卡。以小小一张卡片，向她们表示感谢，就算她们平日对你有什么不满，也会一笔勾销。

（2）多关心女职员并托以重任。以相当的敬意与关心来对待共事的女职员是必要的。除了送生日卡之外，在她们加班工作十分疲劳之际，你可以适时地予以嘉勉慰问，或是与她们谈谈私人的烦恼，给予一点建议与帮助。

平日这样对待女职员，在意想不到的时刻就会得到对方大力相助，工作起来也会得心应手。比如说临时有急事，对方会主动承担下来，很快就完成工作。无论如何，只要获得女性职员的支持，万事都会有所依靠。

（3）给上司做工作汇报先打好腹稿。在给人汇报工作情况时，若不先整理出条理，就贸然开口，往往都不得要领。尤其是对上司做工作汇报，说话结结巴巴，这时就不是说浪费时间的问题了，更会令领导感到不耐烦，而影响到对自己工作能力的评价。不只是对自己的同事，连对自己家人也是一样，都要"先想好要说的话，才把人叫过来。"而且开口时，要先从结论说起，这样，对方就会知道谈话重点，不但不会浪费时间，也不会发生误会。

（4）将好的工作程序记入工作手册。在做一件工作时，往往必须多方摸索尝试。不过，在尝试的过程中，即使发现新的方法，一旦完成这件工作，有时也会忘了这个妙法，因此所造成的时间浪费无法估计。所以，在你所在的单位中，如果有人或自己发现效率良好的工作方法，都要记入“工作手册”中，这样这个工作经验应用于以后同样的工作当中，或者传于下属，一定可以顺利无误地完成工作。

（5）“实用工作手册”来自以往的工作经验。不管做得多么完整，“工作手册”也会有所遗漏。一种文件写法虽然已考虑到种种情况，但为了应付特别的情况，就必须采取相应的做法。因此明知不够完整，还是编制工作手册，将其当成“试金石”。一旦工作上发生困扰的问题，就立刻追加、修正工作手册的内容。这样日积月累就能完成一本“实用工作手册”，发生任何情况都能从中找到最有效率的解决方法。

（6）在“工作手册”上详细记录零散信息。为了防止这种无谓的浪费，连乍看之下很可笑的琐碎信息，最好也记在“工作手册”上，比如邮局在哪一天哪个时间人最少，或是哪个窗口办事速度最快……将这些具体的信息记在手册上，办起事来将更为方便、迅速。

（7）将经常使用的工作用语记号化、简略化。在处理事务过程中，只要在访客的名片上，简单地写上“人、住、印、档”，然后交给秘书，她就知道该登记客户的姓名、住址、复印名片、夹入名片簿存档。像这样将经常使用的工作用语记号化、简略化，在交待工作的时候，可以不必在口头上一一指示或写字条提醒要点，得以省去不少麻烦。

不只是一般的事务工作，连书信中经常使用的客套话也可简略化。例如“悉”表示“来函敬悉”，“祺”表示“敬祝商祺！”等等，如此即可大大地提高拟稿的速度，很快就可以交给秘书去打字。

（8）防止厌倦单调工作的“成功画面思考法”。虽然写一本书需要作者有坚强的意志和耐心，但多达数百页的稿纸，虽说用口述录音机或文书处理机之类的现代化工具可达到很高的工作效率，但也要经受不知多少个漫漫长夜的煎熬。在这种情况下，只要想到这是完成一本书的必经过程，就会再次提起干劲。重要的是，如果一心只想到眼前单调的工作，不但会心生厌烦，而且工作效率也会一落千丈。试用成功画面思考法，想象计划成功或完成工作时的成就感，是防止这些弊端的方法之一。

（9）将公司报表文件原稿与资料的纸张统一起来。随着现代化和信息化的发展，办公设备自动化也取得了惊人的发展，许多办公设备具备便捷的功能，复印机自动送稿，即为功能之一。因此，不必再费事地一张张换稿，一次次按键。即使不在一旁看着也无所谓，可以大大地节省人力与时间。

然而，这种花费许多人心血的自动化功能却未被人们广泛的应用，白白地浪费了这种资源。其原因之一在于原稿的纸张大小不一。例如，在公司内部报表文件上经常可以发现，文章是用文书处理机打在A4的纸上，而图表资料纸是B4大小。即使只有一张大小不一，自动送稿功能的威力，也要大大减小了。因此必须首先统一资料等所有文件的纸张大小，不只是复印上，在各方面都将大大提高效率。

（10）呈送出去的书类文件也要做标题和目录。在对订约的公司客户提出报告时，除了时间太过仓促的情况外，一定要在上面附标题和目录，同时也要求部属，在呈送任何书类文件时，都必须规规矩矩地标上标题与目录。因为标题和目录能够使人在阅读内容之前，对文件的整体观点与主题方向，有一个概括性的了解。乍听之下，似乎令人觉得很麻烦，不过只要想到这项工作不但能缩短他人的工作时间，也能够缩短自己的工作时间，其效果绝对是不小的。

（11）写报告时，先将报告列在纸上，事后再一并查阅。即使中途有疑问或不了解之处，在写报告时，只要它不是个影响巨大的问题，都不可马上去翻查资料或文献，因为或许因此暂时解决了问题，可是却因思考中断浪费时间，反而耽误了工作进度。所以一旦有必须查阅的事项，可先将其列在纸上，最后再一并去查资料。此外，列在纸上的问题也可以交待他人去查，自己也不必停下手上的工作。

（12）把经常使用的文字、数字刻成橡皮印。在现代的办公室中，OA机器（即办公自动化机器）已经成了不可缺少的必需品，不过除了利用这些机器之外，只要稍稍动点脑筋，还是有很多提高工作效率的方法，比如利用橡皮印，年月日印、裁决印、裁决印住址姓名印等各种不同的印章，一应俱全。

在需要反复书写同样的文字与数字的情况下，如果一一手写，那会耗费许多时间，所以若能将其刻成橡皮印，在处理事务上，便能省下相当多的时间。即使要多花点钱，由于节省手写作业的时间而提高了工作效率，所以成本反而降低。

（13）一成不变地奉行领导的指示，工作的确不会愉快。经常有人发牢骚说，因为工作太无聊，所以才无法提高工作效率。同样地，不妨不要理睬别人怎么说，以自己的方式来处理例行公事。在动脑筋想如何以自己的方式工作的时候，会发现前所未有的乐趣，这样才能提高效率。

（14）采用高尔夫球记分法，随时随地记下备忘录。打过高尔夫球的人都知道，高尔夫球的记分卡上附有铅笔，大小正好可放在上衣口袋，在球赛进行中，无论打到哪都可立即记下分数。除了一般的笔记外，也应备有可放在上衣口袋且附铅笔的备忘录。即使身边没带公事包，也能立即记下备忘录。很多业务员也都应这样，随身携带笔记簿，不过，如果采用这种方法，随时随地都可迅速地记下备忘录。

在工作中，写公文、写书信占了相当大的分量，不过毕竟是本行以外的副业，如果不讲求工作效率，一定会影响到业务的进度。要提高写稿的工作效率，必须放松心情，不要战战兢兢地“写千古文章”。如果一开始就想写出完美无缺的作品，终究只会写一字涂一字，写一张撕一张，还可能完不成，所以不如随着思路先打个草稿，然后再加以修改。

（15）利用业余时间构思文稿。在写稿工作上，构思要费很大的功夫，毫无准备就提笔，往往文思闭塞，难以成行，所以在写稿之前，最好在不同的场合进行构思与草稿的写作。下了班，完全不受电话干扰地专心思索，是最适合构思的时段。而且刚从繁重的工作中解放出来，心情为之轻松，往往会产生许多绝妙的灵感。想好了整个结构大纲后，再用口述录音机和文书处理机，就可以迅速地完成草稿工作。

（16）利用文书处理机来输入文稿。商业性文件与法律性文件差不多，格式化是其主要特征。文书处理机不但能保存已打好的文章，而且还能自由地加以删除、修改。最初虽然不得不多花一点时间来输入，不过为了日后的方便，还是用文书处理机来输入文稿比较理想。

（17）文书处理机的软盘以一张一个为原则。使用文书处理机时，必须特别注意软盘的整理方法。举例来说，原则上一张软盘中，只储存一个资料。软盘的容量，因机种而有所不同，不过一张大约可储存多达一本书的资料，因而容易在一张软盘中，同时存入各种不同的资料，但是检索时就非常地麻烦，不太合乎效率原则。按种类准备不同的软盘，不会花太多的钱，就能以易于检索的方式，将存入软盘的资料分门别类。

（18）以不同颜色的标签来区分不同内容的软盘。如果软盘中的资料不一一显示屏幕，还是无法了解其内容，这样就失去了分类的意义。为了解决这个问题，一般应该采用的方法是在软盘上贴彩色标签。如会计事务所中所采用的分类法是，绿色标签表示“个别专题”，蓝色标签表示“一般专题”，黄色标签表示

“各种表格”。按颜色区分之后，如果项目太多，为了使检索资料的使用更加迅速，即可将储存的项目内容做成表单。

（19）保存旧软盘中的资料，不断使用新软盘。和录音带的功能一样，软盘也能被反复地使用。且大家都认为，再买新的软盘是一种无谓的浪费。输入资料要花费相当的工夫，如果将其时间成本列入考虑，则长久不用的资料有朝一日也会派上用场，如将其消除反而是一种浪费，所以要在一张软盘中存入有关的资料，对于刚获取的新资料，你要立即输入新的软盘中。

（20）活页式手册既能插换页数又能缩短找寻资料的时间。不论到哪里，随身携带一本活页式手册。在下班回家的车上或就寝之前，突然想到第二天应该继续进行哪些工作，就马上记在手册上，而且活页式手册可随时增加页数，不要的页数也可任意抽出作废。

（21）备忘录上要标明“主题”、“日期”、“出处”。在看书或看电视时，一旦看到想记下的文句，可立刻提笔在B5的活页纸上，记下备忘录。备忘录是分项写下来的，以一页一个项目为原则，至少标明“主题”、“日期”、“出处”。如果备忘录上标明主题与日期，事后重读时，即使记得不太完整，但只要回想一下当时的状况，就可以清楚地了解其内容，而出处则需要详细调查，可供参考之用。备忘录上如果标明这三项，则资料就会越来越有分量。

（22）在“单纯作业”时间，利用耳机充实自己。在“单纯作业”时间里，最适合利用耳机来充实自己。工作中有复印之类的单纯作业，在复印时间内，可趁机学习语言或准备某项考试，因此可随身携带小型录音机。经由耳朵的刺激，更可提高学习的成效，当然复印的工作也可以不受妨碍地顺利进行。在办公时间就比较不适合了，但在离开座位去做某种单纯作业时，推广这个一举两得的点子是科学的统筹方法。

总之，工作时间十分珍贵，每损失一分钟，都可能损失大量的财富。所以必须格外关注，前面我们讲了具体的工作节时的方法，那么，在整体的工作时间节省方法上，我们应该如何把握呢？

每个人用来安排时间的方法不同，有的很简单，有的很精密。有的人顺手在一张纸上写上一个星期内该做的事，依此逐条逐项完成，有的人有厚厚的一大本行事历，分类细密繁多。但对这个人有效的方法，可能对另一个人并不见得合适，但是一个成功的人不能没有一套安排自己时间的行事方法。

我常常使用一本黄色的活页簿，来安排每天的事情。每一天用一页，并在每页的中间画一条线，左边写上要打电话给那些人，右边记下该办的事。他也在口袋里放些卡片，用来记下他在公司与部属交谈的一些重点，以及要转记到活页簿上的资料。

即使有了最好的方法，如果不小心注意一些自己和别人的毛病，原本安排得井然有序，很可能被弄得章法大乱、面目全非。为此，我总结自己的经历，告诉你们以下四则诀窍：

第一，先做容易的事。假如你今天有 9 件该做的事情，其中有 6 件你可以算准处理它们所需要的时间，有两件是可以大致估计，而有一件可能会牵涉范围较深较广，你会先做哪一样呢？

按照一般的逻辑思维很多人会先做最后一样，然后到了最后，一项事情也没有完成。应该先努力去做可以如期完工的六样事情。做完这些事后，会带给你愉悦的成就感和昂扬的斗志，来面对较艰难的工作。

第二，事先预估时间流程。正确估计出做一件事所需的时间。即使在最小的小事上，也照样坚持这个原则。

第三，不要逞英雄，也不要做牺牲品。很多人喜欢在时间上逞英雄，他们总是想在短时间内做很多事。也许他们觉得在一个钟头内，挤进两个钟头才做得完的事，虽然早知无法做完，但也是很英勇的吧！其实这与英雄气概无关，而且这种人总是进度落后，并且拖累别人。

第四，安排打电话的顺序。假如允许的话，找一天作以下这个实验：不论对方是谁，都限制打电话的时间不要超过五分钟。你一定会发现，你忽然对自己打电话的方式特别留意，而且也会注意对方打电话时的习惯。

有的人简短扼要，有的人则好整以暇，比如思考下打电话的顺序，如果在半个钟头内要打 7 个电话，有 6 个是平均每两分钟就可以交代清楚，而有一个可能会唠唠叨叨，最好先打那干脆利落的 6 个电话，把这拖泥带水的留到最后。这样，当你耗在这个“长途”电话上时，至少不会感到焦躁，担心自己没有时间去打另外 6 个电话。

增值你的时间

人生苦短，人生易老。庄子曾感叹：“人生天地间，若白驹过隙，忽然而已。”李白曾扼腕：“恨不能系长绳于此西飞之白日。”莎士比亚也说：“时间是无声的脚步，是不会因为我们有许多事情要处理而稍停片刻的。”

职场中，大多数员工可能会有过这种经历和感受：每一天没有认真仔细地做出安排和计划，他有可能会觉得无所事事，也有可能会觉得忙得晕头转向。其实，一天下来他可能什么事情也没办成，只是感觉到时间在不知不觉中就溜走了。

许多人经常这么想：在这浪费几分钟，在那浪费几分钟没有关系，反正时间还有的是。殊不知，他们正一步步远离成功。

而古往今来，成功人士与我们常人一样，有相同的时间，但工作效率却是我们的数倍或数十倍，因而，一生的收获也是我们的数倍或数十倍。如拿破仑、巴尔扎克、鲁迅……

美国有一位推销员，他每次去登门推销，总是随身带着闹钟，当会谈开始，他便说：“我打扰您10分钟。”然后将闹钟调好，时间一到，闹钟便自动发出声响，这时他就完成了推销任务，然后起身告辞：“对不起，10分钟到了，我该告辞了。”如果双方商谈顺利，对方会建议继续谈下去，那么他便说：“好，我再打扰您10分钟。”于是闹钟再调10分钟。他便利用这种方法，把谈话的精华都汇集在10分钟内，既不耽误别人的时间，又能在有限的时间里很好地完成任务。

大多数顾客第一次听到闹钟的声音，往往表示惊讶，一方面对推销员的技艺表示赞叹，另一方面也佩服他的时间观念，也往往能使顾客更愿意与之交谈，这种合理利用时间的方法，可以促使推销顺利进行，同时也起到了更为有效的作用。最终，他取得了辉煌的业绩，其成功的秘诀便是在有限时间内，合理安排，使其达到最高的效率。

无论做什么事，我们都应及时行动，绝不拖延。只想着留待以后去做的人，时间会让他付出巨大代价。

拉尔上校正在玩纸牌，忽然有人递了一份报告说，华盛顿的军队已经进展到德拉瓦尔了。但他只是将来件塞入衣袋中，等到牌局完毕，他才展开那报告，待到他调集部下出发应战，时间已经太迟了。结果全军覆灭，而他自己也因此战死，仅仅是几分钟的延迟，就使他丧失了尊荣、自由与生命！

“要做，就立刻去做！”这是聪明员工的座右铭。服从它的人，他拥有的时间将会延长。

根据专家研究和诸多成功人士的实践，工作中，我们可以从以下几个方面，提高工作效率，增值时间：

（1）要事第一。千万不要平均分配时间，应该把你有限的时间集中到处理最重要的事情上，不可以每一样工作都去做，要机智而勇敢地拒绝不必要的事和次要的事。

（2）善于把握时间。有效地抓住时机可以牵一发而动全局，用最小的代价取得最大的成功，促使事物的转变，推动事情向前发展。

（3）善于协调两类时间。一种是可以由自己控制的时间，即“自由时间”；另外一种是属于对他人他事的反应的时间，不由自己支配，叫作“应对时间”。

（4）善于利用零散时间。时间是一点一滴挤出来的，比如在车上时，在等待时，可用于学习，用于思考，用于简短地计划下一个行动等。把零散时间用来从事零散的工作，从而最大限度地提高工作效率。充分利用零散时间，短期内也许没有什么明显的感觉，但积年累月，将会有惊人的成效。达尔文说：“我从来不认为半小时是微不足道的很小的一段时间。完成工作的方法，是爱惜每一分钟。”

（5）保持良好的情绪。恶劣的情绪是人生成功的大敌；而良好的情绪可以加速生命的节奏，大大提高效率。

（6）集中注意力。有了良好的方法和情绪，如果不集中使用，也难以提高时效，平常说的“专则成，乱则废”就是这个道理。

（7）养成敏捷习惯。要养成雷厉风行、办事敏捷的习惯。如果磨磨蹭蹭去做，事情永远不会做好。

在职场中的每一天都必须清楚：我该为哪些事花时间？哪些事可以忽略或缩短？只有像计较金钱那样计较时间，我们才能在有限的人生中做更多有意义的事情。

第十三章

良好的外在素养让你脱颖而出

散发你的迷人魅力

一个人在交往的活动中，他的魅力高低，将直接影响他的影响力。魅力并不是一项单纯的性格或特质，而是多方面能力的综合呈现。当我们在剖析魅力人物为何能有此影响力时发现，他们的魅力是由丰富多样的社交技巧所构成。有魅力的人，懂得运用这些社交技巧去吸引和影响他人，甚至得到众人的喜爱和敬重。他们无论是在生活、工作、婚姻上，都能称心如意，非常成功。

魅力指数是指自我期许、自我要求、自我行动、自我改善中，智慧、情感、技巧、能力的积累与呈现。也可以分为内在要求和外在要求。内在要求包括智慧、气质、气度、意志和修养等方面。外在要求包括个人的容貌、笑容、语言、体态、服饰等个人形象方面的内容。

正是这种难以言表的魅力，使人们有了千差万别的不同。也正是魅力，使得人们每每在提及布莱恩式的人物，提到林肯式的人物，或是罗斯福式的人物时，由衷地爆发出无比热烈的掌声。正是这种个人魅力让克雷成为选民们的偶像。尽管我们承认，卡尔洪也许比他更伟大，然而他却永远无法像前者一样火一般地点燃人们的热情。韦伯斯特和塞缪尔也都是伟人，然而他们却不能像布莱恩或克雷那样激发起人们自发的热忱。

一位历史学家在评价克索斯对公众的影响时曾说过：“我们得先考虑到演说家的气质，然后再用这一准绳去衡量他的个人魅力。”如果我们的目光足够敏锐，观察足够细致的话，我们不仅能够估量出一个人的个人魅力如何，还能更加准确地预言，我们周围的同学、我们那些年轻的朋友当中，哪一位会在将来具备这种感染别人的能力。

我们在预言一个人将来可能发展到什么程度，会升到什么样的位置时，往往只考虑到他的实际能力如何，却很少将个人魅力看作他未来成功资本的一部分。事实上，这种个人魅力同一个人的智力、所受的教育一样，与这个人的前途息息相关。

现实生活中，我们经常可以见到这样一种人，他们虽能力平平，却相貌堂堂，举止优雅，魅力非凡。相对于那些比他们更聪明、更博学的人，他们往往能更快速地得到提升，把那些有着智慧头脑的人远远抛在后面。

从演说家的身上，我们可以看到这种个人魅力的影响是何等的巨大。如果有人去读印在纸上那些冷冰冰的文字，里面不掺杂任何演说家个人的因素，那么可能没有哪一个读者会感受到其中的任何激情，脑海中也不会留下任何印象。然而，当演说家拿着这些文字来演说时，他那口若悬河、激情万丈、排山倒海的气势让观众为之倾倒和叹服。这种影响力完全是演说家造成的——那种感染力从他们身上自然而然地散发了出来。

个人魅力是一种神奇的天赋，连最冷酷无情的人都能受其感染。有时它甚至会左右一个国家、一个民族的前途和命运。

有一天，有位老妇人来到我的办公室，她向我的秘书送出她的名片，并且传话，她一定要见到我本人。我的几位秘书虽然多方试探，却无法问出她这次访问的目的及性质。因此，我肯定地认为，她是一位可怜的老妇人，想要推销一本书。同时，我想到自己的母亲也是女人，于是决定到接待室去，买下她所推销的书，不管是什么书，他都决定买下来。

请用心地注意这件事的每一细节，因为，你也可能从这件事中学到杰出的推销技巧。

我曾经见过许多人微笑，但以前从未见过有人笑得像这位老人一般甜蜜。这是一种具有强烈感染性的微笑。当我来到门口时，这位老妇人伸出手来和他握手。一般来说，对于初次到办公室访问的人，我一向不会对他太过友善。因为如果向对方表现得太友善了，当对方要求他从事所不愿意做的事情时，将很难加以拒绝。

这位亲切的老妇人看起来如此甜蜜，纯真而无害，因此，我也伸出手去。到这时候，我才发现，她不仅有迷人的笑容，而且，还有一种神奇的握手方式。她很用力地握住我的手，但握得并不太紧。她的这种握手方式传达了这项信息：她能和他握手，令她觉得十分荣幸，她令我感到，她的握手是出自她的内心。

老妇人那深入人心的微笑，以及那温暖的握手，已经解除了我的武装，使我成为一个“心甘情愿的受害者”。这位老妇人只不过握一握手，就把我经常用的用来躲避推销员的那个虚伪外壳脱下了。换句话说，这位温和的访客已经“征服”了我，使我愿意去聆听她所说的一切。这位访客以智慧、迷人的谈话，使我迷惑了45分钟。

在谈话过程中，她一次也没有用过第一人称的代名词“我”。不过，她不仅仅是推销自己，实际上还使我买下了她所推销的某件东西，这件东西就是我自己。

在椅子上坐定之后，她立刻打开了她所携带的一个包裹，我当初以为是她准备推销的一本书。当然了，包裹里面确实是书——事实上，是几本书，因为她所带来的是我当时主编的一份杂志。她翻阅着这些杂志，把她在书上做了记号的部分都一一念出来。同时，她又向我保证说，她一直相信，她所念的部分都有成功哲学作基础。

接下去在我进入能够彻底接受别人意见的状态之后，这位来访者很巧妙地把谈话内容转向一个主题。看来，她来到办公室之前，就早已决定了要讨论这个主题。但是——这又是大多数推销人员最常犯的一个错误——如果她把她的谈话顺序颠倒过来，那么，她可能永远没有机会坐上那张舒适的大椅子了。

仅仅是在最后3分钟内，她向我说明她所推销的某些保险的优点。她并没有要求购买，但是，她向我诉说这些保险优点的方式在对方心理上造成了一种影响，驱使我自动想要去购买。而且，虽然最终我并未向她购买这些保险，但她仍然卖出一部分保险。因为我把她介绍给另一个人。结果她后来卖给这个人的保险金额，是她最初打算卖给我的保险金额的5倍。

一个成功的人，在社交活动中表现出来的魅力将在很大程度上决定其社交进展的快慢与成败。因此，一个人要想在社交活动中取得成功，就必须大力提高自己的魅力指数。

如何提高魅力指数？可从以下几个方面着手：一要不断地加强学习，提高自己的学识水平；二要不断地完善自己的品性；三要塑造自己完善的性格，以此来提升自己内在魅力商数。

造就令人愉悦的个性

当你出席宴会或参加活动时，总会有那么一两个人给你留下很深刻的印象。可能是他们的神态和气质，可能是他们的口才与表现能力，也许是很难说清楚的东西，只是一种感觉。

其实魅力在无形中已建立了你的竞争优势，你给了很多人以深刻的印象，那么与他人建立合作的可能性也增加了。同时，你能做到更有效率的协调人际关系，影响力更大，更容易给对方留下难以磨灭的印象。有魅力的人往往在成功的道路上畅通无阻。所以培养你的魅力，使自己成为有魅力的人是你走向成功的重要一课。

印度“圣雄”甘地被公认是一个非常具有魅力的人。然而，甘地的魅力并非天生，据说，从年轻的时候开始，甘地就有心打入英国上流社会的社交圈，立志成为一位“英国绅士”，因此，他十分有计划地克服自己各项弱点，训练自己面对群众的演说技巧与沟通的能力。

身为一个外国人，甘地明白他的皮肤颜色及外国口音是绝对改不了的特征，但是，他改变发型，勤练英国式腔调，装扮适当，频频出入各种社交场所。甘地的魅力，在于他能运用简洁诚恳的语言和人交谈。无须讳言，经过长时间培养出来的社交能力，日后对甘地的政治生涯产生很大的助益，不但能与英国的领导阶层平起平坐，畅谈政治，也抓住了全印度、甚至全世界人的心。

你可能会为一个才华横溢的人所折服，你可能会为一个妙语连珠的人所折服，但你更可能对一个性情温和、充满宽容与友爱之心的人留下深刻的印象。所以，构成一个人魅力的最核心因素不仅仅是天赋与才华，更重要的是一个人的性格、一个人的个性。

但一谈到性格或者个性，很多人就感到失望。因为他们认为个性或性格是很难改变的东西，所以要通过个性的培养成为一个有魅力的人其实很困难。这种说法有一定的道理，但不全对。改变你的个性是很难，但不是没有可能。如果我们以积极的心态来面对这个问题，那么我们就不会认为这一切是不可改变的。如果你朝着改变自我的方向上不懈努力，那么你终究会成功的。

如果我们能抵抗已形成的性格，也能够创造出新的个性。每个人都希望成为精力充沛、充满理想、信心十足的人，都想成为极富魅力的人。但很少有人真正地在这个方面进行努力，因为人们常常满足于现状，一旦产生改善自我的这种新想法时，就会无意识地保护自我。

很多人都想拥有充满魅力的个性，都想成为有丰富思想的人，但他们又往往沿用旧的习惯而不愿有所改变。这是因为习惯、已有的性格往往根深蒂固，积习难除。威廉·詹姆士说:“人希望自己所处的状况更好,却不想去实现;因为,他们被旧我束缚着。”

有很多人希望并有勇气去改变自我的个性,希望自己变得更有魅力,但他们往往不知道该怎么做。一般来说,每个人的个性都是逐渐形成的。每个人的个性是由一个个细小的方面构成的,你怎么说话,你怎么对待他人,你在饮食、睡眠方面有什么样的习惯,你怎么对待不同的意见,你喜欢什么样的生活方式,你在商业行为中习惯扮演什么样的角色,你是否总是露出微笑,这一切的综合就构成了你丰富的个性。既然你的个性是由很细小的方面决定的,那么如果要改变的话,也要从每个具体的方面开始。如果从明天开始,你能使你自己的说话方式变得更温和,使你自己的饮食更有节制,使你自己对别人更有热情,并且持之以恒,那么你的旧个性就会逐渐地改变,而更具魅力的新个性就会形成。

思想、行动与感情构成了你性格的三大基石。所以若要从具体的方面来改变你的个性,你还要在思想、行动与感情方面进行努力。你的外在表现,也就是你性格的特征,主要不是由当时当地的环境决定的,而是由你的内在创造的。你能否改变自己也并不是决定于别人是否对你进行了批评,而是你自己本身是否想改变自己。所以你的思想创造了你本身,使你成为今天这个样子。可能你没有意识到,但你仔细想想,是不是你的想法决定了你的性格?你为什么不被人喜欢呢?大概是你的想法不受欢迎,你怎么能魅力四射呢?

首先是你的想法,其次才是其他条件的配合,使你引起了人们的普遍关注。有的人之所以无法成功,是因为他的想法使他难以成功。

别人通过你的行动——你的说话方式、你的做事方式、你的脸部表情——才能给你一个评判,才能在心中对你形成一个印象。行动是造就魅力的关键,只有通过行动你才能改善自身。通过很多小的行动、通过人格的训练、通过对自我行为的反思与调整,你就可以创造新的自我,使你自己变得更富有魅力。

魅力是别人对你的看法,他们通过你的外在表现、你的行动与思想,对你产生了好感以致某种带有神秘色彩的感情。所以魅力本身是一种感情。而别人对你的感情是与你对他们的感情高度相关的。如果你的感情特征是积极的、友善的、温和的、宽容的,那么你往往魅力大增;反之你就会成为一个不受欢迎的人。

如果你拥有令人愉悦的个性,你往往会使自己的魅力大增。并非所有的性格都是令人愉悦的,有很多性格令大部分人感到不喜欢、讨厌,甚至是难以容忍。比如,人们一般不喜欢消极的、极端化的性格特征,人们对报复性的、敌意的性格特征更是感到厌恶，人们一般喜欢富有热情的、积极向上的、友善的、亲切温和的、宽容大度的、富有感染力的性格。

所以，如果你能够培养起为大部分人所喜欢的正面性格，那么你成功的可能性就大大增加了。

掌握语言艺术

个人的魅力很大程度是通过语言体现出来的，语言是最主要的人际沟通工具，而且语言本身也是个性的表现。所以，一个人恰到好处地应用语言是其成功的关键。语言的艺术包括互相关联的两个方面：自我表达与谈话。

应用语言艺术的最基本形式是自我表达，你要通过说话把你的思想、看法、意见恰如其分地表达出来，并通过这种表达实现自己的目标。自我表达的主要形式是演讲，可以是对公众集会和大型会议的演讲，也可以是一次普通的讲课、一次对上级的工作汇报，等等。

其实两个人的谈话也是由一次次不连续的个人演讲构成的。所以，完整的语言艺术的把握包括善于自我表达和善于把握谈话。

自我表达的技巧包括五个方面的内容：知识、分析能力、语言逻辑、说话语气和勇气。自我表达的目的不在于制造一种热情高涨的气氛，不在于渲染一种情绪，而在于说明问题和说服别人。一个总经理在部门经理会议上讲话，他主要是下达一些命令，这时演讲的主要目的是说明问题。但如果你是一位到大学招聘毕业生的人事经理，你所要做的不仅是要说明招聘的程序与要求，你更要说服最适合自己公司的毕业生来报名。如果两轮面试后，你发现两位特别优秀的学生，而他们还在犹豫，那么你就要运用语言的艺术努力说服他们到自己的公司来上班。

因此，提高自我表达能力，增长知识是第一步。增长知识的有效途径是博览群书和对生活进行细心的观察。你不知道以后还要面对怎样的局面，所以你要在各方面进行知识上的储备；另外，考虑到每个人的时间都很有限，你在读书时可以有所侧重。比如，如果你在一家高技术企业做管理工作，那么你可以把主要精力放在技术类和管理类书籍、报刊上。这种良好的阅读习惯一旦养成，会给你职业上带来巨大的回报。

细心学习的人会发现，在生活的每一处都可以学到很多东西，增长自己的知识。很多人对这一点体会很深，他们的很多知识来自于对生活的观察，来自于朋友间的交流。用心观察别人，他们是怎么做的、是怎么说的，你往往能从中受益；你如果经常与人交流并注意倾听，那你一定会获益更多。

锻炼分析能力的关键在于两点：一是培养问题思维，我们要经常问为什么。我们的思维能力并不是在一天之内培养起来的，而是日积月累的结果。在学校里，有些学生经常问为什么，经常表示异议，这是很好的习惯。这些学生考试成绩不一定是最突出的，但在社会的竞争中一定是成就最大的。因为他们具有别人所不具有的优势，那就是能独立思考问题、做出分析并得出一个较合理的解释或解决办法。

二是培养综合思维。有些人做演讲经常失败，他的观点没有市场主要是因为他的看法太片面。分析问题时看法不全面是很多人的通病。比如，他认为要通过大规模广告来推进产品销售，但他并没有对广告的成本收益进行全面的分析。也许产品销售所增加的利润并不能弥补广告费用。为了解决新的居民住宅区的乘车难问题，他认为应该增开公交线路，但他可能没有考虑到这样做交通公司是否有利可图。所以，有说服力的自我表达往往是一种综合的艺术，它综合了一个人对事情全面的因果分析。

不少研究语言和沟通技巧的专家认为："你怎么说比你说什么更重要。"而说话语气就是怎么说的一个重要方面。你说话的时候不仅传达了你的字面意思，还传达了你的情感，而说话语气就是我们的情感与个性的反应。你用不同语气说同样的话，所能起到的效果完全不同。所以，你要控制自己的说话语气，使传达的句子能达到你所要讲的目的。

在不同的场合、对不同的听众、就不同的主题，你的说话语气也应该是不同的。如果你应邀在一个授奖大会上发言，那么你的基调应该是热烈而情绪高昂的；如果上司要求你对一个问题做出解释，那么就应该是诚恳而富有见地的；如果一所商业学校要求你出席他们的开学典礼，而你是一位成功的商人，你不妨"教导"一下下面的学生。总之，要学会控制你的说话语气，听一听自己的发音方式，要更有说服力。

不论我们用什么方式指责别人——可以用一个眼神、一种说话的声调、一个手势，或者用语言来直接告诉别人他错了——或者我们告诉他错了，他会同意我们吗？绝不会！因为我们这样做直接打击了他的智慧、判断力、荣耀和自尊心。这只会使他反击，但绝不会使他改变主意。即使我们搬出所有柏拉图或康德的逻辑，也改变不了他的一已之见，因为我们的做法伤害了他的感情。

美国的林肯总统很重视这一点。有一次一位青年军官与同事发生了激烈争吵，林肯对他说："任何决心有所成就的人，绝不肯在私人争执上耗费时间。争执的后果不是他所能承担得起的，而后果包括发脾气、失去了自制。要在跟别人拥有相等权利的事物上多让步一点；而那些显然是你对的事情就让步少一点。"

美国著名的歌剧家高皮尔士先生与他太太的婚姻有50年之久了。有人问他，婚姻保持天长地久的秘密是什么，他说："我太太和我在很久以前就订下了协议，不论我们对对方如何地愤怒不满，我们都一直遵守着这项协议。这项协议是：当一个人大吼的时候，另一个人就应该静听——因为当两个人都大吼的时候，就没有沟通可言了。"

对一个掌握语言艺术的人来说，仅仅学会完美的表达自己的思想还是不够的。更重要的是，他需要学会与别人交流，并且要通过这样的交流来达到自己的目的——这种目的可能是希望对方买你的货，可能是希望对方对你目前的处境表示理解与同情，可能是要对方同意你的看法，也可能是希望对方提升你的职位。但无论这些目的能否达到，你都要注意一些更为一般的原则。这种一般的原则是，在谈话过程中要尊重别人——从他的人格到判断力与智慧，不要引起对方的不快，哪怕是轻微的不满，更不用说怨恨了；无论这次谈话的目的是否达到，都要给对方留下好的印象，以利于下一次合作，不因为一时的分歧而伤害长期的友谊与合作。

用关心赢得尊重

如果你要别人喜欢你，或是培养真正的友情，请对别人表现诚挚的关切。这也是西奥多·罗斯福异常受人欢迎的秘密之一，甚至他的仆人都喜爱他。他的那位黑人男仆詹姆斯·亚默斯，写了一本关于他的书，取名为《西奥多·罗斯福——他仆人的英雄》。

在那本书中，亚默斯讲述了一个个富有启发性的故事：

有一次，我太太问总统关于一只鹑鸟的事。她从没有见过鹑鸟，于是他详细地描述一番。没多久，我们小屋的电话铃响了。我太太拿起电话，原来是总统他本人打来的。他说，他打电话给她，是要告诉她，她窗口外面正好有一只鹑鸟，如果她往外看，可能看得到。

他时常做出像这类的小事。每次他经过我们的小屋，即使他看不到我们，我们也会听到他轻声叫道："呜，呜，呜，安妮！"或"呜，呜，呜，詹姆斯！"这是他经过时一种友善的招呼。

仆人怎能不喜欢他这样的人？任何人怎能不喜欢他？

有一天，罗斯福到白宫去拜访，碰巧塔夫脱总统和他太太不在。他真诚喜欢卑微身份者的情形全表现出来了，因为他向所有白宫旧仆人打招呼，都叫出名字来，甚至厨房的小妹也不例外。

当他见到厨房的亚丽丝时，就问她是否还烘制玉米面包，亚丽丝回答他，她有时会为仆人烘制一些，但是楼上的人都不吃。罗斯福有些不平地说："他们的口味太差了，等我见到总统的时候，我会这样告诉他。"亚丽丝端出一块玉米面包给他，他一面走到办公室去，一面吃，同时在经过园丁和工人的身旁时，还跟他们打招呼……

他对待每一个人，就同他以前一样。大家仍然彼此低语讨论这件事，而艾克胡福眼中含着泪说："这是将近两年来我们唯一有过的快乐日子，我们中的任何人，都不愿意把这个日子跟一张百元大钞交换。"

美国新泽西州的一位业务代表由于对看似平凡的人给予同样的关心，使得他挽回了一个客户。这位业务代表名叫小爱德华·赛克斯，他曾在一篇报告中说道：

"好几年前，我为强生公司在马萨诸塞州一带拜访客户，其中之一是位于兴罕的药品杂货店。每次我到店里去的时候，总要先跟柜台的职员寒暄几句，然后才去见店主。一天，店主突然告诉我不用再去了，他不想再买强生公司的产品，因为强生公司的许多活动都是针对食品市场和廉价商店而设，这对小药店的伤害不小。于是我落荒而逃，开着车在镇里兜了好几个小时。最后，我决定再回到店里，至少也要把公司的情形解释清楚。

"走进店里的时候，我照常和柜台员工打招呼，然后进到里面见店主。店主见到我很高兴，笑着欢迎我回来，并且比平常多订了一倍的货。我十分惊讶，忙问发生了什么事。他指着柜台卖饮料的男孩说，在我离开店铺以后，卖饮料的男孩走过来告诉他，说我是到店里来的推销员当中少数几个会同他打招呼的人之一。他告诉店主，如果有什么生意值得做的话，应该就是我。店主同意这个看法，从此成了我最好的客户。我永远也不会忘记，对人关心是推销员必须具备的特质。"

还有一件类似的事情，由于对别人强烈地感兴趣和关注，使得查尔斯·伊里特博士成为有史以来最成功的一位大学校长。他当哈佛大学的校长达几十年。

下面是伊里特博士的一个例子。

有一天，大一学生克林顿到校长室去借50美元的学生贷款，这笔贷款获准了。“接着，我感激万分地致谢一番，正要离去的时候，”克林顿回忆道，“伊里特校长说：‘请再坐会儿。’然后他说：‘听说你在自己的房间里亲手做饭吃。我在念大学的时候，也这样做过。你做过牛肉狮子头没有？如果牛肉煮得够烂的话，就是一道很好的菜，并且一点也不会浪费。当年我就是这么煮的。’接着，他告诉我如何选择牛肉，然后如何切碎，用锅子压成一团，如何用文火去煮，放冷再吃。这让我受宠若惊。”

如果我们想结交朋友，就要先为别人做些事情——那些需要花时间、精力、奉献、体贴才能做到的事。当温莎公爵还是威尔士亲王的时候，曾有一次计划到南美旅行。旅行之前，他花了好几个月时间学习西班牙文，为在当地的公开演讲做准备。南美洲的人因此特别爱戴他。

此外，我们还要在打听朋友们的生日上面动点脑筋。怎样打听呢？虽然你也许不相信星相学，但是你可以先问对方，是否相信一个人的生日跟一个人的个性和性情有关系，然后再请他把他的生日告诉你，然后把他的姓名和生日记下来，事后再转记到一个生日本子上，还可以把这些生日在你的日历上标明。当某人生日到了的时候，他就会接到你的信或电话。效果将多么令人惊喜！

如果我们要交朋友，就要以高兴和热诚去迎接别人。当别人打电话给你的时候，你说话的声音，要显出你多么地高兴他打电话给你。纽约电话公司曾训练他们的接线生在说“请问您要拨几号”的时候，口气显出“我很高兴为您服务”。我们接电话的时候，也应该记住这点。

对别人表示真正的关注，不仅会让你结交朋友，并且会为公司争取到客户。下面的例子便是最好的说明。

位于纽约的北美国家银行，在他们定期出版的刊物里刊登了一封储户玛德琳·罗丝戴尔的来信：

“我非常愿意让你们知道，我十分感谢贵银行的职员。他们个个谦虚有礼，非常乐意帮助人。在排了长长的队伍之后，能受到柜台出纳员亲切的问候，真让人感到高兴。

“去年，我母亲住院5个月，使我常有机会去找玛丽·派屈琪罗——一位柜台出纳员，她非常关心我母亲，常常问起我母亲的病情。”

罗丝戴尔女士以后会不会继续光顾这家银行，那还用怀疑吗？

对他人表示真正的兴趣——只有这样才能令别人对你感兴趣。人们只有在别人的诚挚关切下才会有所回应，因为他们没办法不回应。

投之以桃，报之以李

人性本身充满了矛盾——真与假、善与恶、美与丑。而一个人要想活得更加快乐、幸福和有意义，就应该使自己多一点真、善、美的东西。有些人似乎生来就恶，他们对待别人，对待周围的世界，对待生活，甚至对待自己，都充满了恶意。试想，如果你对他人没有真诚，毫不友好，又怎能期望从他人身上得到友善的回报？当你与人相处时，请记住“投之以桃，报之以李”这一准则。

威尔逊这样说：“如果您想以拳相待，那我同样也将以牙还牙。假如你说：‘让我们坐下来一起研究一下这个问题，如果我们有分歧，则可以分析一下分歧的原因。’这样一来，我们就会很快发现我们之间的分歧并没有严重到拳脚相加的地步。相反，我们会发现在很多问题上我们的意见是一致的，只要我们对自己加以克制并对他人以诚相见，就一定会找到共同语言。”但威尔逊的这番说法显然还不及小洛克菲勒。

在1915年的时候，小洛克菲勒还是科罗拉多州一个不起眼的小人物。当时，发生了美国工业史上最激烈的罢工，并且持续达两年之久。愤怒的矿工要求科罗拉多燃料钢铁公司提高薪水，小洛克菲勒正负责管理这家公司。由于群情激愤，公司的财产遭到破坏，军队前来镇压，因而造成流血，不少罢工工人被射杀。

在那样的情况下，可说是民怨沸腾。小洛克菲勒后来却赢得了罢工者的信服，他是怎么做到的呢？首先，小洛克菲勒用了几个星期的时间谋求与罢工者建立友好关系，而后向罢工工人代表发表了热情洋溢的讲话。他的讲话真可称之为演说杰作。它产生了奇妙的效果，缓和并阻止了向他袭来的仇恨浪潮。在这次讲话之后出现了一批小洛克菲勒的崇拜者，部分罢工者只字未提为之而长期斗争的、提高工资的要求，便恢复了生产。

下面就是这篇演讲杰作的开头，请注意其中有多少和善友好的话语。请你不要忘记，小洛克菲勒是在和几天以前想把他绞死的人讲话的。尽管这样，他还是表示了极大的诚恳和友好，甚至比在一伙传教士面前讲演表现得还诚恳，他在讲话中运用了感人肺腑的语言。那次演讲可称之不朽，它不但平息了众怒，还为他自己赢得了不少赞赏。演讲的内容是这样的：

这将是我一生当中最值得纪念的日子，因为这是我第一次有幸能和这家大公司的员工代表，还有公司行政人员和管理人员见面。我可以告诉你们，我很高兴站在这里，有生之年都不会忘记这次聚会。假如这次聚会提早两个星期举行，那么对你们来说，我只是个陌生人，我也只认得少数几张面孔。由于上个星期以来，我有机会拜访附近整个南区矿场的营地，私下和大部分代表交谈过，我拜访过你们的家庭，与你们的家人见面，因而现在我不算是陌生人，可以说是你们的朋友了。基于这份互助的友谊，我很高兴有这个机会和大家讨论我们的共同利益。

由于这个会议是由资方和劳工代表组成，承蒙你们的好意，我得以坐在这里。虽然我并非股东或劳工，但我深觉与你们关系密切。从某种意义上说，我也代表了劳工和资方。

多么出色的一番演讲，这可能是说服对方，从而化敌为友的一种最佳的艺术表现形式。假如小洛克菲勒采用的是另一种方法，与矿工们争得面红耳赤，用不堪入耳的话骂他们，或用话暗示错在他们，用各种理由证明矿工的不是，你想，结果如何？只会招致更多的怨愤和暴行。

尤金·威尔森是一位专门为一家设计花样的画室推销草图的推销员，对象是服装设计师和纺织品制造商。一连3年，他每个礼拜都去拜访纽约一位著名的服装设计师。“他从来不会拒绝我，每次接见我也很热情，”他说，“但是他也从来不买我推销的那些图纸。他总是很有礼貌地跟我谈话，还很仔细地看我带去的东西。可到了最后总是那句话：‘威尔森，我看我们是做不成这笔生意的。’”

经过无数次的失败，威尔森总结了经验，认为自己太墨守成规，太遵循那老一套的推销方法，一见面就拿出自己的图纸，滔滔不绝地讲它的构思、创意，新奇在何处，该用到什么地方，客户都听得烦了，是出于礼貌才让他说完的。威尔森认识到这种方法需要改进，于是，他开始每个星期都抽出一个晚上去看处世方面的书，思考为人处世的哲学，以及发展新的观念。

当他了解到那位服装设计师比较自负，别人设计的东西他大多看不上眼后，他想出了对付那位服装设计师的方法。他抓起几张尚未完成的设计草图来到买主的办公室。“鲍勃先生，如果你愿意的话，能否帮我一个小忙？”他对服装设计师说，“这里有几张我们尚未完成的草图，能否请你告诉我，我们应该如何把它们完成，才能对你有所用处呢？”那位买主仔细地看了看图纸，发现设计人的初衷很有创意，就说：“威尔森，你把这些图纸留在这里，让我看看吧。”

几天过去了，威尔森再次来到办公室，服装设计师对这几张图纸提出一些建议。

威尔森用笔记下来，然后回去按照他的意思很快就把草图完成了。结果这一次服装设计师大为满意，全部接受了威尔森的草图。

从那时候起，威尔森总是去问买主的意见，然后根据买主的意见制图纸。那位买主订购了许多图纸，非常满意，因为这相当于他自己设计的，他能不满意吗？威尔森也从中赚了不少的佣金。“我现在才明白，这么多年过去了，为什么我和他不能做成买卖，”威尔森若有所思地说，“在以前，我总是催促他快来买，还告诉他这是他应该买的，买了对他很有用。而他却不以为然，认为这里不合适，那里不新颖。而现在，我按他的意思去做，他觉得是他自己创造的，实际上还有别人的功劳。这样就满足了他内心中那种渴望——自己的优越感，他再也不能拒绝‘他自己的’东西了。这就变成了他要而不是我推销，工作起来就容易多了。”

法国哲学家福柯说：“如果你要得到仇人，就表现得比他优越吧，但如果你要得到朋友，就要让他表现得比你优越。”这句话多么精辟！我们每个人都需要将这句话铭记在心。

宽容是一种力量

宽容是一种处世哲学，宽容也是人的一种较高的思想境界。学会宽容别人，也就懂得了宽容自己。懂得宽容的人，实质上已经领悟了生命的真谛。

我们多数人犯有武断、偏激的毛病，具有固执、嫉妒、猜忌、恐惧和傲慢的缺点。因此，如果你很想指出别人犯的错误时，请读一读下面摘自詹姆士·哈维·罗宾森的《下决心的过程》一书中的一段话：

“我们有时会在毫无抗拒或被热情淹没的情形下形成自己的想法，但是如果有人说我们错了，反而会使我们迁怒对方，更固执己见。我们毫无根据地形成自己的想法，但如果有人不同意我们的想法时，反而会全心全意维护我们的想法。

显然不是那些想法对我们珍贵，而是我们的自尊心受到了威胁……‘我的’这个简单的词，是做人处世的关系中最重要的，妥善运用这两个字才是智慧之源。不论说‘我的’晚餐，‘我的’房子，‘我的’父亲，‘我的’国家或‘我的’上帝，都具备相同的力量。我们不但不喜欢说我的表不准，或我的车太破旧，也讨厌别人纠正我们对火车的认知。我们愿意继续相信以往惯于相信的事，而如果我们所相信的事遭到了怀疑，我们就会找借口为自己的信念辩护。结果呢，多数我们所谓的推理，变成找借口来继续相信我们早已相信的事物。”

杰出的心理学家卡尔·罗吉期在他的《如何做人》一书中写道：

“当我尝试去了解别人的时候，我发现这真是太有价值了。我这样说，你或许说会觉得奇怪。我们真的有必要这样做吗？我认为这是必要的。在我们听别人说话的时候，大部分的反应是评估或判断，而不是试着了解这些话。在别人述说某种感觉、态度或信念的时候，我们几乎立刻倾向于判定‘说得不错’，或‘真是好笑’，‘这不正常吗’，‘这不合道理’，‘这不正确’，‘这不太好’。我们很少让自己确实地去了解这些话对其他人具有什么样的意义。”

两千年以前，耶稣说过：“尽快同意反对你的人。”

换句话说，不要跟你的顾客或对手争辩。别说他错了，也不要刺激他，但要运用一点外交手腕。因此，如果你要使别人同意你，切记：“尊重别人的意见。切勿指出对方错了。”

有一个国外案例说的是，一个名叫卡尔的卖砖商人，由于另一位对手的竞争而陷入困境之中。对方在他的经销区域内定期走访建筑师与承包商，告诉他们：卡尔的公司不可靠，他的砖块不好，生意也面临即将歇业的境地。

卡尔对别人解释说他并不认为对手会严重伤害到他的生意。但是这件麻烦事使他心中生出无名之火，真想“用一块砖来敲碎那人肥胖的脑袋作为发泄”。

“有一个星期天的早晨，”卡尔说，“牧师讲道时的主题是，要施恩给那些故意跟你为难的人。我把每一个字都吸收下来。就在上个星期五，我的竞争者使我失去了一份25万块砖的订单。但是，牧师却要我们以德报怨，化敌为友，而且他举了很多例子来证明他的理论。当天下午，我在安排下周日程表时，发现住在弗吉尼亚州的一位我的顾客，正因为盖一间办公大楼需要一批砖，而所指定的砖型号却不是我们公司制造供应的，却与我竞争对手出售的产品很类似。同时，我也确定那位满嘴胡言的竞争者完全不知道有这笔生意的机会。”

这使卡尔感到为难，需要遵从牧师的忠告，告诉给对手这项生意的机会，还是按自己的意思去做，让对方永远也得不到这笔生意？

那么到底该怎样做呢？

卡尔的内心挣扎了一段时间，牧师的忠告一直盘踞在他的心头。最后，也许是因为很想证实牧师是错的，他拿起电话拨到竞争对手家里。

接电话的人正是那个对手本人，当时他拿着电话，难堪得一句话也说不出来。卡尔还是礼貌地直接地告诉他有关弗吉尼亚州的那笔生意。结果，那个对手很是感激卡尔。

卡尔说：“我得到了惊人的结果，他不但停止散布有关我的谎言，而且甚至还把他无法处理的一些生意转给我做。”

这样，卡尔与对手之间的阴霾也获得了澄清。

以德报怨，化敌为友。这就是迎战那些终日想要让你难堪的人所能采用的最上策。

第一印象很重要

第一印象直接影响着对一个人的评价，一个人的言谈举止是构成人们对他直接评价的主要因素。许多人在初次交往时，就很快为对方所接受，或被奉为事业的楷模，或被尊为学业上的恩师，或被敬为思想上的领袖，或被求为人生的伴侣。

第一印象的烙印是非常深刻的，很长时间都不容易被改变。在许多回忆录中，我们常常可以读到这样一段话：“他还是老样子，像我第一次见到他的时候……”

多少年以后，由于历史的变化更加之岁月的沧桑，一个人怎么会没有变化呢？但在作者眼里，对方还是他初次见到的模样。事实上，不是对方依然如故，而是作者脑中的第一印象太深刻了，没有随着时间的流逝而改变。

在纽约一处晚餐聚会里，有位刚继承了大笔遗产的女宾，极力想给众人留下深刻印象。她花了不少金钱购买貂皮大衣、钻石和珍珠，却忘了花点力气整顿一下面容——那张散发着乖戾之气和自私自利的面容。她并不懂得：一个人脸上的表情要比她身上的衣装重要多了。

显然，好的印象不是靠金钱堆砌出来的，其实一个本真的“你”就足够了，将你最真实的一面表达出来，无论是一个微笑，还是一举手、一投足，都会给人留下良好的印象。

行动比语言更具说服力。一个亲切的微笑会告诉别人：我喜欢你，你使我愉快，我真高兴见到你。

在社交活动中，第一印象很重要。它是在没有任何成见的基础上，完全凭着你的“自我表现”来判断的，因而第一印象直观、鲜明、强烈而又牢固。如果你相貌俊美，举止端庄大方，言语机智，风度翩翩，你就会给人留下美好而难忘的印象。

当然，人无完人，所有的优点和美德不可能都集中在一个人身上，但你若具有其中某一方面或某一方面的某一点，再扬长避短，将其发扬光大，也同样可以获得最佳效果。

如何给别人留下好的第一印象呢？有如下建议：

（1）发挥自己的长处。如果你发挥自己的长处，别人就会喜欢跟你在一起，并容易同你合作。一个人要首先了解自己，把握自己的特点，如外貌、精力、说话速度、声音的高低和语气、动作、手势、神情以及其他吸引别人注意的能力，等等。要知道，别人正是根据这些特点来形成对你的印象的。所以，与人交往，要充满自信，并尽可能发挥自己的长处。

（2）保持自己的本色。最懂得与人交往的人，永不会因场合不同而改变自己的性格。保持最佳状态的真我是给人留下美好印象的秘诀。不管是与人亲密地交谈，还是发表演说，都要保持自己的本色。

（3）善于使用眼神、目光。不管是跟一个人还是一百个人说话，一定要记住用眼睛望着对方。进入坐满人的房间时，应自然举目四顾，微笑着用目光照顾到所有的人，不要避开众人的目光，这会使你显得轻松自若。

笑容也很重要。最好的笑容和目光接触都应是温和自然的，并不是勉强做出来的。

（4）先听后行。参加会议、宴会或面试时，切勿急于发表意见，要稍微等一会儿，先了解一下当时的情形：会场气氛如何？别人的情绪怎样，是高涨还是低落？他们是渴望聆听你的意见，还是露出厌烦的神色？只有你觉察到别人的情绪，才能比较容易地接触他们。

（5）集中精力。怎样集中精力？一位专家说：“我在跟别人见面之前，通常会静静地坐下来集中思想，然后深呼吸一下，我会思考这次见面的目的——我的目的和别人的目的。有时候我步行几分钟，使心跳加速，这样踏进门口，就不会再想自己。我把注意力全集中到那人身上，尝试找出他值得我喜欢的地方。”

（6）态度肯定。肯定的态度很重要。我们常常见到有些人说起话来声音越来越小，甚至用手捂住自己的嘴巴。没有人愿意跟一个态度迟疑的人打交道。冷静是必要的，小心谨慎也可以，但切勿迟疑不决。

（7）放松心情。要使别人感到轻松自在，你自己就必须表现得轻松自在，不管遇到什么严重的事情，心理上都要尽量放松。学点幽默，不要总是神情严肃，或做出一副永远苦闷的样子。你应该把心情放松一下，否则家人、朋友和同事会对你感到厌倦。

不要突然改变自己的性格，不要摆出虚假的姿态。只要保持真我——最佳状态的真我，就足够了。事实上，你已有了给别人留下良好印象的神奇力量，因为没有人能比你自己把你表现得更出色。

交往中的风度

交往风度，是指人们在交往中呈现出的良好举止姿态。恰当的风度是人的内在素质与外在表现的和谐统一。只有恰当的风度，才能给人以美好的愉悦的感觉，增进人际关系的密切，提高交往双方的素质。反之，人们要是在交往中过分地张扬或炫耀自己的风度，就会产生适得其反的效果。因此，恰如其分地展示自己良好的风度，既是十分必要的，也是十分重要的。

（1）老练。老练的人，有着丰富的人生阅历，一般能较好地处理长远利益与眼前利益的关系，大节与小节的关系；能透过现象看本质，不被生活中形形色色的现象所惑；能处理感情与理智的关系，适当地节制自己的情感，驾驭自己的习性，使之无碍于交际。

形成老练的交往风度，并不是一件难事，只要在生活中注意观察、学习、积累经验，就会成为一个老练的人。

（2）谦逊。谦逊是一种赢得交往的美德。谦逊是以坦诚、求实为基础的，贵有自知之明。谦逊的人对自己的长处不炫耀，而对他人的长处能够由衷地赞美，见贤思齐；对自己的不足不掩饰，并能心悦诚服接受他人的意见，从善如流。养成谦逊的风度，需要在两条战线上作战，不仅要克服自满自骄，还必须杜绝虚伪。虚伪是坦诚的大敌，是狡诈的伙伴。虚伪的人，尽管在与人相处时，能表现一种“谦逊”的姿态，但因缺少坦诚，对他人的赞扬往往言不由衷，甚至给人以阿谀奉承之嫌；对他人的批评，表面上打哈哈，做出一副接受的姿态来，但并不能也不愿触及到自己的灵魂深处，更不想拿出改正缺点的行动来，只不过是把谦逊视为一种笼络人心的手段而已。因此，这类人不可能与他人建立持久的真诚的友谊。

（3）谨慎。做到处事谨慎，并不是要求事事时时处处谨小慎微，或者胆小怕事，瞻前顾后，顾虑重重，或者唯唯诺诺，优柔寡断，缺少个性，以此来包裹自己，把自己局限于一个狭窄的空间，那就成了拘谨了。拘谨恰恰是现代人交往的大敌，与拘谨的人交往毫无价值可言。

（4）活泼。活泼是一种充满生机活力的交往风度，是交往的催化剂。活泼表现为秉性天真无瑕，表情生动自然，举止大方洒脱，它能够深深地感染和调动对方的情绪，活跃交往的氛围。不活泼的人与人交往，表情呆板，不苟言笑，缺少热情，容易使交往陷于尴尬、别扭的僵局，从而使对方失去交往的兴趣和需求。

（5）豪爽。待人豪放率直，宽厚大度，心灵清亮如镜，明澈见底，不失为一种给人磁石般吸引的风度。豪爽与一个人的性格有很大的关系，也与一定的职业有关，但更主要地取决于一个人的心胸与气魄，只要是一个胸襟坦荡的人，都具有豪爽的一面。但豪爽不应像一匹脱缰的野马，失去控制。

（6）自尊。自尊心人人都有，在交往中，自尊是十分可贵的品质。自贱者不以人格的尊严为重，寡廉鲜耻，为了既得利益不惜出卖亲朋好友、出卖国家，以及出卖自己的肉体和灵魂。这样的人当然不能赢得他人的尊重。

（7）信任。信任是取信于人、获取他人信任的必要条件。与人交往，肝胆相照、以诚相见、信任他人，不失为可贵的风度。信任表现在两个方面，一是要有识人之能，并相信自己的眼力和判断；二是建立在了解对方的基础上。信任绝不是轻信。轻信表现为对人对事不加观察和分析，盲目地相信对方的品格及办事能力，因而良莠不分。

（8）宽容。宽容是赢得人心的最佳风度。宽容的表现有很多，在与人交往时，最主要的标志就是能冷静地承受对方给自己造成的种种不快，大度地对待对方的无礼，并不以他人的喜为忧，故能广交朋友，并在朋友中扮演重要角色，正所谓“度大集贤朋”。

培养高雅的气质

现实生活中，我们都有这样的经验，有的人相貌平平，但这个人让你感到“可亲近”，感到别有魅力；而有的人虽然衣冠楚楚，相貌堂堂，但给人的感觉是不可亲近，缺乏令人欣赏的特征。这是怎么回事呢？这让人想到人们常挂在嘴边上的一个词——气质。

奥黛丽·赫本是时尚界的神话，她被视作世界上最高雅、最有品位的女人，直至今日，她仍然是时尚偶像，这是因为她找到了最适合自己的形象，并且坚持了一生。

按照心理学的说法，气质是一个人在他的心理活动和外部活动中所表现的某些关乎强度、灵活性、稳定性和敏捷性等方面的心理特征的综合。气质高雅的人，他们身上散发出一种特有的“精神气”，使人不由自主地喜欢他们，愿意接近并与之交往，这种人办事的成功率往往比较高。这种人的“魅力所在”就是人们通常所说的气质。

一个人有没有良好的气质，对其人生的成败得失影响很大。人的容貌如同一朵花，季节性很强，它总有凋零之时，而人的气质所带来的人格魅力，则是与日俱增的。俗话说，风韵犹存，就是指的这个意思。的确，由气质产生的美感，是不受服装打扮和年龄制约的，它总是随时随地自然地流露出来。所有这些，正是许多人看重气质的原因所在了。

良好的气质是以人的文化素养、文明程度、家庭背景为基础的，同时，还要看他对待生活的态度。一个正直善良的人自然也是一个朴素、谦虚的人；一个对生活自信心强的人，总是精神振奋，给人以生气勃勃的感觉；一个在逆境面前，努力奋斗的人，给人以自强不息的感觉，使人的敬佩之情油然而生。

气质美主要表现在言谈举止上，一举手，一投足，说话的表情，待人接物的分寸，皆属此列。朋友初交，互相打量，立刻产生好的印象，这个好感除了言谈之外，就是气质的潜移默化。

高雅的兴趣也是气质美的一种表现，如爱好文学并有一定表达能力，欣赏音乐且有较好的乐感，喜欢美术并有基本的色彩感，等等。这样的人很受别人欣赏，与之交往的人也多。

有很多人并不是相貌长得好看，但他们身上却洋溢着夺目的气质美：如工作的认真、执着，言行的聪慧、洒脱，办事的精明、干练，这是真正的美，和谐统一的美。人们往往认为这样的人容易取得合作伙伴的竭诚支持。

气质高雅的表现特征有：仪表修饰得体，言辞幽默不俗，态度谦逊，接人待物沉着稳定，落落大方，彬彬有礼，让人一见就肃然起敬。站在这样的人面前，如同走进一座典雅的殿堂，令人自然脱去几分俗气，平添几分庄重。

气质高雅的人很受人尊重、喜欢，大家都认为这样的人办事稳重，有分寸，有高度的责任感。所以，许多大公司经常委派这样的人员负责公关部的接待工作，用以树立公司的形象，赢得客户的信赖与合作。拥有这种气质类型的推销员，其工作业绩往往比较突出。因为这种气质给人的感觉是诚恳、实在，不虚妄，容易让人产生信任感。

人的体貌能够表露出一个人的精神状态。当你看到一个人低着头，垂着双肩，驼着背走路，那你必然会怀疑此人一定遇到了难以解决的问题并承受着太多的思想重负。这种状态的人，人们往往认为他办事能力不强。因此，要想避免自己出现这种状况，就要在走路时，昂起头，挺起胸，脚步稳健，这样就能给人以精明、干练，充满活力的感觉。

工作中，有条不紊，忙而不乱，接到邀请后回答“你稍等一会儿，让我查查日程安排”的人，也常能给人精明、能干的印象。

第十四章

从做好一件事中领悟做好所有事的秘密

做正确的事比正确地做事更重要

创设遍及全美的市务公司的亨瑞·杜哈提说："如果能找到一个既能思想，又能按事情的重要次序来做事的人，不论他要多少薪水，我都愿意雇用他。"

因此，在工作中，如果我们不能选择正确的事情去做，那么唯一正确的事情就是停止手头上的事情，直到发现正确的事情为止。由此可见，做事的方向性是至关重要的。

然而，在现实生活中，无论是企业的商业行为，还是个人的工作方法，人们关注的重点往往都在于效率和正确做事。

实际上，第一重要的却是效能而非效率，是做正确的事而非正确做事。"正确地做事"强调的是效率，其结果是让我们更快地朝目标迈进；"做正确的事"强调的则是效能，其结果是确保我们的工作是在坚定地朝着自己的目标迈进。换句话说，效率重视的是做一件工作的最好方法，效能则重视时间的最佳利用——这包括做或是不做某一项工作。

"正确地做事"是以"做正确的事"为前提的，如果没有这样的前提，"正确地做事"将变得毫无意义。首先要做正确的事，然后才存在正确地做事。正确做事，更要做正确的事，这不仅仅是一个重要的工作方法，更是一种很重要的工作理念。任何时候，对于任何人或者组织而言，"做正确的事"都要远比"正确地做事"重要。

正确地做事与做正确的事是两种截然不同的工作方式。正确地做事就是一味地例行公事，而不顾及目标能否实现，是一种被动的、机械的工作方式。工作只对上司负责，对流程负责，领导叫干啥就干啥，一味服从，铁板一块，是制度的奴隶，是一种被动的工作状态。在这种状态下工作的人往往是不思进取，患得患失，不求有功，但求无过，做一天和尚，撞一天钟，混着过日子。

而做正确的事不仅注重程序，更注重目标，是一种主动的、能动的工作方式。工作对目标负责，做事有主见，善于创造性地开展工作。这种人积极主动，在工作中能紧紧围绕公司的目标，为实现公司的目标而发挥人的能动性，在制度允许的范围内，进行变通，努力促成目标的实现。

这两种工作方式的根本区别在于：只对过程负责，还是既对过程负责又对结果负责；是等待工作，还是主动地工作，同样的时间，这两种不同的工作方式产生的差别是巨大的。

举个工作中的例子，比如说某客户服务人员接到服务单，客户要装一台打印机，但服务单上没有注明是否要配插线，这时，客户服务人员有三种做法：

第一种做法：照开派工单；

第二种做法：打电话提醒一下商务秘书，是否要配插线，然后等对方回话；

第三种做法：直接打电话给客户，询问是否要配插线，若需要，就配齐给客户送过去。

第一种做法，可能导致客户的打印机无法使用，引起客户的不满；

第二种做法，可能会延误工作速度，影响服务质量；

第三种做法，既能避免工作失误，又不会影响工作效率。

你觉得，哪种做法最好呢？相信大多数人会选择第三种做法。第三种做法就是在做正确的事，第一、二种做法就是在正确地做事，这二者的区别就在结果的不同。而出现不同结果的原因，在于是否把公司的目标与自己的工作结合在了一起。

若要集中精力于当急的要务，就得排除次要事务的牵绊，此时需要有说“不”的勇气。

我的妻子曾被选为社区计划委员会的主席，可是既放不下许多更重要的事，又不好意思拒绝，只好勉为其难地接受。后来她打电话给一位好友，问她是否愿意在委员会工作，对方却婉拒了，我的妻子大失所望地说：“我那时也能拒绝就好了。”

这不是说社区活动或社会服务不重要，而是人各有志，各有优先要务。必要时，应该不卑不亢地拒绝别人，在急迫与重要之间，知道取舍。

我在一所规模很大的大学任教时，曾聘用一位极有才华又独立自主的撰稿员。有一天，有件急事想拜托他。

他说："你要我做什么都可以，不过请先了解目前的状况。"

他指着墙壁上的工作计划表，显示超过20个计划正在进行，这都是我俩早已谈妥的。

然后他说："这件事急事至少占去几天时间，你希望我放下或取消哪个计划来空出时间？"

他的工作效率一流，这也是为什么一有急事我会找上他。但我无法要求他放下手边的工作，因为比较起来，正在进行的计划更为重要，我只有另请高明了。

我的训练课程十分强调分辨轻重缓急以及按部就班行事。我常问受训人员：你的缺点在于——

（1）无法辨别事情重要与否？

（2）无力或不愿有条不紊地行事？

（3）缺乏坚持以上原则的自制力？

答案多半是缺乏自制力，我却不以为然。我认为，那是"确立目标"的功夫还不到家使然。而且不能由衷接受"事有轻重缓急"的观念，自然就容易半途而废。

这种人十分普遍。他们能够掌握重点，也有足够的自制力、却不是以原则为生活重心，又缺乏个人使命宣言。由于欠缺适当的指引，他们不知究竟所为何来。

以配偶或金钱、朋友、享乐等为重心，容易受第一与第三类事务羁绊。至于自我中心者难免被情绪冲动所误导，陷溺于能博人好感的第三类活动，以及可逃避现实的第四类事务。这些诱惑往往不是独立意志所能克服，只有发乎至诚的信念与目标，才能够产生坚定说"不"的勇气。

时间里的二八法则

在现实生活中，有一个很著名的叫"二八法则"的原理，对于我们的工作和生活有很大的影响，也是上述主管大幅度提高工作效率的最好解释。"二八法则"对工作的一个重要启示便是：避免将时间花在琐碎的多数问题上，因为就算你花了80%的时间，你也只能取得20%的成效。你应该将时间花于重要的少数问题上，因为解决这些重要的少数问题，你只需花 20%的时间，即可取得 80%的成效。

在工作生活中，我们都见过许多这样的人，他们虽然怀有大干一番事业、做出辉煌成绩的想法，可是总不见行动，只是把这些想法挂在嘴边，每天都踏步不前。因此，为了避免成为一个空谈主义者，为了更有效地提高我们的工作效率，我们必须立即行动起来。

我们每个人每天面对的事情，按照轻重缓急的程度，可以分为以下 4 个层次，即重要且紧迫的事；重要但不紧迫的事；紧迫但不重要的事；不紧迫也不重要的事。

1. 重要而且紧迫的事情

这类事情是你最重要的事情，而且是当务之急，有的是实现你的事业和目标的关键环节，有的则和你的生活息息相关，它们比其他任何一件事情都值得优先去做。只有它们都得到合理高效地解决，你才有可能顺利地进行别的工作。

2. 重要但不紧迫的事情

这种事情要求我们具有更多的主动性、积极性和自觉性。从一个人对这种事情处理的好坏，可以看出这个人对事业目标和进程的判断能力。因为我们生活中大多数真正重要的事情都不一定是紧急的。比如读几本有用的书、休闲娱乐、培养感情、节制饮食、锻炼身体。这些事情重要吗？当然，它们会影响我们的健康、事业还有家庭关系。但是它们急迫吗？不。所以很多时候这些事情我们都可以拖延下去，并且似乎可以一直拖延下去，直到我们后悔当初为什么没有重视，没有早点来着手重视解决它们。

3. 紧迫但不重要的事情

紧迫但不重要的事情在我们的生活中十分常见。例如，本来你已经洗漱停当准备休息，好养足精神明天去图书馆看书时，忽然电话响起，你的朋友邀请你现在去泡吧聊天。你就是没有足够的勇气回绝他们，你不想让你的朋友们失望。然后，你去了，次日清晨回家后，你头昏脑涨，一个白天都昏昏沉沉的。你被别人的事情牵着走了，而你认为重要的事情却没有做，这或许会造成你很长时间都比较被动。

4. 既不紧迫又不重要的事情

很多这样的事情会在我们的生活中出现，它们或许有一点价值，但如果我们毫无节制地沉溺于此，我们就是在浪费大量宝贵的时间。比如，我们吃完饭就坐下看电视，却常常不知道想看什么和后面要播什么。只是被动地接受电视发出的信息。往往在看完电视后觉得不如去读几本书，甚至不如去跑跑健身车，那么刚才我们所做的就是浪费时间。其实你要注意的话，很多时候我们花在电视上的时间都是被浪费掉了。

我们可以按照上述的分类，将重要而且紧迫的事情定为A类，将重要但不紧迫的事情定为B类，紧迫但不重要的事情定为C类，既不紧迫又不重要的事情定为D类，在实际工作中，我们应该先干重要而且紧迫的事，即A类事情，这一类事情做得越多，我们的工作效率就越高。

在工作中，我们需要时刻提醒自己："此刻，什么是我利用时间的最佳方式？"在每月事先安排的工作计划中，应使自己除了能为"重点"的项目留出额外的时间外，还能使工作有所变化并保持平衡。

另外，计划赶不上变化，如果目标不随着工作进程而及时修改的话，很容易成为工作效率提高的障碍，因此，我们应该坚持每月修订一次自己的人生目标。每天重温自己制定的目标，并用每天的行动去接近这个目标。你可以在办公室里放上自己的人生目标的陈述，借此提醒自己。即使是在干一件最小的事，心中也不忘那个长期的目标。在每天早晨就进行计划，安排好一天工作的轻重缓急。每天都有一张当天要做哪些事的清单，并将它们按重要性程度排列，然后尽可能一有时间就去干最重要的工作。为自己、也为别人都定下工作的最后期限。养成好习惯，按着"任务清单"的顺序干，绝不跳过困难的工作。永远放弃"等候时间"。如果不得不等什么，就把它当作"时间的礼物"，用它来休憩，或去做一些本来不会去做的事情。检查自己的旧习惯，看看是否有需要杜绝或加以改进的地方。

法国哲学家布莱斯·巴斯卡所说："把什么放在第一位，是人们最难懂得的。"

一个人在工作中常常难以避免被各种琐事、杂事所纠缠。有不少人由于没有掌握高效能的工作方法，而被这些事弄得筋疲力尽，心烦意乱，总是不能静下心来去做最该做的事，或者是被那些看似急迫的事所蒙蔽，根本就不知道哪些是最应该做的事，结果白白浪费了大好时光，致使工作效率不高，效能不显著。为此，每个人都应该有一个自己处理事情的优先表，列出自己一周之内急需解决的一些问题，并且根据优先表排出相应的工作进程，使自己的工作能够稳步高效地进行。

不要把问题复杂化

你了解“奥卡姆剃刀”吗？奥卡姆剃刀原理是由14世纪的哲学家、修士奥卡姆的威廉提出的一个原理。它告诫人们：“切勿浪费较多东西去做用较少的东西同样可以做好的事情。”后来以一种更为广泛的形式为人们所知，即“如无必要，勿增实体”。

“奥卡姆剃刀”以结果为导向，始终追寻高效简洁的思维方式。在过去，它影响过哥白尼、牛顿、罗素、爱因斯坦等伟大人物，帮助他们成就了辉煌的事业。现在，它又被比尔·盖茨、巴菲特等精英所使用。这是一个改变全球精英命运的思维法则，也是左右企业与个人发展的永恒法则。

这个原理在社会各方面已得到越来越多的应用。它要求我们在处理事情时，要把握事情的本质，解决最根本的问题。尤其不要把事情人为地复杂化，简洁才能出高效。

巴黎一家现代杂志曾刊登过这样一个有趣的竞答题目：“如果有一天罗浮宫突然起了大火，而当时的条件只允许从宫内众多艺术珍品中抢救出一件，请问：你会选择哪一件？”在数以万计的读者来信中，一位年轻画家的答案被认为是最好的——选择离门最近的那一件。

这个答案令人拍案叫绝，因为罗浮宫内的收藏品每一件都是举世无双的瑰宝，所以与其浪费时间选择，不如抓紧时间抢救一件算一件。生活中，千万不要把事情过于复杂化，繁冗、拖泥带水反而会让我们多走弯路。

有一次，美国著名幽默作家马克·吐温在教堂听牧师演讲。最初，他觉得牧师讲得很好很感人，准备捐出身上所有的钱。过了10分钟，牧师还没讲完，他有些不耐烦了，决定只捐一些零钱。又过了10分钟，牧师还没有讲完，于是他决定一分钱也不捐了。到牧师终于结束演讲开始募捐时，马克·吐温由于气愤，不仅未捐钱，还从盘子里偷了两元钱。

这个有趣的故事告诉我们：用简洁的方法去解决复杂的问题，有时候才是最有效最快捷的方法。

一天，克莱斯勒的总裁艾柯卡在底特律郊区开车时，驶过一辆野马牌敞篷车。那正是克莱斯勒缺乏的——一辆敞篷车。

他回到办公室以后，马上打电话向工程部的主管询问敞篷车的生产周期。“一般来说，生产周期要5年。”主管回答，“不过如果赶一点，3年内就会有第一辆敞篷车了。”

“你不懂我的意思，”艾柯卡说，“我今天就要！叫人带一辆新车到工厂去，把车顶拿掉，换一个敞篷盖上去。”

结果艾柯卡在当天下班前看到了那辆改装的车子。一直到周末，他都开着那辆“敞篷车”上街，而且发现看到的人都很喜欢。第二个星期，一辆克莱斯勒的敞篷车就上设计图了。

由此可见，简洁才能赢。瞻前顾后、画蛇添足、节外生枝并不可取，快刀才能斩乱麻。面对纷繁复杂的问题，做事的思维和方法应该从简切入，以简驭繁，化繁为简，避免陷入繁中添乱、漫无头绪的窘境。做事的全部奥秘就在于越简单越好。简单的东西，往往是最有力量的。化繁为简就是实践的最高境界。

职场中，许多人都不知道这样一个事实，那就是问题总可以用更简单的方法去解决，无论这是一个多么复杂的问题。人们最常见的习惯是，一看见重要的事情，往往会用复杂的方法去解决。结果，事情越做越复杂，最后变得更加困难。

“奥卡姆剃刀”提示我们：解决事情的关键就在于我们是否能让它变得简单。准确找到并把握事物的规律，去伪存真，由表及里，将一个个复杂的工作简单化，然后高效地加以解决，这就是一个优秀的企业员工的必胜法宝。

要事永远排在第一

你是不是从早忙到晚，感觉自己一直被工作追着跑？但你的忙乱也许不是因为工作太多，而是因为你没有将重要的事摆在第一位。在如今越来越复杂与紧凑的工作步调中，将不紧迫又不重要的事情撇在一边，保持“要事第一”是最好的应对原则。

“最聪明的人是那些对无足轻重的事情无动于衷，却对那些较重要的事务无法无动于衷的人。”一流人物大都具备无视“小”（人物、是非）的能力，他必须忍住不为小事所缠，他能很快分辨出什么是无关紧要的事项，然后立刻砍掉它。

事实也是如此，在你往前奔跑时，你不可以对路边的蚂蚁、水边的青蛙太在意——当然毒蛇拦路除外。如果要先搬掉所有的障碍才行动，那就什么也做不成。一个人过于努力想把所有事都做好，他就不会把最重要的事做好。

许多人在处理日常事务时，完全不知道把工作按重要性排列。他们以为每个任务都是一样的重要，只要时间被工作填得满满的，他们就会很高兴。然而懂得安排工作的人却不是这样，他们通常是按优先顺序展开工作，将要事摆在第一位。

在确定了应该做哪几件事情之后，你必须按它们的轻重缓急行动。大部分人是根据事情的紧迫感而不是事情的优先程度来安排顺序的。这些人的做法是被动的而不是主动的。真正懂得重视效率的人不会这样来开展工作。那么我们在工作中如何提高自己的工作效能，做到要事第一呢？

1. 明确公司目标

要做到要事第一，首先我们要明确公司的发展目标，站在全局的高度思考问题，这样可避免重复作业，减少出错的可能。我们在工作中，必须理清的问题包括：我现在的工作必须做出哪些改变？可否建议我，要从哪个地方开始？我应该注意哪些事情，避免影响目标的达成？有哪些可用的工具与资源？

2. 找出“正确的事”

要实现要事第一，第二个关键就是要根据公司发展目标找出“正确的事”。工作的过程就是解决一个个问题的过程。有时候，一个问题会摆到你的办公桌上让你去解决。问题本身已经相当清楚，解决问题的办法也很清楚。但是，不管你要冲向哪个方向，想先从哪个地方下手，正确的工作方法只能是：在此之前，请你确保自己正在解决的是正确的问题——很有可能，它并不是先前交给你的那个问题。要搞清楚交给你的问题是不是真正的问题，唯一的办法就是更深入地挖掘和收集事实，问问题，多看，多听，多想，一般用不了多久，你就能搞清楚自己走的方向到底对不对。

3. 保持高度责任感

在工作中要时刻保持高度的责任感，自觉地把自己的工作和公司的目标结合起来，对公司负责，也对自己负责；最后，发挥自己的主动性、能动性，去推进公司目标的实现。

4. 学会说“不”

要学会拒绝，不让额外的要求扰乱自己的工作进度。对于许多人来说，拒绝别人的要求似乎是一件难上加难的事情。拒绝的技巧是非常重要的职场沟通能力。在决定你该不该答应对方的要求时，应该先问问自己："我想要做什么？或是不想要做什么？什么对我才是最好的？"

在做决定时我们必须考虑，如果答应了对方的要求是否会影响既有的工作进度，而且会因为我们的拖延而影响到其他人？而如果答应了，是否真的可以达到对方要求的目标。

5. 沟通增效

沟通在提高工作效率中有着十分重要的作用，例如，工作中你可能会出现"手边的工作都已经做不完了，又丢给我一堆工作，实在是没道理。"这样的抱怨，这时候如果你保持沉默，很可能会给老板留下办事不力的印象，所以，如果工作中出现了这种情况，你不可保持沉默，而应该主动沟通，清楚地向老板说明你的工作安排，主动提醒老板排定事情的优先级，并认真聆听老板的意见，这样可大幅减轻你的工作负担。

老板是需要被提醒的，在工作中，我们应该时刻提醒自己，与老板的沟通是否充分，我们有没有适当地反映真实情况？如果我们不说出来，老板就会以为有时间做这么多的事情。况且，他可能早就不记得之前已经交代给你太多的工作。

6. 过滤"次要信息"

应当学会有效过滤次要信息，让自己的注意力集中在最重要的信息上。工作中我们经常会被铺天盖地的电子邮件搞得疲惫不堪，更可怕的是，它们常常会分散我们工作的注意力，为我们做正确的事带来很大的干扰，为此，我们应该学会如何有效过滤次要信息，将自己的注意力集中在最重要的信息上。

一般说，正确的过滤流程分为两个步骤，第一步是先看信件主旨和寄件人，如果没有让自己觉得今天非看不可的理由，就可以直接删除。这样至少可以删除50%的邮件。第二步开始迅速浏览其余的每一封信件的内容，除非信件内容是有关近期内（例如两星期内）必须完成的工作，否则就可以直接删除。这样又可以再删除25%的信件。

7. 使用"优先表"

要事第一要求我们在工作中要善于发现决定工作效率的关键事情，在第一时间解决排在第一位的问题。在这个问题上，怎样确立时下最需要解决的问题就成了问题的关键和难点所在。著名的逻辑学家布莱克斯说过："把什么放在第一位，是人们最难懂得的。"

一个人在工作中常常难以避免被各种琐事、杂事所纠缠。有不少人由于没有掌握高效能的工作方法，而被这些事弄得筋疲力尽，心烦意乱，总是不能静下心来去做最该做的事，或者是被那些看似急迫的事所蒙蔽，根本就不知道哪些是最应该做的事，结果白白浪费了大好时光，致使工作效率不高，效能不显著。

为此，每个人都应该有一个自己处理事情的优先表，列出自己一周之内急需解决的一些问题，并且根据优先表排出相应的工作进程，使自己的工作能够稳步高效地进行。

高效地搜集消化信息

当今世界是一个以大量资讯作为基础来开展工作的社会。及时、准确地掌握信息，对赢得竞争也十分重要。信息就是资源，信息就是竞争力，一个人如果能及时掌握准确而又全面的信息，他就等于掌握了竞争的主动权。

但是我们在工作中面临的一个现实是：一方面知识更新速度很快，社会资讯泛滥，到处充斥着这样那样的信息；另一方面，总是感觉到工作上所需要的资讯相对难求。有些企业，尤其是大型企业对资讯的收集、管理和使用都比较混乱，没有一套系统的方法。以至于有时候获取了很好的情报，但由于错过了最佳使用时机而失去了其应有的价值。

每一个人都应当养成高效地搜集并消化信息的习惯。当你真的感到自己在工作时缺乏信息，不要像有的员工那样，抱怨"公司的资讯没能很好地流通，我得不到应有的信息支持"。

因为说出这样的话，就表示你没有主动地去搜集资讯信息，而是坐在那里被动地等待别人来提供信息给你。当你确实需要资讯时，必须要主动地去搜集。

1. 要善于捕捉有用信息

在信息社会，每一个人都在扮演着两个基本角色，即信息传递者和信息接受者。信息就像人们讲"吃过了吗？""吃过了。"之类的寒暄话一样自然而平常。但在这"自然而平常"之中，却有着许许多多的道理和学问，关键就是看你能否捕捉和善用信息。

职场中总有些人不去自动自发地搜集信息，而只是坐在那里等着信息传达到他们手上。持这种守株待兔的态度，是无法成为一名善于搜集并消化信息的高效能人士的。

要学会捕捉有用的信息，就应该注意收集、发现和开发信息。

2. 要对事物保持敏感

应当对事物保持敏感，这样才能在信息社会中赢得主动。事实证明，那些事业上成功的人，往往对任何事情都抱有好奇心，在搜集信息时，也自然能对事物保持一定的敏感度，以便捕捉到对自己有用的信息。

赖特曾是南方一家公司的小职员，平时的工作是为老板干一些文书工作，跑跑腿、整理整理报刊材料。这份工作很辛苦，薪水又不高，他时刻琢磨着想个办法赚大钱。

有一天，他从报纸上看到一条关于自动售货机的信息。上面写道："现在美国各地都大量采集自动售货机来销售货品，这种售货机不需要雇人看守，一天24小时可随时供应商品，而且在任何地方都可以营业，给人们带来了许多方便。可以预料，随着时代的进步，这种新的售货方法会越来越普及，必将被广大的商业企业所采用，消费者也会很快地接受这种方式，前途一片光明。"

赖特开始在这上面动脑筋，他想："当时自己所处的地区还没有一家公司经营这个项目，可将来也必然会迈入一个自动售货的时代。这项生意对于没有什么本钱的人最合适。我何不趁此机去钻这个冷门，经营此新行业？至于售货机里的商品，应该搜集一些新奇的东西。"

于是，他就向朋友和亲戚借钱购买自动售货机，共筹到了30万美元，这笔钱对于一个小职员来说可不是一个小数目。他以一台1.5万元的价格买下了20台售货机，设置在酒吧、剧院、车站等一些公共场所，把一些日用百货、饮料、酒类、报纸杂志等放入其中，开始了他的新事业。

赖特的这一举措，果然给他带来了大量的财富。当地人第一次见到公共场所的自动售货机，感到很新鲜，因为只需往里投入硬币，售货机就会自动打开，送出你所需要的东西。一般，一台售货机只放入一种商品，顾客可按照需要从不同的售货机里买到不同的商品，非常方便。赖特的自动售货机第一个月就为他赚到10多万元。他再把每个月赚的钱投资于自动售货机上，扩大经营规模。5个月后，赖特不仅早已连本带利还清了借款，而且还净赚了近100万元。

正是一条有用的信息，造就了一位新富翁。信息时代，这样的富翁不止赖特一个。因此我们应当时刻保持对信息的敏感，只有这样才能领先别人一步，成为一名善于把握信息的人。

3. 要培养搜集信息的好习惯

应当养成高效搜集、消化信息的习惯，那么我们应当从哪些方面着手培养这些习惯呢？

（1）主动去关心信息。高效能人士应当主动去“关心”信息，因为这是搜集信息的一个好方法。例如，在大街上，当你听到消防车喇叭声大作时，你会问“哪里失火了？哪里出现了紧急情况吗？”只有主动询问，你才能立刻了解到哪里出现了事故。当看到街头围了一大群人，你要走上前挤进去，才能看得见那里发生了什么事。因为，要掌握一件事情的真相，光有好奇心是不够的，还要尽可能地亲身经历或亲眼见识。要搜集资讯，就必须主动出击，抢先获取第一手资料。当然，我们还应当培养自己判断信息是否有价值的能力，这样，才能在浩如烟海的信息世界里找到对自己有用的信息。

（2）建立个人信息网络。建立个人信息网络的重要性在于，当你想要哪一类资讯时，你立刻可以找到能提供这方面信息的人；当你想得到最具权威性的资料时，马上有人为你提供最为科学的建议。怎样来建立你的信息网络呢？可以先以你的知交良朋、同一母校的校友、同时进入公司的同事、上各类培训班时认识的学员、同行业里认识的朋友为基础，逐渐扩大你的信息网络。若善加利用，这个网将是你一生中最为宝贵的财富之一。

（3）要善于“套”情报。用对信息的保密程度来划分，人不外乎两类：缄默型和主动传播型。当知道一项内部资讯时，主动传播型的人，不用你去问，他都会跑来告诉你整个事情的始末，并且会添油加醋。而缄默型，则会三缄其口，不随意传话。

对缄默型的人，你要想办法从他们的嘴里“套”出话来。你不能开门见山，要旁敲侧击。而对主动传播型，无论他跟你说什么，你都要很有兴趣地听完它，而不要对自认为有价值的就认真听，觉得没用的就提不起精神。否则，以后他就不会再告诉你什么东西了。

（4）不要随便传播所得情报。一般，在对方信任你的情况下，才会告诉你内部参考、内幕消息和独家机密，而且他们往往都会叮嘱你“千万不要告诉别人”。如果你把这些别人不知道的事情随便告诉了其他人，一旦传到了当初告诉你的那个人耳中后，以后你再也不能从他那里得到什么有价值的资讯了。

第一次就把事情做对

第一次就把事情做对，是著名管理学家克劳士比“零缺陷”理论的精髓之一，它是一种追求精的工作态度。同时，当你第一次就把事情做到位了，你的工作效率就会相应提高。

一次工程施工中，师傅们正在紧张地工作着。这时一位师傅手头需要一把扳手。他叫身边的小徒弟：“去，拿一把扳手。”小徒弟飞奔而去。他等啊等，过了许久，小徒弟才气喘吁吁地跑回来，拿回一把巨大的扳手说：“扳手拿来了，真是不好找！”

可师傅发现这并不是他需要的扳手。他生气地说：“谁让你拿这么大的扳手呀？”小徒弟没有说话，但是显得很委屈。这时师傅才发现，自己叫徒弟拿扳手的时候，并没有告诉徒弟自己需要多大的扳手，也没有告诉徒弟到哪里去找这样的扳手。自己以为徒弟应该知道这些，可实际上徒弟并不知道。师傅明白了：发生问题的根源在自己，因为他并没有明确告诉徒弟做这项事情的具体要求和途径。

第二次，师傅明确地告诉徒弟，到某间库房的某个位置，拿一个多大尺码的扳手。这回，没过多久，小徒弟就拿着他想要的扳手回来了。

要想把事情做对，就要让别人知道什么是对的，如何去做才是对的。在给出做某事的标准之前，我们没有理由让别人按照自己头脑中所谓的“对”的标准去做。

在我们的工作中经常会出现这样的现象：

——5%的人并不是在工作，而是在制造问题，无事生非，他们是在破坏性地做。

——10%的人正在等待着什么，他们永远在等待、拖延，什么都不想做。

——20%的人正在为增加库存而工作，他们是在没有目标地工作。

——10%的人没有对公司做出贡献，他们是“盲做”、“蛮做”，虽然也在工作，却是在进行负效劳动。

——40%的人正在按照低效的标准或方法工作，他们虽然努力，却没有掌握正确有效的工作方法。

——只有15%的人属于正常范围，但绩效仍然不高，仍需要进一步地提高工作质量。

无论做什么事，都要讲究到位，半到位半不到位是最令人难受的。在我们执行工作的过程中，“第一次就把事情做对”是一个应该引起足够重视的理念。如果这件事情是有意义的，现在又具备了把它做对的条件，为什么不现在就把它做对呢？

第一次就把事情做对是一种追求精益求精的工作态度。然而许多人做事不精益求精，只求差不多。尽管在表现上看来，他们也很努力、很敬业，但最终结果却总是无法令人满意。

时间管理专家常常告诫工作中的人们：“永远不要‘随手’把东西暂时先放在那里，即‘别把东西放下，而要把东西放起来。’不这么做的话，就意味着第一次没有把工作做完，过一会儿就至少得做两次了。”

当人们被要求“第一次就把事情做对”时，许多人会反驳：“我很忙。”因为很忙，就可以马马虎虎地做事吗？其实，返工的浪费最不值得。第一次没做好，再重新做时既慢，花费也多。

有位广告部经理曾经犯过这样一个错误，由于完成任务的时间比较紧，在审核广告公司回传的样稿时不够仔细，在发布的广告中弄错了一个电话号码——服务部的电话号码被广告公司打错了一个数字。就是这么一个小小的错误，给公司带来了一系列的麻烦和损失。后来因为一连串偶然的因素使他发现了这个错误，他不得不耽误其他的工作时间并靠加班来弥补。同时，还让上司和其他部门的同事陪他一起忙了好几天。幸好错误发现得及时，否则造成的损失必将进一步扩大。

第一次没把事情做对，不仅会给自己的工作带来很大的麻烦，还会给上司和同事带来工作上的不便，严重时还会给公司造成经济损失或形象损失。对于上司安排你去做的事，你不去做，上司就要去做；你做不到位，上司就要返工。从管理角度来说，公司花了高薪聘请你的上司，成本是你的10倍以上，从经济意义上来说，他花1小时能做好的事，你花1天的时间做好也值。同样的道理，一件小事，你花了一个小时做完交给了他，当他发现了不完善的地方，再去补充、修改，花半个小时，如果这样，还是你费半天时间把事情第一次就做对比较合算。你把小事做到位了，他的工作效率就提高了。

因此，只要在工作完成之前想一想出错后可能会给自己以及所在的公司带来的麻烦、造成的损失，就应该能够理解“一次就把事情做对”这句话的重要性。

专心致志才能有成就

罗曼·罗兰说:“与其花许多时间和精力去凿许多浅井，不如花同样的时间和精力去凿一口深井。即使是最弱小的生命，一旦把全部精力集中到一个目标上也会有所成就。而最强大的生命如果把精力分散开来，最终也将一事无成。”

成就事业要专心致志、锲而不舍，不能见异思迁，一暴十寒，没有常性。

好多年前，有人要将一块木板钉在树上当搁板，帕金斯走过去管闲事，说要帮他一把。他说:“你应该先把木板头子锯掉再钉上去。”于是，他找来锯子之后，还没有锯到两三下又撒手了，说要把锯子磨快些。于是他又去找锉刀。接着又发现必须先在锉刀上安一个顺手的手柄。于是，他又去灌木丛中寻找小树，可砍树又得先磨快斧头。

磨快斧头需将磨石固定好，这又免不了要制作支撑磨石的木条。制作木条少不了木匠用的长凳，可这没有一套齐全的工具是不行的。于是，帕金斯到村里去找他所需要的工具，然而这一走，就再也不见他回来了。

后来人们发现，帕金斯无论学什么都是半途而废。他曾经废寝忘食地攻读法语，但要真正掌握法语，必须首先对古法语有透彻的了解，而没有对拉丁语的全面掌握和理解，要想学好古法语是绝不可能的。帕金斯进而发现，掌握拉丁语的唯一途径是学习梵文，因此便一头扑进梵文的学习之中，可这就更加旷日费时了。

他从未获得过什么学位，他所受过的教育也始终没有用武之地。但他的先辈为他留下了一些本钱。他拿出10万美元投资办一家煤气厂，可造煤气所需的煤炭价钱昂贵，这使他大为亏本。于是，他以9万美元的售价把煤气厂转让出去，开办起煤矿来。可这又不走运，因为采矿机械的耗资大得吓人。因此，帕金斯把在矿里拥有的股份变卖成8万美元，转入了煤矿机器制造业。从那以后，他便像一个内行的滑冰者，在有关的各种工业部门中滑进滑出，没完没了。

他恋爱过好几次，可是每一次都毫无结果。他对一位姑娘一见钟情，十分坦率地向她表露了心迹。为使自己匹配得上她，他开始在精神品德方面陶冶自己。

他去一所星期日学校上了一个半月的课，但不久便自动逃遁了。两年后，当他认为问心无愧、可以启齿求婚之日，那位姑娘早已嫁给了一个愚蠢的家伙。

不久他又如痴如醉地爱上了一位迷人的、有5个妹妹的姑娘。可是，当他到姑娘家时，却喜欢上了她的二妹。不久又迷上了更小的妹妹。到最后一个也没谈成功。

认真就是你用生命，用真实的感情，用全部的热情，坚持不懈地去做一件事的态度。无论是科学家、军事家、政治家、思想家，很多成功的人，他们在一生中能够成就一个事业，其中都有一个重要的素质，就是：善于集中自己的注意力，善于专心致志地做一件事情，善于专心致志地进行每一时刻的研究、学习和努力。

当我们赞叹、羡慕、向往和崇拜天才人物的成功时，不如从培养自己集中注意力这件小事开始。

两军交战，甚至是两个国家之间进行战争，自然有整体的军事实力、经济实力以及政治实力的对抗。然而，战争的胜负还要取决于指挥者具体的军事指挥。这样，在军事上就有一个术语，叫作集中兵力。

比如，你方100人，我方也100人。你的100人分散在100个地方，我却能集中我100人中的30个人，先消灭你方的1个人，又消灭你方的1个人。在每一个战役中，每一个点上，决定胜负的都是这种力量对比。

做任何事情都与战争一样，要解决问题，必须一个一个解决。而在解决一个一个的问题时，必须相对地集中我们的力量。在学习中、工作中解决任何一个问题，都要相对地集中我们的注意力、思维力、精力和时间。

一个军事家，将自己的兵力分散在一个广阔的空间中，任敌人集中兵力来攻击自己，只有失败。如果我们的精力、我们的注意力、我们的思维不能够在一个一个具体的目标上予以集中，我们就不可能解决问题，就不会有成效，不会有成功，不会有学习上的高水平和高效率。所以，专心致志的能力是我们特别重要的一个成功素质。

第十五章

勤奋专注，猎手的季节里没有冬天

勤奋最能挖掘潜能

谁能不停止勤奋的脚步，谁就能够发展自己的强项，挖掘自己的潜能，成就自身的伟业。天道酬勤，那些勤勤恳恳工作的人不怕找不到可以经营的强项，正如优秀的航海家总能驾驭大风大浪中的船一样。对人类历史的研究表明，在成就一番伟业的过程中，一些最普通的品格，如公共意识、专心致志、持之以恒等，往往起着很大的作用。即使是盖世天才也不能小觑这些品质的巨大作用，更别说普通人了。

约翰·弗斯特认为，天才就是点燃自己的智慧之火，激发自己的潜能；波思认为，"天才就是耐心"。强项是靠勤奋来获取的，而不是天才的产物。事实上，真正伟大的人物只相信常人的智慧与毅力的作用，而不相信什么天才，甚至有人把天才定义为潜能升华的结果。一位大学校长认为，天才就是不断努力的结果。

道尔顿是英国物理学家及化学家，他不承认自己是什么天才，约翰·亨特曾评论他："他的心灵就像一个蜂巢一样，从外表看来是一片混乱、杂乱无章，到处充满嗡嗡之声，实际上一切都整齐有序。每一点食物都是通过勤劳在大自然中精心采集的。"道尔顿认为他所取得的一切成就都是靠勤奋、靠点滴积累而成的。翻一翻一些大人物的传记，我们可以发现，大多杰出的发明家、艺术家、思想家和各种著名的工匠，他们之所以能成大事，在很大程度上都归功于非同一般的勤奋和持之以恒的毅力。

英国作家兼政治家狄斯累利（1804 ~ 1881 年，于 1874 ~ 1880 年任首相）认为，要成大事就必须有自己的强项，而要获得强项，只有通过连续不断的苦心钻研，除此别无良策。正如意大利民谚所云："走得慢且坚持到底的人才是真正走得快的人。”因此，从很大程度上讲，那些拥有强项的人并不是严格意义上的天才人物，而是那些智力平平但却非常勤奋、埋头苦干的人；不是那些天资卓越、才华横溢的天才，而是那些不论在哪个行业都刻苦劳作、奋斗不息的人。

有一位事业有成的女性在谈及她那才华横溢却毫不努力的儿子时曾慨叹：“唉！他太缺少坚持到底、顽强拼搏这份毅力，如何能成大器？”天赋过人的人如果没有毅力和恒心做基础，只会成为转瞬即逝的火花，无法挖掘自己的潜能。即使是在一些最简单的事情上，持之以恒的磨炼也会产生惊人的结果。拉小提琴看起来十分简单，但要使之成为自己的强项，必须花费很多精力去反复练习。

有一个年轻人曾问卡笛尼学拉小提琴要多长时间，卡笛尼回答道：“每天12个小时，连续坚持12年。”一个芭蕾舞演员要练就一身绝技，不知道要流下多少汗水、饱尝多少苦头，一招一式都要花费难以想象的辛劳。芭蕾舞演员泰祺妮准备她的夜晚演出之前，往往得接受她父亲两个小时的严训，等到歇下来时已是筋疲力尽，有时甚至达到完全失去知觉的地步。舞台上她那轻灵如飞的舞步，往往令人心旷神怡，但舞台下她的勤奋耕耘又是平常人所不能想象的。常言道：台上一分钟，台下十年功。这十年功的酸甜苦辣，泰祺妮作为一个芭蕾舞演员似乎有更深刻的体会。

对于想成大事的人来说，勤奋是最好的资本，只要你足够勤奋，就能开发自己的潜能，发挥自己的强项。一点点进步都是来之不易的，任何伟大的事业都不可能轻易成功。许多著名的科学家和发明家的一生就是顽强拼搏、刻苦奋斗的一生。

比别人做得更多更彻底

西谚有云：“工作中的傻子永远比睡在床上的聪明人强。”对于那些刚刚踏进社会的年轻人来说更是如此。要想取得成功，必须做得更多更好，成功的人永远比一般人做得更好更彻底。

每一个人都应牢记一句俗语：“对未来的真正慷慨在于向现在献出一切。”如果你能成功地选择工作态度，那么幸福就会找到你。

“马无夜草不肥，人无勤劳不富”，所以工作中，你只有比别人做得更多更彻底，你才能够在职场的“秋天”收获丰硕的果实。

我们一定要有所作为，不能枉度人生。有一些人，他们得过且过，事不关己，高高挂起，本着独善其身的原则平庸过活。这样的人迟早会葬身于生活的海洋，与海草同腐。

在柯金斯担任福特汽车公司总经理时，有一天晚上，公司里因有十分紧急的事，要发通告信给所有的营业处，所以，需要全体员工协助。不料，当柯金斯安排一个做书记员的下属去帮忙套信封时，那个年轻的职员傲慢地说："这不是我的工作，我不干！我到公司里来不是做套信封工作的。"

听了这话，柯金斯一下就愤怒了，但他仍平静地说："既然这件事不是你分内的事，那就请你另谋高就吧！"

每一个员工要想纵横人生，乘风破浪，除了尽心尽力做好本职工作，还要比别人多做一些分外的工作。多做一点点，可以让你时刻保持昂扬斗志，在工作中不断地激发自己，充实自己。当然，分外的工作，也会让你拥有更多的表演舞台，让你把自己的才华适时地表现出来，引起别人的注意，同时得到老板的重视和认同。

当其他人放弃的时候，你要去继续找寻下一位顾客。

当顾客拒绝你的时候，你要继续追问："您到底需要什么？"

当顾客不买的时候，你仍然要坚持去调查了解："您为什么不买？"

美国一位年轻的铁路邮递员，和其他邮递员一样，用陈旧的方法分发着信件。大部分的信件都是凭这些邮递员不太准确的记忆拣选后发送的，因此，许多信件往往会因为记忆出现差错而无谓地耽误几天甚至几个星期。于是，这位年轻的邮递员开始寻找另外的新办法。他发明了一种把寄往某一地点去的信件统一汇集起来的制度。就是这一件看起来很简单的事，成了他一生中意义最为深远的事情。他的图表和计划吸引了上司的广泛注意，很快，他获得了升迁的机会。5年以后，他成了铁路邮政总局的副局长，不久又被升为局长，从此踏上了美国电话电报公司总经理的路途。他的名字叫西奥多·韦尔。

做出一些人们意料之外的成绩来，尤其留神一些额外的责任，关注一些本职工作之外的事——这就是韦尔获得成功的原因。

萨姆是一家连锁超市的打包员，日复一日地重复着几乎不用动脑甚至技巧也不复杂的简单工作。但是，有一天，他听了一个主题为建立岗位意识和重建敬业精神的演讲，便想如何通过自身的努力使自己的单调工作变得丰富起来。他让父亲教他如何使用计算机，并设计了一个程序，然后，每天晚上回家后，他就开始寻找“每日一得”，输入微机，再打上好多份，在每一份的背面都签上自己的名字。第二天，他给顾客打包时，就把这些写着温馨有趣或发人深省的“每日一得”纸条放入买主的购物袋中。

结果，奇迹发生了。一天，连锁店经理到店里去，发现萨姆的结账台前排队的人比其他结账台多出3倍！经理大声说：“多排几队！不要都挤在一个地方！”可是没有人听，顾客们说：“我们都排萨姆的队——我们想要他的‘每日一得’。”一个妇女走到经理面前说：“我过去一个礼拜来一次商店。可现在我路过就会进来，因为我想要那个‘每日一得’。”

一个普通的小职员萨姆的创造激发了很多人的灵感：在花店中，员工要是发现一朵折坏的花或用过的花饰，他们会到街上把他们给一个老太太或是小女孩戴上。一个卖肉的员工是史努比的发烧友，就买了5万张史努比的不干胶面，贴到每一个他卖出的货物上。

人生面临的最致命的挑战不是天灾人祸也不是改变命运的选择，而是日复一日、年复一年、重复而又极其枯燥的工作的每一天。能在旷日持久的平凡工作中孕育伟大，在重复单调的工作中享受生活，才是工作最大的意义。所以，我们要努力在平凡的岗位上创造出不平凡，把简单的事情做得不简单。

许多成功的人都知道要想使自己平凡的工作不再平凡，就要明白一个道理——超过别人所期望你做的，你会如愿以偿。这种额外的工作可以使人对本行业拥有一种宽广的眼界，与此同时获得宽广的机会。

著名的企业家彭尼说：“除非你希望在工作中超过一般人的平均水平，否则你便不具备在高层工作的能力。”每个年轻人都应该尽力去做一些他职责范围以外的事，而且要比别人做得更多更彻底，只有这样，你才能将辛劳的汗珠变成丰收的蜜汁。

天才，首先是注意力

注意力集中，做事专注对我们来说是一件十分重要的事。保持良好的注意力，是大脑进行感知、记忆、思维等认识活动的基本条件。在我们的学习过程中，注意力是打开我们心灵的门户，而且是唯一的门户。门开得越大，我们学到的东西就越多，但是一旦注意力涣散了或无法集中，心灵的门户就关闭了，一切有用的信息都无法进入。

每个人的精力和时间都是有限的，一心多用不可能做好事情，人如果能够专心致志，那么什么事情办不到呢？聪明的人懂得专注的重要性，他们做事的时候，坚决不让自己的精力分散开来。只有这样，人才能坚持于一件事而最终取得成功。“集中注意力”听起来似乎很简单，而真正做起来还是有难度的，因为这要求我们专心，不受外界的干扰。

一所公园里，一个在当地很有名望的主教在花园里虔诚地祷告。就在这时候，一名心慌意乱的女士跑过来，她刚会走路的孩子不见了，她焦急地去寻找。由于她的心情太过急切，并没有注意到跪在那里祈祷的主教，结果在他身上绊了一跤后，半句道歉的话也未说，就走了。

主教被那位女士踩了一脚后，心中很不高兴。就在他将要祈祷完时，那位女士找到了小孩，高高兴兴地走回来。一看到主教满面怒容地站在那里，她不禁吃了一惊。主教看着一头雾水的女士说：“您可不可以解释一下刚才的行为？”女士回答说：“对不起，主教，我刚才一心惦念着孩子的安危，所以没有注意到您在那里。当时，您不是正在祈祷吗？您所祈祷的对象，不是比我的孩子还要珍贵千万倍吗？您怎么还会注意到我呢？”听了这些话主教低头不语。

在现实生活中，我们常常会被一些事物干扰，以至于无法专注于眼前的事，这让我们注意力涣散，做事效率低下。注意力分散，主要表现为无法将心理活动指向某一具体事物，或者是无法将全部精力集中到这一事物上来，而且也无法抑制对无关事物的注意。做事情不专注，时间长了，容易造成心理压力过大，而造成高度的紧张和焦虑，从而导致了注意力无法集中的障碍。另外，还有可能造成睡眠不足，大脑得不到充分休息，天长日久，人就会处在一种精神委靡的状态。

在正常情况下，注意力使我们的心理活动朝向某一事物，有选择地接受某些信息，而抑制其他活动和其他信息，并集中全部的心理能量用于所指向的事物。所以说，良好的注意力会提高我们工作与学习的效率。做事情专注就得集中注意力，这首先要求我们有好的睡眠习惯，睡眠可以让我们的机体充分休息；其次要做些放松训练，学习自我减压。一旦开始做一件事情，就要迅速地集中自己的注意力，这是一种才能。

注意力不集中，就不能专注于眼前的事，就会胡思乱想，把时间都耗费在没有任何意义的胡思乱想上。常用克制方法有：

一是假物法。就是利用身边的人或事物提醒自己，自己正在干什么，以防走神。

二是感官刺激法。比如，在疲劳的时候搓热双掌，然后轻轻的按住眼睛部位少许，接着轻轻拍打双颊，并且反复向上揉搓。这样可以让我们恢复部分精力，放松心情。

三是运动法。这是很多人都经历过的一种克服注意力不集中的方法。人们发现，在人体进行一定量的活动后，大脑思维更容易进入工作状态。于是就有人提出了劳逸结合来对待学习和工作。

还有很重要的一点是要发现自己工作或做事的兴趣所在。人只有在做自己感兴趣的事情时精神才会高度集中。爱迪生在实验室里可以两天两夜不睡觉，可是一听音乐便会呼呼大睡。可见，注意力与兴趣有着直接的关系。兴趣越大的事情，对人的刺激越大，兴奋程度就越高，注意力也就更容易集中。

洛克菲勒说：“善于排除外界因素的干扰，也是我们提高注意力的一个重要方面。”他为我们提供了两种可供选择的办法：一种是闹中取静；一种是闭门谢客。一心一意地专注于自己的工作，几乎是每一个成功人士必备的品质。当你能够专注地做每一件事时，成功也就指日可待了。

集中注意力还应该注意，一次不要同时关注多件事情。一个人的精力和时间本来是很有限的，如果选不准目标，到处乱闯，只能任时光匆匆溜掉。如果想取得突破性的进展，就该像学打靶一样，迅速瞄准目标；像激光一样，把精力聚于一束。

别让细节妨碍专注的热情

细节具有非凡的魅力，它存在于我们生活中的一切行为里。我们说过的每一句话，做过的每一件事，一举手一投足，全部都由细节构成。细节的重要性不言而喻，但是如果把过多的精力放在细枝末节，而忽略了对整体的专注，这样工作的整体效果肯定会不尽人意。过度重视细节会造成本末倒置，严重影响工作的成效，这是一种错误的工作方法。

娜拉是某公司的秘书，长得很清秀，而且勤奋、忠诚、热情、努力，有着远大的梦想。但是，她工作七八年了，工作似乎一直没什么起色。上班的时候，她一边工作一边抱怨工作条件不好，客户信誉不好，行业不景气，老板不认真，自己多么倒霉……她被自己折磨得又累又烦，什么都不能专心做好。她的工作决定她有很多琐碎的事要做，而且每件事情都要做得细致而周到，她被工作中的细节要求搞得焦头烂额，她越来越不快乐了，每天都沉陷在忧郁、惊恐、不安的情绪中。时间一长，她的工作状况更加糟糕了，同时，她的坏情绪也给别人带去了很大的困扰，最后这位美丽的秘书被公司开除了。

其实，对于细节要有正确的态度，有些细节会让我们的工作、生活更加完美。但是过分注重细节，却会妨碍我们注意力的集中。比如在办公桌上放一盆小花，这会让人心情舒畅，有助于工作，这样的小细节会让生活更有情趣。但是如果当你坐下准备工作的时候，你突然觉得地面不够干净，桌面似乎有点脏，电脑屏幕亮度似乎有点不够……一直注意这些，那么你就很难把注意力集中到手头应该干的事情上了。

我们身边有很多这样的人，看起来很勤奋、很努力，但是工作就是没有成效，归结原因，那是因为他们的心不能踏踏实实地专注于自己的生活与工作之中，好高骛远，心思飘忽、烦躁、不安，又乱又忙。如果一个人在上班的时候，脑子还在挂念今天晚上有什么球赛，或者回味着昨晚的狂欢，甚至考虑着怎样完成另外一份工作，周末去哪游玩，那这个人就连最基本的“专注”都做不到，根本就没有什么爱岗敬业好谈，也更不可能有“专与精”了，那么就只能在混乱和无助中了结自己的职业生涯。

任何人想要实现自己的人生价值，但却把精力分散到许多事情上，这样的人是不会成功的。要知道，没有任何一个获得成功的人不是把他所有的精力都集中于一个特定的事情上的。而专注于某个目标，并全身心投入的人，往往会创造出工作的奇迹。

歌德说：“无论从事什么样的工作，只要你具备了一颗专注的心，一定会有所成就。”看看那些职场上取得成功的人，他们不仅养成了专注工作的习惯，还把专注地工作看作是自己的使命。很多企业都将做事是否专注用作为量一个人敬业态度的标准之一，一些企业文化里面所提倡的“干一行，专一行”就是要求员工在工作中能够做到专注、全身心投入，这也是员工务实和敬业精神的主要体现。

只有把专注当作工作的使命，并逐步养成专注工作的好习惯，你的工作才会出效率，也才会变得更加富有乐趣。

一心一意地专注于自己的工作，是每一位职业人士获取成功所不可或缺的品质，当我们能够这样专注地做每一件事时，成功也就快要来临了。当我们着手某一项工作时，要全身心投入，千万不要因为一些无关紧要的干扰而三心二意。

在一场举世瞩目的赛事中，台球世界冠军已走到卫冕的门口：他只要把最后那个8号黑球打进球门，凯歌就奏响了。就在这时，不知从什么地方飞来一只苍蝇。苍蝇第一次落在握杆的手臂上，冠军有些痒，便停下来轰走了苍蝇。冠军准备击球，可苍蝇又飞了回来，这回竟落在了冠军锁着的眉头上。冠军只好不情愿地停下来，烦躁地去打那只苍蝇。苍蝇又轻捷地逃脱了。冠军做了一番深呼吸再次准备击球。天啊！他发现那只苍蝇又回来了，像个幽灵似的落在了8号黑球上。冠军怒不可遏，拿起球杆对着苍蝇捅去。苍蝇受到惊吓飞走了，可球杆触动了黑球，黑球当然没有进袋。

按照比赛规则，该轮到对手击球了。对手抓住机会死里逃生，一口气把自己该打的球全打进了袋。卫冕失败，冠军恨死了那只苍蝇。更为可惜的是他后来患了不治之症，再也没有机会走上赛场。临终时他对那只苍蝇还是耿耿于怀。一只苍蝇毁掉了一次胜利，听起来似乎有些可笑。在这么严肃的比赛中，那位卫冕失败的冠军竟然关注一只微不足道的苍蝇，而就是对这个无关紧要事物的关注，妨碍了他专注于比赛的热情，葬送了他的冠军梦。

如果我们能认真到忘我的程度，就会体会所从事事情的乐趣，就能克服困难，达到他人无法达到的境界，并获得相应的回报。毫不保留，有多少力出多少力，正是专注的表现。不论你的工作报酬是高是低，你都应该保持这种良好的工作作风。每个人都应该把自己看成是一名杰出的艺术家，而不是一个平庸的工匠，应该带着热情和信心去工作，在工作中享受由专注、创造所带来的深深的喜悦。专注是工作的最高境界，做到了，也就离完美更近了一步。

再多付出一点点

多付出一点点是一种经过几个简单步骤之后，便可付诸实施的原则。它实际上是一种你必须好好培养的心境；你应使它变为成就每一件事的必要因素。

如果你愿意提供超过所得的服务时，迟早会得到回报。你所播下的每一颗种子都必将会发芽并带来丰收。你一生中所得到的最好的奖赏，就是你因以正确心态提供高品质服务，而为你自己带来的奖赏。

巴恩斯是一位决心坚定，但却没有什么资源的人。他决定要和当代一位最伟大的智者爱迪生合作。但是当他来到爱迪生的办公室时，他不修边幅的仪表，惹得职员们一阵嘲笑，尤其当他表明将成为爱迪生的合伙人时，大家笑得更厉害了。爱迪生从来就没有什么合伙人，但巴恩斯的坚持为他赢得了面试的机会，并在爱迪生那儿得到一份打杂的工作。

爱迪生对他的坚毅精神有着深刻印象，但这还不足以使爱迪生接受他作为合伙人。巴恩斯在爱迪生那儿做了数年的设备清洁和修理工，直到有一天他听到爱迪生的销售人员，在嘲笑一件最新的发明品——口授留声机。

他们认为这个东西一定卖不出去，为什么不用秘书而要用机器?

这时巴恩斯却站出来说道:“我可以把它卖出去！”从此他便得到这份销售的工作。

巴恩斯以他做杂工时所得的薪水，花了一个月时间跑遍了整个纽约城。一个月之后他卖了 7 部机器。当他抱着满腹的全美销售计划回到爱迪生的办公室时，爱迪生便接受他成为口授留声机合伙人，这也是爱迪生唯一的合伙人。

爱迪生有数千位员工为他工作，到底巴恩斯对爱迪生有什么重要性呢？原因就在于巴恩斯愿意展露他对爱迪生发明品的信心，并将此一信心付诸实施。同时巴恩斯达成任务的过程中，也没有要求过多的经费和高薪。

巴恩斯所提供的服务已超过他作为杂工的薪水程度，他是爱迪生所有员工中唯一有这种表现的人，也是唯一从这种表现中获得利益的人。

为了帮助你时时不忘多付出一点点，我设计了一个非常简单的公式：

Q1+Q2+MA=C

Q1= 表示服务品质（Quality）

Q2= 表示服务量（Quantity）

MA= 表示提供服务的心态（Mental Attitude）

C 表示你的报酬（Compensation）

这里所谓的“报酬”，是指所有进入你生命的东西：金钱、欢乐、人际关系的和谐、精神上的启发、信心、开放的心胸、耐性，或其他任何你认为值得追求的东西。

务必要记住报酬的负面意义，金钱很好，但它绝非是使你成功，或使你享受成功果实的唯一要素。切勿忘记金钱以外的其他个性特质，因为无论你提供多少服务，其他人都会认清你所使用的偏颇方法，经过比较之后会出现对你不利的结果，而那些真正具有付出精神的人终将会出头。

一次做好一件事

专注的力量是惊人的，集中精力专注于自己正在做的事情，做起事来不仅轻松、有效率，而且也能够把事情做得更好。那些能够在事业上取得卓越成就的人无一不是做事十分认真投入的人。

在历史上，阿基米德不仅是一位伟大的数学家，还是一位伟大的力学家。他通过大量实验发现了杠杆原理，又用几何演绎的方法推出了许多杠杆命题，并给出了严格的证明。其中就有著名的“阿基米德定理”。不仅如此，阿基米德还是一位十分出色的工程师，他能够把数学和生活中的具体问题结合起来考虑，大胆地运用数学方面的知识去解决天文学和物理学的问题……他之所以能够取得如此辉煌的成就，就是因为他是一个非常投入的人。

据记载，阿基米德钻研数学的时候非常专心，往往因为过于投入而忘记了其他的事情。比如在冬天吃饭的时候，他就坐在火盆旁边，一只手端着饭碗，一只手在火盆的灰烬里比画着，进行各种数学习题的运算，因过于投入，常常都忘了吃饭。

有一次，因为一道数学题没有找到答案，他很长时间都把自己关在房间里苦思冥想，由于一直没有时间去洗澡，他身上的污垢散发出一股难闻的气味。在家人的一致要求下，阿基米德才勉强进了浴室。

那时候的人们都有个习惯，洗完澡之后要往身上擦香油膏。阿基米德待在浴室里好半天还不出来，家里人感到十分奇怪。他们站在门外喊了几声，可是一点回应也没有。这是怎么回事？会不会出了什么意外？

家人赶紧推开门，令人哭笑不得的是，他们发现阿基米德已经忘了自己是在洗澡，他把浴室当成了工作室，正坐在浴盆的边缘，用手指头蘸着香油膏在皮肤上画几何图形哩！

伊格诺蒂乌斯·劳拉有一句名言："一次做好一件事情的人比同时涉猎多个领域的人要好得多。"在太多的领域内都付出努力，我们就难免会分散精力，阻碍进步，最终一无所成。和阿基米德一样，著名的科学家居里夫人也有着非凡的专注精神。

居里夫人小时候读书很专心，完全不知道周围发生的一切，即使别的孩子为了跟她开玩笑，故意发出各种使人不堪忍受的喧哗，都不能把她的注意力从书本上移开。有一次，她的几个姊妹恶作剧，用六把椅子在她身后造了一座不稳定的三角架。她始终在认真看书，一点也没有发现头顶上的危险。突然，"木塔"轰然倒塌，引起周围的孩子们的哄笑。

化学家告诉我们，如果把一英亩草地所具有的全部能量聚集在蒸汽机的活塞杆上，那么它所产生的动力足以推动世界上所有的磨粉机和蒸汽机。但是，因为这种能量是分散存在的，所以从科学的角度来说，它基本上毫无价值可言。这也说明，能量一旦聚焦于一点，将会产生多么大的动力。

圣·里奥纳多在一次给福韦尔·柏克斯顿爵士的信中谈到他的学习方法，并解释自己成功的秘密。他说："开始学法律时，我决心吸收每一点有用的知识，并使之同化为自己的一部分。在一件事没有充分了解清楚之前，我绝不会开始学习另一件事情。"

专注是成功的重要保证。一位记者问爱迪生："成功的首要条件是什么？"他回答道："如果你有一种能够让自己的身心全部投入到同一个问题上而且不知疲倦、锲而不舍的能力，你离成功就不远了。我们每个人拥有的学习、工作、生活的时间差不多，早上 7 点起床晚上 11 点睡觉。之所以我能够取得成功，是因为他们会在这些时间里做许多许多的事情，而我只做一件，这就是区别。倘若他们将时间和精力放到同一个方向上，他们也能成功。"

一旦专注某种事物，人们会将自己有限的资源投入这种事物，对于别的事物则不会产生兴趣，从而节约了时间和精力。这种专注能够让你的思维处于连续的工作中，积极地思考必将取得好的结果。同时，专注会蓄积你全身的热忱，你的思维、你的行动会变得积极而迅速。

第十六章

细节之中有“魔鬼”

万事皆因小事起

大事情都是小细节累积而成的。一位伟人说过：上帝与细节同在。从一声鸟鸣中，你可以听见春天的脚步，从一片浓荫中你可以感知夏天的心情，从一片枫叶中你可以认识秋天的颜色，从一朵雪花中你可以体味冬天的温度。所罗门说过，“万事皆因小事起”，而克里米亚战争的爆发正是这句名言的一个有力例证。

克里米亚战争造成了巨大的人员伤亡和财产损失，英国、法国、土耳其和俄国等都被牵连了进来，而战争最初却是因一把钥匙而起。

土耳其宣称，耶路撒冷圣墓中的一个神龛归土耳其的基督教会所有，于是就把神龛锁了起来，并且拒绝交出钥匙。这一行为使得希腊的教会很恼火。后来，争端不断升级。于是，俄国作为希腊的保护国，法国作为拉丁教会的代表也参加了进来。形势开始变得复杂起来。俄国要求土耳其对希腊的教会进行补偿，但土耳其拒绝这一要求。由于英国传统上就有保护土耳其人的习惯，在这场纠纷中他们理所当然地站在土耳其人的一边，同它们结成联盟共同反对法国和俄国。就是这样芝麻粒大小的事情，引发了这场巨大的纠纷。

细节充斥着我们的生活，细节也改变着我们的生活。我们注意到，生活中注重细节的人，生活品质往往更高；工作中注重细节的人，工作往往完成得更出色。无论做什么事情，细节万万不可忽视，否则就有可能付出极其惨重的代价。

国王理查三世准备拼死一战了。里奇蒙德伯爵亨利带领的军队正迎面扑来，这场战斗将决定由谁来统治英国。

战斗进行的当天早上，理查派了一个马夫去备好自己最喜欢的战马。

“快点给它钉掌，”马夫对铁匠说，“国王希望骑着它打头阵。”

“你得等等，”铁匠回答，“我前几天给国王全军的马都钉了掌，现在我得找点儿铁片来。”

“我等不及了。”马夫不耐烦地叫道，“国王的敌人正在推进，我们必须在战场上迎击敌军，有什么你就用什么吧。”

铁匠埋头干活，从一根铁条上弄下四个马掌，把它们砸平、整形，固定在马蹄上，然后开始钉钉子。钉了三个掌后，他发现没有钉子来钉第四个掌了。

“我需要一两个钉子，”他说，“得需要点儿时间砸出两个。”

“我告诉过你我等不及了，”马夫急切地说，“我听见军号了，你能不能凑合？”

“我能把马掌钉上，但是不能像其他几个那么结实。”

“能不能挂住？”马夫问。

“应该能，”铁匠回答，“但我没把握。”

“好吧，就这样，”马夫叫道，“快点，要不然国王会怪罪到咱们俩头上的。”

两军交上了锋，理查国王冲锋陷阵，鞭策士兵迎战敌人。“冲啊，冲啊！”他喊着，率领部队冲向敌阵。远远的，他看见战场另一头几个自己的士兵退却了。如果别人看见他们这样，也会后退的，所以理查策马扬鞭冲向那个缺口，召唤士兵调头战斗。

他还没走到一半，一只马掌掉了，战马跌翻在地，理查也被掀在地上。

国王还没有抓住缰绳，惊恐的战马就跳起来逃走了。理查环顾四周，他的士兵们纷纷转身撤退，敌人的军队包围了上来。

他在空中挥舞宝剑，“马！”他喊道，“一匹马，我的国家倾覆就因为这一匹马。”

他没有马骑了，他的军队已经分崩离析，士兵们自顾不暇。不一会儿，敌军俘获了理查，战斗结束了。

从那时起，人们就说：

少了一个铁钉，丢了一只马掌，

少了一只马掌，丢了一匹战马。

少了一匹战马，败了一场战役，

败了一场战役，失了一个国家。

所有的损失都是因为少了一个马掌钉。

这个著名的传奇故事出自已故的英国国王理查三世逊位的史实。他 1485 年在波斯战役中被击败，莎士比亚的名句“马，马，一马失社稷！”使这一战役永载史册，同时告诉我们一个不负责任的小小的疏忽会带来多么大的灾难。

很多时候，一件看起来微不足道的小事，或者一个毫不起眼的变化，却能改变一场战争的胜负。战场上无小事，这就要求每一位军官和士兵始终保持高度的注意力和责任心，始终保持清醒的头脑和敏锐的判断力，能够对战场上出现的每一个变化、每一件小事迅速做出准确的反应和判断。

我们发现，“战场上无小事”也同样适用于生活，因为，“魔鬼藏于细节”，一番事业的成与败，有时不体现在大是大非的问题之上，而暗含于一些小小的细节之中。

绝不忽视任何细节

我们常说要追求卓越，其实卓越就是苛求细节的具体表现，卓越并非高不可攀，也不是遥不可及，只要我们认真从自己做起，从日常的每一件小事做起，并把它做精做细，都可以达到卓越的境界。

密斯·凡·德罗是20世纪世界四位最伟大的建筑师之一，他反复强调的是：不管你的建筑设计方案如何恢弘大气，如果对细节的把握不到位，就不能称之为一件好作品。细节的准确、生动可以成就一件伟大的作品，细节的疏忽会毁坏一个宏伟的规划。

当今全美国的大戏剧院不少出自德罗之手。他在设计每个剧院时，都要精确测算每个座位与音响、舞台之间的距离以及因为距离差异而导致的不同的听觉、视觉感受，计算出哪些座位可以获得欣赏歌剧的最佳音响效果，哪些座位最适合欣赏交响乐，不同位置的座位需要做哪些调整方可达到欣赏芭蕾舞的最佳视觉效果，等等。而且更重要的是，他在设计剧院时要一个座位一个座位地去亲自测试和敲打，根据每个座位的位置测定其合适的摆放方向、大小、倾斜度、螺丝钉的位置，等等。

他这样细致周到地考虑的结果，是使他成为了一个伟大的建筑师。和密斯·凡·德罗一样，美国著名的建筑大师莱特在做每一件事时，都将细微之处做到了完美。

在莱特毕生许多作品中，最杰出而脍炙人口的也许要算坐落于日本东京抗震的帝国饭店。这座建筑物使他名列当代世界一流建筑师之林。1916 年日本小仓公爵率领了一批随员代表日本政府前往美国聘莱特建一座不畏地震的建筑。莱特随团赴日，将各种问题实地考察了一番。发现日本的地震是继剧震而来的波状运动，于是断定许多建筑物之倒塌实际上是因为地基过深，地基过厚。过深、过厚的地基会随着地壳移动，而使建筑物坍塌下来。

他决定将地基筑得很浅，使之浮在泥海上面从而使地震无从肆虐。

莱特决定尽量利用那层深仅 8 尺的土壤。他所设计的地基系由许多水泥柱组成，柱子穿透土壤栖息在泥海上面，可是这种地基究竟能不能支持偌大一座建筑物呢？莱特费了一整年工夫在地面遍击洞孔从事实验。他将长 8 尺、直径八寸的竹竿插进土里，随即很快抽出来以防地下水冒出，然后注入水泥，他在这种水泥柱上压以铸铁，测验它能负担的重量。结果成绩至为惊人，根据帝国饭店的预计总重量，他算出了地基所需的水泥柱数，在各种数据准确的情况下，大厦动工了。筑墙所用的砖也经过他特别设计，厚度较常加倍。1920 年帝国饭店正式完工，莱特返美。

三年之后一次举世震骇的大地震突袭东京与横滨。当时莱特正在洛杉矶创建一批水泥住宅，闻讯坐卧不宁，等待着关于帝国饭店的消息。

一连数日毫无消息，到了某天凌晨 3 点，莱特的旅店寓所里电话铃声狂鸣。“喂！你是莱特吗？”听筒内传来一阵令人沮丧的声音：“我是洛杉矶检验报的记者。我们接到消息说帝国饭店已被地震毁了。”

数秒钟后他坚强的回答道：“你若把这消息发出去，包你会声明更正。”

10 天之后，小仓公爵拍来了一通电报：“帝国饭店安然无恙，从此成为阁下天才纪念品。”帝国饭店在整个灾区中竟因是唯一未受损害的房屋而成了万千灾民的归宿。

小仓公爵的贺电顷刻间传遍全球。莱特成了妇孺皆知的名流。

生活中我们经常会发现，那些功成名就的人，在功成名就之前，早已默默无闻地努力工作过很长一段时间。成功是一种努力的积累结果，更是苛求工作细节的最佳诠释。

在实际工作中，不论你是一名老总还是普通员工，唯有把“每一件寻常的事做得不寻常才好”。苛求细节的尽善尽美，才是走向成功的最佳途径。如果凡事你都没有苛求完美的积极心态，那么你永远无法达到成功的顶峰。

追求每个细节的精益求精

阿尔伯特·哈伯德说，如果你能够真正地做好一枚曲别针，要比制造一架粗陋的蒸汽机更有价值。

罗丹是一位闻名于世的雕塑家。有一天，罗丹在他的工作室向一位来访者解释——为什么自这位参观者上次来参观到现在，他都一直忙于这一个雕塑的创作，而迄今还有一部分仍未完成。罗丹一边用手指着雕塑一边认真地说：“这个地方，我仍需要再润色一下，让它看起来更加光彩夺目，这样整个面部的表情会因为光彩的增加而更柔和。当然在它的衬托下，”他又用手指了一下说，“那块肌肉也会显得强健有力。然后呢，”他顿了一下说，“嘴唇会更富有表情。当然，全身会因为以上的种种而显得更加有力度。”

那位来访者听了罗丹的介绍，疑惑不解地说：“您所说的相对于这座雕塑像来说，好像都是些琐碎之处，它们在整个雕像中并不是那么引人注目！”

罗丹回答道：“也许如此，但是你一定要知道，也正是你所说的这些琐碎的、不引人注目的细小之处才使整个作品趋于完美呀！而对于一件作品来说，完美的细小之处可不是件小事情呀！”

那些凡是能够在事业上取得卓越成就的人大都是像罗丹一样认真地对待自己要做的事情，他们做事精益求精，尽善尽美。事实证明，一个人只有抱着精益求精的态度去做事，才能把事情做到尽善尽美。

前美国国务卿基辛格博士，在诸事繁忙之时，仍然坚持让自己的下属不断地培养对细节关注的习惯。当他的助理呈递一份计划给他，数天之后，该助理问他对其计划的意见时，基辛格和善地问道：“这是不是你所能做的最佳计划？”

“嗯……”助理犹疑地回答：“我相信再做些改进的话，一定会更好。”

基辛格立刻把那个计划退还给他。

努力了两周之后，助理又呈上了自己的成果。几天后，基辛格请该助理到他办公室去，问道：“这的确是你所能拟定的最好计划了吗？”

助理后退了一步，喃喃地说：“也许还有一两点可以再改进一下……也许需要再多说明一下……”

助理随后走出了办公室，腋下夹着那份计划，他下定决心要拟出一份任何人——包括亨利·基辛格都必须承认的“完美”计划。

这位助理日夜工作，有时甚至就睡在办公室里，3 周之后，计划终于完成了！他很得意地跨着大步走入基辛格的办公室，将该计划呈交给国务卿。

当听到那熟悉的问题“这的确是你能做到的最最完美的计划了吗”时，他激动地说：“是的。国务卿先生！”

“很好。”基辛格说，“这样的话，我有必要好好地读一读了！”

基辛格虽然没有直接告诉他的助理应该做什么，然而却通过这种严格的要求来训练自己的下属怎样完成一份合格的计划书。

很多年轻人做事情多数都像例子中的那名下属一样，浅尝辄止，往往在事情还没有臻于完美的时候便匆匆了事，结果自然是错漏百出，不尽如人意。

俗话说，“慢工出细活”，要做好一件事情，就必须认真细致地做好每一个细节，追求每一个细节的完美，这样才能将事情做到尽善尽美。

1886 年，为了纪念自由精神强烈的美利坚合众国成立，法国政府送给美国一座雕刻历时 10 年、高约 46 米的自由女神像。女神的外貌设计源于雕塑家的母亲，高举火炬的右手则以雕塑家妻子的手臂为蓝本。这座自由女神像象征着美国人民的自由精神。直至今日，这座雕像依然是美国最具代表性的景观之一，而且随着时代的发展，自由女神像历经沧桑，它几乎已经成为全球所有为自由而奋斗的人心目中神圣的向往。

人们怀着这种神圣的向往，从四面八方涌来，为的就是一睹自由女神的风采。在雕像耸立于美国自由广场的 100 多年以后，有一位画家和朋友一起乘坐一架私人小飞机飞到了距离地面约 300 英尺的高空，画家和他的朋友已经清楚地看到了自由女神像头部的所有细节：一缕缕飘逸而韧性十足的头发，丰富的脸部表情，额头、鼻翼两侧还有耳廓边的每一个线条，以及坚定地盯着前方、充满火热激情的眼睛……所有的一切都被雕塑家表现得栩栩如生。这位画家素以对作品无比挑剔和苛刻著称，但是看到眼前美轮美奂的自由女神像，他也不由得赞叹，简直是巧夺天工。

在 1886 年之前，飞机还没有被发明制造出来，而雕塑家却尽其所能地完成雕像的每一个部分，丝毫没有忽略其中的任何一个细节。

在一个多世纪以前，这位雕塑家用自己的双手一刀一锉地刻出每一个完美的细节，即使是最细微、最不可能为人所注意的部位也没有丝毫马虎，他甚至不考虑自己精心雕刻的某些细节可能人们永远都不会看到。但他始终没有放松对自己的要求，他在巨大的自由女神像上一刀一刀地刻着，在他眼中只有手中的刀锉和刀锉下的完美细节。也正是因为雕塑家鬼斧神工的雕刻技术，以及他对于完美细节的不懈追求，巨大的自由女神像才以近乎完美的形象展现在人们面前，同时展现在人们眼前的还有雕塑家的精巧技艺及其通过每一个细节向人们传递的自由精神。

这位自由女神像的雕塑者就是弗雷德里克·奥古斯塔·巴托尔迪。他的名字将和自由女神像一样流传千古，他向人们传递的自由精神将会被千万代的人所铭记。

弗雷德里克的雕刻为我们带来这样的启示：只有认真才能够将事情做到尽善尽美。年轻人要成就一番事业，就必须养成这种做事认真、精益求精的习惯。

纳迪亚·科马内奇是第一个在奥运会上赢得满分的体操选手，她在 1976 年蒙特利尔奥运会上完美无瑕的表现，令全世界为之疯狂。

在接受记者采访的时候，纳迪亚·科马内奇谈到她为自己所设定的标准以及如何维持这样的高标准时说：“我总是告诉自己‘我能够做得更好’，不断驱策自己更上一层楼。要拿下奥运金牌，就不能过正常人的生活，要比其他人更努力才行。对我而言，做个正常人意味着过得很无聊，一点儿意思也没有。我有自创的人生哲学：‘别指望一帆风顺的生命历程，而是应该期盼成为坚强的人。’”

只要你肯坚持，事情总能够做得更好。年轻人应当把“我能够做得更好”当成自己的座右铭，不断激励自己朝着更高的目标去努力，这样才能够更快地走向成功。

成功自小处着手开始

日本东京贸易公司有一位专门负责为客商订票的小姐，她给德国一家公司的商务经理购买往返于东京、大阪之间的火车票。不久，这位经理发现了一件趣事：每次去大阪时，他的座位总是在列车右边的窗口；返回东京时又总是靠左边的窗口。经理问小姐其中缘故，小姐笑答：“车去大阪时，富士山在你右边，返回东京时，山又出现在你的左边。我想，外国人都喜欢日本富士山的景色，所以我替你买了不同位置的车票。”就这么一桩不起眼的小事使这位德国经理深受感动，促使他把与这家公司的贸易额由 400 万马克提高到 1200 万马克。

把每件简单的事做好就是不简单，把每一件平凡的事做好就是不平凡。世界上没有什么事小到不需要我们用心去关注，世界上也没有什么事大到我们用心也无法达成。我们可以发现，宇宙中的万事万物都是从小变成大的。所有顶尖成功人士也都是从小事做起，慢慢做大事的。一个人的大成就是小成就的累积。

雷纳经理决定在威尔士和麦得利两人之间选择一个人做自己的助理。为了体现民主与公正，雷纳经理便决定由全体员工投票选举。投票结果却出人意料，威尔士和麦得利的得票数竟然相同。雷纳经理犯难了，便决定亲自对两人进行一番考察，然后再做决定。威尔士和麦得利觉得这样做也很公平，便都欣然同意了。

一天，雷纳经理在餐厅里吃饭。用餐时，他看见威尔士吃过饭后，把餐盘都送进了清洗间，而麦得利呢，吃完后一抹嘴巴，便把餐盘推到了餐桌的一边，然后起身走了。

又有一天，雷纳经理很随意地走进威尔士的办公室，只见威尔士正在做下个月的销售计划，便问威尔士："每次都是你亲自做销售计划？为什么不让下面分店的负责人去做呢？"

"是的，我总是亲自做销售计划，这样我既能从总体上把握，又能做到心中有数。再说，这样的小事，就麻烦下面分店的负责人，我觉得也没有必要。"

雷纳经理又背着手踱到麦得利的办公室，麦得利也正在看一份销售计划。

"这是你自己做的计划吗？"雷纳经理问。

"这样的小事我一般都让下面的分店负责人来做，我只管大的销售计划。"

"那么你有成熟的销售计划吗？"

"这个……这个……我还没有。"

第二天，雷纳经理便宣布威尔士为自己的助理。

威尔士之所以能当上经理助理，主要得益于他不放过任何一件小事，不小看任何一件小事，并且认真地做好每一件小事。

不过对于小事，很多人都不愿意去做，但成功者与一般人最大的不同就是他愿意做别人不愿意做的事情。一般人都不愿意付出这样的代价，可是成功者愿意，因为他渴望成功。

其实，小事不小，做小事虽然只是举手之劳，可就是在你的一举手一投足之间，才能体现出你的细心、你的敬业，才能体现出你的与众不同。

马丁·路德·金博士深谙这一原则的价值。他说：“尽管人们的能力、背景甚至选择都各不相同，但都可以出色地完成身边的小事。”他曾写到：“如果你是清洁工，那么你就认真清扫马路吧，就像贝多芬作曲、莎士比亚写诗、伦伯朗作画一样。这样，当你离开这个世界去到天堂时，天主就会说：‘这是一个尽职尽责的清洁工。’”

从小处着手，做好每一件小事，以后你一定能成就一番大事业的。年轻人无论在学习上、生活上，都要做好每一个细节，相信他的成绩一定会非常优异的，人生会越来越辉煌。

任何工作都需要一颗认真的心

只有认真才能够将事情做好。年轻人要有所成就，就应当学会认真。

有人问罗斯福总统夫人：“尊敬的夫人，你能给那些渴求成功的人，特别是那些年轻的、刚刚走出校门的人一些建议吗？”

总统夫人谦虚地摇摇头说：“不过，先生，你的提问倒令我想起我年轻时的一件事。那时，我在本宁顿学院念书，想边学习边找一份工作做，最好能在电信业找份工作，这样我还可以修几个学分。我父亲便帮我联系，约好了去见他的一位朋友——当时任美国无线电公司董事长的萨尔洛夫将军。

“等我单独见到了萨尔洛夫将军时，他便直截了当地问我想找什么样的工作，具体是哪一个工种。我想：他手下的公司的每一个工种我都喜欢，无所谓选不选了，便对他说随便哪份工作都行。

“只见将军停下手中忙碌的工作，目光注视着我，严肃地说：‘年轻人，世上没有一类工作叫随便，成功的道路是目标铺成的！’

“将军的话让我面红耳赤，这句发人深省的话，伴随我的一生，让我以后一直非常努力地对待每一份工作。”

罗斯福总统夫人的故事告诉我们：对待工作，不可有随便的态度，否则工作和人生都将一事无成。

如果一个人想要改变眼前充满不幸或者不尽如人意的情况，只要回答这个简单的问题：“我希望情况变成什么样？”然后全身心投入，采取行动，朝理想目标前进即可。

没有任何工作会接受随便、马虎的工作态度，如果有工作要做，就应该立刻做好。如果工作时你发现自己毫无准备，就不该怪命运女神，而应该埋怨自己。

每个人都需要有认真的做事风格和习惯，粗心马虎、做事差不多就行的习惯是可以改变的。下面就是几种改掉马虎习惯的方法，可以帮你去掉“差不多先生”的“头衔”。

（1）集中精力，重视眼前。把注意力集中在我们的现实世界中，不要太多地追悔过去，不要沉溺于冥想未来，而应全力以赴把握眼前，重视当下的学习和生活。

（2）排除干扰，稳定情绪。每个人的心理能量都是有限的，如果被过多杂务干扰，心绪烦乱，情绪不稳，我们就容易涣散注意力，就很难做到全神贯注。要真正做到细心谨慎，必然要处理好自身的各种心理困惑，保持一颗平静的心，正所谓“宁静而致远”。

（3）赋予自己责任，切实用心。任何事情，都是事在人为。同样一件事，能够敢负责任、切实用心，就可能成就一篇杰作；如果毫不在乎，不当回事，就可能竹篮打水一场空。只要能够负起责任，油然而生一种神圣的责任感和使命感，就有可能激发我们全部的智慧，调动我们无穷的潜力。因此从这个意义上说，细心很大程度上依赖于责任心。

（4）培养兴趣。我们深知，一旦自己对于某事有了浓厚兴趣，常能乐此不疲、流连忘返，也就能够精心钻研、细心考量。如果缺乏兴趣，就容易心猿意马、朝三暮四，难以做到持久的静心、细心，更不可能保持足够的耐心。我们理应认识到自身优势，做自己想做又能做的事情，然后将潜力发挥到极致，才能真正维持住持久的细心。

多一份专注就多一份成就

在荷兰，有一位刚刚初中毕业的青年农民，在一个小镇找到了为镇政府看门的工作。从此他就没有离开过这个小镇，也没有再换过工作。

他太年轻，工作也太清闲，总得打发时间。他选择了又费时又费工的打磨镜片，算作自己的业余爱好。就这样，他磨呀磨，一日复一日，一年又一年，一磨就是 60 年。他是那样的专注和细致，锲而不舍。他的技术早已超过专业技师了，他磨出的复合镜片的放大倍数，比专业技师磨出的都要高。他老老实实地把手头上的每一块玻璃片磨好，可以说用尽了毕生的心血。借助打磨的镜片，他发现了当时科技尚未知晓的另一个广阔的世界——微生物世界。从此，他名声大振。只有初中文化的他，被授予了在他看来是高不可攀的巴黎科学院院士的头衔，就连英国女王也到小镇拜会过他。

创造这个奇迹的小人物，就是科学史上鼎鼎大名、活了90岁的荷兰科学家万·列文虎克。

铁杵之所以能磨成针，就在于老妇人的专注与恒心，做任何事倘若失去了这一种精神，就不能指望收获成功的喜悦。用一颗诚挚的心做事，才有一份辉煌的事业存在。

在巴黎市中心的两条大街的交叉口，有一座名为“巴尔扎克纪念碑”的塑像。这座塑像上的巴尔扎克，昂着头，披散着发，用嘲笑和蔑视的目光注视着眼前的光怪陆离的花花世界。然而巴尔扎克像却没有双手，这是怎么回事呢？

这座塑像是近代欧洲雕塑大师罗丹的作品。为了创作出这件作品，理解和体会这位《人间喜剧》作者的思想感情，表达出巴尔扎克的内在神韵，罗丹仔细阅读了巴尔扎克的全部重要作品，认真钻研了有关巴尔扎克的评论文章和传记作品。

不仅如此，罗丹对塑像的创作态度极端认真。当时塑像的委托者限定18个月完成，并给了罗丹一万法郎定金。罗丹为了避免因时间仓促而粗制滥造，退回了一万法郎，并要求多给他一些时间。

在塑像的创作过程中，罗丹还经常征求别人的意见。

一天深夜，罗丹在他的工作室里刚刚完成巴尔扎克的雕像，独自在那里欣赏。他面前的巴尔扎克身穿一件长袍，双手在胸前叠合，表现出一种一往无前的气势。兴奋的罗丹迫不及待地叫醒一名学生，让他来评价自己的作品。

这位学生怀着惊喜的心情欣赏着老师的杰作，目光渐渐地集中在雕像的那双手上。“妙极了，老师！”这位学生叫道，“我从来没有见过这样一双奇妙的手啊！”听到这样的赞美，罗丹脸上的笑容消失了，他匆匆跑出工作室，又叫来另一个学生。“只有上帝才能创造出这样一双手，它们简直和活的一样。”学生用虔诚的口吻说道。罗丹的表情更加不自然了，他又叫来第三个学生。这个学生面对雕像，用同样尊敬的口气说：“老师，单凭您塑造的这双手，就可以使您名垂千古了。”此时的罗丹已经变得异常激动，他不安地在屋内走来走去，反复端详这尊雕像。突然，他抡起锤子，果断地砍掉了那双“举世无双的完美的手”。学生们对老师的举动惊呆了，一时不知说什么才好。罗丹用平静的口气对他们说：“孩子们，这双手太突出了，它们已经有了自己的生命，不属于这座雕像的整体了。”沉思了一下，他又继续说道：“记住，一件完美的艺术品，没有任何一部分比整体更重要。”

罗丹就是这样一位为艺术不断追求的人。

不论是艺术还是其他工作，我们都需要一种以生命的全部热忱来对待它的精神。你把它当作你的事业，它也就给你所追求的一切。我们要树立这样的理念：要么不做，要做就做最好。

让杰西永远也忘不了的，是她上三年级时的一次午餐时间。学校排戏时，她被选来扮演剧中的公主。接连几周，母亲都煞费苦心地跟她一道练习台词。可是，无论她在家里表达得多么自如，一站到舞台上，她头脑里的词句便全都无影无踪了。

最后，老师只好叫杰西靠边站。她解释说，她为这出戏补写了一个道白者的角色，请她调换一下角色。虽然她的话亲切婉转，但还是深深地刺痛了杰西——尤其是看到自己的角色让给另一个女孩的时候。

那天回家吃午饭时，杰西没把发生的事情告诉母亲。然而，母亲却觉察到了她的不安，没有再提议她们练台词，而是问她是否想到院子里走走。

那是一个明媚的春日，棚架上的蔷薇藤正泛出亮丽的新绿。杰西无意中瞥见母亲在一棵蒲公英前弯下腰。“我想我得把这些杂草统统拔掉。”她说着，用力将它连根拔起。“从现在起，咱们这庭园里就只有蔷薇了。”

“可我喜欢蒲公英，”杰西抗议道，“所有的花儿都是美丽的，哪怕是蒲公英！”

母亲表情严肃地打量着她。“对呀，每一朵花儿都以自己的风姿给人愉悦，不是吗？”她若有所思地说。

杰西点点头，很高兴自己战胜了母亲。

“对人来说也是如此。”母亲又补充道，“不可能人人都当公主，但那并不值得羞愧。”

杰西想母亲猜到了自己的痛苦，她一边告诉母亲发生了什么事，一边失声哭泣起来。

母亲听后释然一笑。

“但是，你将成为一个出色的道白者。”母亲说，并提醒杰西是如何爱朗读故事给自己听的。“道白者的角色跟公主的角色一样重要。”

每个行业都能出人才，关键是你要做得足够好。正所谓三百六十行，行行出状元，只要你能做最好的自己，那么你也就会得到你应得的掌声与鲜花。

第十七章

打破常规，别人的故事里不会有你的成功

张开想象的翅膀

想象是人类意志的工厂，在这个工厂里，可以把书的想法和已知的事实重新组合，作新的用途。

何谓想象？想象是建设性智力的行为，把知识资料或思想，集合成新的、创始性的及合理的系统；建设性或创造性的才能；包括诗歌、艺术、哲学、科学及伦理上的想象力。

在美国加州海岸的一个城市中，所有适合建筑的土地都已被开发出来，并予以利用。在城市的另一旁是一些陡峭的小山，无法作为建筑用地，而另外一旁的土地也不适合盖房子，因为地势太低，每天海水倒流时，总会被淹没一次。

一位具有想象力的人来到了这个城市。具有想象力的人，往往具有敏锐的观察力，这个人也不例外。在到达的第一天，他立刻看出了从这些土地赚钱的可能性。他先预购了那些因为山势太陡而无法使用的山坡地。他也预购了那些每天都要被海水淹没一次而无法使用的低地。他预购的价格很低，因为这些土地被认为并没有什么太大的价值。

他用了几吨炸药，把那些陡峭的小山炸成松土。再利用几架推土机把泥土堆平，原来的山坡地就成了很漂亮的建筑用地。另外，他又雇用了一些车子，把多余的泥土倒在那些低地上，使其超过了水平面，因此，也使它们变成了漂亮的建筑用地。他赚了不少钱，是怎么赚来的呢？只不过是把某些泥土从不需要它们的地方运到需要这些泥土的地方罢了。只不过把某些没有用的泥土和想象力合并使用罢了。

那个小城市的居民把这人视为天才；而他确实也是天才——任何人只要能像

这个人这样地运用他的想象力，那么，他也同样可以成为一位天才。

想象力通常被称为灵魂的创造力，它是每个人自己的财富，是你在这个世界上唯一能够绝对控制的东西。

就好小鸟从卵中沉睡的胚细胞逐渐成长，你的物质成就也将从你在想象中创造的组合计划中成长。首先出现的是思想，然后把这个思想和观念与计划组织起来。最后，就是把这些计划变成事实，你将会注意到，一切是从你的想象开始。

有一天早晨，钢铁大亨史威伯的私人汽车刚在他的贝泰钢铁工厂的停车场停下来，当他从车上下来时，一名年轻的速记员立刻迎上前去。这位速记员说，他之所以立刻赶上前来，只是希望如果史威伯先生有任何信件或电报要写的话，他能够立即提供服务。

没有任何人吩咐这位年轻人一定要在场，但他有足够的想象力，使他可以看出，他这样做对自己的前途并没有任何坏处。从那一天起，这位年轻人就“注定”要踏上成功之路了。史威伯先生之所以独独看中这位年轻人，是因为他做了贝泰公司其余十几名速记员可能去做但一直没做的事。在今天，这位年轻人已是世界上最大规模的一家药品公司的总裁。

爱因斯坦曾说：“想象力远比知识更重要。”智慧比知识的水平更高。因为智慧就是创造力。那么，决定创造范围的想象力当然比知识更重要。但我们必须记住，知识是基础，也是绝不容忽视的。

创造力就是让人们想那些不敢想的，做那些不敢做的事情，也就是自由、任意地发挥自己的想象。开始时，也许是空想，但如果你能全力以赴地为之奋斗，也许理想就能变为现实。这种空想或幻想就包含在理想之中，我们称之为想象力。

几年以前，史密斯先生接到了一位年轻人的来信，他刚从商学院毕业，希望到史密斯先生的办公室工作。他在信中夹了一张崭新的从未折过的10元新钞。这封信的内容是这样写的：

“我刚刚自一家第一流的商业学院毕业，希望能进入你的办公室服务。因为我了解到，一个刚刚展开他的商业生涯的年轻小伙子，能够幸运地在像您这样的人指挥下从事工作，实在太有价值了。

“随函附上的10元钞票，足以偿付你给我第一周指示所花的时间，我希望你能收下这张钞票。在第一个月里，我愿意免费替你工作，然后，你可以根据我的表现，而决定我的薪水。我希望能获得这项工作，渴望的程度，超过我一生当中对任何事情的热望，为了获得这项工作，我愿意作任何合理的牺牲。”

这位年轻人终于进入史密斯先生的办公室工作了。他的想象力，使他获得了他所希望得到的机会。在他工作的第一个月即将届满时，一家人寿保险公司的总裁知道了这件事，立即请这位年轻人去当他的私人秘书，薪水相当高。今天，他已是世界上最大一家人寿保险公司的负责人。

为了使人类社会有更大的发展，我们需要极大的想象力。这就要求我们必须不断地进行思考训练，使自己的思想有飞跃的发展。由此，我们可以获得丰富的想象力。

拿破仑说：“想象支配人类”。只要我们的想象力不衰竭，我们的创造力就永不会枯竭。致使人生能够长久地停留在“保鲜期”，保持活跃的思想、敏捷的行动，将“成功”事业进行到底！那么，在加强想象力的培养方面，应注意以下几点的日常练习：

1. 涉猎广泛，储备丰富

想象是在已有的表象上展开的，任何想象都不能离开已有知识基础。一个人的感性知识越丰富，就越能产生丰富生动的想象。对已储备的知识，要善于在实践中运用，在实际应用中加深印象，并在运用中提高想象的积极性。

2. 徜徉书海，纵横想象

阅读是培养想象力的有效途径。阅读时，要根据阅读材料的性质提出不同的要求。阅读文学艺术作品要根据作品的描绘，在头脑中形成生动具体的形象，同时努力提高阅读水平和文字表达能力；阅读科技读物，应在读懂作品文字说明的基础上，进一步全面了解各种现象的相互关系，努力领会所讲述的科学原理、原则，不能浅尝辄止、一知半解。阅读历史、地理、经济、政治类读物，不能死记硬背，要理清头绪，展开想象，做到上下五千年、纵横八万里，尽收腹中。

3. 创造想象，积极有益

一切科学发明、技术革新、文艺创作，都离不开创造想象。创造想象的产生，需要下列条件：首先，原型启发。原型启发的事例在各种创造发明中是屡见不鲜的，通过联想可把旧有表象结合起来，或把旧有表象典型化而产生新形象。这往往得从其他事物中得到解决问题的启发，从而找到解决问题的途径；其次，灵感出现。灵感是人的全部精神力量和高度积极性的集中表现，它同人的创新动机和对解决任务的方法的不断寻觅和探求直接联系着。在灵感状态下，人的注意力完全集中在创造活动对象上，意识十分清晰而敏锐，工作效率可达到意想不到的高水平。

只有经过积极、正确的思维，想象才能沿着正确方向顺利进行。也只有这样的想象才是积极的、富有意义的个人素质培养。

打破常规，学会变通

在一般情况下，人们总是惯用常规的思考方式，因为它可以使我们在思考同类或相似问题的时候，能省去许多摸索和试探的步骤，能不走或少走弯路，从而可以缩短思考的时间，减少精力的耗费，又可以提高思考的质量和成功率。但是，这样的思维定式往往会起一种妨碍和束缚的作用，它会使人陷在旧的思维模式的无形框框中，难以进行新的探索和尝试，因此，我们应当敢于突破常规的想法，摆脱束缚思维的固有模式。

我们都知道现代铁路两条铁轨之间的标准距离是固定的，无论哪个国家、哪个地区，这一数值都是 4 英尺又 8.5 英寸（1.435 米）。也许你会对这个标准感到费解，为什么不是整数呢？这就要从铁路的创建说起了。

早期的铁路是由建电车的人所设计的，而 4 英尺又 8.5 英寸正是电车所用的轮距标准。那电车的轮距标准又是从何而来的呢？这是因为最先造电车的人以前是造马车的，所以电车的标准是沿用马车的轮距标准。马车又为什么要用这个轮距标准呢？这是因为英国马路辙迹的宽度是 4 英尺又 8.5 英寸，所以如果马车用其他轮距，它的轮子很快会在英国的老路上撞坏。原来，整个欧洲，包括英国的长途老路都是由罗马人为其军队所铺设的，而 4 英尺又 8.5 英寸正是罗马战车的宽度。罗马人以 4 英尺又 8.5 英寸为战车的轮距宽度的原因很简单，这是牵引一辆战车的两匹马屁股的宽度。

马屁股的宽度决定了现代铁轨的宽度，也许你会觉得有几分可笑，但事实就是如此。这一系列的演进过程，也十分形象地反映了路径依赖的形成和发展过程。

正如一位心理学家说过：“只会使用锤子的人，总是把一切问题都看成是钉子。”就好像卓别林主演的《摩登时代》里的主人公一样，由于他的工作是一天到晚拧螺丝帽，所以一切和螺丝帽相像的东西，他都会不由自主地用扳手去拧。

法国作家贝尔纳说：“妨碍人们学习的最大障碍，并不是未知的东西，而是已知的东西。”贝弗里奇在《科学研究的艺术》一书中，对此也作了深刻而中肯的论述：“几乎在所有的问题上，人脑有根据自己的经验、知识和偏见，而不是根据面前的佐证去做判断的强烈倾向。因此，人们是根据当时的看法来判断新设想。”

1813 年，曾以成功进行人工合成尿素实验而享誉世界的德国著名化学家维勒，收到老师贝里齐乌斯教授寄给他的一封信。

信是这样写的：

从前，一个名叫钒娜蒂丝的既美丽又温柔的女神住在遥远的北方。她究竟在那里住了多久，没有人知道。

突然有一天，钒娜蒂丝听到了敲门声。这位一向喜欢幽静的女神，一时懒得起身开门，心想，等他再敲门时再开吧。谁知等了好长时间仍听不见动静，女神感到非常奇怪，往窗外一看：原来是维勒。女神望着维勒渐渐远去的背影，叹气道：这人也真是的，从窗户往里看看不就知道有人在，不就可以进来了吗？就让他白跑一趟吧。

过了几天，女神又听到敲门声，依旧没有开门。

门外的人继续敲。

这位名叫肖夫斯唐姆的客人非常有耐心，直到那位漂亮可爱的女神打开门为止。

女神和他一见倾心，婚后生了个儿子叫“钒”。

维勒读罢老师的信，唯一能做的就是一脸苦笑地摇了摇头。

原来，在 1830 年，维勒研究墨西哥出产的一种褐色矿石时，发现一些五彩斑斓的金属化合物，它的一些特征和以前发现的化学元素“铬”非常相似。对于铬，维勒见得多了，当时觉得没有什么与众不同的，就没有深入研究下去。

一年后，瑞典化学家肖夫斯唐姆在本国的矿石中，也发现了类似“铬”的金属化合物。他并不是像维勒那样把它扔在一边，而是经过无数次实验，证实了这是前人从没发现的新元素——钒。

维勒因一时疏忽而把一次大好时机拱手让给了别人。

人们的大脑中存在思维定式是一种很普遍的现象。据说，牛顿曾养了一大一小两只猫。一次，牛顿请瓦匠砌围墙，为了让猫进出方便，他要求瓦匠在墙上开一大一小两个猫洞，以便大猫进出大洞，小猫进出小洞。围墙砌好后，瓦匠却只开了一个大洞，牛顿很不满意。瓦匠解释说，小猫不也可以从大洞进出吗？牛顿顿时恍然大悟。能从苹果落地的现象而发现万有引力定律的牛顿，也被定式思维开了一个小小的玩笑。

因此，一定要打破思维的惯性，跳出思维模型所造成的定式状态，去获得常规之外的东西。遇到问题时，一定要努力思考：在常规之外，是否还存在别的方法？是否还有别的解决问题的途径？……只有这样，才能抛弃旧的思维框框，粉碎思维定式，让思维变得更加灵活多样、敏捷准确，从而增强自己的创新能力。

纽约，是冒险家的乐园，也是名人荟萃的地方。在这里，首饰行业之间的竞争十分激烈。罗伯特是个善于动脑筋的人，他很清楚，要想在对手林立的市场上站稳脚跟并且后来者居上，除了要有精湛的手艺和高明的经营手段之外，独特的创意也相当重要。

一天，一位大富翁慕名而来，他拿着一颗名贵的蓝宝石，要求罗伯特为他镶一枚与众不同的戒指，准备送给一位著名女影星作为生日礼物。

罗伯特当然不会错过这个送上门来的好机会。

他拿着这颗蓝宝石，整整端详了 3 天。他知道，再在图案上下工夫是不会有惊人之举了，唯有在蓝宝石上打主意。

传统镶戒指的方法，是用戒指把面料包起来。这样包后有近一半的面积被遮盖起来，也就是说一块料做成首饰后至少“小”了 1/3。

但是不这样做不行，万一安装不牢固，贵重的宝石就可能掉下来丢失，因此一直没人认为这种传统工艺有什么不对。

罗伯特早就觉察出这种传统镶法的弊病，但一直没有机会尝试改变这种陈旧的方法。

经过一个多星期的研究实验，他终于发明了一种新颖的连接方法——内锁法。用这种方法制造出的首饰，宝石的 90%暴露在外，只有底部一点面积像果实芥蒂那样与金属连接。

那位著名女影星生日那天，举行了盛大的晚会，一时宾客如云，高朋满座，当女影星出现时，人们的目光都被她手指上那颗璀璨夺目的蓝宝石戒指吸引住了……

当然，女影星的效应是巨大的。那些崇拜女影星的贵妇、小姐们得知这枚戒指出自罗伯特之手，都不惜重金请他做首饰，她们都以拥有罗伯特亲手制作的首饰为一种荣耀。

罗伯特由此而名声大振，一跃成为纽约首饰行业的领军人物。

如果罗伯特仍然按照常规去做那枚戒指的话，他绝不会取得如此优秀的成绩。规则尽管非常重要，可是，如果我们想获得创意，那么遵守规则就反而成了一种枷锁。创造性思维既要求具有建设性，更要求打破陈规，否则只有一条死胡同可走，经常地反思、检查会使我们的思维流动起来，不因规则而僵化。

如果总是用思维定式来看待事物的话，那我们也就真的成了傻瓜。因此，我们必须打破常规，学会变通。看事物不能以一种眼光，而要多角度、多方面地去观察，从常规中求新意。对一个问题，我们可以通过组合、分解、求同、求异等方法，让思路发展拓宽，要么加一点，要么减一点，要么借一点，要么拿一点，寻求多种多样的方法和结论，从而创造出一种更新更好的事物或产品。

打破传统思维的定式

人们往往会受到思维定式的限制，一旦碰到用现有的方法解决不了的事情，就认为这件事不可能成功了，其实，只要你能突破这种惯性思维，你就会知道世界上根本没有所谓的不可能。曾有这样一个实验：

把 5 只猴子关在一个笼子里，并在笼子上边挂了一个鲜桃。笼子四周安装了粗铁丝网，所以这些猴子如果想要吃到桃子是一件很容易的事情，它们只要攀上铁丝网就可以拿到它了。最初，当它们想去摘桃子时，人们就会施以电击。反复几次后，实验人员不再用电击它们，却也没有猴子敢去摘桃了。

人类也是这样，我们被关在思维定式的笼子里，很多事不敢去尝试，就认为它是不可能完成的任务，因为跳不出思维的笼子，所以永远也得不到我们生命中的“桃子”。其实很多看似不可能的事情，只要打开思路，你就可以获得成功。

20 世纪初，美国妇女以胸部平坦为美，乳房高耸被认为是没有教养的下等人。女孩子们都流行束胸，伊·黛也是受过束胸之苦的其中之一，她曾无数次告诉自己要想办法减轻姑娘们的这种痛苦，恰好当时她正与人合伙开了一家小服装店，于是她决定将这种想法体现在服装设计中。经过一番苦心揣摩，她想出了一个折中方案：用一副小型胸兜来代替捆扎的束带，然后在上衣胸前缝制两个口袋来掩饰乳房的高度。

不久后，伊·黛将这种时新服装推向市场，很快成了畅销货。伊·黛尝到甜头，信心大增。她决定研究出一种比胸兜更方便、更符合女人自然天性的服装。没过多久，她就设计出了一种具有历史意义的产品——胸罩。伊·黛凭直觉就知道胸罩一定会大受女人们欢迎。问题是，它会不会受到来自男性世界的反对和阻挠？这完全有可能！因为男人们是那么自私，而他们的审美观又是那么可笑。

伊·黛犹豫再三，终于决定：跟传统观念较量一下。于是，她成立“少女股份有限公司”，批量生产胸罩。这批反传统的产品在纽约上市后，宛如平地一声惊雷，引起妇女界、服装界的轰动。胸罩很快被抢购一空。出乎伊·黛的意外，虽然有一些人跳出来攻击，但附和者寥寥无几。姑娘们看到反对之声不大，胆子更大了，胸罩便逐渐成为一种新的服装时尚。

伊·黛的少女公司迅速壮大，几年后，员工由最初的十几人增加到上千名，销售额增加到几百万美元。

任何一种服务都有改进的余地，这也是商人们展示经营才华的一个重要阵地。谁能率先推出一种市场接受的新产品，谁就有可能从同行中脱颖而出，成为市场的领先者。

也许很多人都告诉过你，做事要有恒心，要有韧劲儿，这都没错。但是，很多时候，你会因此而固执己见，在不知不觉中，一条道走到底。事实上，坚持一个方向走到底是不太现实的，就像你开车，不可能总是方向不变，而是要不时地调整方向。有时候，环境变化得太厉害，你还不得不另辟新路，不然，你定然会栽跟头。

同样的动作、语言、事情，会使我们的头脑产生一种定式。比如，有人问你：“牛的头朝南，它的尾巴朝哪里？”你可能会脱口而出：“朝北。”但合理的答案应该是“朝下。”又比如问你：“三点水加一个‘来’字念什么？”你依据经验回答：“念‘来’。”又问：“三点水加一个‘去’字呢？”你可能会回答：“念‘去’。”其实，你稍加思考，你就会发现，三点水加一个“去”字，那分明是个“法”字嘛！

要摆脱这种思维定式，需要你发挥想象力，并且不被固有的经验和权威所迷惑，如果你对一种事物或一件事情表示怀疑时，要坚定自己的猜测，然后用事实证明它。

心就是一个人的翅膀，心有多大，世界就有多大。如果不能打碎心中的四壁，即使给你一片蓝天，你也找不到自由的感觉，打破传统思维的定式，敞开心灵的栅栏，向所有的人开放，你就能获得整个世界。我们要时刻抓住生活中的变化，来改变自己的一生。没有变化的生活，并不一定是最好的。有些人总以为自己的生活不可改变，所以从不试图改变。记住：美好的生活是靠自己努力得来的。

一条路走不顺畅，可以硬着头皮走下去，也可以放弃，另辟蹊径。打破传统思维的定式，往往能使人豁然开朗，步入佳境，也能使人从“山穷水尽”中看到“峰回路转”、“柳暗花明”。

也许，生活中并不缺少成功的机会，只是我们陷进了传统思维的囹圄之中，不能自拔。思维的框架让人容易产生怯懦的心理，终究没有勇气去尝试而流于平庸。

成功者与失败者之间的区别，有时并不在于他们之间有多大的差距，而在于一点小小的勇气。当我们超越众人禁锢得有些麻木的思想，勇敢地迈出那一步时，我们会惊喜地发现，原来成功的门对我们从不上锁。

挑战权威的话语权

做任何事情，都不要迷信权威，不要生活在他人的阴影之下。因为权威并非可能的，只要你坚定自己的信念，走自己认为正确的道路，很快就能达到自己的理想目标。

一位世界上著名的交响乐指挥家，他在一次欧洲指挥大赛的决赛中，按照评委会给他的乐谱在指挥演奏时，发现有不和谐的地方。他认为是乐队演奏错了，就停下来重新演奏，但还是不如意。这时，在场的所有作曲家和评委会的权威人士都郑重地说明乐谱没有问题，而是他的错觉。面对这些音乐大师和权威人士，他再三地思考，突然大吼一声：“不，一定是乐谱错了！”话音刚落，评判台上立刻响起了热烈的掌声。

原来，这是评委们精心设下的圈套，以此来检验指挥家们在发现乐谱错误并遭到权威人士“否定”的情况下，是否能坚持自己的正确判断。前两位参赛者虽然也发现了问题，但终因趋同权威而遭淘汰。指挥家则不然，因此，他在这次世界音乐指挥家大赛中夺取了桂冠。

做任何事情，都不要迷信权威，不要生活在他人的阴影之下。因为权威并非万能的，只要你坚定自己的信念，走自己认为正确的道路，很快就能达到自己理想的目标。

历史就是在不断地对自身否定中实现进步的。只有率先向权威挑战的人，才会较早地得到成功的垂青。

大发明家爱迪生发明电灯时，输电网的建设因直流电的局限而延缓了进展速度，与此同时，乔治·威斯汀豪组织了一个科研班子，专门研制新的变压器和交流输电系统。

爱迪生认为应用交流电是极其危险的，他极力反对这件事情。为了阻止威斯汀豪的创新，爱迪生花费数千美元组织了新闻、杂志和广告画，向外界宣传交流电如何可怕，使用它将会给人类带来多么大的危险。在维斯特莱金研究所，爱迪生召见新闻记者，当众用1000伏交流电作电死猫的表演；他还为此发表一篇题为《电击危险》的权威性文章，表达了自己反对研究和应用交流电的观点。

面对爱迪生这位权威，威斯汀豪丝毫没有气馁，对围攻交流电的宣传也不甘示弱，他竭尽全力为交流电的推广奔走、努力，并且针锋相对的在杂志上发表了《回驳爱迪生》的文章，对爱迪生的观点进行了质疑。

但是，正当威斯汀豪为交流电推广奔走时，令他做梦也想不到的事情发生了，纽约州法庭下令用交流电椅代替死刑绞架，这给威斯汀豪带来致命的一击。可是，对爱迪生来说，这真是上天赐给他的最好机会，他借着电椅大做文章，再次把恐怖气氛煽动起来。而受到意外打击的威斯汀豪，虽然在大名鼎鼎的爱迪生这个权威面前处于劣势，但他并不气馁，始终坚信交流电的应用将给世界带来新的光明。

不久，美国在芝加哥准备举办纪念哥伦布发现美洲大陆400周年的国际博览会。会上的精彩展品之一就是点燃25万只电灯，为此，很多企业争相投标，以获取这名利双收的“光彩工程”。

爱迪生的通用电气公司以每盏灯出价13.98美元投标，并满怀希望能拿下这笔生意。威斯汀豪闻讯赶来，以每盏灯5.25美元的极低标价与通用电气公司竞争，这大大出乎所有人的意料，主办博览会的负责人吃惊地问他：“你投下如此的低价，能获利吗？”

“获利对我并不重要，重要的是让人看到交流电的实力。”威斯汀豪坦然地回答。对威斯汀豪的抱负，人们将信将疑。国际博览会隆重开幕了，人们发现数万盏电灯在夜幕下光彩夺目，非常壮观。人们也争先传颂，是威斯汀豪用交流电照亮了世界。

望着无比灿烂的灯光，爱迪生这才低头沉思，并对自己的失误深感遗憾，同时也对后来居上的创新者表示敬佩。假如威斯汀豪迷信权威，对爱迪生的多次攻击束手无策，交流电绝不会迅速在社会上崛起，也不可能有威斯汀豪电气公司的辉煌。

人们总是羡慕发明创造者，觉得上天太宠幸他们，给了他们那么多机遇，实际上，我们身边也有许多创新机会，就看你善不善于捕捉它。

捕捉创新的机遇，取得意想不到的创新成果，往往取决于我们有没有捕捉机会的敏锐头脑，有没有善于从司空见惯的现象中发现问题、捕捉疑点的慧眼，有没有在权威下过"结论"、做过"论断"的所谓"终极真理"面前敢于质疑的勇气。

没有冒险就没有成功

如果你想发财，就必须有勇气，不怕失败。所谓勇气，是一种冒险的心理特质，是一种不屈不挠对抗危险、恐惧或困难的精神。许多人无法成功，是因为他们心中存有许多障碍。事实上，成功创富只不过是一种心智游戏。

有一次，摩根旅行来到新奥尔良，在人声嘈杂的码头，突然有一个陌生人从后面拍了一下他的肩膀，问："先生，想买咖啡吗？"

陌生人自我介绍说，他是一艘咖啡货船的船长，前不久从巴西运回了一船咖啡，准备交给美国的买主。谁知美国的买主却破了产，不得已，只好自己推销。他看出摩根穿戴考究，一副有钱人的派头，于是决定和他谈这笔生意。为了早日脱手，这位船长说，他愿意以半价出售这批咖啡。

摩根看了货。经过仔细考虑，他决定买下这批咖啡。当他带着咖啡样品到新奥尔良的客户那里进行推销的时候，大家都劝他要谨慎行事，因为价格虽说低得令人心动，但船里的咖啡是否与样品一致却还很难说。但摩根觉得，这位船长是个可信的人，他相信自己的判断力，愿意为此而冒一回险，便毅然将咖啡全部买下。

事实证明，他的判断是正确的，船里装的全都是好咖啡。摩根赢了。在他买下这批货不久，巴西遭受寒流袭击，咖啡因减产而价格猛涨了 2 ～ 3 倍。摩根因此而大赚了一笔。

对大多数人而言，自行创业是很冒险的，而且不只是财务上的风险。

约翰·洛克菲勒在19岁时，与人合开了一家公司，经营谷物和牧草，他们所有的资金加起来只有4000美元。但公司开业不久，农田便遭到了霜害，作物几乎颗粒未收，农民们不能把谷物、牧草等农产品拿来，许多同业的公司已纷纷倒闭，洛克菲勒的公司面临着无生意可做的困境。此时，有不少的农民找上门来，要求用来年的谷物收入作抵押，付给他们定金。洛克菲勒认为，这对公司来说是一个难得的发财机会，于是马上做出决定，答应农民们提出的要求。

然而他全部的家当只有4000美元，要支付大笔的定金，钱从哪儿出呢？当地有一位银行总裁，名叫汉迪，与洛克菲勒都是虔诚的教徒，平日双方有一定的接触和了解，洛克菲勒于是决定向汉迪求助。

他向汉迪开诚布公地说明了情况，得到了这位银行家的同情和支持。汉迪生平头一遭在对方没有任何抵押品的情况下，凭着对朋友的信任，以“圣父、圣主、圣灵”的名义，向洛克菲勒贷出了2000美元。

有了这笔贷款，洛克菲勒顺利地实施了自己的计划，他们第一年的营业额就达到了45万美元，获纯利4000美元，而洛克菲勒本人也由公司的二把手，一跃而为坐第一把交椅的人物。

美国只有少数人是百万富豪，因为只有18%的家庭，一家之主是自己开公司的老板或专业人士。美国是自由企业经济的中心，为什么只有这么少的人敢自行创业？许多努力工作的中层经理，他们都很聪明，也接受过很好的教育，但他们为什么不自行创业，为什么不去找一个根据工作业绩发给薪水的工作呢？

这是因为他们害怕风险。但是，从某种意义上说，风险愈大，机会愈大。由贫穷走向富裕需要的是把握机会，而机会是平等地铺在人们面前的一条通道。具有过度安稳心理的人常常会失掉一次次发财的机会，机会稍纵即逝，过度的谨慎就会失去它。也许你听过这个笑话：有天晚上，机会来敲我的门，当我赶忙关上报警器，打开保险锁，拉开防盗门，它已经走了。

风险和利润的大小是成正比的，巨大的风险能带来巨大的效益。要想成功就必须具备坚强的毅力，以及拼着失败也要试试看的勇气和胆略。

当然，冒风险也并非铤而走险，敢冒风险的勇气和胆略是建立在对客观现实的科学分析基础之上的。顺应客观规律，加上主观努力，力争从风险中获得效益，是成功者必备的心理素质。这就是人们常说的胆识结合。

第十八章

突破语言，到哪里都成为最受欢迎的人

让赞美成为习惯

赞美和鼓励是引发一个人体内潜能的最佳方法。肯·布兰查德是《一分钟管理》的作者，他推荐大家使用“一分钟赞美”，“抓住人们恰好做对了事的一刹那”。你经常这么做，他们会觉得自己称职，工作有效率，以后他们很可能不断重复这些来博得赞美。

有个客人在一家餐厅吃饭，他觉得菜做得很好，吃得津津有味，赞不绝口。

抬起头来，正好看见厨师经过，就顺口对厨师说：“你这菜做得真好吃！”本来愁眉苦脸的厨师，听了这些话，顿时变得容光焕发、神采飞扬。

他说：“哦！先生，听你这么说，我真的太高兴了！已经很久没有人称赞我的菜做得好，谢谢您！”从此，那厨师就比以前更卖力。

让我们不再去想自己的成就和自己的需求。让我们试着去想别人的优点。然后忘却恭维，发出诚实、真心的赞赏。称许要真诚，赞美要慷慨，这样人们就会珍惜你的话，把它们视为珍宝，并且一辈子都重复它们——即使你已经遗忘以后，人们还重复着它们。

社区内新开设的店都装上自动门，可是附近有一家超级市场却没有装。在每天早晨和下午，太太们纷纷去买东西的时候，有个小男孩常站在超级市场玻璃门外，看到手里大包小包拿了好多东西的太太，就替她们拉开大门，让她们从容地走出来。

有一次，有位太大问那小男孩：“你看门看了这么多日子，一定得到了许多小费，你拿来做什么用？”

那小孩有点诧异地回答："什么？她们都没有给我钱，可是她们都对我说：'你好棒！''谢谢你！'"

你也能在自己的能力之内，轻易地增加这个世界里的快乐。怎么做呢？就是对寂寞失意的人说几句真诚赞赏的话。或许，你明天就忘了今天所说的好话，但是听者却可能一生都珍惜着。

没有表达出来的赞美，是没有人知道的。爱、称赞、感谢都应该说出来，让对方知道，如果你以为只放心里就行了，那就大错特错了。

有对夫妻，先生每天早晨有边吃早餐边看报的习惯。有一天，当他又起食物往口中放的时候，觉得不像往常，赶紧吐出来，拿开手中正看着的报纸仔细一瞧：竟然是一段菜梗！他立刻叫妻子过来问。

妻子说："喔！原来你也知道火腿蛋与菜梗不同啊！我为你做了20年的火腿蛋，从不曾听你吭过一声，我还以为你食不知味，吃菜梗也一样呢。"

珍惜别人是一回事，赞美他们又是另一回事。我们都需要别人的承认与鼓励，没有一件事比别人所给的赞美更重要。赞美能满足他们的自尊，也能赢得他们对你的尊重。

美国商界年薪最先超过100万美元的人之中有一位是查尔斯·史考伯，他在1921年由安德鲁·卡内基选拔为新组成的美国钢铁公司的第一任总裁，而当时他只有38岁。

为什么钢铁大王安德鲁·卡内基要付给史考伯一年100多万美元的薪资，即一天3000多美元呢？

因为史考伯是一名天才吗？不是。因为他对钢铁的制造知道得比其他人多吗？也不是。史考伯的手下有许多人，他们对钢铁的制造，知道得比他还多。

史考伯说，他得到这么多的薪金，主要是因为他与人相处的本领。他是如何与人相处的，以下就是他以自己的话语说出的秘诀：

"我认为，我那能够使员工鼓舞起来的能力，"史考伯说，"是我所拥有的最大资产。而使一个人发挥最大能力的方法，是赞赏和鼓励。"

"再也没有比上司的批评更能抹杀一个人的雄心。我从来不批评任何人。我赞成鼓励别人工作。因此我急于称赞，而讨厌挑错。如果我喜欢什么的话，就是我诚于嘉许，宽于称道。"

安德鲁·卡内基之所以有这种惊人成就的特殊理由之一，就是他不论是在公开或私下里，都称赞他的雇员，甚至在他的墓碑上都要称赞他的雇员。他为自己写了一句碑文："这里躺着的是一个知道怎样跟他那些比他更聪明的属下相处的人。"

康涅狄格州新贾尔非尔德市的芭蜜娜·邓安，在公司里她的职责之一是监督一名清洁工的工作。他做得很不好，其他的员工时常嘲笑他，并且常常故意把纸屑或别的东西丢在走廊上，以显示他工作的差劲。这种情形很不好，而且增加了工作量。

芭蜜娜试过各种办法，但是都收效甚微。不过她发现，他偶尔也会把一个地方弄得很整洁。于是她就趁他有这种表现的时候当众赞扬他。于是，他的工作就有改进，不久之后，他已经可以把整个工作都做得很好了。现在对他的工作，其他人也大为赞扬。真诚的赞扬可以收到效果，而批评和耻笑却会把事情弄糟。

赞美就像浇在玫瑰上的水，赞美的话并不费力，却能成就大事。我们要下定决心对你的亲人、朋友甚至每一个人加以赞美，并把它变成一种习惯。

说句好话轻而易举，只要几秒钟，便能满足人们内心的强烈需求，注意看看我们所遇见的每个人，寻觅他们值得赞美的地方，然后加以赞美吧！

站在对方的立场看问题

当你认为别人的感受和你自己的一样重要时，才会出现融洽的气氛。我们需要多从他人的角度考虑问题，如果对方觉得自己受到重视和赞赏，就会报以合作的态度。如果我们只强调自己的感受，别人就会和你对抗。

在美国的一次经济大萧条中，90%的中小企业都倒闭了，一个名叫克林顿的人开的齿轮厂的订单也是一落千丈。克林顿为人宽厚善良，慷慨体贴，交了许多朋友，并与客户都保持着良好的关系。在这举步维艰的时刻，克林顿想要找那些朋友、老客户出出主意、帮帮忙，于是就写了很多信。可是，等信写好后才发现：自己连买邮票的钱都没有了！

这同时也提醒了克林顿：自己没钱买邮票，别人的日子也好不到哪里去，怎么会舍得花钱买邮票给自己回信呢？可如果没有回信，谁又能帮助自己呢？

于是，克林顿把家里能卖的东西都卖了，用一部分钱买了一大堆邮票，开始向外寄信，还在每封信里附上 2 美元，作为回信的邮票钱，希望大家给予指导。他的朋友和客户收到信后，都大吃一惊，因为 2 美元远远超过了一张邮票的价钱。每个人都被感动了，他们回想了克林顿平日的种种好处和善举。

不久，克林顿就收到了订单，还有朋友来信说想要给他投资，一起做点什么。克林顿的生意很快有了起色。在这次经济萧条中，他是为数不多站住脚而且有所成的企业家。

时常有些人抱怨自己不被他人理解，其实，换个角度可能别人也有同样的感受。当我们希望获得他人的理解，想到“他怎么就不能站在我的角度想一想呢”时，我们也可以尝试自己先主动站在对方的角度思考，也许会得到一种意想不到的答案。许多矛盾误会等也会迎刃而解。我对这两种方式的效果有过切身体会。

我有一个保持了多年的习惯，就是经常在我家附近的公园内散步。令我痛心的是，每一年树林里都会失火，使一些好端端的树木被大火烧毁。那些火灾几乎全是那些到公园里野餐的孩子引起的。我决定尽自己所能改变这种状况。

我到公园散步的时候，一看到孩子们在树林里生火，就走过去警告说，如果他们造成火灾，就会被关到牢里去，然后以不容商量的口气命令他们把火扑灭。如果他们不肯合作，我就威胁要叫警察把他们抓起来。

我承认自己只是在发泄不快，根本没有考虑过孩子们的感受。那些孩子即使服从了，也只是被迫服从，他们恨这个强迫他们放弃乐趣的人。等我一走，他们很可能又把火生了起来。

这让我意识到必须换一种方式来和那些孩子沟通。我再次看到孩子们在树林里生火时，就微笑着问他们：“孩子们，你们玩得高兴吗？我像你们这么大的时候也喜欢玩火，尤其是在野外生火做饭，真是一件有趣的事。”

我停下来和他们聊起了野餐的做法，气氛变得融洽起来。我趁机对他们：“不过，你们应该知道，在树林里生火是很危险的。当然，我知道你们是很注意的，但是有的人就没这么小心了。他们看到你们生火很有趣，就会学着做，可是离开时却不把火弄灭，结果火种蔓延起来，就把树林烧着了。如果树林被他们烧光了，以后我们就没有这么好玩的地方了。我很高兴看到你们玩得愉快，不过我建议你们现在把火堆旁的枯叶拨开。”

孩子们立刻踢开了火堆旁的枯叶。

“很好。”我鼓励他们，“我希望你们在离开之前用泥土把火堆盖住。下一次，如果你们还想野餐，能不能到山丘那边的沙坑里生火？在那里生火，就不会有任何危险了。”

孩子们非常乐意这么做。

事实证明，只要我们多考虑别人的感受，多从别人的角度看问题，即便是很尖锐的矛盾也能缓和下来。因此，如果你想得到别人的配合，最好真诚地从他的角度来考虑。有一个避免争执的神奇句子：“我不认为你有什么不对，如果换了我肯定也会这样想。”这句话能使最顽固的人改变态度，而且你说这句话时并不是言不由衷，因为人类的欲望和需求是大致相同的，如果真的换了你，你就会有他那样的想法和感觉，尽管你也许不会像他那样去做。

谈论对方感兴趣的话题

谈论他人感兴趣的事情，是一种深刻了解别人，并与人愉快相处的方式，它与虚伪的恭维是两码事。

生活中，每个人的性格都不一样，同样，每个人的兴趣也不一样。生活中有这样一种人，他们专嗜揣测他人的意图，奉迎他人的喜好，以使自己作出讨人喜欢之举。当然这种人不值得效仿，但有一点对世人应有所启发：他们为何要奉迎他人？无非是有人喜欢他们如此。

有许多人，他们之所以被人认为谈话拙笨，就是因为他们只注意于谈他们自己感觉有趣味的事情。而这些事情，也许人家都感觉非常讨厌。如果把这方法反过来应用，你去引导别人开始谈他们所感兴趣的事情，例如关于他的成就，他擅长的运动等等，或者如果对方是一位已有孩子的母亲，你不妨跟她谈谈她的孩子。你这样的做法，会给予人家一种亲切的感受。即使你的谈话不多，你的谈话也将被人认作是成功的。

耶鲁大学教授费尔普早年就有过这种教训，他曾有过如下回忆：

“我 8 岁那年的一个周末，我去拜望我的姑母林慈莱，并在她家度假。那天晚上，一个中年人来访，他与姑母寒暄之后，便将注意力转移到我。当时，我正巧对船很感兴趣，而这位客人谈论的话题好多是关于船的，他的故事听起来似乎特别有趣。他走后，我向姑母热烈地称赞他，说他是一个多么好的人！对船是多么感兴趣！而我的姑母告诉我说，他是一位纽约的律师，其实他对有关船的知识毫无兴趣。但他为什么始终与我谈论船的事情呢？姑母告诉我：因为他是一位高尚的人。他见你对船感兴趣，所以就谈论能让你喜欢并感到愉悦的事情，同时也使他自己为人所欢迎。”费尔普说：“我永远记住了我姑母的话。”

我认为，《美国》杂志的突然畅销，是使整个出版界惊天动地的一件事，而这完全是约翰·薛德尔主编一人的功绩。我与约翰·薛德尔曾有这样的一次会谈：

我初次和他见面的时候，他正在主编着《美国》杂志的“读者趣味”栏。我也曾替他写过几篇稿子。有一天，他坐下来和我谈了很长的话，他说：“人们大都是自私的，他们所感觉到有兴趣的，主要的还是与他们自己有关的事物。他们不会注意到铁道是否应该收归国有，却极愿意知道应怎样向上爬，怎样使自己的身体更健康，怎样可以获得更多的薪金。如果我当了《美国》杂志的主编，我一定要告诉读者怎样去洁白他们的牙齿，怎样去沐浴，夏天怎样去乘凉，怎样去找寻职业，对付属员，购买地产，以及其他关于个人的一切。因为人生的故事，人们永远是听不厌的。所以，我打算请富人们来详细地讲述他们经营地产怎样地获得了百万元的财产，请社会上有地位的银行家以及一切大事业的成功者，都来述说一下他们怎样由艰苦而达到成功的故事。”

不久，薛德尔真的做了《美国》杂志的主编了，当时该杂志的销路并不广，因此他就照他所说的实行起来了。结果是销量得到了惊人的发展，它由30万至40万，50万，60万……不久就到了100万。不久又到了200万，最后是达到了250万。但未来的销量并不到此为止，一年年地仍在增加，这是因为薛德尔能够迎合读者自我趣味的缘故。

同样，诺斯克利夫博士被人询问到什么最能引起人们趣味的时候，他的回答是“他们自己”。事实确是如此，因为他是英国最富有的报纸大王，他能知道每个人的心理。人们对于自己的小事，比不论哪种重大的事都要关心。他对于自己刮脸的刀片钝了不能刮胡须的事，比在某处飞机失事的事件还要关心。他自己的脚趾肿痛，比在南美洲的大地震更重要。他听你谈他本身的得意事件，比听你谈历史上的一切伟大人物的事迹更为高兴。

一位军火商销售经理利用这一方法打动了一位很难说话的军政要员，获得了这位要员的欢迎和认可，也赢得了自己的合同。

曾经有个大军火公司想和一个国家做一笔大买卖，其他关节都已打通，但最后要经一位很难说话的政务要员的批准，这个任务落到了一个精明能干的销售经理身上，他在见面之前花了很多时间打听所有这位要员的情况。当他得知这位要员有收藏的爱好，而且还收藏了两件珍品的时候，他才自信地去拜见。见面后，经理很巧妙、很自然地把话题引到收藏上，顿时这位要员的谈兴就浓了起来。关键时候，经理提到了那两件珍品，这位要员竟然主动提出要让他亲眼见一见。在得意非凡地介绍过以后，要员才猛然醒悟似地问他：你来有何贵干？当经理直言不讳地说明来意后，这位要员毫不犹豫地签下了合同。

谈话时我们可曾注意到别人的兴趣？我们与人交往，可曾在这方面努力过？有些人天生应酬有术，这自然是可喜的。但如果不是天才的话，我们就需要学习了。当我们赴一个规模较大的宴会的时候，大家都会有一种不约而同的想法，就是最好避免和陌生的人同席，因为和熟人同席就有讲有笑，和陌生人就失去乐趣了。正如走进网球场而不想练球一样可笑，这种想法真正是逃避学习应酬的意识在作祟。在陌生人的宴会上主动与人谈话，是获得更多朋友的方法之一。在应酬学上，我们可以引用一个名词，说这是“努力学习应酬的表现”。只有想办法去认识更多的人，并使这些人都成为自己的朋友，才是人生真正的应酬方针。

你会说：“我又不是打算在社交上大出风头，我只是脚踏实地，自己干自己的，有什么必要去认识太多的朋友呀？”如果你有这种想法，那么可以告诉你，马克·吐温也不是一个靠社交出风头的人，他的主要事业只是埋头著作，他只需要天才和更多的幽默感，然而，任何人都承认，马克·吐温是一个朋友最多，与朋友相处得最好的人，而且是位最具说服力的人。他曾说过：“一个人，唯有可以和一个跟自己毫无利害关系的人都相处得十分有趣味，那才有真正的快乐。”因此，如果你要得到别人的欢迎，如果你想让对方对你产生兴趣，那就请记住与人沟通的秘诀：谈论对方感兴趣的话题。

记住别人的名字

安德鲁·卡内基成功的原因何在呢？他被称为钢铁大王，但他自己对钢铁的制造懂得很少。他手下有好几百个人，都比他了解钢铁。

但是他知道怎样做人处世，这就是他发大财的原因。

他小时候，就表现出组织和领导的天才。当他10岁的时候，他发现人们对自己的姓名看得很重要。而他利用这项发现，去赢得别人的合作。例如，他孩提时代在苏格兰的时候，有一次抓到一只兔子，那是一只母兔。他很快发现了一整窝小兔子，但没有东西喂它们。可是他有一个很妙的想法。

他对附近的孩子们说，如果他们找到足够的苜蓿和蒲公英，喂饱那些兔子，他就以他们的名字来给那些兔子命名。这个方法太灵验了，卡内基一直忘不了。

好几年之后，他在商业界利用这个同样的人性弱点，赚了好几百万元。例如，他希望把钢铁轨道卖给宾夕法尼亚铁路公司，而艾格·汤姆森正担任该公司的董事长。因此，安德鲁·卡内基在匹兹堡建立了一座巨大的钢铁工厂，取名为“艾格·汤姆森钢铁工厂”。

当卡内基和乔治·普尔门为卧车生意而互相竞争的时候，这位钢铁大王又想起了那个关于兔子的经验。卡内基控制的中央交通公司，正在跟普尔门所控制的那家公司争生意。双方都拼命想得到联合太平洋铁路公司的生意，你争我夺，大杀其价，以致毫无利润可言。卡内基和普尔门都到纽约去参加联合太平洋的董事会。有一天晚上，他们在圣尼可斯饭店碰头了，卡内基说：“晚安，普尔门先生，我们岂不是在出自己的洋相吗？”

“你这句话怎么讲？”普尔门问道。

于是卡内基把他心中的话说出来——把他们两家公司合并起来。他把合作而不互相竞争的好处说得天花乱坠。普尔门注意地倾听着，但是他并没有完全接受。最后他问：“这个新公司要叫什么呢？”卡内基立即说：“普尔门皇宫卧车公司，当然。”

普尔门的目光一亮。“到我房间来，”他说，“我们来讨论一番。”

这次的讨论改写了美国工业史。

安德鲁·卡内基这种记住以及重视他朋友和商业人士名字的方式，是他领导才能的秘密之一，他以能够叫出许多员工的名字为傲；他很得意地说，当他亲任主管的时候，他的钢铁厂未曾发生过罢工的事件。

记住别人的名字并运用它，对我们每一个人而言都应如此。

肯恩·诺丁罕，是印度通用汽车厂的一位雇员。他通常在公司的餐厅吃午餐。他发觉在柜台后工作的那位女士总是愁眉苦脸的。她做三明治已经做了快两个小时了，对她而言，肯恩又是另一个三明治。肯恩说了他想要什么，她在小秤上称了片火腿，然后给了他一片莴苣，几片马铃薯片。

隔一天，肯恩又去排队了。同样的人，同样的脸。不同的是，肯恩看到了她的名牌。肯恩笑着说：“嗨！尤尼丝”。然后告诉她要什么。她给了肯恩一堆火腿，三片莴苣和一大堆马铃薯片，多得都要掉出盘子来了。

我们应该注意到一个名字里所能包含的奇迹，并且要了解名字是完全属于与我们交往的这个人，没有人能够取代。名字能使人出众，它能使他在许多人中显得独立。我们所有的要求和我们要传递的信息，只要由名字着手，就会显得特别的重要。不管是女侍或是总经理，在我们与别人交往时，名字会显示它神奇的作用。

肯恩曾经在费城的男基督教青年会教过一年的营销课程，这期间曾有一位记忆专家也来讲过一个晚上的记忆训练。这种训练让肯恩明白了记住别人名字的重要性。

由于认识到了名字的重要性，在生意和社会交往中，肯恩有意识地去使用那些学到的知识，果然在以后的日子里记住对方名字就没有那么困难了。那位专家记住名字和面孔有 3 条原则：印象、重复、联想。

（1）印象。心理学家指出，人们记忆力的问题其实就是观察力的问题。肯恩觉得是如此。肯恩对名字重要性的认识，使他觉得印象是首要原则，如果不正确地牢记别人的名字，那简直是不可原谅的无礼。可怎么正确地记住呢？如果是因为没有听清，那么恰当的说法是：“您能再重复一遍吗？”如果还不能肯定，那么正确的说法是：“抱歉，您可以告诉我怎么写吗？”没有人对别人要正确地知道他的名字而产生反感的。

（2）重复。你是不是有过这样的情况，新介绍给你的人在 10 分钟之内就忘记了。除非多重复几遍，否则，一般人都会忘记。在谈话中记住别人名字的办法是用多种谈话方式使用他人的名字。比如，莫斯格拉夫先生，您是不是在费城出生的？如果一个名字较难发音，最好不要回避，但很多人都采取回避的方式。如果碰上一个较难发音的名字，可以问：“您的名字我念的对吗？”人们是很愿意帮助你把他们的名字念对的。

（3）联想。我们是怎么把我们需要记住的事物留在头脑中的呢？毫无疑问联想是最重要的因素。我们常常会因我们自己依然记得儿时发生的事而感到惊奇。

我开车到新泽西大西洋城的一个加油站加油，加油站的主人认出了我，虽然我们是在40年前见过面的。这太让我吃惊了，因为以前我从未注意过这位先生。

“我叫查尔斯·劳森，咱们曾在一所学校是同学。”他急切地说道。

我并不太熟悉他的名字，还在想他可能是搞错了。可是他却叫出了我的名字还提到了那所学校。他见我还是有些疑惑就接着说：“你还记得比尔·格林吗？还记得哈里·施密德吗？”

“哈里！当然记得，他是我最好的朋友之一。”我回答道。

“你忘了那天由于天花流行，贝尔尼小学停课，我们一群孩子去法尔蒙德公园打棒球，咱们俩一个队？”

“劳森！”我叫着跳出汽车，使劲和他握手。

之所以发生这一幕恰恰是联想在起作用，有点像是魔术。

如果一个名字实在太难记了，不妨问问其来历。许多人的名字背后都有一个浪漫的故事，很多人谈起自己的名字比谈论天气更有兴趣。

做个善于倾听的人

如果你希望成为一个善于谈话的人，那就先做一个注意倾听的人。从人性的本质来看，我们每个人当然最为关心自己。人们喜欢讲述自己的事情，喜欢听到与己有关的东西。

由于这种心理，有些人便经常犯这样一种错误——不喜欢听别人讲话。他们要么滔滔不绝地与人说个不停，不顾他人作何反应；要么当人讲话时，注意力不大集中，总是心不在焉。

这种不良的行为习惯确实有碍于人际交往的效果。记住：你要使人喜欢你，那就做一个善于倾听的人，鼓励别人多谈他们自己。

有一次，我应邀参加一场纸牌会。我不会打纸牌，另有一位美丽的女子也不会打。我们正好坐下来聊聊天。我曾到欧洲各地去旅行，所以她说：“卡耐基先生，我想请你告诉我所有你到过的名胜及所见过的奇景。”

当我们在沙发上坐下的时候，她提到她同她的丈夫最近刚从非洲旅行回来。“非洲！”我说，“多么有趣！我总想去非洲看看，但除了在爱尔衮士停过24小时外，其他地方还没去过。告诉我，你曾游历过遍布野兽的乡间，是吗？多么幸运！我羡慕你！告诉我关于非洲的情形吧。”

那次谈话谈了一个小时。她不再问我到过什么地方，看见过什么东西了。她其实不需要我谈论我的旅行，她所需要的只是一个专注的倾听者，以使她能扩大她的自我，而讲述她所到过的地方。

在现实生活中，类似这位女子的人特殊而少见吗？不，许多人都是如此。

有一次在纽约书商的晚餐宴会上，我认识了一位知名的植物学家。我倾身细听他谈到的一些外国植物、植物新形态的实验，以及温室花园，等等。整个晚宴上我几乎没有跟其他人谈话，只把所有的注意力放在那位植物学家身上，持续了好几个钟头。将近午夜时，我起身告辞。那位植物学家向主人说了许多赞赏我的话。说我是个最佳谈话者。

最佳谈话者？其实只不过是专注地聆听别人的谈论，并不时地称赞几句而已。

一个商业性会谈成功的秘密又是什么呢？根据查尔斯·伊里特的说法："成功的商业性会谈，并没有什么神秘……专心地注意那个对你说话的人是非常重要的，再也没有比这个更有效的了。"显而易见，你不必先上4年的哈佛大学才能发现这一点。

不过我们知道，有些商人会租借昂贵的地方，把商店装潢得漂漂亮亮的，干练地购进他们的货品，花费大量的广告费，却用了一些不懂得听别人说话的店员——那些店员打断客人说话，跟人家争执，给人难堪。这样只会把客人赶走。

莫顿的经验可谓是极好的一例。他曾对我讲述过这么一个故事：

我在新泽西的一家百货商店买了一套衣服。这套衣服令人失望：上衣褪色，把我的衬衫领子都弄黑了。后来，我将这套衣服带回该店，找到卖给我衣服的店员，告诉我事情的情形。我想诉说此事的经过，但我被店员打断了。"我们已经卖出了数千套这种衣服，"这位售货员反驳说，"你还是第一个来挑剔的人。"

正在激烈辩论的时候，另外一个售货员加入了。"所有黑色衣服起初都要褪一点颜色，"他说，"那是没有办法的，这种价钱的衣服就是如此，那是颜料的关系。"

这时我简直气得发火，第一个售货员怀疑我的诚实，第二个暗示我买了一件便宜货。我恼怒起来，正要骂他们，突然间经理走了过来，他懂得他的职责。正是他使我的态度完全改变了。他将一个恼怒的人，变成了一位满意的顾客。

他是如何做的？他采取了3个步骤：

第一，他静听我从头至尾讲我的经过，不说一个字。

第二，当我说完，售货员们又开始要插话发表他们的意见的时候，他站在我的立场上与他们辩论。他不但指出我的领子是明显地为衣服所染，并且坚持说，不能使人满意的东西，就不应由店里出售。

第三，他承认他不知道毛病的原因，并率直地对我说：“你要我如何处理这套衣服呢？你说什么，我都会照办。”

就在几分钟以前，我还预备要告诉他们收回那套可恶的衣服。但我现在回答说：“我只要你的建议，我要知道这种情形是否是暂时的，是否有什么解决办法。”

他建议我将这套衣服再试穿一个星期。“如果到那时仍不满意，”他应许说，“请您拿来换一套满意的。使你这样不方便，我们非常抱歉。”

我满意地走出了这家商店。到一星期后这衣服没有毛病。我对于那商店的信任也就完全恢复了。

始终挑剔的人，甚至最激烈的批评者，常会在一个有耐心且充满同情的倾听者面前被软化降服——这位倾听者在气愤的寻衅者像一条大毒蛇张开嘴巴吐出毒物一样的话语时也要静听。

纽约电话公司数年前应付过一个曾咒骂接线生的最险恶的顾客。他咒骂，他发狂，他恫吓要拆毁电话，他拒绝支付某种他认为不合理的费用，他写信给报社，还向公众服务委员会屡屡申诉，并使电话公司引起数起诉讼。

最后，公司中的一位最富技巧的“调解员”被派去访问这位暴戾的顾客。这位“调解员”静静地听着，并对其表示同情，让这位好争论的老先生发泄他的满腹牢骚。

“他喋喋不休地说着，我静听了差不多3小时，”这位“调解员”叙述道，“以后我再到他那里，继续听他发牢骚，我访问他4次，在第4次访问完毕以前，我已成为他正在创办的一个组织的会员，他称之为‘电话用户保障会’。我现在仍是该组织的会员。有意思的是，据我所知，除老先生以外，我是世上唯一的会员了。

“在这几次访问中，我静听，并且同情他所说的任何一点。我从未像电话公司其他人那样同他谈话，他的态度几乎变得友善了。我访问他时所要解决的事情，在第一次访问时，没有提到，在第二、第三次也没有提到，但在第四次，我圆满地结束了这一案件，使所有的账都付清了，并使他在与电话公司为难的经过中，第一次撤消他向公众服务委员会提出的申诉。”

无疑地，老先生自认为正义而战，保障公众权利，不受无情的剥削，但实际上他要的是自重感。他先经由挑剔抱怨得到这种自重感，但在他从公司代表那里得到自重感后，他的不切实际的冤屈即消失得无影无踪了。

大家要做到善于倾听，得注意一些技巧。

首先眼光不能东张西望，要流露出专注的神情，身体要朝着说话者略微前倾，手头的东西要放下来，如果没有什么忧伤的事，面带微笑是最好不过了。

其次，在倾听过程中，要让对方把话说清、说完整，而不能随意打断对方。如果能在对方说话的过程中不时地随内容的变化而做出相应的回应，感觉会和谐许多。如果你是领导、经理，难免会有人来访或打电话干扰，这时你得很抱歉地先说声："不好意思，请稍等。"当然，中断要尽量少。

在倾听的过程中，你如果能耐心地听对方说话，无形中，你让说话者的自尊得到了满足，使他感到了自己说话的价值。反过来，说话者对倾听者的感情就会发生一个飞跃，"他能理解我"，"我终于找到了一个倾诉的对象"，于是，二人心灵的距离缩短了，倾听使两人成了好朋友。

维护对方的自尊

一般来说，人们对于自尊往往存有不容侵犯的保护意识，因此，一旦个人的自尊遭受侵犯或攻击时，即使对方过后表示歉意，恐怕也已无法弥补双方已损伤的关系。相反地，如果你能顾及对方的自尊，处处为对方的自尊着想，那么，对方必然会因此对你表示友好与感谢。

当大伙正在围桌谈笑时，有一个人讲了一个笑话，结果使得全场捧腹大笑，气氛十分欢乐。然而，在这些笑声还未平息之际，突然有另一个人说道："这的确是一则有趣的笑话，不过我在上个月的某本杂志中早就看过了。"

或许后者的目的在于表现其优越感，但他所获得的真正评价是什么呢？而那个当初讲笑话的人，此时的感受又如何呢？你可以体会得到。

大体而言，后者的行为仿佛掠夺者一般，因为他毫不顾及前者的立场，不留余地地夺走前者在众人心中建立的地位。而且此举对于前者而言，无异于使其颜面有损、意志消沉，甚至严重影响个人的自尊。至于那些在场的听众，相信既不会由于后者的强势作风而倾向后者，也不可能因此减损对前者的评价。

对人说话，一定不要损害对方的尊严。你对一个酒徒说着酗酒的不对，他自然也要起来为自己辩护，说着酗酒的好处。现在，我们来举一个例子。

斯塔基有一天请一位室内装饰家为他家里配置一些窗帷，当时不曾问明价钱，所以配置好以后送的账单，竟使他大大地吃惊，知道被敲了一个大竹杠，但也无可奈何。

过了几天，有一位朋友到他的家里，他看了窗帷，问起窗帷的价钱，不禁也惊异地说道："什么？要这么多钱，你上了一个大当。"是的，这位朋友说的是实话，但是，这种实话不会受到欢迎。因为每一个人都是一样，很少有人愿意去聆听别人批评他的错误的。所以斯塔基就和那个朋友辩论，他说，要买好的货物，终得要出昂贵的价钱，我们绝不可能用大减价的价钱买到精美的东西。这实在是一种违心话，不过为了要辩驳而不得不这么说。

过了一天，又有一位朋友到他家里，但是这位朋友便不同了，他竟对这窗帷大加赞美，并且还说愿意照这个样式也去置备一套。这种说法，使斯塔基的内心起了和前天不同的反应，竟自己说出自己上了当的真心话来。

其实，斯塔基这样的说法，并不是自相矛盾，实在是不甘受人批评的一种心理表现。因为一个人有了错误，常常会自己承认，如果对方说得巧妙婉转，那么犯了错误的人也会向别人承认错误的，而且他对这种坦白的承认，还会觉得是一件十分光荣的事。

富兰克林年轻时恃才傲物，有一天，一位老教友把他喊到一边，诚恳地对他说道："你常常逞着你自己的性情去攻击人家的错误，这是不对的。你的朋友，他们都感到你不在的时候是十分快乐的；因为，他们觉得你知道的较多，所以没有谁敢对你说话，怕被你反驳得哑口无言。这样，你将失去你的朋友，你将不会比现在知道的更多了；实际上，你知道的仅仅是一点而已。"

富兰克林听了这个教训，觉得自己如果不痛改前非，那他将被社会所摒弃，他的一切势必完全失败，所以他就定下了一条规矩，就是不用率直的言词来作肯定的论断。而且在措辞方面，竭力地避免去抵触他人。不久，他觉得这种改变了的态度有着很大的好处，和大家谈起话来愈来愈融洽，而且这种谦逊的态度，极易使人接受，即使自己有了说错的地方，也不会受到怎样的屈辱了。

爱说服别人的人总是一味地说出自己的意见，而对方只是"嗯！嗯！"地附和着，他便误以为对方已认同自己的意见。为什么会产生这种误会呢？因为太过于无视对方的存在，造成不了解对方心里真正想法、真实感受的窘境。

完全忽略对方的存在，只是单方面不断强迫他人接受，对于“说服他人”来说，是一种不尊重他人的表现，是很大的障碍。聪明的人知道与人沟通，并不只是单方面的。所谓的沟通，是与对方能够互相交换意见，所有的疑问、不满、问题，一个一个提出来解决，以达成共识。

有个汽车商曾把新式汽车一辆一辆送给一位英国人看，他不是嫌这个，就是嫌那个，又说价钱太贵。当时该车商正在一个进修班听讲，便在班上寻找帮助。

班上的同学及老师就劝车商不要勉强着卖给别人汽车，要让那位英国人自己来买。与其去告诉他应当做什么，不如让他告诉你应该怎样做，让他觉得那是他的意见。结果很好。

过了几天，有一位顾客想把一辆旧汽车换一辆新的，该车商就想到那个英国人也许愿意买这辆旧车。车商拿起电话筒，问那位英国人能不能特别赏光来公司提供一点高见。

等那位英国人来到之后，车商说道：“你是一位买汽车的精明老手，深懂车的价值，你可否试一下这辆车子，告诉我它还值多少钱？”

那位英国人面上露出笑容来，有人向他请教了，有人承认他的能力了。于是他驾车跑了一刻钟，然后归来，他说：“假如这辆车能以 3 万元成交就不吃亏！”车商当即问那位英国人，倘若 3 万元谈妥，你是否愿买。3 万元？当然了。这是他自己的意见，他估的价。那次交易便轻易谈妥了。

佛里特银行董事长托马斯·多尔蒂说：“平常对人的态度才是最重要的。每个人都希望被当作独特的个人。在我 30 年前加入银行界时已然是如此，且我相信即使 100 年后，这一点也是不会改变的。”多尔蒂先生认为其背后的原因是不言而喻的，那就是：“因为我们都是人。”

多尔蒂认为：“最重要的是对人的尊重。即使像问好或说声‘谢谢’这样的小事，也是表示对人尊重。我认为创造出人们愿意努力工作的环境，本来就是管理者的职责。”只有当人们感受到被人尊重，并被当作一个独特的个体对待时，这种气氛才会出现。反之，如果人人只是一个冷冰冰的号码，就绝对不可能会有这种气氛。

在人际关系中，顾及他人的心态及立场，尊重他人的自尊，乃是相当重要的为人之道，也是与他人沟通、说服他人的不可或缺的要素之一。因此，你要促使别人与你合作，你要说服他人，就必须遵循说服的这一要诀：维护他人的自尊。

尊重对方的意见

苏格拉底曾告诉门徒："我唯一知道的，就是我不知道什么。"科学家伽利略也说过："你不能教人什么，你只能帮助他们去发现。"英国 19 世纪的政治家切斯特菲尔德爵士也一再告诉儿子说："要比别人聪明，但不要让他们知道。"

我们不可能比这些人更聪明，所以从现在开始，最好不要再指出人们有什么错。如果你认为有些人的话不对——不错，就算你确信他说错了——你最好还是这样讲："啊，慢着，我有另一个想法，不知对不对。假如我错了的话，希望你们帮我纠正……"

有一次我去访问著名的探险家、科学家史蒂文森。他在北极圈内生活了 11 年之久，其中 6 年除了食兽肉和清水之外别无他物。他告诉我他做过的一次实验，于是我就问他打算从该实验中证明什么。他回答说："科学家永远不会打算证明什么，他只打算发掘事实。"这样的回答令我终生难忘。

我们多数人都有武断、偏见、嫉妒、固执、恐惧、猜忌和傲慢的缺点。因此，如果你很想指出别人犯的错误时，请读一读詹姆士·哈维·罗宾森教授的《下决心的过程》一书中的话：

我们有时会在毫无理由的情形下突然改变自己的想法，但是如果有人说我们错了，反而会使我们迁怒对方，更固执己见。如果有人不同意我们的想法，我们反而会全心全意维护我们的想法。显然不是那些想法对我们珍贵，而是我们的自尊心受到了威胁……

"我的"这个简单的词，是做人处世的关系中最重要的。妥善运用这两个字才是智慧之源。我们不但不喜欢说我的表不准，或我的车太破旧，也讨厌别人纠正我们对火车的知识、水杨素的药效或亚述王沙冈一世生卒年月的错误……

我们愿意继续相信以往惯于相信的事，而如果我们所相信的事遭到了怀疑，我们就会找尽借口为自己的信念辩护。结果怎样呢？多数我们所谓的推理，变成找借口来继续相信我们早已相信的事物。

耶稣两千多年以前说过："尽快同意反对你的人。"在耶稣出生之前两千多年，埃及国王阿克图，给予他儿子一些忠告："谦虚一点，它可使你予求予取。"换句话说，不要跟你的顾客、配偶或反对者争辩，别老是指责对方错了，也不要刺激对方，而要运用一点技巧，讲究一点方法，来说服别人。

克洛里是纽约泰勒木材公司的推销员。他承认：多年来，他总尖刻地指责那些大发脾气的木材检验人员的错误，他也赢得了辩论，可这一点好处也没有。因为那些检验人员和"棒球裁判"一样，一旦判决下去，他们绝不肯更改。

在克洛里看来，他虽然在口舌上获胜，却使公司损失了成千上万的金钱。因此，在我的讲习班上课的时候，他决定改变这种习惯，不再抬杠了。下面是他在讲习班上的报告：

"有一天早上，我办公室的电话响了。一位愤怒的主顾在电话那头抱怨我们运去的一车木材完全不符合他们的要求。他的公司已经下令停止卸货，请我们立刻把木材运回去。在木材卸下25%后，他们的木材检验员报告说，55%的木材不合规格。在这种情况下，他们拒绝接受。

"挂了电话，我立刻去对方的工厂。在途中，我一直在思考着一个解决问题的最佳办法。通常，在那种情形下，我会以我的工作经验和知识来说服检验员。然而，我又想，还是把在课堂上学到的为人处世原则运用一番看看。

"到了工厂，我见购料主任和检验员正闷闷不乐，一副等着抬杠的姿态。我走到卸货的卡车前面，要他们继续卸货，让我看看木材的情况。我请检验员继续把不合格的木料挑出来，把合格的放到另一堆。

"看了一会，我才知道他们的检查太严格了，而且把检验规格也搞错了。那批木材是白松。虽然我知道那位检验员对硬木的知识很丰富，但检验白松却不够格，经验也不够，而白松碰巧是我最内行的。我能以此来指责对方检验员评定白松等级的方式吗？不能，绝对不能！我继续观看着，慢慢地开始问他某些木料不合格的理由是什么，我一点也没有暗示他检查错了。我强调，我向他请教是希望以后送货时，能确实满足他们公司的要求。

"以一种非常友好而合作的语气请教，并且坚持把他们不满意的部分挑出来，使他们感到高兴。于是，我们之间剑拔弩张的气氛松弛消散了。偶尔，我小心地提问几句，让他自己觉得有些不能接受的木料可能是合格的，但是，我非常小心不让他认为我是有意为难他。

"他的整个态度渐渐地改变了。他最后向我承认，他对白松木的经验不多，而且问我有关白松木板的问题，我就对他解释为什么那些白松木板都是合格的，但是我仍然坚持：如果他们认为不合格，我们不要他收下。他终于到了每挑出一块不合格的木材就有一种罪过感的地步。最后他终于明白，错误在于他们自己没有指明他们所需要的是什么等级的木材。

"结果，在我走之后，他把卸下的木料又重新检验一遍，全部接受了，于是我们收到了一张全额支票。

"就这件事来说，讲究一点技巧，尽量控制自己对别人的指责，尊重别人的意见，就可以使我们的公司减少损失，而我们所获得的良好的关系，则非金钱所能衡量。"

如果你过于直率地指出别人的错误，再好的意见也不会被人接受，甚至会受到很大的排斥。你剥夺了别人的自尊，也让自己成为讨论中最不受欢迎的一部分。

北卡罗来纳州的凯塞琳·亚尔佛瑞德，是一家纺纱工厂的督导员，她讲到她处理一个敏感问题的方法的转变过程时说："我的职责的一部分是使员工能够生产出更多的纱线，而她们也能赚到更多的钱。后来工厂扩大了产品项目和生产能力，原来的办法便不合理了。我已经设计出一个新的办法，并且向厂里的高级职员证明我的办法是正确的。我详细地说明他们过去用的办法是错误的，以及我为他们准备的解决方法。但是，我完全失败了。我太忙于为我的新办法辩护，而没有留下余地，让他们能不失面子地承认老办法上的错误。于是我的建议也就胎死腹中。

"后来，我了解到我所犯的错误。我请求召开另一次会议，在会上，我请他们说出问题到底出在什么地方。我们讨论每个要点，并请他们说出最好的解决办法，在适当的时候，我以低调的建议引导他们按照我的意思把办法提出来。等到会议结束的时候，实际上也就等于是我把办法提出来，而他们却热情地接受了它。"

尊重他人的意见，不去和别人作无所谓的争辩，处处同意着对方的主张。这样的态度，似乎是阿谀人家，有失自己的体面。实际，这并不是阿谀，因为阿谀是近于欺骗，虽然一时能够获得成功，但终究要归于失败的。比如，为了某种的势利关系，向人卑躬屈膝；或者，投人所好，使别人心满意足而给予某种的利益，这就叫作阿谀。

同意对方的主张，目的是避免无谓的争论。所以，如果你要获得与他人的高效沟通、说服他人，就得记住说服的一个重要原则：对别人的意见表示尊重。千万别说："你错了。"

第十九章

聪明工作，培养高效能的工作习惯

在行动前设定目标

阿尔伯特·哈伯德先生说过，如果你并不想从工作中获得什么，那么你只能在漫长的职业生涯的道路上漫无目的地漂流。只有目标在前方召唤，才会有进取的动力。

在《爱丽丝漫游奇境记》中，小爱丽丝问小猫咪："请你告诉我，我应该走哪条路呢？"

猫咪说："这在很大程度上看你要去什么地方。"

"去哪我都无所谓。"爱丽丝说。

"那么你走哪条路都可以。"猫咪回答道。

"这……那么，只要能到达某个地方就可以了。"爱丽丝补充道。

"亲爱的爱丽丝，只要你一直走下去，肯定会到达那里的。"

现实中，像爱丽斯那样去哪里都无所谓的员工大有人在。他们在工作中标榜努力工作，勤奋学习，但却从来没有一个工作目标，更谈不上职业规划，他们机械地工作，这种工作状态，是永远无法达到最高效率的。可以毫不过分地说，他们个人的发展会因此走更多的弯路，因为一个人从平凡走向卓越的前提是确定工作的目标。

在生命中没有一个中心目标的人，很容易受到一些微不足道的诸如忧虑、恐惧、烦恼和自怜等情绪的困扰。在竞争日趋激烈的现代社会，这只能导致一个人工作效能和生活质量的下降，甚至会影响到一个人的身体健康。

一位美国的心理学家发现，在为老年人开办的疗养院里，有一种现象非常有趣：每当节假日或一些特殊的日子，像结婚周年纪念日、生日等来临的时候，死亡率就会降低。他们中有许多人为自己立下一个目标：要再多过一个圣诞节、一个纪念日、一个国庆日，等等。等这些日子一过，心中的目标、愿望已经实现，继续活下去的意志就变得微弱了，死亡率便立刻升高。

世界一流效率提升大师博恩·崔西说："成功最重要的是知道自己究竟想要什么。成功的首要因素是制定一套明确、具体而且可以衡量的目标和计划。"

那么，我们在为自己设定行动目标的时候要注意哪些问题呢？

1. 制定中程目标

目标必须实在，而且不要太遥不可及，应该是在达得到的范围内。千万不要认为自己应该、或是可以在一天内完成所有的事。如果你想成为一个高效能的职场人士，无论做什么事，首先要立足现实，为自己制定一个可行的中程目标。订立中程目标往往是最能克服挑战的方法，因为中程目标制定是一种更能鼓舞人，也更激励人的过程。

美国通用公司的董事长罗杰·史密斯在进入通用之初，只是一个名不见经传的财务人员。罗杰初次去通用公司应聘时，只有一个职位空缺，而招聘人员告诉他，工作很艰苦，对一个新人会相当困难。他信心十足地对接见他的人说："工作再棘手我也能胜任，不信我干给你们看……"

在进入通用工作的第一个月后，罗杰就告诉他的同事"我想我将成为通用公司的董事长。"当时他的上司对这句话不以为然，甚至嘲笑他自不量力，逢人便说"我的一个下属对我说他将成为通用公司的董事长。"

罗杰将自己的目标逐步分解为一个个可以实现的中程目标，然后努力地逐一实现它们。令他的上司没想到的是，若干年后，罗杰·史密斯真的成了通用公司的董事长。

在我们为工作目标奋斗的过程中，不断地用中程目标激励自己是必不可少的一项内容。这时的激励，更多的是一种主观的行为，是一种内心的自我暗示。不断地告诉自己，我的下一个目标是什么，不断为自己制定中程目标，可以让我们离自己心中的最高目标越来越近。

2. 发现你内心真正的需要

你在生活中真正想要的是什么？这个问题看起来很简单，但是意义深刻，它对成功目标的制定至关重要。要得到生活中想要的一切，当然要靠努力和行动。

但是，在开始行动之前，一定要搞清楚，什么才是自己真正想要的。要打发时间并不难，随便找点什么活动就可以应付，但是，如果这些活动的意义不是你的本意，那你的生活就失去了真正的意义。

生活中最困难的一个过程就是要搞清楚我们自己究竟想要什么。大多数人都不知道自己真正想要什么，因为我们不曾花时间来思考这个问题。面对五光十色的世界和各种各样的选择我们更不知所措，所以我们会不假思索地接受别人的期望来定义个人的需要和成功，社会标准变得比我们自己特有的需求还要重要。

我们总是太在意别人要我们这样或那样，以至于我们下意识地接受了别人强加给我们的种种动机，结果，努力过后才发现自己的需求一样都没能得到满足。

如果有什么原因使我们总是得不到自己想要得到的东西的话，这个原因就是你并不清楚自己到底想要什么。就像在大海中航行，如果你不知道目的地是哪里，就只好遭受漂泊迷失之苦了。所以，在你决定自己想要什么、需要什么之前，不要轻易下结论，一定要先做一番心灵探索，真正地了解自己，把握自己的目标。只有这样，你才能在生活中满意地前进。

3. 制定目标要尽可能地伸展自己

有限的目标造成有限的人生，每个人对自己的未来都有一个定位，这个定位的高度直接决定着我们人生的高度。因此，当我们在为自己设定目标的时候，要尽量地伸展自己。

那么，我们要如何勾勒自己未来的蓝图呢？首先要为自己设立一个美好的远大的梦想，然后全心全意去做。当然，如果你只是随口说说，不会对你有什么帮助。因此，你应当坐下来，用笔写下自己的梦想以及对未来的规划，然后制定切实可行的目标。在这里，我们要注意一点，就是不要为自己的梦想设限，但这并不意味着你可以脱离现实。只有在精彩目标的指引下，我们才能够充分激发出自身的潜能，拥有高效能的工作和生活。

注重准备工作

准备是一切工作的前提。只有充分准备才能保证工作得以完成，而且做起来更容易。拿破仑·希尔说过，一个善于做准备的人，是距离成功最近的人。

一个缺乏准备的员工一定是一个差错不断的人，纵然有超强的能力，千载难逢的机会，也不能保证获得成功，这样的人自然无法成为一名高效能的人士。

第二次世界大战期间，具有决定意义的诺曼底登陆是非常成功的。为什么那么成功呢？原来美英联军在登陆之前做了充分的准备。他们演练了很多次，他们不断演练登陆的方向、地点、时间以及一切登陆需要做的事情。最后真正登陆的时候，已经胜算在握，登陆的时间与计划的时间只相差几秒钟。这就是准备的力量。

机会对每个人来说都是公平的，但它更垂青于有准备的人。因为机会是有限的，给一个没有准备的人是在浪费资源，而给一个准备工作做得非常好的人则是在合理利用资源和增加资源。

重量级拳王吉尼·吐尼一生获得过无数的荣誉，也面对过无数个强敌。有一回他要和杰克·丹塞对决，杰克·丹塞是个强劲的对手。他知道如果被丹塞击中，一定会伤得很重，一个受重伤的拳击手短时间内是很难反败为胜的。于是，他开始做准备工作，他要加紧训练，他最重要的训练项目就是后退跑步。

一场著名的拳赛过后，证明吐尼的策略是对的。第一回合吐尼被击倒之后，马上爬起来，尽量后退以避开对手，直拖到第一回合终了。等到第二回合，他的神智和体力都充分恢复之后，他奋力把丹塞击倒在地，获得了最后的胜利。

吐尼的胜利归功于他在事前做了最坏的打算。在生活中，我们每天都在面对各式各样的困难，既然我们不能预知际遇，就只好调整自己的心态，随时准备好去应付最坏的状况。

1. 机会来自充分的准备

良好的机会都要主动地去创造，如果你天真地相信好机会在别的地方等着你，或者会自动找上门来，那么你是极其愚昧的，也注定会走向失败。

提到可口可乐，你自然就会想到它那设计独特的瓶子，看着优美，拿着舒服，但你一定不知道这种瓶子是谁发明的吧？

这种瓶子是几十年前一位叫鲁特的美国年轻人设计发明的。鲁特当时只是一名普通的工厂制瓶工人，他常常和自己心爱的女友约会。

一次他与女友约会时，发现她穿着条线裙子十分优美，因为裙子膝盖以上部分较窄，腰部就显得更有吸引力了，他看呆了。他想，如果能把玻璃瓶设计成女友裙子那样，一定会大受欢迎。

鲁特并不只是想想罢了，他开始动手设计制作这样的瓶子。于是，他经过反复试验和改进，终于制成了一种造型独特的瓶子：握在瓶颈上时，没有滑落的感觉；瓶子里面装满液体，看起来也比实际的分量多，而且外观别致优美。

他相信这样的瓶子会很有市场，于是为此申请了设计专利。果然，当时可口可乐公司恰好看中他设计出来的瓶子，以600万美金买下了瓶子的专利。鲁特也因此从一个穷工人摇身一变成了一位百万富翁。

鲁特并不是设计专家，他只是一位干着劳累工作的工人，要想成功，他必须做好抓住机会的准备。或许他可以只是随便想想女友的美妙身材，而不用真的去投入设计和制作那种瓶子，如果那样的话，他就没有机会被可口可乐公司看中。然而鲁特没有，他细心观察之后又马上行动，发明了这样一种瓶子，正是他有了这样一种专利的瓶子，才有机会让可口可乐看中。简单一句话，成功总是眷顾像鲁特一样有准备的人。

2. 准备赢得高效

现实生活中，那些做事高效的人往往是那些准备工作做得十分充分的人。

阿尔伯特·哈伯德有一个富足的家庭，但他还是想创立自己的事业，因此他很早就开始了有意识的准备。他明白像他这样的年轻人，最缺乏的是知识和必备的经验。因而，他有选择地学习一些相关的专业知识，充分利用时间，甚至在他外出工作时，也总会带上一本书，在等候电车时一边看一边背诵。他一直保持着这个习惯，这使他受益匪浅。后来，他有机会进入哈佛大学，开始了一些系统理论课程的学习。

阿尔伯特·哈伯德对欧洲市场做了一番详细的考察，随后，他开始积极筹备自己的出版社。他请教了专门的咨询公司，调查了出版市场，尤其是从从事出版行业的普兰特先生那里得到了许多积极的建议。这样，一家新的出版社——罗依科罗斯特出版社诞生了。

由于事先的准备工作做得充分，出版社经营得十分出色。他不断将自己的体验和见闻整理成书出版，名誉与金钱相继滚滚而来。

阿尔伯特并没有就此满足，他敏锐地观察到，他所在的纽约州东奥罗拉，当时已经渐渐成为人们度假旅游的最佳选择之一，但这里的旅馆业却非常不发达。这是一个很好的商机，阿尔伯特没有放弃这个机会。他抽出时间亲自在市中心周围作了两个月的调查，了解市场的行情，考察周围的环境和交通。他甚至亲自入住一家当地经营得非常出色的旅馆，去研究其经营的独到之处。后来，他成功地从别人手中接手了一家旅馆，并对其进行了彻底的改造和装潢。

在旅馆装修时，他根据自己的调查，接触了许多游客。他了解到游客们的喜好、收入水平、消费观念，更注意到这些游客正是对于繁忙工作的厌倦，才在假期来这里放松的，他们需要更简单的生活。因此，他让工人制作了一种简单的直线型家具。这个创意一经推出，很快受到人们的关注，游客们非常喜欢这种家具。他再一次抓住了这个机遇，一个家具制造厂诞生了。家具公司蒸蒸日上，也证明了他准备工作的成效。同时他的出版社还出版了《菲利士人》和《兄弟》两份月刊，其影响力在《致加西亚的信》一书出版后达到顶峰。

我们可以看到，阿尔伯特的成功是建立在充分的准备基础上的，所以他才能够在面临机遇时果断出击。正是准备意识成就了他事业的辉煌。

阿尔伯特深深地体会到，准备是执行力的前提，是工作效率的基础。因此，他不但自己在做任何决策前都认真准备，还把这种好习惯灌输给他的员工。值得庆幸的是，不久之后，“你准备好了吗？”已经成为他们公司全体员工的口头禅，成功地形成了“准备第一”的企业文化。在这样的文化氛围中，公司的执行力得到了极大的提升，工作效率的提高自然显而易见。

同样，如果我们要提高自己的工作效率，成为一名职场中的高效能人士，也应当像阿尔伯特·哈伯德一样，在行动之前做好充分的准备工作。

制定切实可行的计划

在明确工作目的和任务后，能不能实现就在于能否进行合理的组织工作。法国作家雨果说过：“有些人每天早上预定好一天的工作，然后照此实行。他们是有效地利用时间的人。而那些平时毫无计划，靠遇事现打主意过日子的人，只有‘混乱’二字。”

计划并不是对个人的一种束缚与管制，必须做什么或不应该做什么并不是由计划决定的。在制定计划的过程中，其实就是一个自我完善的过程，所以，对于计划一定要坚持，并坚信会实现它。

沃森在回顾自己的职业生涯时说，“我的助手有一个非常好的习惯，这也是我一直没有替换他的主要原因。他有一本形影不离的工作日记，每天早晨，他都会把前一天写好的工作计划再翻看一遍，而在一天的工作结束后，他要对这一天的工作进行总结，同时把下一天的计划再做出来。”这是一个多么好的习惯。同时，也是每一位高效能人士必须养成的习惯。

1. 明确工作目的

史蒂芬·柯维在《有效的经理》一书中写到：“我赞美彻底和有条理的工作方式。一旦在某些事情上投下了心血，就可以减少重复，开启了更大和更佳工作任务之门。”

培根也说过：“选择时间就等于节省时间，而不合乎时宜的举动则等于乱打空气。”没有一个明确可行的工作计划，必然浪费时间，要高效率地工作就更不可能了。试想，如果一个搞文字工作的人将资料乱放，就是找个材料都会花个半天时间，那么他的工作是没有效率可言的。

工作的有序性，体现在对时间的支配上，首先要有明确的目的性，很多成功人士就指出：如果能把自己的工作任务清楚地写下来，便很好地进行了自我管理，就会使得工作条理化，因而使得个人的能力得到很大的提高。

只有明确自己的工作是什么，才能认识自己工作的全貌，从全局着眼观察整个工作，防止每天陷于杂乱的事务之中。明确的办事目的将使你正确地掂量各个工作之间的不同侧重，弄清工作的主要目标在哪里，防止不分轻重缓急，耗费时间又办不好事情。

只有明确自己的责任与权限范围，才能摆脱工作中的互相扯皮和打乱仗现象。

填写工作清单是一种明确工作目标的好方法。首先，你可以找出一张纸，毫不遗漏地写出你所需要的工作。凡是自己必须干的工作，且不管它的重要性和顺序怎样，一项也不漏地逐项排列起来，然后按这些工作的重要程度重新列表。重新列表时，你要试问自己：如果我只能干此表当中的一项工作，首先应该干哪一件事呢？然后再问自己：接着该干什么呢？用这种方式一直问到最后一项。这样自然就按着重要性的顺序列出自己的工作一览表。其后，对你要做的每一项工作写上该怎么做，并根据以往的经验，在每项工作上总结出你认为最合理有效的方法。

在制定工作计划的过程中，我们不仅要明确你的工作是什么，还要明确每年、每季度、每月、每周、每日的工作及工作进程，并通过有条理的连续工作，来保证以正常速度执行任务。在这里，为日常工作和下一步要进行的项目编出目录，不但是一种不可估量的时间节约措施，也是提醒我们记住某些事情的手段。可见，制定一个合理的工作日程是多么重要。

工作日程与计划不同，计划在于对工作的长期计算，而工作日程表是指怎样处理现在的问题。比如今天还有明天的工作，就是逐日推进的计划。有许多人抱怨工作太多又杂乱，实际是由于他们不善于制定日程表，无法安排好日常工作，有时候反而抓住没有意义事情不放，不得不被工作压得喘不过气来。

2. 约束自己，达到目标

执行计划是对意志品质与毅力的一次考验与挑战，许多人的计划，并没有得到坚决的贯彻与执行，多是由于他们缺乏勇气与毅力，或是对自己过于放任自流。从表面上看，这并不会对你造成多大的损失，但是在不断的工作中，那些忠于计划，不断改进的人的进步会越来越明显，他们才称得上是高效能人士，他们的行为也必将会引起企业管理者的关注。而那些无视计划的人，整日仍然处于无序的工作状态之中，当然，工作效率也是无从提高的。

计划贵在执行。在你制定计划的时候，也许并不受关注，可能还会引来一些人的嘲笑，认为这是幼稚的办法。能够给你鼓励与帮助的人并不多，因此，约束自己，锲而不舍，矢志不渝地将计划执和到底就成了高效能人士的一项重要品质。如果你对自己制定的计划有足够的信心与勇气，那么坚持下去，绝不放弃，无论遇到多么大的困难。

大家可能听过这样一个故事：

有这样一个人，他追求完全自由自在的生活，他讨厌生活对他的任何束缚。

他讨厌理发师对他的摆弄，因而他拒绝理发，一任头发胡须自由地疯长。

他讨厌洗澡时受水的冲刷和毛巾的搓擦，因而他拒绝洗澡，一任污垢满身，虱子乱爬。

他讨厌鞋子、袜子对他的约束，因而他拒绝穿袜，把鞋子也脱掉扔了。

他讨厌身上衣服对他的束缚，因而他把上衣脱下扔了，打着赤膊。

现在，他只剩下腰中皮带和下身裤子的束缚了。

他对皮带说：“你给我滚开吧！你干吗总是这么紧紧约束着我？”

“可是，假如你失去我这唯一的约束，你就可能完全失去你的人格。”皮带说。

“胡说！你给我滚开吧！”他找来一把剪刀，剪断了皮带。

可想而知，皮带断了，裤子当然滑落了。他喜不自胜——为解脱了全身的任何约束而高兴异常。当然，没有多久，人们就把他当作一个精神病人关进了病房。所有的约束他都无法抗拒了——他被彻底地约束了。

目标是前途，也是约束。为了实现自己的计划和目标，也许你必须干一些自己不想干的事，放弃一些自己深深迷恋的事，这样，你可能会觉得有一定的“约束”。但是，为了生活，为了计划的实现，为了成功，我们不能试图摆脱一切“约束”，而是应该在“约束”的引导下，一步步沿着既定的目标，稳妥地前进。

3. 想到就做

著名的畅销书作家奥狄·曼格诺说过：“一张地图，无论多精细，都不可能使你在地面上移动一步。我们的计划再科学，还需要我们坚定地去执行才可奏效。”事实上，那些高效能人士之所以成功，有一个突出的特点：那就是想到就做，一有好的创意，立刻就付诸实施。

是不是拥有切实可行的计划，是判断一个人工作是否高效的关键因素。许多成功人士的成功经验告诉我们，认真地做一份计划不但不会约束我们，还可以让我们的工作做得更好。当然，同许多其他重要的事情一样，执行计划并不是一件简单容易的事。如果你约束自我，实现了制定的计划，你就成了一个卓有成效的高效能人士。

重在执行

执行力是衡量做事是否高效的重要标准。一个团队、一名队员或员工，如果没有强大的执行力，就算有再多的想法也不可能取得好的成绩。

巴德森是美国橄榄球运动史上一位伟大的橄榄球队教练。在他的带领下，美国绿湾橄榄球队成了美国橄榄球史上最令人惊异的球队，创造出了令人难以置信的成绩。看看巴德森的言论，能从另一个方面让我们对执行力有更深刻的理解。

巴德森告诉他的队员：“我只要求一件事，就是胜利。如果不把目标定在非胜不可，那比赛就没有意义了。不管是打球、工作、思想，一切的一切，都应该‘非胜不可’。”“你要跟我工作，”他坚定地说，“你只可以想三件事：你自己、你的家庭和球队，按照这个先后次序。”“比赛就是不顾一切。你要不顾一切拼命地向前冲。你不必理会任何事、任何人，接近得分线的时候，你更要不顾一切。没有东西可以阻挡你，无论是战车或一堵墙，无论对方有多少人，都不能阻挡你，你要冲过得分线！”

正是有了这种坚强的意志和顽强的信心，绿湾橄榄球队的队员们拥有了强大的执行力。在比赛中，他们的脑海里除了胜利还是胜利。对他们而言，胜利就是目标，为了目标，他们奋勇向前，锲而不舍，没有抱怨，没有畏惧，没有退缩。正是这种近乎完美的执行精神，使他们成为所有渴望在工作中有所成就的人的榜样。要想得到高效的执行力，需要培养4个习惯：

1. 用心去做

要取得好的执行效果，关键是要用心去做。以发生在商场的一个小场景为例：

一位消费者，在大卖场的货架之间徘徊，想找一罐高蛋白含量的奶粉，看到一位服务人员在另一边整理货架。“请问，我想找一罐高蛋白质含量的奶粉，请问可以在哪里找到？”

服务人员的反应可能有下列几种：

第一种：理都不理消费者，继续整理眼前的货架。

第二种：瞄消费者一眼，冷冷丢出一句话“不知道”。

第三种：客气地回答消费者“请你走到第三个货架，左转到横排第五个矮柜，算过去第八个篮子，你就可以看到奶粉专柜”。

第四种：服务人员立即停下手下的工作，聆听他描述产品，随即带他到奶粉货架，拿下一种销量较好的高蛋白质奶粉递给他，同时说：“我想您挑选蛋白质含量高的奶粉，应该是想让您的宝宝长得更结实，我再推荐您另外一种高钙的产品给您试试，可以让您的宝宝更健康。”

对工作专注用心是做好任何事情的前提条件，我们在执行工作任务时，要先把心思集中到如何快速、高效完成任务上来。

2. 提高速度

执行力高低的一个衡量尺度是快速行动，因为速度现在已经成为决定成败的关键因素。当然快与慢是辩证的，因为快速执行并不是要求你为了完成目标而不计后果，并不是允许任何人为了抢速度而降低工作的质量标准。迅捷源自能力，简洁来自渊博。

一个人要快速执行首先要建立在强大的思维能力基础之上。一名执行力强的人能够不断探寻业务模式和事物的因果关系，能够不断尝试从新的角度（同事角度、客户角度、竞争对手角度、公司角度、创造性角度）看问题。

3. 注重团队协作

我们的工作是孤立的。要出色完成上司交代的工作，必然要依靠团队协作。一个高效的执行者是不会单枪匹马地闯荡的，他会协同团队共同完成任务。

在执行的过程中，团队精神主要包含 4 个方面：

同心同德：组织中的员工相互欣赏，相互信任；而不是相互瞧不起，相互拆台。员工应该发现和认同别人的优点，而不是突显自己的重要性。

互帮互助：不仅是在别人寻求帮助时提供力所能及的帮助，还要主动地帮助同事。反过来，我们也能够坦诚地乐于接受别人的帮助。

奉献精神：组织成员愿为组织或同事付出额外努力。

团队自豪感：团队自豪感是每位成员的一种成就感，这种感觉集合在一起，就凝聚成为战无不胜的力量。

4. 不要等万事俱备再动手

一个高效的执行者不会等待万事俱备再动手。有一位心理学家多年来一直在探究成功人士的精神世界，他发现了两种本质的力量：一种是在严格而缜密的逻辑思维引导下艰苦工作；另一种是，在突发、热烈的灵感激励下立即行动。

当可能改变命运的灵感在世俗生活中喷发时，绝大多数人习惯于将它窒息，而后又回到原来的生活常轨：什么时候该做什么照常做什么。他们并没有意识到，内在的冲动是人类潜意识通向客观世界的直达快车。威廉·詹姆斯说：“灵感的每一次闪烁和启示，都让它像气体一样溜掉而毫无踪迹，这比丧失机遇还要糟糕，因为它在无形中阻断了激情喷发的正常渠道。如此一来，人类将无法聚起一股坚定而快速应变的力量以对付周围的突变。”

美国钢铁大王卡内基以果断的执行力而闻名。有一次，一位年轻的支持者向他提出了一项大胆的建设性方案。在场的人全被吸引住了，它显然值得考虑。不过他们可以从容考虑，然后讨论，最后再决定如何去做。但是，当其他人正在琢磨这个方案时，卡内基突然把手伸向电话并立即开始向华尔街拍电报，以电文热烈地陈述了这个方案。当然，拍这么长的电报花费不菲，但它转达了卡内基的信念。

出乎意料的是，一千万美元的投资立项就因为这个电文而拍板签约。假如他们拖延行动，这项方案极可能就在他们小心翼翼的漫谈中自动流产——至少会失去它最初的光泽。然而卡内基立刻付诸行动了。

很多人羡慕卡内基办事如此简明，然而事实是，他之所以办事简明，就是因为他在长期训练中养成了“立即执行”的习惯。

世间永远没有绝对完美的事，“万事俱备”只不过是“永远不可能做到”的代名词。一旦延迟，愚蠢地去满足“万事俱备”这一先行条件，不但辛苦加倍，还会使灵感失去应有的乐趣。以周密的思考来掩饰自己的不行动，甚至比一时冲动还要错误。

一个高效能人士是不会等到万事俱备的时候再动手的。很多时候，你若立即进入工作的主题，你将会惊讶地发现，如果拿浪费在“万事俱备”上的时间和潜力处理手中的工作，往往绰绰有余。而且，许多事情你若立即动手去做，就会感到快乐、有趣，加大成功几率。

马上去做（Just Do It）是一名高效能人士应当秉持的做事理念。任何规划都不能保证成功，因为任何规划都有缺陷，规划的东西是纸上的，与实际总是有距离的。规划可以在执行中修改，但关键还是要马上执行！根据你的目标马上行动，没有行动，再好的计划也是白日梦。

学会自我管理

艾尔伯特·哈伯特说过：“每个人一天起码有5分钟不够聪明，智慧似乎也有无力感。”一般人常因他人的批评而愤怒，有智慧的人却想办法从中学习。诗人惠特曼曾说：“你以为只能向喜欢你、仰慕你、赞同你的人学习吗？从反对你的人、批评你的人那儿，不是可以得到更多的教训吗？”

与其等待敌人来攻击我们或我们的工作，倒不如自己动手。我们自己可以是最严苛的批评家。在别人抓到我们的弱点之前，我们应该自己认清并处理这些弱点。达尔文就是这样做的。当达尔文完成其不朽的著作——《物种起源》时，他已意识到这一革命性的学说一定会震撼整个宗教界及学术界。因此，他主动开始自我评论，并耗时15年，不断查证资料，向自己的理论挑战，批评自己所下的结论。

时间管理是自我管理中最主要的内容之一。时间管理的一种简单而有效的方法是去设定事情的优先顺序，一般可以分为以下4种类型：重要而紧急，重要但不紧急，紧急但不重要，不紧急也不重要。

重要而且紧急的工作是指事情的重要性高，而且需要立即执行的行动。此类事情带给人们较高的压力。比如，老板紧急交办的工作、重要客户来访、家人临时生病住院、不擅长的必修科目隔天要期末考试等。

重要但不紧急的事情对个人而言是很有意义的，可能是许久的盼望或长远的目标。通常这类事情挑战性高，困难度也高。最常见的如参加明年的重要考试、年底的婚礼、下星期应聘工作面试等。

紧急但不重要的事情本身重要性不高，但因为时间的压力，需要赶快采取行动。例如接电话、煮饭、处理邮件等。

不紧急而且不重要的事情，本身没有强迫完成的压力，而且重要性不高。例如，打电话和老同学闲聊、唱卡拉 OK、逛街、看电视、写问候信等。

基本上，我们可以先记录每周的时间流水账，然后将每周的事情按重要性与急迫性分为上述 4 种类型。设定事情的优先顺序很简单，重要的是要克服这种一般人常有的心理倾向：逃避压力，想要处理那些容易、快速完成的事情。

逃避压力的结果，就是犯了时间管理的大忌：把不紧急且不重要的事摆在第一位，却把重要且紧急的事置于最后。

紧急的事不一定重要，重要的不一定紧急。不幸的是，我们许多人把我们的一生都花费在较紧急的事上，而忽视了不那么紧急但比较重要的事情。当你面前摆着一堆问题时，应问问自己，哪一些真正重要，把它们作为最优先处理的问题。如果你听任自己让紧急的事情左右，你的生活中就会充满危机。

根据你的人生目标，可以把所要做的事情制定一个顺序，有助于你实现目标的，就把它放在前面，依次为之；把所有的事情都排一个顺序，并把它记在一张纸上。

众所周知，人的时间和精力是有限的，不制定一个顺序表，你会对突然涌来的大量事务弄得手足无措。

我在教授别人期间，有一位公司的经理来拜访，他对我的干净整洁的办公桌感到惊讶。问：“卡耐基先生，你没处理的信件放在哪儿呢？”

我说：“我所有的信件都处理完了。”

“那你今天没干的事情又推给谁了呢？”他紧接着问。

“我所有的事情都处理完了。”我回答。看到这位公司老板困惑的神态，我解释说：“原因很简单，我知道我所需要处理的事情很多，但我的精力有限，一次只能处理一件事情，于是我就按照所要处理的事情的重要性，列一个顺序表，然后就一件一件地处理。”

“噢，我明白了，谢谢你，卡耐基先生。”几周以后，这位公司的老板请我参观其宽敞的办公室，说：“卡耐基先生，感谢你教给了我处理事务的方法。过去，在我这宽大的办公室里，我要处理的文件、信件等，都堆得和小山一样，一张桌子不够，就用三张桌子。自从用了你说的方法以后，情况好多了。瞧，再也没有没处理完的事情了。”

这位公司的老板，就这样找到了处理事情的办法，几年以后，他成为了美国社会成功人士中的佼佼者。

我们为了个人事业的发展，也一定要根据事情的轻重缓急，制定出一个日程表。我们可以每天早上制定一个处理问题的先后表，然后再加上一个进度表，就会更有利于我们向自己的目标前进了。

有效的管理要先后有序。在领导决定哪些是“首要之事”以后，时刻把它们放在首位管理。管理是纪律，是贯彻。换句话说，如果你是一个有效率的自身管理者，你的纪律来自你自身内部；它是你独立意志的一种因应，而你是你自己深刻的价值及其源泉的门徒和追随者。而且你有将你的感情、你的冲动、你的心境从属于那些价值的意志和忠贞。

E.M. 格雷曾写过小品文《成功的公分母》。他一生探索所有成功者共享的分母。他发现这个分母不是勤奋地工作、好运气或精明的人际关系，虽然这些都是非常重要的，一个似乎超过所有其他因素的因素是把首要的事放在首位。

决定工作的顺序

早晨上班时决定工作的程序，就能提高工作效益。“早起的鸟儿有虫吃”，这也可以作为管理者的座右铭。例如比一般人早 1 小时起床、早 1 小时上班的话，在上班铃声响起以前，至少可阅读五六张报纸。如此就能够比别人抢先获得信息，对于工作将有很大的帮助。

除此以外，早些上班的人，能够有充分的时间，决定一天的工作程序。不管是哪一种工作，程序决定不佳，将不能获得良好的结果。如果你早一点上班，就有充裕的时间决定程序，工作当然也能够顺利地进行。那么如何决定工作的顺序呢？

1. 应用“80 对 20 法则”

把一天的计划列出来以后，接下来就得决定先后顺序。在决定工作的优先顺序时，应用“80 对 20 法则”即巴雷多法则。

其实真正重要的工作并不多，差不多只占全部工作的两成左右。只要想想这两成的重要工作是什么，即可以很快地决定工作的优先顺序，自然就可以制定效率好的工作程序。

对于重要的工作和次要的工作，有不少人采用一视同仁的方式，这种工作方式不但效率不高，而且精神方面的负担也将使人不甚承受。如果根据巴雷多法则进行，只做占全体的 20% 的真正重要的工作，即可完成 80% 的成果。因此，在精神方面会显得轻松，效果也比较好。

2. 要充分考虑工作细节的弹性

决定工作次序时，不要连细节也定得死死的，必须具有某种程度的弹性，如此才能够顺利地进行。有不少人喜欢详细的规定，计划好从几点到几点做哪些工作，然后才着手工作。

乍看起来，这种做法似乎很合理，实际上，这并非很有效率的做法。因为一旦限定了时间，难免会受到它的束缚。例如，工作进行的很顺利时，时间一到就非中断不可；轮到工作进行得不顺利时，仍然得熬到时间到达为止。

与其采用这种方式，不如趁着干劲十足时，一口气把工作干完；提不起精神时，干脆做其他的工作，这样效果就更好。首先，把一天要做的事情全部列出来，如果前一天有未做完的工作，就必须把它也加进去。写完以后，全部看一遍，再决定从何处着手，以何种顺序进行。

对于能够同时进行的事情，最好一次就解决掉。例如中午必须会客，就不要吃完饭再会客，而应采取跟对方一起进餐并交谈的方式。这样的话，一次就可以解决两件事，腾出来的时间，可用于其他方面的工作。

3. 要提前做好准备工作

为了使一天的工作顺利开展，事前的准备工作是不可缺少的。有一些管理者在着手工作以前，必须抽一支烟，或者看看报纸，或许这也算是一种准备工作吧！不过，与其做一些跟工作无关的准备工作，不如做一些与工作内容息息相关的事。为了在有限时间内顺利地进行工作，最好能很快地制造融洽的工作气氛。

例如，在会议上必须作报告的话，那就先看看那些会议大纲以及内容。虽然只匆匆看了一遍，但是，比起开会时才照本宣科的做法，其效果有天壤之别。有时，由于要做的事情实在太多，叫人眼花缭乱，不知从何处着手才好。遇到这种情形，不妨把每一项工作都写在纸条上，如此才能胸有成竹。

4. 要区别哪些工作需要委托别人

工作最好分为“亲自动手”和“委托他人”。一般的工作可分为“只有自己会做”和“他人也能够做”两种。考虑到工作程序，就应该把这两种情况区别清楚。

一旦把只有你会做的工作委托给他人做，或者把应该委托他人做的事，由你动手来做的话，将招致很多无谓的损失，根本就无法高效率地进行工作。

以公司为例，办公室里有几位秘书，帮主管做种种工作。正因为有了他们，管理者才能够把时间用于只有自己才能够做的事情。

一般地不可能每一个管理者都拥有秘书，只能把工作分为两大类。那些可以委托给他人做的事即可交给部属、同事、甚至家人，由他们帮你。像剪杂志的工作，只要你告诉委托者重点，连孩子们也能够做得很好。所以，你不妨请别人多帮忙，你自己则专门负责重要的工作。

5. 先要查看是否有需要等待对方答复的文件

每天早晨上班时，都应先做以下的一些事情：第一件事情，就是查看是否有等待对方答复的文件。如果有的话，必须尽快跟对方联络。对每个人来说，时间一向是分秒必争的。凡事要迅速地在早晨联络，以便当天就可获得答复。但如果稍微延误，到中午才跟对方联络，往往必须等到翌日方能得到答复。仅仅延误了两三个小时，却使整件事情慢了一天才能获得解决。为了防止这种事情发生，必须一早就跟对方联络。

6. 最好在上午处理依靠脑力的工作

一般来说，在经过充足睡眠后的早晨，头脑的运转是比较快的。正因为如此，凡是依靠脑力的工作，你都把它放在上午进行，就连那些必须凭对方反应而下决定的工作，也尽量在上午做完。因为到了下午脑力运转迟钝，往往想不出最上乘的策略，所以，应把会客的时间安排在下午。会客不同于办公室的工作，经过了一个上午耗费脑力的工作之后，头部会感到一定的疲劳，这时改为会客的话，反而能够使紧绷的神经获得松弛，可说是一种很理想的调剂。

7. 当你拜托他人做事时，要不厌其烦地告诉对方做法，以及你的意图

例如拜托秘书去订机票时，你绝对不能这样说：“请你订一张某月某日几点几分飞往纽约的机票。”而应该这样说：“我想在某月某日的几点几分抵达纽约的某饭店，请你帮我订一张机票”。如果你使用前面那种说法，碰到没有座位的话，秘书就不会为你订机票，他的理由是“那班客机已经没有座位了”；如果采用后面的说法，把你的意图传达给对方的话，就算没有最合适的班机，他也会为你订前一班客机的票。他能够采取弹性的处置方法。委托他人做事时，必须把你的意图及目的都说出来，方能在毫无错误之下，很有效率地完成任务。

做最符合你天性的工作

你出众的聪明才智就是你的天赋，而真正适合你的职业应当能够表现你的个性与天赋。如果你找到了适合自己的位置，工作本身就会充分而全面地调动你的才能。可能的话，尽量选择那种可以最大限度地利用现有经验，并与自己的个性爱好相吻合的行业。

这样，你不仅会拥有一份得心应手的工作，还可以充分运用已有的知识和技能，而这才是最有效地利用你自己的资本。如果我们遵从马修·阿诺德的说法，那么，宁可做鞋匠中的拿破仑，宁可做清洁工中的亚历山大，也不要做根本不懂法律的平庸律师。

选择符合自己天性的工作非常重要。兴趣是工作的最好动力。

对于露丝来说，最让她寒心的是她原本选的专业极其冷门，因而在毕业时不得不到一家小公司做了一名文秘。这使得她对工作极其缺乏热忱，每天犹如和尚撞钟般得过且过。露丝对此也十分迷茫，总觉得自己像是搭错了车，却又不知该在哪一站下。

痛苦的经历持续了相当一段时间，直到有一天，露丝才从朋友的经历中发觉了自我。露丝的朋友原本是学电子的，但她却一直对服装特别感兴趣，因而在毕业后不久就从原先的单位辞了职，独自开了家小小的服装工作室。虽然她没学过服装设计，但她也做得非常好，更关键的是，她非常开心。

露丝这才重新考虑自己真正喜欢什么样的工作。她发觉自己的口才一直不错，而且对外语有一种天生的热情，自己最初的期望就是做个商务代表或谈判代表，只是因为自己觉得所学的专业不对口，因而一直不敢问津。

明确了自己的方向后，露丝开始努力，她参加了一个经济管理的培训班。当然，这只是第一步。不久，她在老板面前展示了自己的外语天才，深受老板赏识。

后来，她终于如愿做了公司的项目谈判代表。

其实，在职场上搭错车的很重要的原因就在于不了解自我，不知道自己真正喜欢的是什么。也有的人是因为自己的思维定式，以为自己不是专业出身就不会有前途，不敢轻易尝试自己真正感兴趣但是没有学过的工作。而实际上许多很成功的人现在干的都不是他的原专业。

高等教育在传授给你专业知识的同时，更重要的是传授给你思考问题的方法。因此，不要以为你不是专业出身就一定干不过别人。要知道，兴趣是工作的催化剂，它能使你的才能迸发出难以想象的活力。而一个你不喜欢的工作，却可能扼杀你的生活情趣。

除了兴趣，你还得考虑另一个因素：做你擅长的工作。

路莎最初学的是财会专业，在 26 岁那年考上了注册会计师，成为她那事务所里当时最年轻的会计师。日子过得很顺利，路莎也很喜欢自己的工作。后来，她的一个朋友推荐她去一家商贸公司做人事经理，禁不住高薪的诱惑，路莎也想给自己换个全新的环境，就去了。

但是在做经理人的那段日子，路莎却觉得十分苦闷，原因倒不在于业务的繁重，而是在于内务管理工作。对路莎而言，与同事在一起，她始终无法将自己放到管理者的位置。或许，这便是路莎的弱点，不善于管理人，支配人，尤其是对待熟悉的人。

不要贸然去干自己不擅长的工作，勉强的结果只能是自己痛苦。为什么有人会哀叹工作的不幸和人生的无聊呢？主要是因为他们正从事着与自己的志趣、个性相冲突的职业。

如果你所选择的职业不适合你，那就不可能有奇迹出现，不但不会有成功，它甚至会剥夺你人生的乐趣。但是，如今的很多青年没有考虑到这一层，他们往往喜欢做其他人看来很体面的工作，至于工作本身的特点倒不在他们的考虑之内。

不知有多少人因为只考虑到工作的体面而断送了一生的幸福。他们以为体面的工作肯定是成功的捷径，而不管自己的性格、才学是否与之相称，他们完全不懂得成功的真正意味。

任何职业只要与你的志趣相投，你就绝不会陷于失败的境地。但是，在工作的过程中，有人常常容易受到外界的诱惑，受制于自己的欲望，便把全副精力放在不好的勾当上去了。像这样的人，怎能期望成功会降临到他的头上呢？因此，当你工作不满意时，不妨看看自己的性格是否适合这份工作，然后为自己的性格挑份合适的工作。

善于休息

休息可以使一个人的大脑恢复活力，提高一个人的工作效能。斯蒂芬曾感慨地说："曾经有一段时间，我也认为休息太过于浪费时间，但是后来我发现不注意休息的直接后果是工作效率的低下。"身处激烈的竞争之中，每一个人如上紧发条的钟表。因此，一名高效能人士应当注意工作中的调节与休息，不但于自己健康有益，对事业也是大有好处的。

1. 学会搁置问题

高效能人士不会固执于解决不了的问题。学会搁置问题，把问题先放一放，不失为一个放松休息的好方法。相反太固执于一时无法解决的难题，容易产生垂直思考的弊端。

这里，有一个水平思考解决问题的小故事：

有一位债主向债务人讨价，逼迫他说："不还钱没关系，拿你的女儿来抵债！"说着，便从地上黑白交杂的石堆里捡起两颗石子来，狡猾地笑着说："来吧！我两手中有一边是黑石头，一边是白石头，你选一个。如果选中白石头的话，欠的钱无限期延期；如果选中黑石头的话，嘿嘿，就拿你的女儿来抵债！"

其实，债务人已清楚地看到债主拾起的两颗都是黑色的石子。不论选择哪一边，女儿都得给人家，但又没有拒绝选择的余地……终于，债务人勉强地伸出手来指着其中的一个拳头，作了抉择。但在要接过石子的时候，他抖着手故意不小心把石子掉到地上去。地上满是黑白石子，谁也找不出到底哪一个才是掉下去的石头，这时，债务人一副抱歉万分的神情："对不起，我把石头弄掉了。你手中的石头是什么颜色的呢？"

结果聪明的读者当然会猜出来。因为留在债主手中的是黑石子，所以债务人选的就是白石子，化险为夷了。像这种情形。如果一味绕着“选或不选”的问题伤脑筋的话，是无法找出解决对策的，必须重新思考，才能从另一个角度发现解决的方法。

而解决工作上的问题也是同样的道理，在垂直思考之外，也要加进水平的思考才能找出解决办法来。所以，为了避免陷于垂直思考的僵局，在碰钉子的时候，不妨暂且搁置问题，让头脑静下来。或许办法就在你将问题放置在一旁的时候悄然来临。

我们来把前面所提的事项做个整理：

（1）遇上一时无法解决的难题时，不妨把它记录下来，暂且搁置一旁。

（2）把问题“存档”于潜在意识中，可以从别的事物上意外地得到解决的线索。

（3）且不可为问题“牵肠挂肚”，这样不仅妨碍你的休息，对于问题的解决也是十分不利的。

“记录问题”不仅可以留待日后找出好的方法，还有一项效用：当你把问题详细记录下来之后，由于不必担心忘记它，便能很放心地把它暂时从记忆中完全撤离，把脑子清理出一大片的“净土”，如此才得以安心地全力去做另一项工作。否则，虽然是搁置问题，但因为无法暂时遗忘而心有旁骛，做起其他的事来势必效率不彰、事倍功半。

2. 积极的休息

一名高效能人士应当学会积极的休息，因为这是维持高工作效能的重要条件。心理学家们认为，疲倦的感觉是生理自然反映出来的警告。提醒我们身体某部位超过负荷。如果置之不理，将更增加身体的负担。所以，一旦出现了警告信息，让负担过重的部位恢复正常，才是明智之举。

约翰·洛克菲勒创造了两项惊人的纪录：他赚到了当时全世界为数最多的财富，也活到 98 岁。他如何做到这两点呢？最主要的原因当然是，他家里的人都很长寿，另外一个原因是，他每天中午在办公室里睡半个小时午觉。他会躺在办公室的大沙发上——而在睡午觉的时候，哪怕是美国总统打来的电话，他都不接。

这告诉我们在工作中要积极主动地休息。如果你是一名打字员，你就不能像爱迪生或是山姆·戈尔德温那样，每天在办公室里睡午觉；而如果你是一个会计员，你也不可能躺在长沙发上跟你的老板讨论账目的问题。可是如果你住在一个小城市里，每天中午回去吃中饭的话，饭后你就可以睡 10 分钟的午觉。这是马歇尔将军常做的事。在第二次世界大战期间，他觉得指挥美军部队非常忙碌，所以中午必须休息。

如果你没有办法在中午睡个午觉，至少要在吃晚饭之前躺下休息一个小时，这比其他的休息方法有效多了。如果你能在下午睡一个小时，你就可以在你生活中每天增加一小时的清醒时间。为什么呢？因为晚饭前睡的那一个小时，加上夜里所睡的 6 个小时——一共是 7 小时——对你的好处比连续睡 8 个小时更多。

从事体力劳动的人，如果休息时间多的话，每天就可以做更多的工作。现代科学管理之父泰勒在一家钢铁公司担任科学管理工程师的时候，就曾以事实证明了这件事情。

泰勒曾观察过，工人每人每天可以往货车上装大约 12.5 吨的生铁，而通常他们到了中午就已经筋疲力尽了。他对所有产生疲劳的因素做了一次科学性的研究，认为这些工人不应该每天只送 12.5 吨的生铁，而应该每天装运 47 吨。照他的计算，他们应该可以做到目前成绩的 4 倍，而且不会疲劳，只是必须要加以证明。

泰勒选了一位叫施密斯的先生，让他按照马表的规定时间来工作。有一个人站在一边拿着一只马表来指挥施密斯："现在拿起一块生铁，走……现在坐下来休息……现在走……现在休息。"事实证明这种积极休息的方法对于提高工作绩效，缓解工作疲劳有十分积极的作用。

所谓"积极的休息"是因为这种休息有别于单纯的歇息，是为了保持工作效率而作的休息。既称为"积极的"，这种休息必须在短时间内达到最大的效果。事实上，在办公时间内也不可能做长时间的休息。有专家将每次的休息时间定义在 3 分钟左右。

把休息时间定为 3 分钟，虽然没有什么学理上的依据，但确实有某些程度的根据。3 分钟正好是很多事情最小的段落。电话一通、拳赛一回合，都是以 3 分钟为一单位。因此，只要 3 分钟，就足够使疲惫的身体恢复原本的活力。如果超过 3 分钟，可能会因为中断太久，无法立即继续先前的工作。这一来，休息反而降低了工作效率。

3. 养成放松的习惯

一个高效能人士，面对堆积如山的工作和归家之后繁忙的家庭生活，一定要懂得如何放松自己。所谓放松，就是消除所有的紧张和力气，只想到舒适和放松。要感觉到你的体力，由你的脸部肌肉，一直到你身体的中心，完全没有紧张的感觉。

下面是放松的几点建议：

（1）看一本有关如何放松方面的好书。

（2）随时放松你自己，使你的身体柔软舒适。

（3）工作时采取舒服的状态。

（4）每天问自己：“我有没有使用一些和工作毫无关系的肌肉？”

（5）每天晚上再检讨一下，问问你自己：“我有多疲倦？如果我感觉疲倦，这不是我过分劳心的缘故，而是因为我做事的方法不对。”

下面就是一些可以在你自己家里做的运动。你可以尝试着做一下。

（1）只要你觉得疲倦了，就平躺在地板上，尽量把你的身体伸直，如果你想要转身的话就转身，每天做两次。闭起你的两只眼睛，像心理专家所建议的那样说：“太阳在头上照着，天蓝得发亮，大自然非常沉静，控制着整个世界——而我，是大自然的孩子，也能和整个宇宙调和一致。”

（2）如果你不能躺下来，你可以坐在一张椅子上，得到的效果也完全相同。在一张很硬的直背椅子里，像一个古埃及的坐像那样，然后把你的两只手掌向下平放在大腿上。

（3）现在，慢慢地把你的十只脚趾头蜷曲起来——然后让它们放松；收紧你的腿部肌肉——然后让它们放松；慢慢地朝上，运动各部分的肌肉，最后一直到你的颈部。然后让你自己的头向四周转动着，好像你的头是一个足球。要不断地对你的肌肉说：“放松……放松……”

（4）想想你脸上的皱纹，尽量使它们抹平，松开你皱紧的眉头，不要闭紧嘴巴。如此每天做两次，也许你就不必再到美容院去按摩了，也许这些皱纹就会从此消失了。

（5）用很慢很稳定的深呼吸来平定你的神经，要从丹田吸气。印度的瑜伽术做得不错，有规律的呼吸是安抚神经的最好方法。

第二十章

善于合作，成功的人背后都站着一个团队

别让自己成为一座孤岛

在这个世界上，你并不是孤零零的一个人，有许多人都能够为你提供帮助和支持。如果你懂得运用别人的学识、经验、能力及影响力，成功会来得更快且更有保证。

成功人士最大的个人资产就是“能够使别人乐于让使用他们的大脑”。“如果我把手中的一块钱，和你换一块钱，结果并没有比原来更好。但是如果我提出一个构想和你交换，就会有两倍的效果。团队合作可以无限累积精神的财富。”

两个人密切合作，互相支持，互补长短，一定会比单独一个人的成就更大。自由经济体系，最大的特点是结合群体的力量。但是，希望得到别人的帮助，你必须同等地付出，不能坐享其成。

爱迪生之所以成为伟大的发明家，应归功于他的组织能力，他能团结一群各有所长的人才，为一个共同的目标而努力。让我们用一个简单的例子来说明为何雇用他人能获得高价值。

假设，借由80/20法则，你的效率5倍于一般同业；又假定，你自立门户了，而且得到所有的价值。因此，你的成果最佳情况是平均的500%，比一般情形多400个单位的“剩余”。

但是，假设你能找到另外10名专业人才，每一个人都能立即（或受训后）达到3倍于平均的产出。他们能力不如你优秀，但仍能创造出远高于雇用成本的价值。再假设，你为了吸引或留住这些人才，而用超出行情50%的薪水雇用他们，那么他们的个人产值是300个单位，而成本是150个单位。因此，你从每个员工所获得的“利润”或“剩余”是150个单位。雇用10个人，你除了获得自

己创造的400个单位之外，还增加了1500个单位。所以你的总利润是1900个单位，几乎5倍于你雇用帮手之前的收入。

当然，你不是只能雇用10名员工而已，雇用多少员工，要看你能找到多少个可以增加剩余价值的员工，以及你有没有本事吸引顾客。通常，只要找到可以增加剩余价值的员工，也就不怕吸引不了顾客。因为找到能够创造超值的专业人员，就能找到市场。

很明显的，你应该只雇用能创造正面价值的人。亦即价值远超过雇用成本的人——但这并不是说你只能雇用能创造最好的、最大的剩余价值的员工，尽可能雇用能创造超值的人，2倍或5倍都行。在你的工作人员当中，仍可能出现80/20或70/30的分配。

最高的绝对剩余价值，也许与一个相当不平均的能力分布是共存的——你只要确定，在这些人当中，表现最不好的，也能产生比雇用他的成本还要高的产值。

人只要相互合作，也会产生类似的效果。只要你以一种开放的心态做好准备，只要你能包容他人，你就有可能在与他人的协作中实现仅凭自己的力量无法实现的理想。

有一句名言："帮助别人往上爬的人，会爬得最高。"如果你帮助一个孩子爬上了果树，你因此也就得到了你想尝到的果实，而且你越是善于帮助别人，你尝到的果实就越多。

美国加利福尼亚大学查尔斯·卡费尔德对美国1500名取得了杰出成就的人物进行了调查和研究，发现这些杰出成就者有一些共同的特点，其中之一就是与自己而不是与他人竞争。他们更注意的是如何提高自己的能力，而不是考虑怎样击败竞争者。事实上，对竞争者的能力（可能是优势）的担心，往往导致自己击败自己。多数成就优秀的创富者关心的是按照自己的标准尽力工作，如果他们的眼睛只盯着竞争者，那就不一定取得好成绩。

同样大的一块儿蛋糕，分的人越多，自然每个人分到的就越少。如果这样斤斤计较，我们就会相信享受财富的哲学，我们就会去争抢食物。但是如果我们是在联手制作蛋糕，那么，只要蛋糕能不断地往大处做，我们就不会为眼下分到的蛋糕太小而备感不平了。

因为我们知道，蛋糕还在不断做大，眼前少一块儿，随后随时可以再弥补过来。而且，只要联合起来，把蛋糕做大了，根本不用发愁能否分到蛋糕。

伊利诺伊州的劳依兹·威克是一位机械工程师，他有一套建造油箱的独门方法，但是欠缺经费。他的合伙人是一位成功的牙医，没有威克的工程技术，但拥有可观的积蓄。两个人各尽所能，共同合作一项事业，每个月都净赚数千美元的利润。

共同合作的每一个成员，都公平分享利益，这是非常重要的。否则，团队就会拆散。

在一个晚上，亨利·福特巡视工厂，他停下来和一位扫地的员工闲聊。

“工作还愉快吗？”福特问。

“还好，”这位员工说，“但是你把这些铁屑卖掉，分一部分钱给我，而不是扔掉，我会更高兴。”

福特立刻采用他的构想，第二天就开始执行，不但为公司节省了一大笔钱，同时也让这位员工得到升迁。

合作就是个人或群体相互之间为达到某一确定目标，彼此通过协调作用而形成的联合行动。合作具有无限的潜力，因为它集结的是大家的智慧和力量；竞争的所得是有限的，因为它激发的是个人或少数人的力量。

需要注意的是，合作的参加者须有共同的目标、相近的认识、协调的互动、一定的信用，才能使合作达到预期的效果。在合作中双方的目标是共同的，所取得的成果也是共享的。

每个人都扪心自问：你需要什么才能成功？谁拥有这项资源？你能提供什么作为回报？你拥有的或许恰恰是对方欠缺的。若如此，你们可以交换资源，达成合作，让彼此的奋斗更轻松。

合作才能共赢

合作是指两个或两个以上的个体为了实现共同目标或者共同利益，而自愿地结合在一起，通过相互之间言语和行为的配合与协调，从而实现共同目标，最终个人利益也获得满足的一种交往活动。大凡明智的人都懂得联合起来改变自己的命运，协作思考，1+1 大于 2，这样明显的道理，一旦被掌握和运用，就能产生巨大的推动力，让应用它的人获得成功。

史蒂芬是一位演员，刚刚在电视上崭露头角。他英俊潇洒，很有天赋，演技也很好，开始扮演小配角，现在已成为主要角色演员。从职业上看，他需要有人为他包装和宣传以扩大名声。因此他需要一个公共关系公司为他在各种报纸杂志上刊登他的照片和有关他的文章，增加他的知名度。

不过，要建立这样的公司，史蒂芬拿不出那么多钱来。偶然一次机会，他遇上了 Rose。Rose 曾经在一家最大的公共关系公司工作了好多年，她不仅熟知业务，而且也有较好的人缘。几个月前，她自己开办了一家公关公司，并希望最终能够打入公共娱乐领域。到目前为止，一些比较出名的演员、歌星、夜总会的表演者都不愿同她合作，她的生意主要还只是靠一些小买卖和零售商店。当史蒂芬把他的想法告诉 Rose 后，Rose 与他一拍即合，与他联合干了起来。

史蒂芬成为了 Rose 的代理人，而她则为他提供出头露面所需要的经费。他们的合作达到了最佳境界，史蒂芬是一名英俊的演员，并正在时下的电视剧中出现，Rose 便让一些较有影响的报纸和杂志把眼睛盯在他身上。这样一来，她自己也变得出名了，并很快为一些有名望的人提供了社交娱乐服务，他们付给她很高的报酬。而史蒂芬不仅不必为自己的知名度花大笔的钱，而且随着名声的增长，也使自己在业务活动中处于一种更有利的地位。

合作是件快乐的事情，有些事情人们只有互相合作才能做成。史蒂芬和 Rose 通过彼此合作，弥补了个人能力的不足，最终促成了双方利益的共赢。一个出色的球队，并不是几个大腕球星就能支撑起来的，取得好的成绩还需要整个团队的合作，一个好的教练……一堆沙子是松散的，可是它和水泥、石子、水混合后，却比花岗岩还坚硬。所以说，我们每个人在学习和工作的过程中，要保持合作的意识。只有懂得合作，才能取得更大的成绩。

如何培养合作意识？需要从下面 3 方面做起：

1. 要在思想里有自主合作的意识

合作意识是个人意愿、感觉、情感、思维等过程的心理总和，主体意识、情感意识、参与意识是合作的重要因素，如果合作有意义，个人的行为、成功与荣耀与集体息息相关，个人成功与团体的成功同样重要时，个人就会意识到合作的价值。

独木难成林，一个人的力量总是有限的，即使像诸葛亮一样的人物，失去了精兵良将，也只能提着心唱空城计，六出祁山的结果只能是运移汉祚终难复。

所以说，合作就要有合作的意识，要有合作的态度，不能依仗着自己的能力，演绎单枪匹马的个人英雄主义，而轻视团体中其他人的作用。

2. 寻找可以互补的合作者

水桶的容积不取决于最长的木板，而被最短的木板限定。合作也是如此，一个团体能够取得多大的成绩，也决定于最弱的那个环节。所以说，我们在选择合作伙伴的时候，一定要请与自己能力互补的朋友参加。合作像是齿轮组，互相咬合在一起才能彼此带动，如果只是平摆浮搁地叠加，合作本身的内聚力就发挥不出来，效果也会大打折扣。

然而，能力互补并不意味着互相取代。有一对青少年朋友，他们一个生活自理能力强，学习自励能力弱，另一个正好相反。他们交上朋友后决定展开“合作”。于是，他们“无私互助”，一个专门负责解决生活自理的难题，另一个则专门解决学习中的疑难。结果，他们短时间内确实心舒气爽，可是时间一长却难题成堆。生活自理能力差的更差了；学习自励精神低下的也变得更低下了。

合作是一个共同提高的过程，并不是简单置换的闹剧。我们只有从合作伙伴身上找到自己的弱点，并弥补弱点，才能提高自身生存的本能，合作才会变得有意义。

3. 重视与合作伙伴沟通

一个人的思维是有限的，集思广益才是合作的精髓。我们在合作的过程中，要敢于发表自己的意见，也要虚心听取他人的想法。只有这样，才能将大家的力量集中在一起，战胜我们面前共同的困难。

善于合作是一个人谋求发展的永恒主题，要有心与人合作，善假于物，那就要取人之长，补己之短，而且能互惠互利，让合作的双方都能从中受益。

懂得与人分享

与人合作最重要的一条原则是：与人分享，不管是快乐还是痛苦。因为与人分享，可以增进彼此间的感情，更好地进行交流合作。

成功人士们都遵循这样一条规则：把痛苦分享出去，那么你就可以为自己留下一半的痛苦；将快乐分享出去，那么别人就可以分享你所赠予的翻倍的快乐。这不是纯粹的数学问题，而是杰出人士所特有的对人生的认识问题，也是他们为人际沟通领域所创造的不可多得的财富。

每当成功人士由于各种原因引起情绪上的波动，或精神上的抑郁，或胸中忧愤，或食物积滞时，他们选择找一个贴心的朋友，有时甚至是自己的敌人倾诉心中的抑郁。而那个被寻找的人，也会因为自己在这种关键时刻的出现而感到自豪，从而改变或是增进两个人之间的情谊。

军事家拿破仑，有一次找来总是与自己意见不一致的一个高层军官。那军官抱着再次争吵的打算出现了。出乎他的意料的事，拿破仑只是让他当了一回听众。他向那位军官抱怨自己在会议中所忍受的怒气，抱怨自己时常很糟糕的运气。他的做法，让军官觉得自己是拿破仑的朋友。而事实上，后来他们也真的成了朋友。

与他人分享自己的痛苦，会给对方一种信任的感觉。每一个人在潜意识当中，都有一种成为一个强者的欲望，而分享他人的痛苦，正可以迎合这种欲望。所以告诉他们自己的痛苦，不仅仅是成功人士排解自己心中苦闷的有效方式，同时也是他们加强沟通的良好途径。

同样，让他人了解自己的喜悦，更是加强人际关系的有效途径。成功人士，在拥有某种自己感到愉悦的收获的时候，总是喜欢告诉关心自己的或是自己关心的人。由此分享意味着距离的靠近，感情的加深，交流的增进。

约翰是美国休斯敦地区的一个小学生。在他家附近，住着一对老夫妇。小约翰早上每天上学都能看见这对老夫妇孤单的身影，虽然他们的衣着都非常整洁，但是可以看出，无论是衣服的样式还是布料，都已经有很多年头了。老夫妇的身体都不好，而且妻子还双目失明，下肢瘫痪，每天只能坐在轮椅上，由她的丈夫照顾。

因此，小约翰决定做一点什么，帮助这对老夫妇，也让他们能够感受到生活的快乐。为此，小约翰进行了精心的准备。在一年一度的圣诞节到来的前夕，征得父母的同意之后，小约翰很郑重地来到商店，用自己所攒的零花钱买了一棵非常漂亮的圣诞树，然后把它拿回家，精心地装饰了一番，又去商店买了一些礼物，在圣诞节前夜送到了那对老夫妇家里。

因为小约翰一直有一个心愿：自己的每一个圣诞节都非常快乐，所以他希望自己能够和老人一起分享这个美丽的圣诞节，让老人也分享到自己的快乐。

当两位孤独的老人收到小约翰送去的礼物时，竟然感动得哭了起来。因为他们已经很多年没有欣赏过圣诞树了，也很久没有体会到被别人关心的快乐了。

为了让老人能够真正地快乐起来，从那以后，小约翰经常在每个星期都抽出时间去拜访他们，为他们修剪草坪，或者浇浇花、剪剪枝。每一次拜访，这对老夫妇都会提到那棵圣诞树，提到那个愉快的充满温馨的圣诞节。

对小约翰来说，他所做的仅仅是一件小事，但他从中收获的快乐，却是十分充足和珍贵的。正是由于小约翰的友好，使两位原本寂寞孤独的老人再次获得了快乐与幸福。

其实，对于身边的人只要你真诚地与他分享，你的生活也会变得不一样。

所以，年轻人一定要培养分享的意识，因为如果你凡事都自私自利，斤斤计较，那么你就难以和其他人友好相处，也就谈不上进行有效的合作了。只有你学会了分享，你也就打开了自己内心始终关闭着的那扇大门，你也就学会了接纳别人，别人也就更容易接纳你。

善用别人的力量

钢铁大王安德鲁·卡内基曾经亲自预先写好他的墓志铭:“长眠于此地的人懂得在他的事业过程中起用比他自己更优秀的人。”

善于观察别人，并能够吸引一批才识过人的良朋好友来合作，激发共同的力量，这是成功者最重要的、也是最宝贵的经验。

卡内基曾说过:“即使将我所有工厂、设备、市场和资金全部夺去，但只要保留我的技术人员和组织人员，4年之后，我将仍然是‘钢铁大王’。”卡内基之所以如此自信，就是因为他能有效地发挥人才的价值，善于用那些比他更强的人。

卡内基虽然被称为“钢铁大王”，但他却是一个对冶金技术一窍不通的门外汉，他的成功完全是因为他卓越的识人和用人才能——总能找到精通冶金工业技术、擅长发明创造的人才为他服务。比如说任用齐瓦勃。

齐瓦勃是一名很优秀的人才，他本来只是卡内基钢铁公司下属的布拉德钢铁厂的一名工程师。当卡内基知道齐瓦勃有超人的工作热情和杰出的管理才能后，马上提拔他当上了布拉德钢铁厂的厂长。正因为有了齐瓦勃管理下的这个工厂，卡内基才敢说:“什么时候我想占领市场，什么时候市场就是我的。因为我能造出又便宜又好的钢材。”

几年后，表现出众的齐瓦勃又被任命为卡内基钢铁公司的董事长，成了卡内基钢铁公司的灵魂人物。齐瓦勃担任董事长的第七年，当时控制着美国铁路命脉的大财阀摩根提出与卡内基联合经营钢铁，并放出风声说，如果卡内基拒绝，他就找当时位居美国钢铁业第二位的贝斯列赫姆钢铁公司合作。

面对这样的压力，卡内基要求齐瓦勃按一份清单上的条件去与摩根谈联合的事宜。齐瓦勃看过清单后，果断地对卡内基说：“按这些条件去谈，摩根肯定乐于接受，但你将损失一大笔钱，看来你对这件事没我调查得详细。”

经过齐瓦勃的分析，卡内基承认自己过高估计了摩根，于是全权委托齐瓦勃与摩根谈判，事实证明，这次谈判取得了对卡内基有绝对优势的联合条件。

到20世纪初，卡内基钢铁公司已经成为当时世界上最大的钢铁企业。卡内基是公司最大的股东，但他并不担任董事长、总经理之类的职务。他要做的就是发现并任用一批懂技术、懂管理的杰出人才为他工作。

任何人如果想成为一个领袖，或者在某项事业上获得巨大的成功，首要的条件是要有一种鉴别人才的眼光，能够识别出他人的优点，并在自己的事业道路上利用他们的这些优点。

一位商界著名人物、也是银行界的领袖曾这样说：“我的成功得益于鉴别人才的眼力。”这种眼力使得他能把每一个职员都安排到恰当的位置上，而且从来没有出过差错。不仅如此，他还努力使员工们知道他们所担任的位置对于整个事业的重大意义。

这样一来，这些员工无需监督，就能把事情办得有条有理、十分妥当。但是，鉴别人才的眼力并非人人都有。许多经营大事业失败的人都是因为他们缺乏别识人才的眼力，他们常常把工作分派给不恰当的人去做。

世上成千上万的经商失败者，都因为他们把许多不适宜的工作加在雇员的肩上，而不去管他们是否能够胜任，是否感到愉快。

一个善于用人、善于安排工作的人就会在管理上省许多麻烦。他对于每个雇员的特长都了解得很清楚，也尽力做到把他们安排在最恰当的位置上。但那些不善于管理的人往往忽视这种重要的方面，而总是考虑管理上一些鸡毛蒜皮的小事，这样的人当然要失败。

很多精明能干的总经理、大主管在办公室的时间很少，常常在外旅行或出去打球。但他们公司的经营丝毫未受不利的影响，公司的业务仍然像时钟的发条机制一样有条不紊地进行着。那么，他们如何能做到这样呢？他们有什么管理秘诀呢？——没有别的秘诀，只有一条：他们善于把恰当的工作分配给最恰当的人。

如果你所挑选的人才与你的才能相当，那么你就好像用了两个人一样。如果你所挑选的人才，尽管职位在你之下，但才能却要超过你，那么你用人的水平真可算得上高人一等。

如果一个人能被委派责任重大的工作，同时又为上司所坚决信赖时，他往往容易在艰难环境的压迫下和求胜心切的激励下，立志要使自己的工作做得很出色，一定会将他所有的才识、能力施展出来，他会竭尽全力做到让上司称心满意。反之，如果上司给时时无理地干涉他、不肯完全信任他，那么他自己一定很灰心，无法把自己的才能完全用到工作上去。

借用别人的力量，才能使力量聚合，产生更大的能量，才能更容易成功。

我们每个人都要记住这一点。

优柔寡断：成功的大敌

有一个故事，说的是一个父亲试图用金钱赎回在战争中被敌军俘虏的两个儿子。这位父亲愿意以自己的生命和一笔钱为赎金来救儿子。但他被告知，可以以后一种方式救回一个儿子，他必须选择是救哪一个儿子。这个慈爱而饱受折磨的父亲，非常渴望救出自己的孩子，甚至不惜以付出自己的生命为代价。但是在这个紧要关头，他无法决定要救回哪一个孩子，牺牲哪一个孩子。这样，他一直处于两难选择的巨大痛苦中，结果他的两个儿子都被处决了。

对于那些总是摇摆不定、犹豫不决的人来说，世界上没有什么东西能帮助他们迅速决断。因此，一个人永远不要在冥思苦想中一会儿提出问题的这一方面，一会儿又提出问题的那一方面；试图面面俱到、万事平衡的人做出的无益而琐碎的分析，是抓不住事物的本质的。

不同的时间行动，得到的结果就会完全不同。人们谈论起某个不得志的人时，常说他“生错了时代”，事情也和人一样，等下一个时间段再做，做事所依赖的条件已经改变了。不迅速把握时机，只能徒留遗憾。

早晨，一只山羊在菜园子外面徘徊，它想吃里面的白菜，可是有一道栅栏把它挡在了外面，它进不去。

这时，太阳徐徐东升斜照着大地，在不经意中，山羊看见了自己的影子，它的影子拖得很长很长。它以为自己很高大，于是自言自语地说："我如此高大，定能吃到树上的果子，吃不吃这白菜又有什么关系呢？"

远处，有一大片果园。园子里的树上结满了五颜六色的果子，于是它朝着那片园子奔去。到达果园时，已是正午，太阳当头。这时，山羊的影子变成了很小的一团。"唉，原来我是这么矮小，看来是吃不到树上的果子了，还是回去吃白菜的好！"于是，它又匆匆忙忙转身往回跑。等跑到菜园子的栅栏外时，太阳已经偏西，它的影子重又变得很长很长。

"我干吗非要回来呢？"山羊很懊恼，"凭我这么大的个子，吃树上的果子是一点儿问题也没有的。"

决策常常是决定性的、不可更改的，一旦做出之后就要用所有的力量去执行，就算有时候会犯错，也比某些人那种事事求平衡、总是思来想去和拖延不决的习惯要好。当我们致力于形成一种快速决策的习惯时，哪怕在最初的一段时间里这种做法显得有些机械，它也会使我们对自己的判断力产生信心。由此，一个人将会获得一种新的独立自主的精神。

威廉·沃特说："如果一个人永远徘徊于两件事之间，对自己先做哪一件犹豫不决，他将会一件事情都做不成。如果一个人原本做了决定，但在听到自己朋友的反对意见时犹豫动摇、举棋不定——在一种意见和另一种意见、这个计划和那个计划之间跳来跳去，像风标一样摇摆不定，每一阵微风都能影响它；那么，这样的人肯定是个性软弱、没有主见的人，他在任何事情上都只能是一无所成，无论是举足轻重的大事还是微不足道的小事，概莫能外。

"他不是在一切事情上积极进取，而是宁愿在原地踏步，或者说干脆是倒退。古罗马诗人卢坎笔下描写了一种具有恺撒式坚忍不拔精神的人，实际上也只有这种人才能获得最后的成功——这种人首先会聪明地请教别人，并与他人进行商议，然后果断地决策，再以毫不妥协的勇气来执行他的决策和意志力，他从来不会被那些使得小人物们愁眉苦脸、望而却步的困难所吓倒——这样的人在任何一个行列里都会出类拔萃、鹤立鸡群。"

瞻前顾后、如墙头草般左右不定的人，无论他在其他方面有多强大，在生命的竞赛中，他总是容易被那些坚持自己的意志且永不动摇的人挤到一边，因为后者明白自己想要做什么并立刻着手去做。甚至可以这样说，连最睿智的头脑都要让位于果敢的判断力。

成千上万的人之所以在创富的战场中大败而归，仅仅是因为耽搁和延误。而数不胜数的富翁就是因为在某个关键点上，冒着巨大的风险，快速地做出决策，从而赢得了财富。

一个智者曾经说："教导一个人形成果断决策的个性，这是生命成长过程中道德和意志训练方面最重要的工作。仅仅通过这样做，人们就可以达到'完人'的境界。"

果断决策的习惯对我们非常重要，以致我们经常要准备冒一些做出不成熟的判断或采取不利行动的风险。对一个人来说，偶尔会做出错误的决定，但总比从来不做出决定要好。

如果一个人的决策永远是错误的，那么他在智力上或精神上肯定有问题。但在一般情况下，决策当中总是包含了精确的洞察和清晰的逻辑，所以不用担心决策老是会引起坏的结果。快速的决策和异常的大胆使许多成功人士渡过了危机和难关，而关键时刻的优柔寡断只能带来灾难性的后果。

在生命漫长的海岸线上，我们可以看见许多搁浅在岩石或暗礁上的船只，它们建造得很完美，而且装备得也不错，但就是无力航行。原因就在于，他们允许自己在生命的某个旋涡里回旋，允许自己被突然遭遇的湍急水流带入潮水中去，从而无法开始他们自己的航程。就像树叶或漂浮的木头随着水流漂动一样，他们每遇到一个阻碍就改变自己的航向。意志软弱而犹豫不决的人，就像风车受控于风向一样，被各种各样的诱惑、公众的舆论或外在的压力支配着。他往往无法说出"是"，但他更不敢说一个"不"。

如果一个人拥有超越于犹豫不决和变化不定之上的非凡意志力，那是多么幸运的事情。他鄙视所有的清闲和安逸，他嘲笑所有的反对和抨击；他深深感到内心里涌动着去希冀和去行动的力量，他相信自己的幸运星，他对自己拥有实现愿望的能力深信不疑；他知道，没有任何怯懦的拖延，没有任何怀疑的阴影，没有任何"如果"或"但是"之类的辩解，没有任何疑虑或恐惧，能够阻止他去尝试；他嘲笑那些充满恐吓意味的横眉冷对，以及代表着阻碍和反对力量的流言蜚语；他十分清楚成为一个真正的人应该做些什么，而且他敢于去做；他本身的人格要比他内心的本能冲动更强有力，他绝不会屈服于各种意见和反对的声音；他既不会为巨大的压力所胁迫，也不会为宠爱或欢呼声所收买；面对轻蔑和奚落，他能够不为所动，他甚至还要嘲笑那一帮迫害者和嘲笑者。

财富总是青睐意志坚定、精力充沛、行动迅速的人。这种人不但善于做出决定，而且善于执行决定。当面对问题的时候，他会全面考虑自己所面对的情况，果断地做出选择，然后把它们搁置脑后，转向其他的事情。这样的人有超常的管理能力。他不是仅仅制定工作计划，还能够执行工作计划。他不但做出决定，而且还能够将决定贯彻到底。

每一块手表的表盘里面都有我们看不见的发条，在推动着指针旋转，准确地计时。在每一个伟大企业的背后，在每一个伟大机构中，一定有一个个性坚强的领导者。这个人有着钢铁般的自制力，他发动和运转着一个企业，严谨地管理着这个企业。他从不会犹豫不决，他的决定果断而明确，而且每一个决定都是最终的决定。其他人可以提出自己的意见和建议，但他是最终做出决定和监督执行的人。他是起主导作用的力量。任何其他的人和事物都要以他为中心，所有其他的人都从他那儿得到启示，接受命令。如果他退出了或者停止了行动，那么整个的机构就像一块断了弦的表，指针仍在，却没有了运转的动力，一切都停止了。

钢铁般的意志和决定性的力量消失之后，一切都失去了运转的动力。

如果你瞻前顾后，如果你习惯于犹豫不决，而不知道自己真正需要什么，那么你将永远不可能成功地创富。这些不是一个成功者的品质。一个成功者不会是一个完人，会有各种各样的缺点，但是他却明白自己的思想。他知道自己需要什么，并且努力去追求。他会犯错误，会遇到挫折，但他总是迅速地站起来，继续前行。

让对方感到他很重要

人的行为有一项绝对重要的定律，如果我们遵守这项定律，差不多永远不会遇到烦忧。事实上，如果遵守这项定律，会替我们带来无数的朋友，和永久的快乐。可是如果违反了这项定律，我们就会遭遇到无数的困难。这项定律是：永远使别人感觉重要。

杜威教授曾这样说过：“自重的欲望，是人们天性中最急切的要求。”贾姆斯博士说：“人们天性的至深本质，是渴求为人所重视。”你想要跟你接触的人都赞同你，你想要别人承认你的价值，你想要在你的小世界里，有一种自重感。你不希望受到没有价值、不真诚的阿谀，你渴求真诚的赞赏。你希望你的朋友，就像司华伯所说的，“诚于嘉许，宽于称道”。所有的人都需要这些。所以让我们遵守这条金科玉律以希望别人所给我的，而去给别人。

许多事业上卓有成就的人成功的原因是他懂得驭人之术。而其中最重要的一点，也即最有效的一点就是：让别人感到自己很重要。因为每个人都想获得来自他人的尊重，得到别人的重视。那么，你就不妨满足他这个需要。有这样一个故事：

我在纽约的33号街8号路的邮局里，依次排列等着要发一封挂号信，我发现里面那个邮务员，对他的工作显得很苦恼：称信的重量，递出邮票，找给零钱，分发收据，这样单调地工作，一年接一年地持续下去。

所以我对自己说：“我过去试一试要让那个人喜欢我，我必须要说些有趣的事，那是关于他的，不是我的。”于是我又问自己：“他有什么地方可以值得赞赏的？”这是个很不容易找出答案的难题，尤其对方是个素昧平生的陌生人。可是很容易的，我有了一个发现，我从这邮务员身上，找出一桩值得称赞的事了。当他称我的信时，我很热忱地说：“我真希望有你这样一头好头发！”那邮务员把头抬了起来，他的脸色神情，从惊讶中换出一副笑容来，很客气地说：“没有以前那样好了！”我很确切地告诉他或许没有过去的光泽，不过现在看来，依然很美观。他非常高兴，我们愉快地谈了几句，最后他对我这样说：“许多人都称赞过我的头发。”我敢打赌，那位邮务员中午下班去吃午饭的时候，他的脚步就像腾云驾雾般地轻松。晚上回到家里，他会跟太太提到这事，而且还会对着镜子说：“嗯，我的头发确实不错。”

这个故事给我们的启示是：如果我们是那样的卑贱自私，不从别人身上得到什么，就不愿意分给别人一点快乐，假如我们的气量比一个酸苹果还小，那我们所要遭遇到的，也绝对是失败。如果确实想要从那人身上得到些什么，那就获得一些极贵重的东西——使自己感觉到，自己替他做了一件不需要他报答的事。那件事，即使过了很久，但在他回忆中，依然闪耀出光芒来。

罗斯福也是一位懂得使别人感到被重视的人。只要是去牡蛎湾拜访过罗斯福的人，无不为他那博大精深的学识所折服。不管对方从事多么重要或卑微的工作，也不管对方有着什么样显赫或低下的地位，罗斯福和他们的谈话总能进行得非常顺利。

也许你会感到十分疑惑，其实不难回答，每当他要接见某人时，他都会利用前一天晚上的时间仔细研读对方的个人资料，以充分了解对方的兴趣所在，从而投其所好。这样精心准备怎能不使会面皆大欢喜呢！

贵为总统尚且如此，凡人为何不肯承认别人的重要？所以，要使别人喜欢你，原则上是要拿对方感兴趣之事当话题，让他感觉到自己的重要。在满足别人的自重感之后，很多事情都迎刃而解了。

一位X光仪器制造商，运用同样的技巧，把一批机械仪表，卖给勃洛克林市的一家大医院，获得一笔很高的利润。

这家医院准备扩充一个新的部门，要设置一套最好的X光仪器，这事由一位L医生负责，他被那些推销员包围了，谁都说他自己的东西是最好的。可是其中有一位制造商比较精明能干，懂得待人处世的技巧，他写了一封信给那家医院的L医生。这封信的内容是这样的：

“敝厂最近新推出了一套X光检验仪器，这种仪器的第一批货已运到我们的办事处，可是不敢说已经十分完善，我们很想再加以改良。所以如果您能抽个时间，来我们这里参观一次，并告诉我们如何才能使其更适合你们事业上的应用，我们非常感激。我知道您平时工作繁忙，请您告诉我您指定的时间，我很乐意派车来接您。”

L医生接到那封信后，感到很惊讶，不但出乎意料之外，同时也很高兴。从来没有X光仪器制造商，会征求他的意见，这次使他觉得受人重视，而且感到很光荣。那一个星期，他每天晚上都很忙，可是他还是取消了一个约会，特地去看那套新的仪器。当时他愈看，心里愈喜欢。没有任何人强迫他买，他觉得替医院购进那套仪器，完全是他的意思，他认为那套仪器很好，就决定买下来了。

在什么时候才能让对方感受到被重视呢？答案是：随时随地都可以。譬如，你在餐厅点的是咖啡，可是，服务员端来的却是牛奶，你就说：“太麻烦您了，我点的是咖啡。”她一定会这么回答：“不，不麻烦。”而且会愉快地把你点的牛奶端来。因为你已经表现出了对她的尊敬和重视。

用真诚的心去感激别人，就会拉近心与心的距离，形成一个良好的人际关系。在通常情况下，人们内心所想的东西，即使不用嘴说出来，不用笔写出来，也会被对方觉察体会出来。假如你对对方有厌恶之情，尽管你没有说出来，但是由于你这种心理的支配，你多少会露出一些“蛛丝马迹”，被对方捕捉住，或被对方体察出来，不久，他对你也会产生坏印象的。这跟照镜子是一样的道理，你对它皱眉头它也对你皱眉头，你对它露出笑脸，它也还你一张同样的笑脸。同样地，如果我们怀着一颗真诚的心去尊重对方，感激对方，对方也会同样从内心感激你，用心回报你。

那么，让我们随时随地让别人感觉重要吧，别人感觉被重视的时候才能感觉到你也很重要。

将心比心赢得信任

要想在这个社会上生存，获得与人合作的机会，并非只靠热情与诚意便可取得成功的。或许你原本对自己极有信心，但往往会因过分能干或热心，反而给别人带来跟不上的感觉，而自己也会有挫折感，这一切都是因为你不曾站在他人的立场，为他人着想之故。只要你能奉“设身处地为他人想”为圭臬，便可减少许多原可避免的困扰。

杰克·凯维是加勒福尼亚州一家电气公司的一位科长，他一向知人善任，并且每当推行一件计划时，总是不遗余力地率先作榜样，将最困难的工作承揽在自己的身上，等到一切都上了轨道之后，他才将工作交给下属，而自己退身幕后。虽然，他这种处理事情的方法是很好的，但他太喜欢为他人表率，所以常常让人觉得他似乎太骄傲了。

最近不知怎么搞的一向精神奕奕的凯维却显得无精打采。原来最近的经济极不景气，资金方面周转不灵，再加上预算又被削减，使得科里的机能差点停顿。凯维看这种情形若继续下去，后果一定不可收拾。于是他实施了一套新方案，并且鼓励职工：“好好干吧！成功之后一定不会亏待你们的。”但没想到眼看就要达成目标，结果还是功亏一篑，也难怪他会意志消沉了。

平日对凯维就极为照顾的经理看了这些情形后，便对他说：“你最近看起来总是无精打采的，失败的挫折感我当然能够了解，但是我觉得你之所以会失败，乃是因为你只是一味地注意该如何实现目标，却忽略了人际关系这种软体的工程，如果你能多方考虑，并多为他人着想，这种问题一定能够迎刃而解。”经理停顿了一下，又接着说：“大丈夫要能屈能伸，才是一个好的管理人员。我觉得你就是进取心太急切了，又总喜欢为职工的表率，而完全不考虑他们的立场，认为他们一定能如你所愿地完成工作，结果倒给了职工极大的心理压力。大概也就是因为这个缘故，所以大家都说你虽能干，但你的部属却很为难。每个人当然都知道工作的重要性，所以你实在大可不必再给他们施加压力。你好好休息个几天，让精神恢复过来，至于工作方面，我会帮助你的。”

情感能够互动，信任可以交换。欲赢得别人合作，获得对方的信任是必要条件，只有获得了信任，才能齐心协力，使合作更为圆满。获取信任你可采用如下方法：

（1）为得到对方的共鸣，必须对对方的话有所反应。

（2）夸奖的语辞要能满足对方的自我意识。当对方对自己的赞美有良好反应时，不要就此结束，而必须要能改变表达方式一再地赞美。

（3）对具有绝对信心的人加以贬抑，反而能更加亲密。

（4）故意忽视在事前听到的有关对方的传闻，而由另一方面赞赏他。

（5）与有自卑心理和戒备心理的人第一次会谈是很困难的，要拆除对方心理上所筑的防卫墙，应做出平易近人的某些表现。

（6）听对方的笑语而发笑，比自己说笑话更容易使关系融洽。

（7）初次见面时，先谈有关对方的事，由对方再进入自己，才是打开对方心思的最有效方法。

（8）在交谈时，以对方的姓名代替其头衔更有亲切感。

（9）使对方看出自己的某一缺点，能松懈其戒心。

（10）想托人办事或是道歉时，最好能拜访对方的家庭。

（11）事前先知道对方的出生地及毕业学校，便不怕没话题。

（12）虽然说话内容非常普遍，但如加上句：“不要告诉别人喔！”却有助于彼此建立共同立场。

（13）与一位木讷的人谈话，最好能由与事实或经验有关的话题开始，如：“你曾去过国外吗？”使对方在毫无困难的回答之后，再回答难以回答的事。

（14）评价对方的敌人，可以制造说话机会。

（15）与长辈谈话时，尽量以他年轻时代的事作为话题。

（16）提到对方可能不知道的事时，若能先说“你可能知道”，较容易引起对方的兴趣。

（17）重复对方的话，能让对方觉得自己正在专心地聆听。

（18）扼要叙述前面说过的话，可解除空当时间的尴尬场面。

（19）对方如果不注意听你说话，倒不如故意沉默片刻以吸引对方的注意力。

（20）如果初次见面的对象是多数人，须注意陪坐的人。如果到某人家庭拜访，不要忽略了他的家人。

（21）要想让对方一贯说话，便须装糊涂，以知为不知，让对方有一种满足感。

（22）谈论对方值得骄傲的事情。仔细想想，似乎每个人都有引以自豪的事情，包括曲折动人的经历、漂亮的针线活、做得一手好菜等等。在社交中，如果从称赞和诚挚感谢着手谈论对方引以自豪的事情，不仅不会失去什么，反而会从对方那儿得到许多东西。因为每个人都需要激励，需要在别人的肯定和重视中，增强自信，为自己树立更高的目标。而从称赞着手，夸奖对方引以自豪的事情，对方会在滔滔不绝的谈论中拉近与你的距离。因此，在社交中，我们可以妙用这一技巧，达到公关目的。

第二十一章

领导艺术，成功者不可或缺的素质

信任你的下属

“用人不疑”是建立在自己用人才之前的判定、考核基础上。不用则罢，既用之则信任之。领导只有充分信任部属，大胆放手让其工作，才能使下属产生强烈的责任感和自信心，从而激发下属的积极性、主动性和创造性。所以说，对于一个管理者来讲，一旦决定某人担任某一方面的负责人后，信任其在这一工作中的能力就成为一种有力的激励手段，其作用是非常大的。

不难想象，既使用别人，又怀疑他、对其不放心，是一种什么局面。试想一下，在一个公司里，如果下属得不到最起码的信任，其精神状态、工作干劲会怎样？又比如，公司职员情绪欠佳、精神沉郁、怨愤丛生，上下级关系怎么能融洽？这种彼此生疑生怨的状况，如果得不到很好的解决，常常是造成企业或一个公司瘫痪的主要根源。

信任下属，实际上也是对下属的爱护和支持。特别是对于担当生产、销售、试验、拓展、探索者角色的下属而言，容易受人非议或蒙受一些流言蜚语的攻击。那些敢于直面领导错误，提建议、意见的，那些工作勤勉努力、犯了错误并努力改正的，领导的信任是其最后的精神支柱，柱倒而屋倾，在此种状态下，领导者切不可轻易动摇对他们的信任。

作为管理者，不仅要对你下属充分信任，而且还对他们坦诚相待。如果出现变故及不利因素，有话要说在当面，不要在背后议论下属的短处；对下属的误解应及时消除，以免积累成真、积重难返。有了错误要指出来，是帮助式的而不是指责式的，相信你的下属不是傻子，好意歹意心中自明。总之，与下属经常保持思想交流非常重要。

说到信任问题，其实它是两个彼此相处的人应该具有的一个基本的和必要的要素。两个陌生的人在一起，彼此防范，没有什么信任。而一旦人们通过某种渠道互相认识熟悉后，彼此渴望的就是一种信任。

互相看不惯的人很难有信任可言。嫌隙的存在是关系恶化的起端，离自己越近越亲的人，你应该给他越多的信任。对朋友，应该推心置腹。在一个企业里，副经理、部门经理之于总经理，一般职员之于部门主管，可称为手足或臂膀，理应得到很多的信任。如果你不给他们信任或给他们的信任不够多，都会影响到他们的工作。这就好比在家庭生活中，夫妻关系应该说是再好不过了，但如果你不给对方最多的、最大限度的信任，家庭生活也不会和睦。

要谨慎对待各方面反映的情况，不因少数人的流言蜚语而左右摇摆，不因下属的小节而生疑，更不宜捕风捉影、无端地怀疑。在信任的程度上，也应该是离自己最近的、最亲的，给予更多的信任，更广泛的、更高质量的信任；因为他们非常需要，你一定要记住这一点。

一家电器公司的总经理用人的原则之一就是用则不疑。电器公司在创业初期就以价廉物美的产品名扬四方，就是他在博采众家之长基础上加以创新而成。一般说来，在商品竞争激烈的情况下，发明者对技术都是守口如瓶、视为珍宝，最多只透露给亲友或者家人。但是，他却十分坦率地将秘密技术教给有培养前途的部属。曾有人告诫他："把这么重要的秘密技术都捅出去，当心砸了自己的锅。"但他却满不在乎地回答："用人的关键在于信赖，这种事无关紧要。如果对同僚处处设防、半心半意，反而会损害事业的发展。"

当然，公司也发生过本公司职工"倒戈"的事件，但是总经理坚持认为：要得心应手地用人，促使事业的发展，就必须信任到底，委以全权，使其尽量施展才能。这是他根据自己的亲身体验而建立的人生观和经营哲学。

用而不疑，是一条重要的用人原则。当然，这条原则是与疑则不用的用人原则联系在一起的。这包括在思想上、道德品质上有疑点的人和在能力上不能胜任的人。总之一句话：凡是经过考察、认真研究，觉得不可信任之人，则一定不要用。如果失之斟酌、盲目错用，就会自食恶果。对于人才一旦委以重任，就要推心置腹、充分信任、大胆放权、绝不干预。领导者对人才只有信任，才能放手让人才独立自主地行使职权；只有人才有了独立自主的地位，方可充分发挥其各种才能；只有信任，才能使得人才忠心不渝地献身事业。

现在人们常说的一句话：企业竞争的制高点是人才，而用人不疑是发挥人才作用的重要原则。用则不疑起码要做到3点：

1. 相信受任者能完成任务

对于任何任务，管理者在选人时要三思而后行，但一旦确定人选，就不要轻易地更换。千万不可一方面让其担当某项重任或参与某项工作，另一方面又怀疑其完成任务的能力。

管理者只要把某项工作任务交给有关人员后，一定要相信他们能够完成任务。当然，对他们提出明确的目标要求，实行一定的监督检查，进行适当的指导帮助，都是应该的。而这一切都是为了帮助他们更好地完成任务，绝不是干扰、妨碍他们的工作，束缚他们的手脚。即使受任者的能力略低一些，也不可疑首疑尾。

首先，这种略超于能力的使用，使人才处于“超载”的工作状况中，产生不适应感和奋力向上的紧迫感，才能为完成上司交给的任务最大限度地发挥自己的才能和潜力。这有利于人才的培养和事业的发展。其次，让人才早担重任，在实际工作中摔打、锻炼和成长，就能使其在实践中不断提高工作能力。

2. 相信成员对组织的忠心

团体成员之间应精诚团结，同心同德，为完成共同的目标而奋斗。尤其是管理者对待下属，更要以诚相待，切忌满腹狐疑、互相猜忌。

3. 给受挫者成功的机会

世间任何人的经历都不会一帆风顺，常胜将军是不多见的。人在孩提时学走路摔跤、游泳员学游泳时呛几口水，都是常事。在完成任务的过程中，由于种种意想不到的原因，受任者任务完成得不好，或出现了失误，管理者一定不要大惊小怪。失误了只要正确对待，帮助他认真总结经验教训，下属必然产生有负上司重托的自责感和将功补过的决心，势必为今后的工作开展打下良好的基础。

受挫者受挫的原因是多方面的，主观的、客观的，有时还有管理者决策指挥的原因。如果一出现失误，管理者对受挫者只是一味地指责、埋怨、批评、训斥，不给丝毫的温暖和善意的帮助，就会冷了下属的心，甚至会激化演变为敌对情绪和叛逆心理。

你需要赢得下属爱戴

被下属爱戴是实现卓有成效管理的基础。管理者作为组织领袖，管理对象就是下属，如果不受下属敬重，布置任务时就会遭到不同形式的抵触，致使团队执行力低下，影响既定目标的实现。要想成为被下属爱戴的人，管理者需要做到以下6点：

1. 不要当众批评下属

有的管理者喜欢在公众场合批评下属，以为这样做能够增强自己的权威，事实上是适得其反的。因为企业是一个整体，整体协调一致，是每一个成员的事；整体不够和谐，管理者有着不可推卸的责任。

因此，必须尽可能地支持成员工作，维护其威信。即使成员因工作失误做检讨时，管理者也应坦诚地表态，承担自己应负的责任。这样做不仅不会丢面子，反而会提高自己在成员中的声望，而且肯定会进一步加深与成员之间的感情。

2. 学会宽容

没有故意犯错的员工，只有不会宽容的领导。宽容下属的过错，就能赢得感恩。

鲍勃·胡佛是个有名的试飞驾驶员，一次，他从圣地亚哥表演完后，准备飞回洛杉矶。倒霉的是飞行时，刚好有两个引擎同时出现故障。幸亏他反应灵敏，控制得当，飞机才得以降落，胡佛在紧急降落以后，第一个工作就是检查飞机用油。不出所料，那架第二次世界大战的螺旋桨飞机，装的是喷气机用油。

回到机场，胡佛见到那位负责保养的机械工。机械工早已为自己犯下的错误而痛苦不堪，眼泪沿着面颊流下。你可以想象胡佛当时的愤怒，然而，胡佛并没有责备那个机械工人，只是伸出手，拍了拍工人的肩膀说："为证明你不再犯错，你明天帮我修护我的飞机。"

错误已经发生了，最好的方法不是责怪，而是鼓励其下次不再犯同样的错误。

3. 要多商议、少命令

研究工作时尽量采用协商的口吻，充分听取团队成员的意见。一般情况下，最好先让成员提出如何开展他负责的那部分工作的方案意见，在商议过程中以"支持"、"补充"、"强调"几点意见的方式将自己的意图融进去形成最后方案。

这样在贯彻方案时成员的积极性会更高。

对于看法不一致的问题，若非迫不及待，不要强行拍板，宁可暂时放一放，进一步酝酿酝酿，下次再议。千万不要勉强成员去做力所不能及的事情，否则可能会贻误全局。

4. 要充分信任，大胆授权

团队管理者要相信成员已经具备较高的成熟度，能够独当一面，完全胜任自己的工作。因此，凡是成员职权范围内的事，平时不要过问得太细，更不要直接插手指挥，切忌未经通气就随意变更成员已做的工作安排。

这样做的好处是：一是表示对成员的尊重，有利于建立正常的工作秩序；二是可以激发成员的责任感和成就欲，有利于锻炼和提高成员的信心和能力；三是使自己摆脱了日常事务，可以集中精力去思考战略性的问题或处理那些别人无法代替的“例外”事情。

反之，若揽权过多，事必躬亲，则能力强的成员会感到不被信任，产生多余感或怀才不遇感，严重挫伤其积极性；能力弱的或思想上较懒的成员会滋长依赖心理，不动脑筋，事事请示，使团队管理者整天陷于具体事务中，没有时间思考大事。这样，表面上管理者的权威似乎很高，实际上工作效率极低，团队的整体素质也无法提高，而且往往出了问题其他人都不负责任，自己多花力气反落埋怨。

5. 善于鼓励下属创造更好的成绩

1921 年，当查尔斯·史考伯成为美国钢铁公司的第一任总裁时，他就得到了 100 万美元的年薪，史考伯说他得到这么多的薪水，主要是因为他跟别人相处的本领。“我认为，我那能把员工鼓舞起来的能力，是我拥有的最大资产，而使一个人发挥最大能力的方法，就是赞赏和鼓励！”

他说，“再没有比上司的批评更能抹杀一个人的雄心。我从来不批评任何人。我赞成鼓励别人工作，因此我乐于称赞，讨厌挑错。应当找出下属的优点，给他们诚实而真挚的赞美。他们必定会咀嚼你的话语，把它们视为珍宝，一辈子都在重述它们——即使你忘了他们之后，也许他们还在重复着。所以请记住这条原则：热情、真心的赞美下属，欣赏下属。”

6. 要时刻给予成员一种“安全感”

在正常的工作中，要放手让成员充分施展自己的才华，即使出现失误或问题，对他批评帮助后，仍然要给他支持和信任。好的团队管理者总是给人以机会，使一时的错误和失败不至于使人灰心丧气，并能将其转化为改进工作、弥补损失的动力。至于成员为促进发展而在自己主管的部门推行某些改革措施一时不被多数人理解而遭到指责时，管理者更应当旗帜鲜明地站出来表态并分担部分责任，帮助成员摆脱困境，增强其勇于开拓的信心。

管理者是团队的核心人物，在团队管理中起主导作用。管理者要成为团队的模范、沟通的核心，协调的表率。在工作中要敢于拍板，甘愿接受监督；既要统一指挥，又要尊重民意。只有成为被下属爱戴的人，管理者才能真正被下属所接受、认可和敬重，管理才能获得真正的高效。

帮助员工树立工作信心

信心和热情是人类一切事业成功的关键。作为领导者，如何从根本上消除员工的悲观失望情绪，树立他们的信心，激发他们的工作热情，是企业能否走上成功的关键所在。

休斯·查姆斯在担任“国家收银机公司”销售经理期间，曾面临了一种最为尴尬的情况：险些使他及手下的数千名销售员一起被“炒鱿鱼”。

原来该公司在财务上发生了一些问题。更糟糕的是，这件事被在外头负责推销的销售人员知道了，并因此失去了工作热忱，销售量开始大幅度下跌。到后来，情况极为严重，销售部门不得不召集全体销售员开一次大会，在全美各地的销售员皆被召去参加这次会议。

查姆斯先生亲自参加并主持了这次会议。

首先，他请手下最佳的几位销售员站起来，要他们解释销售量为何会下跌。这些推销员在被唤到名字后，一一站起来，每个人都有一段最令人震惊的悲惨故事要向大家倾诉：商业不景气、资金缺少，人们都希望等到总统大选揭晓之后再买东西，等等。当第五个销售员开始列举使他无法达到平常销售配额的种种困难因素时，查姆斯先生突然跳到一张桌子上，高举双手，要求大家肃静，然后，他说道：“停止，我命令大会暂停 10 分钟，让我把我的皮鞋擦亮。”

然后，他命令坐在附近的一名黑人小工友把他的擦鞋工具箱拿来，并要这名工友替他把鞋擦亮，而他就站在桌上不动。

在场的销售员都惊呆了，有些人以为查姆斯先生突然发疯了，人们开始窃窃私语，会场的秩序变得无法维持了。在这同时，那位黑人小工友先擦亮他的第一只鞋子，然后又擦另一只鞋子。他不慌不忙地擦着，表现出第一流的擦鞋技巧。

皮鞋擦完之后，查姆斯先生给了那位小工友1毛钱，然后开始发表他的演说：

“我希望你们每个人，”他说，“好好看看这个黑人小工友。他拥有在我们的整个工厂及办公室内擦皮鞋的特权。他的前任是位白人小男孩，年龄比他大得多，尽管公司每周补贴他5元的薪水，而且工厂里有数千名员工，但他仍然无法从这个公司赚取足以维持自己生活的费用。

“这位黑人小男孩不仅可以赚到相当不错的收入，不需要公司补贴薪水，而且每周还可存下一点钱来，而他和他前任的工作环境完全相同，也在同一家工厂内，工作的对象也完全相同。”

“我现在问你们一个问题，那个白人小男孩拉不到更多的生意，是谁的错？是他的错，还是他的顾客的错？”

那些推销员不约而同大声回答说：“当然了，是那个小男孩的错。”

“正是如此。”查姆斯回答说，“你们现在推销收银机和一年前的情况完全相同：同样的地区、同样的对象，以及同样的商业条件。但是，你们的销售成绩却比不上一年前。这是谁的错？是你们的错？还是顾客的错？”

同样又传来如雷鸣般的回答：“当然是我们的错。”

“我很高兴，你们能坦率承认你们的错。”查姆斯继续说，“我现在要告诉你们，你们的错误在于，你们听到了有关本公司财务发生困难的谣言，这影响了你们的工作热忱，因此，你们就不像以前那般努力了。只要你们回到自己的销售地区，并保证在以后30天内，每人卖出5台收银机，那么，本公司就不会再发生什么财务危机了，以后再卖出的，都是净赚的。你们愿意这样做吗？”

当然，所有的人都说愿意。这些工作多年的推销员，缺少的不是工作经验或能力，而是对公司状况的信心。一个实力强大的公司，忽然财务困难，甚至导致几千人面临失业的危险……这些消极情绪吞噬了他们乐观向上的精神，当然也不再有什么工作热忱。然而，这种悲观的态度、消极的做法，却把自己和公司推入了险境。

休斯·查姆斯正是看到了这一点，并且巧妙地运用一个惊人之举：站在大会的办公桌上擦皮鞋，引出了擦鞋小工友的故事，以此一针见血地指出了销售成绩下降的根本原因，并借此机会破除了弥漫在公司里的悲观情绪，为推销员注入了生机和活力。效果不难想象，“国家收银机公司”又取得了优异的销售纪录，安然地渡过了难关。一个擦皮鞋的小男童，为公司带来的效益是100万美元！

态度决定一切。积极自信的人会迸发出惊人的创造热忱和工作热情，完成不可完成之事。同样，充满激情和热忱的团队亦能创造奇迹。要想提升团队的战斗力，作为领导者，就要消除团队成员的悲观情绪，注入激情和热忱，以超人的自信心态去赢得未来。

批评要有技巧

格利乌斯说："冷淡的称赞要比猛烈的批评更令人惭愧。因为批评你的人被看作是有偏见和敌意，而冷淡地称赞你的人被看作是朋友，他乐意称赞却找不出什么值得一赞。"

我在此向你们讲述发生在我身上的一件事：我是如何用赞扬式批评来帮助侄女成长的。

我的侄女约瑟芬·卡耐基来到纽约给我做秘书时，那年她才19岁，从中学毕业刚3年，工作经验等于零。现在可以说她是西方国家最熟练的秘书之一。但是在开始时，只能说她是可以提高的。一天，当我正要批评她时，我对自己说："稍等一下，戴尔·卡耐基。你在年龄上比约瑟芬大两倍，在工作经验上多一万倍，你怎么能期望她具有你的观念、你的判断力、你的能动性，尽管这也只是普普通通的能力？再稍等一下，戴尔，你在19岁时是怎么干的？记得你犯下的愚蠢的错误、办的傻事吧？记得你做的这个……做的那个……"思考一番后，公正地得出结论：约瑟芬的平均工作成绩比我在19岁时的平均成绩要好，我很内疚地承认约瑟芬没有为此而得到多少表扬。

因此，每当我想让约瑟芬注意错误时，我常常先说这样的话："你出了个错误，约瑟芬，不过老天知道，比起我曾经犯过的许多错误来说，你的要轻得多。人不是生来就精明的，这只能从经验中产生，而你比我在这个年龄时好多了。我对自己所做的蠢事、傻事很感内疚，因而并不想批评你或别人。不过，如果你这样做，你觉得是不是更明智些？"

如果批评者在开始的时候就谦卑地承认自己也并非没有缺点，那么听他数说错误也就不那么逆耳了。美国著名企业家玛丽·凯·阿什在《谈人的管理》一书中写道："不要光批评而不赞美。这是我严格遵守的一个原则。不管你要批评的是什么，都必须找出对方的长处来赞美，批评前和批评后都要这么做。这就是所谓的‘三明治策略’——夹在两大赞美中的小批评。”

我们知道，批评只有被对方从内心上接受才能生效。这就意味着，批评虽然有道理，但不等于被对方接受。心理学研究表明，接受批评的最主要的心理障碍，是担心批评会伤害自己的面子，损害自己的利益。为此，在批评前要帮助他打消这个顾虑，这样才能把批评听得下去。打消顾虑比较好的方法，就是先表扬、后批评。亦即在肯定他的成绩的基础上再对他进行适当的批评。

美国内战期间，约瑟夫·胡克将军毛遂自荐，当上了北方联邦军队的一个重要指挥官。但是，随着时间的推移，人们发现，胡克将军不是合适的人选。他谈起话来桀骜不驯，是如此地任性。于是，林肯总统写了他任总统期间的最尖锐的一封信，批评他的短处，使他发挥他的长处，共同促进事业的成功。但还要注意不能引起他的反感。

他是这样批评胡克将军的：“我任命了你为波托马克军团司令。当然，我做出此决定是有充分理由的。然而，我想最好还是让你知道有几件事我对你并不是很满意的。

“我相信你是一个英勇善战的战士。为此，我当然是赞赏的。我也相信你没有把政治和你的职业混淆起来，这一点你是对的。你对自己充满信心，这即使不是必不可少的品质，也是可贵的品质。

“你有雄心，在一定的范围内，这一点是有利而无弊的。但是我认为，在伯恩赛德将军指挥兵团时，你放任自己的雄心，尽你之所能阻挠他。在这一点上，你对国家，对一位最有功劳的、可尊敬的兄弟军官犯下了极大的错误。

“我听说，并且我也相信，你最近说我们的军队和我们国家需要一个有绝对权威的统治者。当然不是因为此，而正是不顾此我才给你下达命令。

“只有取得战功的将军才能做有绝对权威的统治者。我现在需要你取得军事上的成功，而我将承担独裁的风险。

“政府将一如既往尽全力支持你，并支持所有司令官。我非常担心你曾助长军队里的批评和不信任司令官的风气，现在正冲着你来了。我将尽全力协助你刹住这种风气。

“无论是你还是拿破仑——如果他在世的话——都不会在这种风气盛行的军队里得到好结果，而目前要防止急躁。但是要干劲十足，戒备不懈，勇往直前，为我们夺取最后的胜利。”

林肯在这封信中是如此淋漓尽致地表现了他高超的批评技巧。他并没有直截了当地说胡克的错误如何如何，而是首先给他一个“定心丸”——“当然，我作出决定是有充分理由的。”

林肯高明地运用了心理学原理。在说不太愉快的事之前，先对对方的优点进行表扬，这样做，被批评的人是容易接受的。通过上面的例子，可以得出：批评必须把握要领，做到批评得当。一般而言，批评要紧抓以下几个要项不放：

（1）批评要因人而异，针对不同的人必须采取不同的方法；

（2）批评要有诚意，不能将批评作为自己显示威风的工具；

（3）不可以权压人，任意批评下属；

（4）不可任意发脾气；

（5）不可背后批评人，对事对人都必须光明磊落；

（6）批评内容必须客观适度；

（7）批评方法必须得当；

（8）批评时间要及时。

在具体的操作方法上，管理者也要在上述几项的指导下灵活应用。在操作上必须着重注意以下几点：

（1）批评最好不要当众进行；

（2）用失败的教训代替严厉的批评；

（3）批评过头，要及时补救；

（4）批评要分轻重缓急。

提升凝聚力的关键 7 点

团队凝聚力是团队对员工以及员工之间的吸引力，通常它总是以意识形态存在，它所起的作用在团队建设中举足轻重。主要体现在以下 4 个方面：

（1）凝聚力使员工产生归属感：出于对得到物质和精神满足的需求，人总是希望自己在社会中有一个确定的位置，这就是归属感。员工对团队的归属感，就是员工将自己在社会中的位置具体定位在所处的团队，认识到团队对自己的重要性，是自己各层次需求得以满足的保障，自己的命运与团队休戚相关。

（2）凝聚力是员工良好合作的基础：合作意识是个人希望和他人在一起建

立合作、友好关系的一种心理倾向。员工在工作中互相帮助，友好相处、密切配合。这是现代团队最显著的特点。在团队中，人与人之间的关系是平等的，为了实现共同的目标，要求人与人之间相互理解、相互信任，员工的合作就是基于这两点产生的自尊、互尊，相互承认个人价值，懂得团结与合作对团队的重要性，以及相互关心、互相帮助的意识。

（3）凝聚力使员工对工作产生责任感：责任感就是员工意识到自己对团队建设需尽的职责，并乐于为团队的发展而尽职尽责。它是一种自我约束与自我监督的宝贵意识，具体包括做好本职工作；节约原材料、能源；勇于探索，勤于技术革新；爱护团队财产，遵守团队的一切规章制度。

（4）凝聚力使员工对企业产生自豪感：自豪感就是员工以团队为荣，认为自己的团队有令外人羡慕的对社会的贡献、良好的声誉、美好的形象和可观的收入而产生的荣耀心理。这种积极的心理毫无疑问能激发工作的欲望，使人在工作中处于较佳的精神状态。

管理者要想提升团队凝聚力，必须做到以下 7 点：

1. 提升领导魅力

领导者是组织的核心。一个富有魅力和威望的领导者，会自然成为团队的核心与灵魂，全体成员会自觉不自觉地团结在其周围。反之，则会人心涣散。一个团队是否能取得高绩效，很大程度上取决于领导者自身的人格、知识、胆略、才干、经验，取决于自己能否严于律己，能否敬业、精业，能否与员工坦诚相待、荣辱与共等。

2. 科学地管理团队

建立一整套科学的制度，使管理工作和员工的行为制度化、规范化、程序化，是生产经营活动协调、有序、高效运行的重要保证。一个团队，如果缺乏有效的制度来规范，就会出现盲目和混乱，无法创出高绩效。

3. 促进团队成员间的交流

良好的沟通和协调可使团队成员通过信息和思想上的交流达到共同的认知。有效的沟通和协调能及时消除领导者与团队成员以及团队成员彼此之间的分歧、误会和成见。会议、谈心和私下交流是领导者常用的几种形式。

4. 提供个人发展机会

如果一个团队无法让成员看到未来远景，是不可能得到人心的。马斯洛指出：“团队要有畅通的升选管理、公平公正的晋升制度，让成员了解到只要努力必定会有往上爬升的机会，这样才能有效激励团队成员，让他们定下心来在团队中努力工作。”

5. 重视对团队成员的培训教育

只要是人，其需求的层次就会不断提升。团队成员，尤其是能力较强、有潜力的团队成员，希望自己能够不断自我成长。要留他们就必须提供机会给他们，最直接的方式就是重用他们，给他们教育及训练。倘若企业为团队成员提供的学习机会太少，甚至根本没有培训，团队成员很快就会失去工作的乐趣，凝聚力开始下降，因此，管理者要尽可能地为他们创造学习和培训的机会。

6. 尊重每一位团队成员

尊重的需要是人的较高层次的需要，在团队管理中，命令式的管理方式已经行不通了。人人都需要受到别人的尊重，所以，管理者要时时关心并尊重团队成员，重视他们的意见，采取“人性管理”的方式来管理团队。

许多团队的管理者都有一个通病，就是对成员不够关心。如果平时不关怀、尊重团队成员，处处以命令的方式叫他们做事，则团队成员肯定会心有不甘，产生抵触情绪，甚至离开团队。反之，如果能够改变管理的方式，重视团队的成员，平时多关心他们，重视他们的表现，听听他们的心声，采纳他们好的意见，他们就会自动、自发地参与团队的各项工作，积极配合其他人来完成任务。

7. 表彰业绩突出的成员

在美国密执安州迪尔伯恩市，每年都会举行多米诺比萨饼公司奥林匹克大赛，比赛的内容是如何为顾客提供更好的服务。每次奥林匹克大赛将对获得成功的员工进行大张旗鼓的表扬，管理人员潜心评判和定期奖励表现突出、令顾客满意的行为，它所取得的效果可能比公司每月发放的奖金更令人难忘。这种比赛产生了效果显著的激励作用，每个员工都勤于工作，争做业绩最突出的员工。受益于此，多米诺比萨饼公司每年总增长率高达75%。表彰业绩突出的成员，已经成为了多米诺比萨饼公司高速发展的秘诀。

擅于使用对方熟悉的语言

当我们对木匠说话时，我们需要使用木匠的行话。正如人不能听到一定频率以上的声音那样，人的知觉也不能知觉到超过其知觉范围以外的事物。当然，从物理上讲，他可以听到或看到，但不能接受，不能成为信息交流。因此，要想取得高品质沟通，就需要使用通俗的语言。

托尔斯泰说：“真正的艺术永远是十分朴素的，几乎可以用手触摸到似的。”演说语言要力求通俗化，口语化，如不考虑听者的接受能力，用那种文绉绉、酸溜溜的语言就既不亲切，又艰涩难懂，往往事与愿违，弄得不好，还会闹成笑话。

通过简化语言并注意使用与对方一致的言语方式可以提高理解效果。比如，医院的管理者在沟通时应尽量使用清晰易懂的词汇，并且对医务人员传递信息时所用的语言应和对办公室工作人员不同。在所有的人都理解其意义的群体内的行话会使沟通十分便利，但在本群体之外使用行话则会造成沟通问题。因此管理者不仅需要简化语言，还要考虑到信息所指向的听众，以使所用的语言适合于对方。

另外还要积极坦诚的沟通态度。开诚相见、坦率谈论的态度，能使双方倍感亲切、自然，易于接受各自的观点和看法。如果虚情假意、阳奉阴违，就会造成“话不投机半句多”的尴尬局面。所以，交谈中一定要注意，不要装腔作势、言不由衷，更不要在对方面前吹嘘自己或玩弄是非，这些都是有碍创造和谐谈话气氛的有害因素。

对于管理者而言，学会使用对方的语言，用对方熟悉的术语、习语和沟通方式进行沟通，极其利于提升沟通的品质。“你必须以对方的语言来说话。如果你对双方都有所了解，才会沟通顺利。”德国著名剧作家华格纳说，“除了留心你的声音听起来如何，还要注意你所使用的字眼。如果你是个大量使用词语的人，要当心并非每一个人都听得懂，而且可能很多人会觉得枯燥无味——即使他们同意你所说的主题。”

赖特是一家美资企业的雇员，被派到印度分公司担任制造部门经理。他一来就对制造部门进行改造。但很快他就发现现场的数据很难及时反馈上来，于是决定从生产报表上开始强化。借鉴母公司的经验，他设计了一份非常完美的生产报表。报表发下去后，每天早上，工人们将各项生产数据填好后将报表汇总给赖特。他很高兴，认为他拿到了生产的第一手数据。但是没有过几天，出现了一次大的品质事故，但这次事故居然在报表上没有丝毫征兆，经过调查，他发现报表的数据都是工人随意填上去的。

为了强化对报表的重视，赖特多次找工人开会强调认真填写报表的重要性，但每次开会的作用不大，在开始几天可以起到一定的效果，但过不了几天又回到了原来的状态。赖特怎么也想不通。后来，他的一位印度朋友让他换位思考一下：假如你是工人，你会认真填写吗？

赖特的苦恼是很多企业中的管理者一个普遍的烦恼。现场的操作工人，很难理解他这样做的目的，因为数据分析距离他们太遥远了。大多数工人只知道好好干活，拿工资养家糊口。不同的人，他们所站的高度不一样，单纯开会强调，是没有效果的。后来，赖特将生产报表与业绩奖金挂钩，并要求干部经常检查，工人们才知道认真填写报表是与切身利益有关系的，并重视起来。

同样一件事，只是做了一个小小的改变——与对方的利益联系起来，事情就得到圆满解决。这就像我们在和别人沟通时使用别人的语言一样，当我们用对方不熟悉的语言进行交流，对方反应迟缓，而当我们开始使用对方常用的术语时，对方立即就会对我们的观点进行回应。

使用对方的语言进行沟通，容易与对方取得共识。在银行工作的艾伯森先生曾说过这样的一件事：

有个年轻的司机走进来要开个户头，我递给他几份表格让他填写，但他断然拒绝填写有些方面的资料。在我没有学习人际关系课程以前，我一定会告诉这个客户，假如他拒绝向银行提供一份完整的个人资料，我们是很难给他开户的。

但今天早上，我突然想，我最好换一种能够改变他观点的沟通方式。于是我就对他说："就像是你行驶在高速公路上，你要是不交过路费，将不会被放行。"听完这我的话，这位年轻人居然笑了，对我说："看来我需要补上过路费。"说完他就把资料补全了。

这就是使用对方语言的魅力。任何人都不愿孤独自己，当管理者用员工所常用的语言进行沟通时，员工自然会感到亲切，感到管理者的真诚，更愿意将管理者看成是替自己考虑的人，从而将胸怀敞开，使沟通进入畅通阶段。相反，如果管理者对着木匠说着泥工的话，也许一开口，就会遭到抵触性白眼。

顶尖沟通者都有方法能"进入别人的频道"，让别人喜欢他，从而博得信任，表达的意见也易被对方采纳。人与人面对面沟通时的三大要素是文字、声音及肢体语言。一般人常强调话的内容，却忽略了声音和肢体语言的重要性。其实，沟通要进入别人的频道，除了使用对方的语言，还要使你的声音和肢体语言与对方的习惯保持一致。我们这里介绍一下5步沟通法：

第一步：情绪同步，表情同步。如果对方很严肃，你也应跟着严肃；对方表情很放松，你也应表现得很轻松；对方在开怀大笑，那你也没必要拘谨，完全跟对方同步，对方就会莫名其妙地觉得你很可亲，很合得来。

第二步：语调语速同步。如果对方讲话速度很快，你也应提高的语速；对方讲话速度非常慢，你也应不急不躁；对方声调很高，你也就很高；对方讲话声音很轻，你也就非常轻。总之，与对方越接近越好。

第三步：肢体动作同步。模拟对方所有的习惯动作，比方说对方经常捋捋头发，你也可以做类似的动作。但是需要切记的是，千万不要和对方同时进行。任何人都希望别人模仿自己的动作，你的模仿应该在不知不觉之中。

第四步：习惯用语同步。每个人的讲话都有一些口头禅，比如说，“那么那么”、“真是的”，甚至一些脏话。这时候你要注意把对方的口头禅也融入你的语言中，这样会使对方听起来很亲切，有熟悉感。

第五步：价值观同步。研究表明，人与人之间的冲突，95%来源于价值观的冲突。假如你要真正地、全方位地进入对方的频道、进入对方的心灵，就必须认同对方的价值观，这样才能实现深层次的沟通。

以激励改善绩效

经过大量的调查和研究，发现人的工作效率和工作绩效是其能力和积极性的乘积。用公式表示：绩效＝能力 × 积极性。而激励正是充分调动人的积极性，促进人的能力有所提升的主要手段。在给定的工作环境和工作条件下，两个能力相仿的人，其工作绩效的高低取决于积极性的高低，而积极性的高低又取决于激励手段运用的好坏。所以，强化激励手段，充分调动人的积极性，对人力资源的开发和管理以及提高员工绩效具有非常迫切的意义。

美国马萨诸塞州巴莫尔的戴蒙德国际工厂，曾遇到了前所未有的经济危机，制造纸板装蛋箱的325名员工正面临着一个残酷的现实：斯泰罗佛姆式集装箱的问世，使竞争不断激化；纸板装蛋箱的价格暴跌，使生产厂家受到致命的打击。员工们都在担心会被解雇，劳资关系非常紧张。

为了让员工振奋精神，重新鼓起勇气，戴蒙德工厂的管理者发明了一种生产率激励计划，称之为“100分俱乐部”。这个计划十分简洁明了：工作绩效高于平均水平的员工在评定中可以得到相应的分数。在全年工作中没有发生任何工作事故的员工，可以得到20分；如果100%出勤则可得到25分；每年的2月2日（这项计划的开展周年纪念日）这一天，分数被计算出来，并送到每个员工的家里。如果哪个员工的分数达到100分，那么他就会收到一份印有公司标志的礼物。

总分积得越高，员工得到的惊喜也越大。达到500分的员工可以从诸如家用食品搅拌器、烹调器具、壁钟或纸牌游戏板等礼物中任选一件。虽然这些奖品没有任何一件超出了员工们的购买能力，但其真正的价值在于它是公司表示感激的一种标志。“长期以来受到最大关注的总是那些制造问题的人”，戴蒙德的管理者这样说，“而我们这项计划的重点是承认那些优秀员工。”

两年后，戴蒙德工厂的生产率显著提高，与质量有关的差错降低了40%，员工对工作的满意度也大大提升，由于工业事故而损失的时间减少了43.7%。这种转变意味着，这项激励计划使戴蒙德工厂为其母公司增加了超过100万美元以上的毛利润。

年激励计划开始的时候，员工们的态度非常消极，但是当重新进行调查的时候，86%的员工都说公司对他们很重视或非常重视，他们感觉自己的工作得到了承认，认为他们的工作和工作成果与他们本身的关系更为密切。

劳资关系也因这项激励活动得到了改善。工会领导者认为100分俱乐部可以使公司搞活，并创造出一种新的劳资合作气氛。员工的工资率平均每小时应该增加58美元，但是他们为了使公司保持竞争能力而主动放弃了这一要求。正如管理者所说：“对那些日本人获得成功的故事，我已经有点厌倦了。现在，我们所做的一切已经证明，你们也可以听到美国人获得成功的故事了。”100分俱乐部因为其良好的激励效果，已经被戴蒙德的密西西比、加利福尼亚和纽约三个纤维制造工厂采用，并且都收到了不错的效果。

企业的发展都是在激烈的市场竞争中实现的，而其基础在于企业员工的稳定。所以，管理者要善于采用有效的激励手段，营造企业的良好气氛，提供员工发展的机会，让员工安心并勤奋地为企业贡献自己的力量。只要激发员工主体的内在动力，充分调动其积极性、主动性和创造性，就能使其不断增值，企业也将因此收到更好的效益。

那么应该激励的行为是什么呢？下面列举了10种应该受到激励的重要行为，同时还列举10种相反的、不应受到激励，恰恰又是大多数企业领导惯于激励的行为：

（1）激励解决问题的坚定方案，不激励见效快的敷衍。

（2）激励冒险精神，不激励随遇而安。

（3）激励行为果断，不激励循规蹈矩，行动迟缓。

（4）激励独创精神，不激励亦步亦趋。

（5）激励使工作简单化，不激励不必要的复杂化。

（6）激励默默无闻而又见实效的行为，不激励无事生非吵吵嚷嚷。

（7）激励工作质量，不激励求速而不顾质。

（8）激励忠心耿耿，尽职尽责，不激励得过且过，碌碌无为。

（9）激励团结合作，不激励互相拆台，勾心斗角。

（10）激励聪明灵巧的工作，不激励杂乱无章的工作。

激励方法是否奏效在于激励计划如何实施，当然这必须始终统一在改善工作绩效这一总体战略的目标下。激励计划必须协调人力资源管理的各种要素，形成一个旨在强化员工工作动机的统一计划。管理者不能为了平均对待而牺牲公平对待，否则就会影响员工的工作热情。

激励操作时应该注意如下一系列问题：

（1）愈少用恐惧愈好。虽然恐惧是使下属服从的有效手段，但是群体成员会觉得没有安全感，从而带来负作用。

（2）帮助下属建立安全感。在社会主义市场经济条件下，竞争日趋激烈，大多数人都不同程度地缺乏安全感。他们担心失去什么，又担心得到什么，在这方面耗费了很大精力。如果帮助下属建立安全感，会大大解放下属的生产力。

（3）善于开发下属的创造性。如果说，下属不愿接受某些困难工作，部分地源于缺乏勇气和热情，那是有一定道理的。但有时是因为缺乏解决困难的创造力。这时，成功的企业领导所要做的，莫过于开发他的创造力，使他获得解决困难的方式和方法。

（4）注意强化下属的优点，弱化其缺点。在使能力超群的下属努力工作的同时，必须准备接受和容忍他的缺点。如果你不能容忍下属的缺点，那么留在你身边的，多半是些平庸低能之辈，而这才是你最大的缺点。对有些下属而言，与其挖空心思地去纠正他的缺点，还不如尽最大努力使他充分发挥优点。

（5）要尽量使工作充满乐趣。工作既是一种谋生手段，又是一种精神寄托。当工作仅仅作为前者而存在时，它对人的吸引力会大减，人们工作也是“不得已而为之”。尽管企业领导可以通过各种组织规章制度，使下属与工作结合起来，但由于工作并不能给他们带来乐趣，这无疑压抑了他们的工作热情和积极性。在这种情况下，企业领导应尽量使工作充满乐趣，使下属在愉快的心情下接受和完成任务。

（6）不要以自己的习惯或模式强求下属。世上没有两片完全相同的树叶，也不存在两个完全相同的个体。任何成功的企业领导都不能以自己的习惯或模式强求下属。否则，下属将会变得无所适从，“左右不是人”，既难以接受和适应企业领导要求的习惯或模式，又会搅乱原有的习惯或模式，成语“邯郸学步”说的就是这个道理。

（7）不要忽视细节。所谓“细节”包括：自尊、自由、信心、依赖、爱、成就感等。常听一些下属这样说：“只要企业领导略表赞赏之意，我就会工作得更上心、更快乐”。对这些人来说，企业领导及时说些赞赏、鼓励的话，往往比奖金更能打动他们的心。

（8）尽量避免“惩罚或训戒”。即使对于那些有缺点、有错误的下属，包括屡教屡犯的成员，也不应采取“惩罚或训戒”，因为它带来的更多是伤心和畏惧，不能从根本上解决问题。当然，在基层工作中，如果企业领导与下属关系很“铁”、“没说的”或者对主管的批评“厚脸皮”、“无所谓”，或者在无计可施的情况下，企业领导一气之下，责骂也未尝不可。

（9）培养下属的自信心。即使能力相当的下属，仅仅由于自信心不同，其工作劲头也有很大不同。所以，培养下属的自信心是一种既重要又便宜的“动力投资”。这里，以下几点需要注意：

①与下属交谈时，要认真对待，让他觉得受到重视。

②不要勉强下属做无法办到的事。

③积极鼓励和赞扬下属的创见，要尽量给部属以表现的机会。企业领导要让成员多抛头露面，如开会时让部下多讲几句话，企业领导讲话时，多引用部下的意见和观点。

④托付责任时，让下属按自己的方式尽情发挥。即使事做得不当，也不要马上收回成命。对下属要仁慈、体恤。

⑤让下属分享参与决策的权力，但不要交给他们无力办到的事。

⑥不要把下属和他的工作混为一谈。如果下属做错了，要让他理解你不满意的是他的工作，而不是他本人。如果要批评他，首先应作自我批评。这不仅仅是策略上的考虑，事实上，下属出错了，身为企业领导也负有企业领导的责任。这样做，既利于下属接受批评，也利于保护他的自尊心和自信心。

⑦尽量少用“说教式规劝”。“说教式规劝”是世界上使用频率最高的方法，也是成功率最低的方法。当然，我们不是主张不用，而是尽量少用，特别是对那些用而无效的下属，应及时改用其他方法。

第二十二章

正面暗示，激发沉睡的潜能

每人心头都藏有雄狮

每个人的心中都隐伏着一头雄狮。这句鼓舞人心的话道出了这样一个真理：每个都可以成功。只要我们相信自己，充分发挥自身的潜能，每个人都可以大有作为。

自信心是一个人取得成功的内在驱动力，它能够使弱者变强，强者更健。只有自信的人才有可能在成功的路上健步如飞，而缺乏自信的人一定是步履蹒跚者。美国作家爱默生说得好："自信是成功的第一秘诀，自信是英雄主义的本质。"对于年轻人来讲，在内心树立起自信，用自信激发出自己内在的勇气和雄心，是他们迈向成功人生的第一步。

20世纪30年代，在英国一座普通的小城里，有一个叫玛格丽特的姑娘，从小就在父亲严格的管教下成长。父亲经常向她灌输这样的观点：无论做什么事情都要力争一流，永远走在别人前头，而不能落后于人。"即使是坐公共汽车，你也要永远坐在前排。"父亲从来不允许她说"我不能"或者"太难了"之类的话。

父亲这种近乎残酷的教育理念，培养出了玛格丽特积极向上的决心和信心。在以后的学习、生活或工作中，她时时牢记父亲的教导，总是抱着一往无前的精神和必胜的信念，尽自己最大的努力克服一切困难，做好每一件事情，事事必争一流，以自己的行动实践着"永远坐在前排"的誓言。

玛格丽特上大学时，学校要求学5年的拉丁文课程。她凭着自己顽强的毅力和拼搏精神，仅在1年之内便修完了5年的拉丁文课程。令人难以置信的是，她的考试成绩竟然名列前茅。玛格丽特不光在学业上出类拔萃，她的体育、音乐、演讲也都出类拔萃。当年她所在学校的校长评价她说："她无疑是我们建校以来最优秀的学生，她总是雄心勃勃，每件事情都做得很出色。”

正是在这种“永远都要坐在前排”精神的激发下，40 多年以后，玛格丽特成为英国乃至整个欧洲政坛上一颗耀眼的明星。她就是连续 4 年当选保守党领袖，并于 1979 年成为英国第一位女首相，雄踞政坛长达 11 年之久，被世界政坛誉为“铁娘子”。

“永远都要坐在前排”是一种积极、自信的人生态度，它可以激发你积极进取的精神，促使你努力把梦想变成现实。林肯总统说过，喷泉的高度不会超过它的源头，一个人的事业也是一样，他的成就不会超过自己的信念。如果你想象玛格丽特那样取得骄人的成就，就不能轻视自己的信心，以平庸自甘。要在内心树立起自信，抛弃无所作为，甘居下游的想法，充满信心地去施展自己的才华。

苏联著名的文学家高尔基说过：“人最凶恶的敌人，就是意志的薄弱和信心的缺乏。”信心的缺乏会限制一个人的潜能，束缚一个人的发展。而树立自信的关键就在于我们的内心。

有一则寓言，说的是一个懦夫想摆脱自己软弱的个性，让自己变得勇敢起来，就报名参加了“杀兽”学校。这所学校专门培养人的能力和胆量，使人敢于拿起剑去杀死吞食少女的怪兽。校长是有名的魔术师莫里。莫里对懦夫说：“你不必担心，我给你一支魔剑，此剑魔力无边，可以对付各种凶恶的怪兽。”培训中这位懦夫使用魔剑杀死了很多条模拟的怪兽。结业考试时，他将面对真的吞食少女的怪兽了。不料冲到山洞口，怪兽伸出头露出狰狞面目时，他抽出剑，却发现拿错了剑，魔剑丢在了学校，手中的剑只是平日玩用的。这时后退已不可能，一旦那样，就会被怪兽吞食。他挥动那支普通的剑，居然杀死了怪兽。莫里校长会心地笑了，他说：“我想你现在已经知道了没有一支剑是魔剑，唯一的魔术在于相信自己。”

这则寓言说明了这样一个道理：每个人都有创造奇迹的魔力，只要你相信你自己，真正的魔剑就在你的内心。生活中，我们难免会有畏难和退缩的时候，在巨大的困难和压力之下，我们常常会背上沉重的心理包袱，甚至会因此而丧失自信，这个时候你就要勇敢地站出来、直面困难，相信自己的能力，这样，困难就不会成为你成功的阻碍。

拿破仑·希尔说：“成功并不是少数人的专利，每个人的出生都是为了成为一个成功者。”只要你能够在自己内心树立起自信，你和所有的伟人和成功者一样，都能够拥有卓越的人生。

乔伊是一名出色的新闻记者，曾经获得过著名的普利策新闻奖。然而正是这样一位勤奋且富有才华的人，也曾因为自己是黑人而强烈地自卑过。乔伊在回忆自己童年经历时说："我们家很穷，父母都靠卖苦力谋生。那时，我父亲是一名水手，他每年都要往返于大西洋各个港口之间。我一直认为，像我们这样地位卑微的黑人是不可能有什么出息的，也许一生都会像父亲所工作的船只一样，漂泊不定。"

乔伊10岁那年，父亲带他去参观梵·高的故居。在那张著名的吱嘎作响的小木床和那双龟裂的皮鞋面前，乔伊好奇地问父亲："梵·高不是世界上最著名的大画家吗？他难道不是百万富翁？"父亲回答他说："梵·高的确是世界著名的画家，同时，他也是一个和我们一样的穷人，而且是一个连妻子都娶不上的穷人。"

又过了一年，父亲带着乔伊去了丹麦，在童话大师安徒生狭小简陋的故居里，乔伊又困惑地问父亲："安徒生不是生活在皇宫里吗？可是，这里的房子却这样破旧。"父亲答道："安徒生是个砖匠的儿子，他生前就住在这栋残破的阁楼里。皇宫只在他的童话里才会出现。"

从此，乔伊的人生观完全改变。他不再自卑，不再以为只有那些有钱有地位的人才会出人头地。他说："我庆幸有位好父亲，他让我认识了凡·高和安徒生，而这两位伟大的艺术家又告诉我，人能否成功与贫富毫无关系。"

一个人的成就与他的出身和贫富并没有太大关系，成功并不是天才和伟人的专利，只要我们能够树立起对自己的信心，唤起自己心中的雄狮，就可以和伟人一样取得瞩目的成就。

心理暗示的技巧

自我暗示可以给你信心，同时给予你你前进的动力与方向。所以自我暗示可以让你鼓起勇气，一往无前，由此你获得了战胜自我，特别是战胜内心恐惧感的强大意志力。

美国有两位心理学家公开宣称，他们发明了一种绝对正确的智能测验方式。为了证实他们的研究成果，他们两人选择了一所小学的一个班级，让全班的小学生做了一次测验，并于隔日批改试卷后，公布了该班5位天才儿童的姓名。

20年之后，追踪研究的专家发现，这5名天才儿童长大后，在社会都有极为卓越的成就。这项发现马上引起教育界的重视，他们请求那两位心理学家公布当年测验的试卷，弄清其中的奥秘所在。

那两位已是满头白发的心理学家，在众人面前取出一只布满尘埃、封条完整的箱子，打开箱盖后，告诉在场的专家及记者："当年的试卷就在这里，我们完全没有批改，只不过是随便抽出了5个，将名字公布。

"不是我们的测验准确，而是这5个孩子的意念正确，再加上父母、师长、社会大众给予他们的协助，使得他们成为真正的天才。"

自我暗示对一个人的成功至关重要，掌握成功的暗示技巧对你事业会有很大的帮助。

1. 自我暗示的原则

自我暗示，就是对自己提示某种确实而特定的东西。有这样一段故事：

一位从纽约到芝加哥的人看了一下他的手表，然后告诉他芝加哥的朋友说已经12点了，其实表上的时间要比芝加哥的时间早一个小时。但这位在芝加哥的纽约人没有想到芝加哥和纽约之间的时差，听说已经12点了，就对这纽约客说他已经饿了，他要去吃中饭。

自我暗示时，要牢记以下几个原则：

（1）简洁。你给自己制定的精神标语要简单有力。

（2）积极这点是极重要的。如果你说："我不要受穷。"这消极的语言会将"受穷"这观念印在你的潜意识里。因此，你要正面地说："我越来越富有。"

（3）信念。你的句子要有"可行性"，令你心理不会产生矛盾与抗拒。

（4）观想。默诵或朗诵你自己定下的语句时，你要在脑海里清晰地见到自己变成理想中的那个人。

（5）感情。观想自己健康，你要有浑身是劲的感觉。

2. 自我暗示的成功心法

想要成功的你，要每天不辍地在心中念诵自励的暗示宣言，并牢记成功心法：

（1）你要有强烈的成功欲望、无坚不摧的自信心。如果你按照所教导的步骤，使精神与行动一致，那么一种神奇的宇宙力量，将会替你打开宝库之门。

（2）你要有一个计划书。而这计划是指导你如何用质与量都是最佳的服务去换取报酬——你希望得到的成功是你全身心努力为人类做出贡献而获得的“奖品”。

我们要用一颗真诚的心去服务，尽己所能去帮助他人。要养成这样的一个习惯，你服务他人的质与量，都要超出他们的期望。能够如此，你会得到更大的报酬。

人的思维就是一个有目标的电脑系统。萦绕在你头脑中的潜意识，就如电脑程序，直接影响这机制运作的结果。如果你的潜意识中自己是一个失败的人，你会不断地在自己内心那“荧屏”上看到一个垂头丧气、难当大任的自我；听到“你不长进、没有出息”这一类的负面讯息；然后感受到沮丧、自卑、无奈与无能——而你在现实生活中便会“注定”失败。

如果你的潜意识中自己是一个成功人士，你会不断地在你内心的“荧屏”上见到一个气宇轩昂、八面威风的自我；听到“你做得很好，但你会做得更好”这一类的鼓舞讯息；然后感受到喜悦、自尊、安慰与卓越——而你在现实生活中便会“注定”成功。

3. 使用积极和正面的言词

在我们的潜意识中，积极的信念会比消极的自我暗示更容易产生影响力。许多精神标语，要人们事先能避免问题的发生，而不要等事情发生了，才来补救。比如，你的朋友要你舒服地坐着，然后慢慢地放松身体上的肌肉，接着他朗读下面这段文章给你听：

“做个深呼吸，闭起眼睛，同时放松肌肉。想象自己在非洲的森林里，附近还有绿油油的草原。现在——脑海中是不是好像也浮现出大象之类的动物。”

当你习惯地想快乐的事，你的神经系统便会习惯性地令你处于一个快乐的身心状态。当我们时常想象成功，我们会渐渐地拥有成功的性格，然后再拥有成功的人生。

我们的大脑就是一部最精密的电脑，我们输入“胜利者”的要诀，便可以在生活中自然地产生“胜利的行为”，如此这般，我们便可改造自己为“胜利者”。

你要做胜利者——你要成功，便应从这一刻开始，改变你的自我形象，利用积极的想象，将你的神经系统，变成一个“成功者电脑”。

4. 写下并念诵你的目标

写下你自己的精神标语，以便达到你的目标。

你可以印证一下这些方法，是不是真的能有效地帮助你。

你一定要将精神标语白纸黑字写下来，光凭记忆是不够的。

将要做的事写下来是一个很重要的自律方式，也是理想实现的第一步。你肯这样做，本来模糊的细节也会因而清晰。

每天念诵两次你的目标：一次在刚醒来的时候，一次在临睡之前——这两段时间是你显意识活动比较弱，最容易与潜意识沟通的时候。

注意：在念诵的时候，你要贯注感情，并且明显地看到你想得到的成功。

就算机械式地自我暗示也会有效的。当然，你越能够注入感情，收效便越好。

信念：迈向成功的基准点

信念好比航标灯射出的明亮的光芒，在朦胧浩翰的人生海洋中，牵引着人们走向辉煌。高高举起信念之旗的人，对一切艰难困苦都无所畏惧。相反，信念之旗倒下了，人的精神也就垮了下来。而从来就不曾拥有过信念的人，对一切都会畏首畏尾，在漫长的人生旅途中抬不起头，迈不开步，整天浑浑噩噩，看不到光明，因而也感觉不到人生的幸福和快乐。

一天晚上，一位名叫杰克的青年站在一条河边，一脸忧郁。这天是他30岁生日，可他不知道自己是否还有活下去的必要。因为杰克从小在福利院里长大，身材矮小，长相也不漂亮，讲话又带着浓厚的法国乡下口音，所以他一直很瞧不起自己，认为自己是一个既丑又笨的乡巴佬，连最普通的工作都不敢去应聘，没有工作，也没有家。

就在杰克徘徊于生死之间的时候，与他一起在福利院长大的好朋友汤姆兴冲冲地跑过来对他说："杰克，告诉你一个好消息！"

"好消息从来就不属于我。"杰克一脸悲戚。

"不，我刚刚从收音机里听到一则消息。拿破仑曾经丢失了一个孙子。播音员描述的相貌特征，与你丝毫不差！"

"真的吗，我竟然是拿破仑的孙子？"杰克一下子精神大振。联想到爷爷曾经以矮小的身材指挥着千军万马，用带着泥土芳香的法语发出威严的命令，他顿感自己矮小的身材同样充满力量，讲话时的法国口音也带着几分高贵和威严。

第二天一大早，杰克满怀信心地来到一家大公司应聘。

20年后，已成为一家大公司总裁的杰克，查证出自己并非拿破仑的孙子，但这早已不重要了。

杰克的故事告诉我们，信念可以创造奇迹，信念能够唤起一个人的自信。无论是谁，只要把自己的信念牢牢地根植于心，就能够克服重重困难，实现自己的理想。

人生中有些事情其实我们都能做到，只是我们不知道自己能够做到。但是，如果我们坚定信念，勇敢地前进，就能做到。汤姆·邓普西就是一个好例子。

汤姆·邓普西生下来的时候只有半只左脚和一只畸形的右手，父母从不让他因为自己的残疾而感到不安。结果是其他男孩能做的事他也能做，如果童子军团行军10里，汤姆也同样走完10里。

后来他要踢橄榄球，他发现，他能把球踢得比在一起玩的男孩子都要远。他请人为他专门设计了一只鞋子，参加了踢球测验，并且得到了冲锋队的一份合约。

但是教练却尽量婉转地告诉他，说他“不具有做职业橄榄球员的条件”，请他去试试其他的职业。最后他申请加入新奥尔良圣徒球队，并且请求教练给他一次机会。教练虽然心存疑虑，但是看到这个男孩这么自信，对他产生了好感，因此就收了他。

两个星期之后，教练对他的好感更深了。因为他在一次友谊赛中踢出了55码远并且得分。这种情形使他获得了专为圣徒队踢球的工作，并在那一赛季中为他的球队踢得了99分。

在一次比赛中，球场上坐满了6万6千名球迷。球是在28码线上，比赛只剩下几秒钟了。球队把球推进到45码线上，但是可以说已经没有时间了。“邓普西，进场踢球。”教练大声说。

当汤姆进场时，他知道他的队距离得分线有55码远，这个距离只有摩尔雄马队的毕特·瑞奇踢出来过。

传球接得很好，邓普西一脚全力踢在球上，球笔直地前进。但是踢得够远吗？6万6千名球迷屏住气观看，接着终端得分线上的裁判举起了双手，表示得了3分，球在球门横杆之上几英寸的地方越过，汤姆一队以19比17获胜。球迷狂呼乱叫，为踢得最远的一球而兴奋，这是一个有半只脚和一只畸形的手的球员踢出来的！

“真是难以相信。”有人大声叫，但是邓普西只是微笑。他想起他的父母，他们一直告诉他的是他能做什么，而不是他不能做什么。他之所以创造出这么了不起的记录，正如他自己说的："他们从来没有告诉我，我有什么不能做的。"

永远都不要消极地认定什么事情是不可能的。首先你要认为你能，然后去尝试、再尝试，最后你就会发现你确实能做到。只要有强烈的意志，就一定可以突破一切障碍，尤其是和实际联系在一起的话，你就可以获得巨大的力量。坚定信念，你就一定能获得成功。

信心与你的财富成正比

生命的每一项伟大事迹，都是从信心开始的。

如果对于人生感到乏味，应该从内心相信某种有意义的工作。"这个工作是有意义的，我永不后悔。"能以这种心情来工作，梦一般的幸福人生就会到来。

一位名人曾经这样说：对你自己要有信心。

信心是永远的万灵药，它赋予思想以生命、力量及行动。

1. 信心是我们获得财富的起点

信心是所有"奇迹"的基础，也是所有无法以科学法则加以分析的神秘事物的基础。

信心是目前唯一已知的针对失败的解药。

信心能把人类有限意识所创造出来的普通思想，转变成为精神力量，并由此成为致富的心理源泉。也许这样说你并不能理解，然而信心的确很重要，是奋斗者必不可少的一件利器。

身为经济学博士、拥有14家公司、经营手腕极高的百万富翁艾尔宾·菲特纳先生曾说："无论是获得财富或其他各领域的成功，冒险都是不可避免的。"

菲特纳先生有个下属，很懂得说服之术，而且，他对于自己所销售的商品非常有信心，所以，难度再大的业务，他也能谈成功。在他进入公司不过数星期的时间，就已创下了极其惊人的业绩。菲特纳先生破例地除了周薪之外，另外发给他一笔800美元的奖金。当天，那人兴冲冲地回家了。不料事情有了意外的发展。第二周上班时，菲纳特先生感到晴天霹雳般震惊，因为那人竟然对菲特纳先生说：

"董事长，说实话，昨晚我和太太长谈了一夜。因为上周我的业绩是很侥幸得来的，我想，以后我不见得会一直有这么好的运气，我太太也很担心，万一这星期我连一份契约都签不到，那该怎么办？她甚至担心得哭了起来。所以，我想和你商量，不要按件计酬，能不能固定每周给我150美元的周薪？当然，以后我还是会和上周一样努力工作的。因为我认为，我是有家室的人，安定的生活是最重要的……”

后来，菲特纳先生针对这个问题，以毫不犹豫的口吻说：“开除他！一个对自己的能力毫无自信的人，迟早是会失败的。他努力工作，只是想要过安定的生活。而事实上，他具备了能够给自己保证的一切能力，却只为了‘安定’，要求较低的报酬。所谓的保证，就是指能力，换句话说也就是经验加上素质，除此之外，并无其他。不要为了退休后少许的退休金而迷惑，有时应仔细想想如何去冒险，这比冲动地采取行动有更高的成功率。”

想象一下这样一个心态极其糟糕而又一心想获得财富的人的可笑模样吧。他的那副“尊容”似乎在说：“财富，离我远远的吧！不要靠近我。我很想拥有你，但你显然不会属于我。我对人生的要求并不高，虽然我希望自己身上能发生那些更幸运的人们拥有的那些好事，但我实际上并不奢望它们会发生。”

财富绝不可能去接近一个有这种心态的人。恐惧和怀疑的心态使财富望而却步。当然，没有谁想赶跑机会、成功和财富，但是由于他们充满怀疑和担忧，缺乏信心和勇气，所以就赶跑了机会、成功和财富，然而他们自己却还蒙在鼓里。

2. 信心的力量是惊人的，它可改变一切

信心可以让许多看似不能成功的事物达到圆满。充满信心的人永远击不倒，他们是人生的胜利者。走你自己的路，然后事情会和你相信的一样。

因为一个人只有充满自信，才能获得内心的安全、优越感，它是幸福安宁的前提。可观的财产、受尊重的地位、固定的工作固然能使人感到安全和优越，但你越是得到就越是发现它们靠不住。因为它们始终在自我之外，能来就能离你而去。

信心和意志力是行动的基础、是人走向成功的非常重要的心理素质。一个人只有心里充满必胜的信念，对自己所从事的事业确信无疑，并且有坚韧不拔的意志力，他才可能迈出坚定的步伐，产生克服万难的力量、技巧和精力，想出解决问题的方法和对策，赢得他人的信赖和支持，最后才能达到为之奋斗的终点。

3. 信心和信念是成功者应具备的心态和心理素质

一个乐观自信、深信自己所从事的事业会成功的人，必定会走上成功之路；

相反，一个怀疑自己能力、对未来失去信心的人，必然不会取得成就、走向成功。

如果你想使自己的人生充满动力，不要一成不变，现在就设定一些梦想与目标。具有坚定信念的人生将是与众不同的人生。坚定的信心能够激发人的情绪和力量，调动人的积极性，充分开发人的智慧和潜力，去完成任务，实现理想，甚至成就伟大神圣的使命。

坚定的信念激发人们走向成功；信心还可以使人们成就神圣的希望，谱写人类史上的新篇章。人类由于有坚定、不可动摇的信心，科学家们才有勇气、兴趣和热情去进行飞上太空的研究工作，使人类最终冲出了地球，走向了宇宙；由于有人设想缩短英国和欧洲大陆间来往的距离，想在英吉利海峡下建一条海底隧道，并充满信心，这鼓舞着科学家、工程师去实地进行勘察、测量、理论论证，有关方面进行财力、物力、人力的准备，经过艰苦的努力，人们欣喜地看到了地下隧道建成并顺利通车这一振奋人心的成果。

相反，一个人没有抱着必定成功的信心，对所进行的工作充满怀疑，那么，他就不会全身心地投入，遇到困难马上就会停止不前，使事业半途而废，前功尽弃。

4. 每个人要相信自己，欣赏自己

接纳自己欣赏自己，你便不会迷失。从外表的修饰着手，直到内在的心灵，慎选高尚的同伴来帮助你。你愈自信，就愈不必求助于人，你就愈能克服任何困难。

生命中最重要的转折点，经常会出现在最令人料想不到的时刻，并以最令人料想不到的方式出现。这里所说的这个例子，发生在芝加哥市：

有一天，一个流浪汉来到我的办公室，他说："我来到这儿，是想见见这本书的作者。"说着，他从口袋中拿出一本名为《自信心》的书，那是我在许多年前写的。

他继续说道："一定是命运之神在昨天下午把这本书放入我的口袋中的，因为我当时决定跳到密歇根湖，了此残生。我已经看破一切，对一切都已经绝望，所有的人（包括上帝在内）已经抛弃了我，但还好，我看到了这本书，使我产生新的看法，为我带来勇气及希望，并支持我度过昨天晚上，我已下定决心，只要我能见到这本书的作者，他一定能协助我再度站起来。现在，我来了，我想知道你能替我这样的人做些什么。"

在他说话的时候，我从头到脚把他打量了一遍。不得不坦白承认，在内心深处，我并不相信自己能替他做些什么，他眼中茫然的神情、脸上的皱纹、他的身体姿势、脸上十几天未刮的胡须，以及他那紧张的神态，完全显示出，他已经无可救药了。

但我必须救助他。我请他坐下来，要他把他的故事完完整整地讲一遍。

听完他的故事，我说："虽然我没有办法帮助你，但如果你愿意的话，我可以介绍你去见本大楼的一个人，他可以帮助你赚回你所损失的钱，并且协助你东山再起。"

我刚把这几句话说完，他立刻跳了起来，抓住我的手，说道："看在上帝的份儿上，请带我去见这个人。"

他会为了"上帝的份儿上"而提此要求，这实在是很令人鼓舞的。这表明他心中仍然存在着一丝希望。于是我引导他来到从事个性分析的心理试验室里，把窗帘拉开，露出一面高大的镜子，他可以从镜子里看到自己的全身。我指着镜子对他说：

"我答应介绍你跟他见面的，就是这个人。在这世界上，只有一个人能够使你东山再起，除非你坐下来，彻底认识这个人——当作你并未认识他——否则，你只能跳到密歇根湖里。因为在你对这个人没有充分的认识之前，对于你自己或这个世界来说，你都将是个没有任何价值的废物。"

那人朝着镜子向前走了几步，用手摸摸他长满胡须的面孔，对着镜子里的人从头到脚打量了几分钟，然后后退几步，低下头，开始哭泣起来。此刻我知道我的忠告已经发挥功效了，所以领着他走到电梯间，送他离去。

几天后，我在街上碰见了这个人，他整个人已经完全改变，几乎让人认不出来，他的步伐轻快有力，头抬得高高的。他原来那种衰老、不安、紧张的神态已经消失了。他从头到脚打扮一新，看来很成功的样子，而且他也似乎有这种感觉。

他把我拦下来，告诉我究竟发生了什么事，使他能从彻底的失败中，迅速转变成一个充满希望的人。他解释说："我正要到你的办公室去，把好消息告诉你。那一天我离开你的办公室时，还只是一位落魄潦倒的流浪汉，但是，虽然我的外表落魄，我仍然替自己找到了一份年薪3万美元的工作。想想，老天爷，一年3万美元！我的老板还先预支了一些薪水给我，要我去买些新衣服，结果就是你现在看到的这个样子。我现在又走上致富之路了，这似乎就像是一场梦。我想到，仅仅在几天以前，我还是个失去了希望、信心与勇气的人，而且甚至还考虑要自杀呢。"

信心是一切成就的基础。在我们自信能完成一件事情的信心中，有一种巨大的力量。对自己有极大信心的人不会怀疑自己的能力，更不会担心自己的未来。

我们分析一下那些成就伟业的人物，就会发现这些人物最明显、最杰出的品质便是自信。绝对相信自己有能力取得事业成功的人往往最有可能成功，即使这种信心在局外人看来像是有勇无谋，甚至是鲁莽加愚蠢，他们仍然坚持着。最终他们都获得了成功。

我们要想象那些伟人一样活得成功，就必须像他们一样拥有信心，懂得坚持。信心会使我们获得力量，而坚持会使我们拥有想要的一切，不仅仅是财富，还会有声誉。

左右你的潜意识

要获得正确的结论，就必须要有正确的前提。不论你心中有什么问题，若你的意识所认定的大前提是正确的，就决定了你潜意识所得到的结论也必定正确。

美国的一位大学教授，在纽约州听了著名心理学家墨菲讲了几堂心智科学的课之后，对墨菲说："我一生中的每一样事情，都乱七八糟的。我失去了健康、财富和朋友。每一件事情一碰到我，就会出毛病。"

墨菲告诉他："在你的想法中，应该先建立一个大前提，那就是你的潜意识的无限智慧会引导、指导他，使你在精神、心智和物质各方面，都朝着好的方向走。然后你的潜意识就会自动地在你的投资、决心各方面给你睿智的指导，并且治好你的身体，恢复你的心灵的和平与宁静。"

这位教授勾画出了他的生活的全景。下面就是他的大前提："无限的智慧在各方面引领、指导我，我会有完美的健康；调和的定律在我的心灵和身体方面发挥作用，我会有美、爱、和平和富足；正确行动的原则和神圣的意旨，将控制着我的整个生活。我知道我的大前提是置于生命的永恒真理之上，而我更知道、感觉，并且相信我的潜意识，会根据我意识的想法的性质而产生反应。"

他写信告诉墨菲："一天有好几次，我会带着爱心缓慢而静静地重复着前面的几句话，知道这句话会深入到我潜意识中，而结果必定会跟着出来。我非常感激你跟我的谈话，而我要提出我的生活各方面都向好的方面改变。这种办法真有效。"

你的潜意识极为睿智，它知道一切问题的答案。它不会和你争辩，但会根据你的想法产生反应。要实现你的欲望，克服你的挫折，每天须大胆而肯定地说：

“赋予我这种欲望的无限智慧，领导、引导，并显给我十全十美的计划，以实现我的欲望。我知道我潜意识中的睿智现正在产生反应，而且我内在所感觉到和所要的，就会表现在外面。我会有平衡、均衡和镇定。”如果你说：“没有脱离困境的途径，我已经失败了，我已经完全给困住了。”那你就不可能从你的潜意识那里得到答案和反应。

潜意识是会懒惰的。如果你不能在你的潜意识中种植你的欲望，那么，由于你的疏懒，你的潜意识会接受、容纳任何思想。潜意识区分不出积极性或消极性的意念冲动，通过我们的意念冲动，我们提供它什么材料，它就做什么。潜意识可以毫不迟疑地把受恐惧驱使的意念转化为事实，正如它可以立即将受到勇气或信心驱使的意念，转化为事实一般。

如果你要潜意识为你发挥作用，那就向它提出正确的要求，并且获得它的合作。你的潜意识有它自己的心智，但是它会接受你的想法和想象的模式。

善于运用潜意识，可能带来无穷的妙用，以下是日常运用潜意识的6个步骤。

第一，你要知道你所看过、听过、嗅过、尝过、摸过或想过的每一样事物，都会永久成为你的电脑——潜意识——的一部分，随时等待你使用。这部电脑可以把多年积下来的零星事实巧妙地结合在一起。日后遇到问题时，可能会灵机一动，想到解决的办法。

第二，潜意识反应的对象是“刺激”，而不是压力。你不能“命令”潜意识一定要在某一个特定时刻给你答案，这样绝对没用。但是只要多接收有教育性的资讯，潜意识就会在不知不觉中吸收，未来就有更多可用的资源。

第三，小心潜意识会受到愚弄或误导。如果我们接收错误的思想或信息，潜意识也同样会吸收。因此我们看书、看电视、交友都必须谨慎选择。医学院中大约有三分之二的学生都会感染他们所研究的症状，这就是心理学上的“认同作用”。

第四，“不要把问题带到床上”。这句话其实是错误的，因为上床之后往往可以解决许多问题。为什么呢？晚上躺在床上，心平气和，抛开一切不愉快，回忆一下当天快乐的经验。

这种平静，是产生力量的源泉。在平静之中，找寻能使你在人生游戏中成功、快乐的信心，由于内心极度平静，就会安然入梦。一切消极思想都不存在，创造力或潜意识得以尽情发挥，自然会展现最好的成绩。

第五，遇到任何问题，都要找寻积极的答案。记住，期待美好事物，就会遇到美好事物，把美好、积极的思想输入潜意识中，告诉你的潜意识："我知道你能解答任何问题，并且在我需要的时候协助我，我会信心十足、耐着性子等待。"

第六，身边随时准备纸和笔，如果有录音机更好。有时候，你也许会忽然想到一个绝妙的点子或解决问题的方法，半夜醒来，如果不立即记录下来，第二天十有八九会忘得一干二净。但是如果能当时记下，既可以安然入睡，也能保留下可贵的想法。

唤醒心中的巨人

人人都是一座金矿，每一个人都有自身的潜能。为什么有的人在自己平凡的工作中，却干出了不平凡的业绩，而有的人终生都一事无成？问题不在于一个人的"天赋"有多高，而在于人们常常看不清自己，难以认识自己所拥有的一切，不能深入地认识自身的潜能。

你有没有听过关于一只鹰的寓言？

一天，一个喜欢冒险的男孩爬到父亲养鸡场附近的一座山上去，发现了一个鹰巢。

他从巢里拿了一个鹰蛋，带回养鸡场，把鹰蛋和鸡蛋混在一起，让一只母鸡来孵，孵出来的小鸡群里有了一只小鹰。小鹰和小鸡一起长大，因而不知道自己除了是小鸡外还会是什么。起初它很满足，过着和鸡一样的生活。但是，当它逐渐长大的时候，它内心就有一种奇特不安的感觉。它不时地想："我一定不只是一只鸡！"只是它一直没有采取什么行动。

直到有一天，一只了不起的老鹰翱翔在养鸡场的上空，小鹰感觉到自己的双翼有一股奇特的新力量，感觉胸膛里心正猛烈地跳着。它抬头看着老鹰的时候，一种想法出现在心中："养鸡场不是我待的地方。我要飞上青天，栖息在山岩之中。"

它从来没有飞过，但是它的内心有着力量和天性。它展开了双翅，飞升到一座矮山的顶上。极为兴奋之下，它再飞到更高的山顶上，最后冲上了青天，到了高山的顶峰，它发现了自己的伟大。

当然会有人说："那不过是个寓言而已。我既非鸡，也非鹰；我只是一个人，而且是平凡的人。因此，我从来没有期望过自己能做出什么了不起的事来。"或许这正是问题的所在——你从来没有期望过自己能够做出什么了不起的事来。这是实情，而且这是严重的事实，那就是我们只把自己钉在我们自我期望的范围以内。但是人体内确实具有比表现出来的更多的才气、更多的能力、更有效的机能。我们不妨再举个例子。

一位农夫在谷仓前面注视着一辆轻型卡车快速地开过他的土地。他14岁的儿子正开着这辆车。由于年纪还小，他还不够资格考驾驶执照，但是他对汽车很着迷——而且似乎已经能够操纵一辆车子，因此农夫就准许他在农场里开这辆客货两用车，但是不准上外面的公路。

突然之间，农夫看见车子翻到水沟里去了，他大为惊慌，急忙跑到出事地点。他看到沟里有水，而他的儿子给压在车子下面，躺在那里，只有头的一部分露出水面。

这位农夫并不很高大，他只有170公分高，70公斤重。但是他毫不犹豫地跳进水沟，把双手伸到车下，把车子抬高，足以让另一位跑来援助的工人把那失去知觉的孩子从下面抱出来。

这个时候，农夫却开始觉得奇怪了，刚才他去抬车子的时候根本没有停下来想一想自己是不是抬得动，由于好奇，他就再试了一次，结果根本就动不了那辆车子。医生说这是奇迹，他解释说身体机能对紧急状况产生反应时，肾上腺就大量分泌出激素，传到整个身体，产生出额外的能量。这就是他可以提出来的唯一解释。

这类事例告诉我们，一个人通常都存有极大的潜在体力，并不光是肉体反应，它还涉及心智和精神的力量。农夫在危急情况下产生出一股超正常的力量，当他看到自己的儿子可能要淹死的时候，他的心智反应是要去救儿子，一心只想把压在儿子身上的卡车抬起来，而再也没有其他的想法。可以说是精神上的肾上腺引发出潜在的力量；而如果情况需要更大的体力，心智状态就可以产生出更大的力量。

据斯迈尔斯的研究报告说，几乎所有的人都只发挥了其能力的15%。这份报告还指出，不能发挥其余85%能力的原因在于恐惧、不安、自卑、意志薄弱及罪恶感。将所有的原因综合起来，可以说是“与外界的不调和”，因为不能包容外界，则等于是替自己的潜能踩了刹车。

与外界的调和能使自己的能力发挥到淋漓尽致的地步。因为所谓创造的行为，是向着外界去发挥，所以一旦能和外界调和，自然产生优异的结果。

以体育比赛为例，还在考虑胜败、估计双方实力的选手，心中已经存在了感情对立的疙瘩，所以不能发挥潜力。一定要超越那些估计，和外界合为一体，才能激发潜在能力。

一个非常有趣的现象是：凡是在下棋时，对对手抱有对立情绪，赢了就觉得快乐的人，他们的进步都很有限。相反的，能和对手配合，不在乎胜败，只求下出正确的棋招并在其中寻找乐趣的人，下棋则能充分地激发他们的潜能，他们也就进步神速。他们不把象棋的胜负当作一种斗争，而把它当成“问答”。如果有两个人他们天生资质相等，但他们所采取的弈棋态度有所不同，最后他们两人的棋力也必有天壤之别。

运用心理学知识，我们可以对人类的共同心理特征进行深入的分析，可以得出如下结论：不管环境有怎样的限定，也没有人们所无法解决的问题。因为在每个人的体内，都潜伏着巨大的力量。这些力量，只要你能够发现并加以利用，便可以帮你成就你所向往的一切。

在法国一个位于野外的军用飞机场上，一位名叫桑尼耳的飞行员正在专心致志地用自来水枪清洗战斗机。突然，他感到有人用手拍了一下他的后背。回头一看，他吓得大叫一声，拍他的哪里是人，一只硕大的狗熊正举着两只前爪站在他的背后！

桑尼耳急中生智，迅速把自来水枪转向狗熊。也许是用力太猛，在这万分紧急的时刻，自来水枪竟从手上滑了下来，而狗熊已朝他扑了过去……他闭上双眼，用尽吃奶的力气纵身一跃，跳上了机翼，然后大声呼救。警戒哨里的哨兵听见了呼救声，急忙端着冲锋枪跑了出来。两分钟后，狗熊被击毙了。

事后，许多人都大惑不解：机翼离地面最起码有2.5米的高度，桑尼耳在没有助跑的情况下居然跳了上去，这可能吗？如果真是这样，桑尼耳不必再当飞行员了，而应当一名跳高运动员，去创造世界记录。

人体内的亿万细胞中，有着巨大的潜在力量。这种潜力要是能够被唤醒，就能创造出奇迹，然而大部分人都没有认识到这一点。病人在呼吸困难、生命垂危时，听了医师或亲友的一席热烈恳切的鼓励之后，竟然会起死回生。这种情况在医生看来是常有的事。可见，疾病之所以置人于死地，首先是因为病人已经失掉了对生命的信心。

世界上有无数庸庸碌碌的人，在这些人的体内同样有着巨大的潜能，只要能够激发他们体内的一小部分潜能，就可以成就他们伟大的、神奇的事业。

如果我们能深入到自己内在力量的深处，那么就可以寻得生命的源泉。一旦饮用这生命的活水，就不再会感到口渴。这种源泉是取之不尽，用之不竭的，并且为你带来巨大的力量。

第二十三章

追求完美，把每件事都要做到精彩绝伦

永葆追求卓越的心

在人生历程中，每个人都迫切希望自己能成为众人中的焦点，成为聚光灯的中心，事实上，这并不是什么困难的事，只要你拥有一颗追求卓越的心。

推销员戴尔做了一年半的业务，看到许多比他后进公司的人都晋升了职位，而且薪水也比他高许多，他百思不得其解。想想自己来了这么长时间了，客户也没少联系，薪水也还凑合自己开支，可就是没有大的订单让他在业务上有所起色。

有一天，戴尔像往常一样下班就打开电视若无其事地看起来，突然有一个名为“如何使生命增值”的专家专题采访的栏目引起了他的关注。

心理学专家回答记者说：“我们无法控制生命的长度，但我们完全可以把握生命的深度！其实每个人都拥有超出自己想象十倍以上的力量。要使生命增值，唯一的方法就是在职业领域中努力地追求卓越！”

戴尔听完这段话后，信心大增，他立即关掉电视，拿出纸和笔，严格地制定了半年内的工作计划，并落实到每一天的工作中……两个月后，戴尔的业绩明显大增，9个月后，他已为公司赚取了2500万美元的利润，年底他自然当上了公司的销售总监。

如今戴尔已拥有了自己的公司。他每次培训员工时，都不忘记说：“我相信你们会一天比一天更优秀，因为你们拥有这样的能力！”于是员工信心倍增，公司的利润也飞速递增。

戴尔的事例说明了这样一个道理：追求卓越是每个人的生命要求，追求卓越也是每个人改变自己命运的基本要素。追求卓越，取得成功是每个人的愿望。在人类文明的发展过程中，追求卓越始终是我们持久的动力和永恒的目标。

有什么样的目标，就有什么样的人生；有什么样的追求，就能达到什么样的人生高度。恳恳地工作，超越平庸，主动进取，才能取得职场上的成功，才会拥有精彩卓越的人生。

炎热的一天，大卫·安德森和他的伙伴们正在铁路的路基上工作，突然遇见了前来视察工作的老朋友——铁路总裁吉姆·墨菲。他们两个进行了长达一个小时的愉快交谈，然后热情地握手道别。

大卫·安德森的同事立刻包围了他，他们对于他是墨菲铁路总裁的朋友这一点感到非常震惊。大卫解释说，20 多年前，他和吉姆·墨菲是在同一天开始为这条铁路工作的。

其中一人半认真半开玩笑地问大卫：“为什么你现在仍在骄阳下工作，而吉姆·墨菲却成了总裁？”大卫非常惆怅地说：“23 年前，我只是为 1 小时 1.75 美元的薪水而工作，而吉姆·墨菲却是为这条铁路工作。”

透过这个故事，我们就可以明白：为什么有的人工作了一辈子却还是一名普普通通、薪水微薄的员工。

美国“钢铁大王”安德鲁·卡内基在 33 岁那年就建立了美国最大的钢铁公司。在这一年，他在备忘录里写下了这样的话：人生必须有目标，而赚钱是最坏的目标。只有当你把“做好事业，追求卓越”作为自己一生追求的目标时，你会获得比金钱更多、更重要的东西。

追求卓越、拒绝平庸是每个人必备的品质之一。不要满足于一般的工作表现，要做就做最好，要成为老板不可缺少的人物。拿破仑曾鼓励士兵：“不想当将军的士兵不是好士兵。”

为什么我们在可以选择更好生活的时候，却总是选择了平庸呢？为什么我们可在职场中纵横驰骋的时候，却总是原地踏步，徘徊不前呢？因为追求卓越的理念还没有深入我们的内心，只有将追求的理念时刻放在心头，你才能披荆斩棘，走向成功的殿堂。

每天进步一点点

伟大的成就通常是一些平凡的人们经过自己的不断努力而取得的，他们注重细节，每天懂得进步一点点，日积月累就前进一大步。

有些年轻人总是责怪命运的盲目性，然而命运本身的盲目性就是以人的活动为主体的。天道酬勤，命运总是掌握在那些勤勤恳恳地工作、每天注意细节的人手中，就正如优秀的航海家总能驾驭在大风大浪航行的船只一样。人类历史的研究表明，在成就一番伟业的过程中，一些最普通的品格，如公共意识、注意力、专心致志、持之以恒等等，往往起着很大的作用。即使是盖世天才也不能小视这些品质的巨大作用。事实上，正是那些真正伟大的人物才相信常人的智慧与毅力的作用，而不相信什么天才。

牛顿无疑是世界一流的科学家。当有人问他到底是通过什么方法得到那些伟大的发现时，他诚实地回答道："总是思考着它们。"还有一次，牛顿这样表述他的研究方法："我总是把研究的课题置于心头，反复思考，慢慢地，起初的点点星光终于一点一点地变成了阳光一片。"正如其他有成就的人一样，牛顿也是靠勤奋、专心致志和持之以恒来取得成功的，他的盛名也是这样换来的。放下手头的这一课题而从事另一课题的研究这就是他的娱乐和休息。

牛顿曾对本特利先生说过："如果说我对公众有什么贡献的话，这要归功于勤奋和善于思考细节。"另一位伟大的哲学家开普勒也这样说过："只有对所学的东西善于思考才能逐步深入。对于我所研究的课题我总是穷根究底，想出个所以然来。"

英国物理学家及化学家道尔顿不承认他是什么天才，他认为他所取得的一切成就都是靠勤奋。约翰·亨特曾自我评论道："我的心灵就像一个蜂巢一样，看来是一片混乱，到处充满嗡嗡之声，实际上一切都整齐有序。每一点食物都是通过劳动在大自然中精心选择的。"只要翻一翻一些大人物的传记，我们就知道大多数杰出的发明家、艺术家、思想家和著名的工匠，他们的成功在很大程度上都应归功于非同一般的勤奋和持之以恒的毅力。他们都是惜时如命的人。

英国作家兼政治家迪斯累里认为要成功就必须精通所学科目，要精通它，只有通过持续不断地刻苦钻研，除此别无良策。

由上面的故事可以看出，做了小事，精通了细节，凡人也能变成天才。

一位成功人士从 13 岁就背井离乡，在商店做小店员，日后却成为商店董事长、证券公司创办人、银行董事长。

有一天，有人问他经营事业致富的秘诀。

他回答:“所有成功的企业家都不会冒失莽撞，不会操之过急，都是脚踏实地从山脚一步一步坚实而稳定地攀登到山顶的。他们不会梦想一下子就跳到顶峰，而是先从他们能力所及的范围着手，先做小生意，脚踏实地地学习，一步一步充实自己的实力，小生意做成功，然后进一步做更大的生意，这样才不会招致失败。然而很多失败的生意人都犯了一个很大的错误，他们想一步登天，自己的资金只有一百万，却不自量力大举借债来做一千万的生意。结果，负担不起利息，入不敷出，虽然艰苦挣扎，仍然非倒闭不可。就好像没有开花就想结实；一年级刚念完就想跳到六年级；没有练过跳高，一下子就想跳上山顶，那么自然非失败不可。”

在一些最简单的事情上，反复地磨炼确实会产生惊人的效果。拉小提琴看起来十分简单，但要达到炉火纯青的地步，又需要付出多少辛苦啊。有一个年轻人曾问卡笛尼学拉小提琴要多长时间。卡笛尼回答道:“每天 12 个小时，连续坚持 12 年。”

一点点进步都是来之不易的，任何伟大的成功都不可能唾手可得。德·迈斯特说过:“耐心和毅力就是成功的秘密。”没有播种就没有收获。光播种，而不善于耐心地、满怀希望地耕耘，也不会有好的收获。最甜的果子往往在最后成熟，西方有一句格言:“时间和耐心能把桑叶变成云霞般的彩锦。”

一个人有没有出息，不在于你处于什么环境，干什么工作，关键是看你怎样对待环境，怎样对待工作，如何看待小事。你的态度直接决定着你的命运，因为注重小事，每天进步一点点，命运就会掌握在你的手中。

在平凡中追求卓越

追求卓越是一种人生态度，是一种境界。卓越就是不放松对自己的要求，就是在别人苟且随便时，自己仍然一如既往地坚持操守，这是一种高度的责任感和敬业精神。无论人才需求如何变化，是否具有追求卓越的精神始终是老板用人的一个重要标准。

卓越不是完美。因为完美会使你受挫，使你被削弱，而卓越却是一个尽其所能去做到更佳的、不断前进的目标。在追求卓越的过程中，你可以不断地取得更佳，不断地打破个人纪录，提高过去取得的成绩，从而让自己变得坚不可摧。

卓越很昂贵，你必须付全价；卓越很昂贵，但回报丰厚；卓越是真理，真理是不会被否定的。你可以把卓越推倒，掩盖卓越，忽视卓越，但无论你做什么，它总能脱颖而出，上升到顶部，这就是精华法则——最优秀的将上升到金字塔顶部。

洛克菲勒是美国的石油大亨，他的老搭档克拉克这样评价他："他有条不紊和细心认真到极点。如果有一分钱该归我们，他会争取；如果少给客户一分钱，他也要给客户送去。"他就是这样从账面数字——精确到毫、厘，分析出公司的生产经营情况和弊端所在，从而有效地经营着他的石油王国。

成功最怕"卓越"二字。做事细心、严谨、有责任心，是卓越；做人坚持原则，不随波逐流，不为蝇头小利所惑，"言必信，行必果"，也是卓越；生活中重秩序、讲文明、遵纪守法，甚至小到起居有节、衣冠整洁、举止得体，也是卓越的体现。

追求卓越的人对工作有一种非做不可的使命感，并为之孜孜不倦、乐此不疲。

他们在别人都放弃时仍坚持不懈，在所有人都认定事不可为时仍殚精竭虑。

他们不仅仅维持工作或恪尽职守，他们深入内在，寻求更多的东西。

当一般人放弃的时候，他们找寻下一位顾客。当顾客拒绝他的时候，他追问："你到底要不要买？"当顾客不买的时候，他继续追问："你为什么不买？"他们总是在找寻自我改进的方法，以及顾客不买的原因。他们永远在不断地改善自己的行为、举止、态度和人格。他们总是希望知道人们为什么买，为什么不买。他们总是希望更有活力，更有行动力。

阿穆耳饲料厂的厂长麦克道尔之所以能够从一个速记员一步一步往上升，就是因为他在工作中总是追求尽善尽美。

他最初在一个懒惰的经理手下做事，那个经理习惯于把事情推给下面的职员去做。有一次，他吩咐麦克道尔编一本阿穆耳先生前往欧洲时需要的密码电报书。如果是一般人来做这个工作，他只会简单地把电码编在几张纸片上敷衍了事，但麦克道尔可不是这样玩忽职守的人。他利用下班的空余时间，把这些电码编成了一本漂亮的小书，并用打字机打印出来，然后再装订好。完成之后，经理便把电报本交给了阿穆耳先生。

“这大概不是你做的吧？”阿穆耳先生问。

“不是……”那经理战栗着回答。

“是谁做的呢？”

“我的速记员麦克道尔做的。”

“你叫他到我这里来。”

阿穆耳对麦克道尔亲切地说：“小伙子，你怎么想到把我的电码做成这个样子呢？”

“我想这样用起来会方便些。”

“你什么时候做的呢？”

“我是晚上在家里做的。”

“是吗？我特别喜欢它。”

这次谈话后没几天，麦克道尔便坐到了前面办公室的一张写字台前；没过多久，他便代替了以前那个经理的位置。

千里之堤，溃于蚁穴，魔鬼往往隐藏于细节之中。失败的最大祸根，就是养成了敷衍了事的习惯。而成功的最好方法，就是把任何事情都做得精益求精，尽善尽美。

及早拧紧松动的关键一环

每一个人现在所处的境况，正是以往自己所抱的想法造成的。所以，如想改变未来的生活，使之更加顺利，必得先改变此时的想法。坚持错误的观念，固执不愿改变，即使再努力，恐怕也体会不到成功带来的喜悦。

美国一家球星经纪公司有位女业务代表，是有名的工作狂。她极具慧眼，凡是被她盯上的篮球新人，日后几乎都能成名。有一段时间，她盯上了德国篮球新秀迪文·乔治。从此，只要有乔治出现的地方，她一定会出现。

她不仅要跟随乔治满世界飞来飞去，还要照顾他的日常生活。她要让乔治感觉到，她很关心他，这样才有可能成为乔治的经纪人。

有一次，就在她刚刚忙完了乔治的一场篮球训练赛，又得知巴黎有一场公开赛邀请了乔治。这时，本已极度疲劳的她还想跟过去为乔治捧场。主管担心她会因过度疲劳而耽误大事，建议让其他人代劳。结果她极力劝说主管让她去，因为她还从没失手过。终于，她准时飞到了巴黎，并顺利见到了乔治。

当天晚上，在一个为选手和记者们准备的宴会上，她像一位女主人一样照顾着乔治，并为他介绍来自世界各地的来宾。当篮球名将约翰逊出现在他们面前时，她热情地准备为乔治做介绍，因为她跟约翰逊是老熟人，而约翰逊又是乔治的偶像。就在她很有礼貌地说："这位就是美国篮球名将约翰逊，这位是……"她支吾了半天，居然将乔治的名字给忘记了！可想而知，那天的情况糟糕透了。

后来，乔治进了洛杉矶湖人队，果然成了篮球名将，可是却与她和她所在的公司没有任何联系。

因此，必须及早拧紧松动的关键一环，不然当你发现时，成功已经离你远去。

许多人在平时就会发现自己的身上缺乏一种东西，或是能力，或是品质，或是态度，或是方法。知道缺乏的是对于今后人生举足轻重的东西，但却一直拖延着不去完善，找出各种借口让关键的一环一直松动着。等到有一天，箭在弦上不得不发，却发现已没了准星。

全力以赴，务必100%尽心

达格·哈马绍说：我们的这个世界并不完美，它需要我们来努力使它完美。我们的工作也并不完美，它需要我们用敬业精神让它接近完善。

24岁的海军军官卡特，应召去见海曼·李特弗将军。在谈话中，将军非常特别地让他挑选任何他愿意谈的话题。

当他好好发挥完之后，将军就总问他一些问题，结果每每将他问得直冒冷汗。终于他开始明白：自己自认为懂得很多的那些东西，其实懂得很少。

结束谈话时，将军问他在海军学校学习成绩怎样。他立即自豪地说："将军，在820人的一个班中，我名列59名。"

将军皱了眉头，问："你全力以赴了吗？"

"没有。"他坦率地说，"我并不总是全力以赴的。"

"为什么不全力以赴呢？"将军大声质问，瞪了他许久。

此话如当头棒喝，给卡特以终生的影响。此后，他事事全力以赴，后来最终成为美国总统。

有人问一家餐馆老板成功的秘诀。他说自己的成功得益于在一家欧洲大饭店的厨房工作的经历。在那里，他学到了成功的关键是全力以赴把一切做到 100% 的完美，不管是复杂的主菜，还是简单的附餐。他说："如果你做法式炸薯条，就把它做成世界上最好的法式炸薯条。"

伟大人物对使命全力以赴可以谱写历史，普通员工对工作全力以赴则可以改变自己的人生。著名人寿保险推销员罗迪正是凭借着自己的全力以赴，创造了一个又一个奇迹。

罗迪刚转入职业棒球界不久，便遭到有生以来最大的打击——他被约翰斯顿球队开除了。他的动作无力，因此球队的经理有意要他走人。经理对他说："你这样慢吞吞的，根本不适合在球场上打球。罗迪，离开这里之后，无论你到哪里做任何事，若不提起精神来，你将永远不会有出路。"

罗迪没有其他出路，因此去了宾州的一个叫切斯特的球队，从此他参加的是大西洋联赛，一个级别很低的球赛。和约翰斯顿队 175 美元相比，每个月只有 25 美元的薪水更让他无法找到激情。但他想："我必须激情四射，因为我要活命。"

在罗迪来到切斯特球队的第三天，他认识了一个叫丹尼的老球员，他劝罗迪不要参加这么低级别的联赛。罗迪很沮丧地说："在我还没有找到更好的工作之前，我什么都愿意做。"

一个星期后，在丹尼的引荐下，罗迪顺利加入了康州的纽黑文球队。这个球队没有人认识他，更没有人责备他。那一刻，他在心底暗暗发誓，我要成为整个球队最努力也最尽心尽力的球员。这一天在他生命里刻下了最深的烙印。

每天，罗迪就像一个不知疲倦和劳顿的铁人一样奔跑在球场，球技也提高得很快，尤其是投球，不但迅速而且非常有力，有时居然能震落接球队友的护手套。

在一次联赛中，罗迪的球队遭遇实力强劲的对手。那一天的气温达到了华氏 100 度，身边像有一团火在炙烤，这样的情况极易使人中暑晕倒，但他并没有因此退却。在快要结束比赛的最后几分钟里，由于对手接球失误，罗迪抓住这个千载难逢的机会迅速攻向对方主垒，从而赢得了决定胜负的至关重要的一分。

发疯似的激情让罗迪有如神助，它至少起到了三种效果。第一，他忘记了恐惧和紧张，掷球速度比赛前预计的还要出色；第二，他"疯狂"般的奔跑感染了其他队友，他们也变得活力四射，首先在气势上压制了对手；第三，在闷热的天气里比赛，罗迪的感觉出奇的好，这在以前是从来没有过的。

从此，罗迪每月的薪水涨到了185美元，和在切斯特球队每月25美元相比，他的薪水在10天的时间里猛增。这让他一度产生不真实的感觉，他简直不知道还有什么能让自己的薪水涨得这么快，当然除了全力以赴、100%尽心。

在工作中应该严格要求自己，能做到最好，就不能允许自己只做到一般；能完成100%，就不能只完成99%，能尽到100%的心，就不要只尽到99%的心。

给自己制定更高的标准

优秀的人并不一定是有钱的人，而是那些在人格、品行、学识、道德上都胜人一筹的人。不追求卓越，不做到最出色，是不会在工作中享有荣誉的。

兰迪·劳伦斯现在是一家公司的老板，以前他只是一个普通的推销员。他奋起的动因是他在一本书上看到的一句话：每个人都拥有超出自己想象10倍以上的力量。在这句话的激励之下，他反省自己的工作方式和态度，发现自己错过了许多可以和顾客成交的机会。于是，他制定了严格的行动计划，并在每一天的工作当中实践。两个月后，他回过头看看自己的进展，发现业绩已经增加了两倍。数年以后，他已经拥有了自己的公司，在更大的舞台上检验着这句话。

每个人都有一种突出的才能，各有特色，不尽相同。无论你的特色是什么，你都不要把自己藏起来，你应该积极地把你的才能发掘出来，并发挥得淋漓尽致。事实上，面对激烈的竞争，你应该不断地超越平庸、追求完美，你需要制定一个高于他人的标准。

尚可的工作表现人人都可以做到，只有不满足于平庸，才能追求最好，才能成为不可或缺的人物。没有人可以做到完美无缺，但是，当你不断增强自己的力量，不断提升自己的能力的时候，你对自己要求的标准会越来越高，这本身就是一种收获。

没有最好，只有更好。这值得每个人铭记一生。有无数人因为养成了轻视工作、马马虎虎的习惯，以及对工作敷衍了事的态度，终致一生都处于社会底层，不能出类拔萃。

在追求的过程当中，只要不是出类拔萃的表现，都不可能让人获得满足、让人心安理得。

要不断提升自己的标准，希望能够更上一层楼，而且非常注意细节的部分，愿意不断地驱策自己摆脱平庸的桎梏。

能让工作变得完美的人，需要极高的品质。高品质不是从天上掉下来的偶然，这是人们抱持高昂的企图心，坚持诚心诚意的努力，投入心血智慧以及技能后所得到的结果。它代表的是众多选择当中的明智抉择，因此，你作出抉择之后，就应倾注全力达到这样的标准。

这时，才能、环境、幸运、遗传以及个性都不那么重要，重要的是你打算凭借着自己的所有达到什么样的境界，怎样达到这样的境界。

多做一点令你更出色

盎司是英美制重要质量计量单位，一盎司只相当于1/16磅。但是，在工作中就是多加这微不足道的一点，结果可能就大不一样。尽职尽责完成自己工作的人，最多只能算是称职的员工，如果在自己的工作中再“多加一盎司”，你就是用思想工作的优秀员工。

事实上，许多人能获得事业上的成功，就在于他们比别人多做了那么一点。

基于这样的认识，著名投资专家约翰·坦普尔顿通过大量的观察研究，得出一条很重要的原理——多一盎司定律。他指出，取得突出成就的人与取得中等成就的人几乎做了同样多的工作，他们所做出的努力差别很小——只是“多一盎司”。但其结果是，两者所取得的成就及成就的实质内容方面，经常有天壤之别。

约翰·坦普尔顿把这一定律也运用于他在耶鲁的经历。坦普尔顿决心使自己的作业不是95%而是99%的正确。结果呢？他在大学三年级就进入了美国大学生联谊会，并被选为耶鲁分会的主席，还得到了罗兹奖学金。

在商业领域，坦普尔顿把多一盎司定律进一步引申。他逐渐认识到只多那么一点儿就会得到更好的结果。那些更加努力的人就会得到更好的成绩，那些在一品脱的基础上多加了17盎司而不是16盎司的人，得到的份额将远大于一盎司应得的份额。

请你每天多做一点，这不是为了别人，而完全是为了你自己，这就是职场中的无上心法。南丁格尔曾经说过：“超出所得的工作，否则你就不会比现在得到更多。”苏珊·朗格就是一直坚持这样的信念：每天多做一点事，每天多走一里路。

所以，她成功了。

当苏珊刚进杜邦公司的时候，所有的人都不看好她，因为她没有上过大学，也没有什么出色的技能。在人才济济的公司里，她只能做一个打字员。但她并没有像别的女孩那样满足于现状。

她注意到部门主管、自己的顶头上司芬利先生的办公室里有一个大书橱，里面都是一些管理学方面的书，于是就向芬利先生借阅。芬利先生注意到了这个好学的打字员。他发现苏珊每天的工作时间都比别人多20分钟。下班后，她主动留下收拾凌乱的办公室；早晨上班时则提前10分钟来打扫办公室。而芬利先生加班时，她也主动留下来帮忙，虽然她所能够做的不过是打字、查资料、倒茶之类的琐事，但的确大大提高了芬利先生的工作效率。

在以后的时间里，芬利先生已经完全习惯了苏珊的帮忙，也习惯把越来越多的事交给她去办。由于苏珊平时一直在自学管理学，因此对芬利先生的安排完全应付自如了。不到3年，她便升任为部门的副经理，她的办公室就在芬利先生的隔壁。

像苏珊一样，每天都多做一点分外的事情，如此的工作思想能够使你从竞争中脱颖而出，你的老板、委托人和顾客会关注你，对你另眼相看，并逐渐地信赖你，从而给你更多的发展机会。很少有人能养成这种“多做一些分外事”的好习惯，所以你一旦养成，将会对你事业的发展起到巨大的推动作用。

社会学家戴维斯说：“放弃了自己对社会的责任，就意味着放弃了自身在这个社会更好的生存机会。”这让我们认识到勇于承担自己责任的重要性。在这个分工合作的社会，我们都要坚守自己的责任。

但是，对于一名职业人士来说，坚守自己的责任，是不是意味着只要做好自己分内的事情就够了呢？

答案是否定的。因为在一个企业中，除了每个员工要各自完成的职责之外，总是还有一些没有人做或者有些人该做而没有做的事情，我们暂且称之为责任的空白地带。这些空白地带同样事关企业的存亡，老板在分配责任的时候又容易忽视它们。

所以，一名用思想工作的员工除了要承担自己的责任外，还应主动承担起空白地带的责任。而老板会非常感激能够承担空白地带责任的员工，因为他们替自己查漏补缺，保证企业工作的顺利进行，也促进企业管理的完善。

有人曾经研究机会来临时为什么我们无法确认，因为机会总是乔装成“问题”的样子，以职责范围外的形式来到我们的面前。当我们以主动的姿态，抱着每天多做一点点的思想去面对它们的时候，我们就抓住了机遇的手。

艾迪现在是一家五金供销公司的总裁。年轻的时候，他刚踏入社会谋生，在一家五金店当营业员。

有一天，一位顾客买了一批货物，有铲子、钳子、马鞍、盘子、水桶、箩筐，等等。这位顾客过几天要结婚了，按照当地的习俗，要提前购买这些生活和劳动用具。货物堆放在独轮车上，装了满满一车，连骡子拉起来也会有些吃力。送货员刚好休假，尽管这不是艾迪的职责，但他还是主动为顾客送货物。

一开始很顺利，但是，走了一段路后，车轮不小心陷进了一个不深不浅的泥潭里。他使出了吃奶的力气也推不动，后来一位好心的路人帮他把车推出了泥潭。当他满头大汗地把货物送到顾客家中，向顾客交付货物并仔细清点完了货物的数目后，才回到商店，此时已经很晚了。老板对他的行为大加赞赏，认为在自己这家店里会埋没了他，便很善意地把他推荐给了自己一位在五金百货公司担任老总的朋友。由此，艾迪的境遇得到了改善，年薪涨到200美元。经过一番努力，后来，他在这一行业里干出了一番成就。

作为公司里的一名职员，面对公司的事务，我们都不要以“这不是我的工作”为由，推卸自己的责任，置身事外，而应该抱着公司的事就是自己的事的积极思想，为公司的发展着想。

这样，你就会为自己树立起认真负责的工作思想，帮助自己成长为一名优秀的职员。

如果你是公司的一名货运管理员，也许可以在发货清单上发现一个与自己职责无关且又未被发现的错误；如果你是一个过磅员，也许可以质疑并纠正磅秤的刻度错误，以免公司遭受损失；如果你是一名邮递员，除了保证信件能及时准确到达之外，也许可以做一些超出职责范围的事情——这些工作也许是专业技术人员的职责，但是，如果你做了，就等于为自己播下了成功的种子。

“多加一盎司”其实并不难，我们已经付出了99%的努力，已经完成了绝大部分的工作，再多增加“一盎司”又有什么困难呢？但是，我们往往缺少的却是“多一盎司”所需要的那一点点责任、一点点决心、一点点敬业的思想和自动自发的精神。

“多加一盎司”其实是一个简单的秘密。在工作中，有很多东西都是我们需要增加的那“一盎司”。大到对工作、公司的态度，小到你正在完成的工作，甚至是接听一个电话、整理一份报表，只要能“多加一盎司”，把它们做得更完美，你将会有数倍于一盎司的回报。

获得成功的秘密在于不遗余力——加上那一盎司，“多一盎司”的思想会使你最大限度地发挥你的天赋。约翰·坦普尔顿发现了这个秘密，并把它运用到他的学习、工作和生活中，从而获得了巨大的成功。从现在起，你也掌握了这个秘密，好好运用它吧！

第二十四章

积累财富，一美分是下个十亿的开始

节俭就是一种投资

什么是通向财富的钥匙？答案恐怕和你所想的正好相反。研究一下真正的富人（即那些赚了钱并能保有财富的人）的生活方式，你会发现一个共同点，富人都过着简朴的生活。

典型的百万富翁的样子和多数人所想象的截然不同，他们并没有豪宅名车、高档手表等奢侈品。财富给他们的最大好处在于能自由支配自己的时间。这才是财富最重要的属性：让你有选择的能力。

美国有位作者以“你知道你家每年的花费是多少吗”为题进行调查，结果是近 2/3 的百万富翁（62.4%）回答知道，而非百万富翁则只有 35%知道。

该作者又以“你每年的衣食住行支出是否都根据预算”进行调查，结果竟是惊人的相似：百万富翁中编预算的占 2/3，而非百万富翁只有 1/3。

进一步分析，不作预算的百万富翁大都用一种特殊的方式控制支出，亦即造成人为的相对经济窘境。即将一半以上的收入先作投资，剩余的收入才用于支出。

这是巧合吗？不是的！这正好反映了富人和普通人在对待钱财上的区别。

节俭是大多数富人共有的特点，也是他们之所以成为富人的一个重要原因。他们养成了精打细算的习惯，有钱就拿去投资，而不是乱花。

洛克菲勒这个姓氏扬名全球，已成为美国大富豪的代名词。这个家族组成的垄断财团，到 1974 年的资产已达到 2305 亿美元，约等于美国当年国内生产总值的 1/5。它控制着纽约的 6 家大银行的 2 家、4 家大保险公司的 2 家、全美 5 家大石油公司中的 4 家。洛克菲勒垄断资本集团的创始人约翰·戴维森·洛克菲勒，可说是靠勤俭而致富的。

他1839年出生于一个医生家庭，生活并不宽绰，在艰难的生活中使他养成了一种勤俭和奋发的精神。他在16岁时，决心自己创业。虽然他时常研究如何致富，但始终不得要领。一天，他在报纸上看到一则广告，是宣传一本发财秘诀的书。洛克菲勒看后喜出望外，急忙沿着广告注明的地址到书店购买这本“秘籍”。

该书包装精密，不能随便翻阅，只在买者付了钱后，才可以打开。洛克菲勒求知心切，买后匆匆回家打开阅读，岂知翻开一看，全书仅印有“勤俭”二字，他又气又失望。洛克菲勒当晚辗转不能成眠，由咒骂“发财秘籍”的作者坑人骗钱，渐渐细想作者为什么全书只写两个字，越想越觉得该书言之有理，感到要致富确实必须靠勤俭。

他大彻大悟后，从此不知疲倦地勤奋创业，并十分注重节约储蓄。就这样，他坚持了5年多的打工生涯，以节衣缩食的节俭精神，积存了800美元。

经过多年的观察，洛克菲勒看清了自己的创业目标：经营石油。经过几十年的奋斗，他终于成为全球“石油大王”。

19世纪石油商人成千上万，最后只有洛克菲勒独领风骚，其成功绝非偶然。有关专家在分析他的创富之道时发现，精打细算是他取得成就的主要原因。

洛克菲勒在自己的公司中，特别注重成本的节约，提炼加仑原油的成本计算到第3位小数点。他每天早上一上班，就要求公司各部门将一份有关净值的报表送上来。经过多年的积累，洛克菲勒能够确切地查阅报上来的成本开支、销售及损益等各项数字，并能从中发现问题，以此来考核每个部门的工作。

1879年，他写信给一个炼油厂的经理质问：“为什么你们提炼1加仑原油要花1分8厘2毫，而东部的一个炼油厂干同样的工作只要9厘1毫？”就连价值极微的油桶塞子他也不放过，他曾写过这样的信：“上个月你厂汇报手头有1119个塞子，本月初送去你厂1万个，本月你厂使用9527个，而现在报告剩余912个，那么其他的680个塞子哪里去了？”

洞察入微，刨根究底，不容你打半个马虎眼。正如后人对他的评价，洛克菲勒是统计分析、成本会计和单位计价的一名先驱，是今天大企业的“一块拱顶石”。

节俭不仅适用于金钱问题，而且也适用于生活中的每一件事，从明智地使用一个人的时间、精力，到养成小心翼翼的生活习惯。节俭意味着科学地管理自己和自己的时间与金钱，意味着最明智地利用我们一生所拥有的资源。

节俭不仅是积累财富的一块基石，也是许多优秀品质的根本。节俭可以提升个人的品性，厉行节俭对人的其他能力也有很好的助益。节俭在许多方面都是卓越不凡的一个标志。节俭的习惯表明人的自我控制能力，同时也证明一个人不是其欲望和弱点的不可救药的牺牲品，他能够支配自己的金钱，主宰自己的命运。

我们知道一个节俭的人是不会懒散的，他有自己的一定之规。他精力充沛，勤奋刻苦，而且比起那些奢侈浪费的人更加诚实。

节俭是人生的导师。一个节俭的人勤于思考，也善于制定计划。他有自己的人生规划，也具有相当大的独立性。如果你养成了节俭的美德，那么就意味着你具有控制自己欲望的能力，意味着你已开始主宰你自己，意味着你正在培养一些最重要的个人品质，即自力更生、独立自主、谨慎小心、深谋远虑，以及聪明机智和独创能力。换言之，就表明了你有生活的目标，你是一个非同一般的人。

创富就要崇尚节俭，但同时也要注意绕开节俭的沼泽地。所罗门说过：“没有投资就没有回报”，“小处节省，大处浪费”。还有许多家喻户晓的谚语都反映了错误的节约不仅无益反而有害的常识。

有些人浪费了大量的时间，用错误的方法来节省不该节省的东西。曾经有个老板制定了这样一条规矩，要他的员工不顾一切地节省包装绳，即使要耗费大量的时间也在所不惜。他还要求尽量省电。而昏暗的店面让许多顾客望而止步。他不知道明亮的灯光其实是最好的广告。

一个过于谨慎的人往往缺乏大的智慧。许多人因小处节约而误了大事。他们为了蝇头小利疯狂地节省，根本没有意识到他们这样做使得自己越来越呆板，也失去了许多干大事的机会。你不能以心智的发展和能力的提高为代价来拼命节约，因为这些都是你事业成功的资本和达到目标的动力，所以不要因此扼杀了你的创造力和“生产力”。要想方设法提高你的能力和水平，这将帮助你最大限度地挖掘你的潜力，使你身体健康，感受到无比的快乐。

在这一方面，对年轻人来说，很重要的一点就是要树立正确的节约观，进行明智的投资，用正确、丰富的思想来充实头脑，纠正狭隘的错误节约观。

“舍不得播种的人也只能收获微薄的果实”，对于农民是如此，对于商人亦如此。明智地节约有时意味着慷慨地消费。

有一个商人，他曾出国游览过很多名胜古迹，但是他太吝啬了，连到里面看一看的门票钱都舍不得花。例如，他去过很多名人故居所在的地方。在那些国家，那些名人故居被认为是但凡去过该国的人都要朝拜的圣地。但是他却从来没有进去过，因为他舍不得买门票。他说在建筑物外面看看就足够了。所以，此人虽然去过相当多的地方，但他却不能颇有见地地谈论他所到过的任何一个地方。

慷慨大方对于年龄不大的人来说可能是奢侈，但它有时却是一种最佳的节约。友好的帮助和激励，以及与有教养的人交际都是用钱买不来的。

一个人能否拿得出 10 到 15 块钱参加一次宴会，这本身并不是什么问题。他可能为此花掉了 15 块钱，但他也许通过与成就卓著的客人结交，获得了相当于 100 块钱的鼓舞和灵感。那样的场合常常对一个追求财富的人有巨大的刺激作用，因为他可以结交到各种博学多闻、经验丰富的人。在自己力所能及的情况下，对任何有助于增进知识、开阔视野的事情进行投资都是明智的消费。

如果一个人要追求最大的成功、最完美的气质和最圆满的人生，那么他就会把这种消费当作一种最恰当的投资，他就不会为错误的节约观所困惑，也不会为错误的“奢侈观念”所束缚。

英国著名文学家罗斯金说：“通常人们认为，节俭这两个字的含义应该是‘省钱的方法’；其实不对，节俭应该解释为‘用钱的方法’。也就是说，我们应该怎样去购置必要的家具，怎样把钱花在最恰当的用途上，怎样安排在衣、食、住、行，以及教育和娱乐等方面的花费。总而言之，我们应该把钱用得最为恰当、最为有效，这才是真正的节俭。”

简朴让你专注于事业

一个奢侈成风、沉溺于奢华享受的人是很难有所作为的，当一个人把精力放在吃穿用度上，想的全是如何过奢靡的生活时，就很容易“玩物丧志”，你要知道，你把精力投放于香车宝马上时，你损失的不仅是金钱，还有时间。

两次获得诺贝尔奖金的居里夫人一直过着简朴的生活。她和彼埃尔·居里结婚时的新房里，只有两把椅子，正好一人一把。居里觉得两把椅子未免太少，建议多添几把，为的是来了客人好让人家坐一坐。居里夫人却说：“有椅子是好的，可是，客人坐下来就不走啦。为了多一点时间搞科学，还是一把不添吧。”

几年之后，这对没有给自己的新房增添一把椅子的年轻夫妇，却给世界化学宝库增添了两件闪闪发光的稀世珍宝——钋和镭。

从 1933 年起，居里夫人的年薪已增至 4 万法郎，但她照样“吝啬”。她每次从国外回来，总要带回一些宴会上的菜单，因为这些菜单都是很厚很好的纸片，在背面书写物理、数学算式，方便极了。她的一件毛料旅行衣，竟穿了一二十年之久。有人说居里夫人一直到死“总像一个匆忙的贫穷妇人”。

有一次，一位美国记者追踪这位著名学者，走到村子里一座渔家房舍门前，他向赤足坐在门口石板上的一位妇女打听居里夫人，当她抬起头时，记者大吃一惊：原来她就是居里夫人！

所谓“创业容易守业难”，随着生活条件的改变，便有人把注意力放在了享受上，贪图安逸、竞相攀比。在他们一掷千金的背后是一颗空虚的心灵，无所事事的结果带来的当然是败业，“由俭入奢易，由奢入俭难”，一旦养成了奢侈的生活习惯再想返璞归真，就是难上加难。记住，每当你把别人用在事业上的时间花在吃喝玩乐、穿衣打扮上时，你多花一分钱，你付出的就是十倍百倍于别人的代价。

古罗马皇帝在临终时，给罗马人留下这样一句遗言：“勤奋工作，简单生活。”当时，他的周围聚满了士兵。罗马人有两条伟大的箴言，那就是“勤奋”与“功绩”，这也是罗马人征服世界的秘诀。那时，任何一个从战场上胜利归来的将军都要走向田间。那时在罗马，最受人尊敬的工作就是农业生产。正是全体罗马人的勤奋，终于使这个国家逐渐变得富强。

但是，当财富和奴隶慢慢增多时，罗马人开始觉得劳动变得不再重要了。于是，他们忘记了那句朴实的真理，把精力投在了享乐与竞相攀比上。结果导致罪犯增多、腐败滋生，这个国家开始走向衰败。最终，一个伟大的帝国就这样消失了。

爱尔兰作家萧伯纳也曾说过：“认为节俭是一种不漂亮的行为的人是最荒唐无稽的。”凡是能保持事业长盛不衰、财富源源不断的人总会留住这个简朴的本色。

罗蒙诺索夫出生于一个渔民家庭，童年时代生活非常贫困。成名以后，罗蒙诺索夫仍然保持着简朴的生活习惯，毫不讲究穿着，而是埋头于学问研究。

有一次，一个专爱讲究衣着却不学无术而又自作聪明的人看到罗蒙诺索夫衣袖的肘部有个破洞，就指着窟窿挖苦说：“大家从那儿可以看到您的博学吗？先生？”

罗蒙诺索夫毫不迟疑地回答：“不，一点也不！但是，先生，从这里可以看到你的愚蠢。”

罗蒙诺索夫的窟窿正映衬出了那些以貌取人、视节俭为耻辱的人的无知。永远不要鄙视这个窟窿，它正是一个人、一个家族不会衰败的根基。“一个人生活越节约，他的心灵与上帝越接近。”如何做一个节俭持家的人？不妨参考以下建议：

（1）训练自己有计划地使用钱。要学会预算，超出预算内的金钱要三思而用之，绝不可随便多花一分钱。

（2）约束购物欲望，理智消费。在你心情不好的时候不要出门购物，因为这时候的你常常会把郁闷的心情发泄在购物上而买回一大堆自己并不需要的东西。记住：不需要的东西买了，即使再便宜也是浪费。

（3）拥有一个只进不出的账户。在银行设立一个账户，每隔一段时间都定期往里存一定的钱，不管多么拮据，都不要轻易花里面的钱。

（4）意外收入也要一视同仁。当有一笔超出你预期的财富划入你的账户时，千万不要因为这是意外之喜而肆意挥霍，把它看作是你用劳动获得的一部分，珍视它，绝不纵容自己在使用它时大手大脚。

为你的明天而储蓄

你孩提时是否拥有过储蓄罐呢？那时候我们是储蓄的一代，每个家庭起码都会存一点钱。而在每个领薪水的日子，父亲都会到银行存款，就是在最艰难的时候，每个家庭也总要在每个月存上一点。

现在时代改变了，美国比其他国家的储蓄率低，只不过隔了一代，我们的平均存款便较以往下跌了6%。相对于日本人平均每月储蓄薪水的19.2%，瑞士每月储蓄薪水的22.5%，美国人只存2.9%。你每月储蓄多少薪金呢？你的银行存款有多少足以用来度过危机？记住基本的储蓄原则：你起码需要有一个月的薪金存款，以保障你在危难时可以应用。根据这个标准，你超过了或仍然未及？

《我们在哪儿》（Where We Stand）的编辑总结道：“长期来说，不断下降的存款，非但危害家庭安全，也严重削弱了国家未来的投资资金。”

存钱对某些人来说是困难的，特别是在负债时和日常必须要有充裕资金来周转的情况下。但是长远来看，假如你每天存下一小部分钱，你会惊讶地发现，就是在最恶劣时期，你仍有可观的金钱可供使用。

在个人和国家财政赤字日益升高之际，大家不妨记住这句法国的古老格言：“远离债务就是远离危险！”前美式足球员布莱恩·布络辛曾如此说，“我这一生中，一直带着破口的钱袋，直到有一天，我才警觉自己要赶紧把它缝起来。”

我们花了一生追逐金钱，时常想象金钱用之不尽，如今钱没了，这岂不是一个大好时机。可以问一下自己：我真需要购买某商品吗？还是我可以等？我们是否每次都有必要从皮夹掏出信用卡，或拿着存款簿提钱呢？我今年今月今日，存了多少钱？我们必须学习以所存的钱，而非所花的钱，来衡量成功。

存下每个月赚来的辛苦钱，先撇开暂时的物质诱惑，为你的长远目标努力。开始时你可能毫无收获，一段时间后必能满载而归。

有许多年轻人经常向别人夸耀说，他们每月可以赚很多的钱，但拿到之后总是花个精光，他们从来不愿存一分钱。这种年轻人将来到了晚年，一定不会剩下几个钱，他们晚年的景象可能会很凄凉。

许多年轻人往往把他们本来应该用于发展他们事业的必备资本，用到雪茄烟、香槟酒、舞厅、戏院等无聊的地方。如果他们能把这些不必要的花费节省下来，时间一久一定大为可观，可以为将来发展事业奠定一个经济基础。

不少青年一踏入社会就花钱如流水一般，胡乱挥霍，这些人似乎从不知道金钱对于他们将来事业的价值。他们胡乱花钱的目的好像是想让别人夸他一声“阔气”，或是让别人感到他们很有钱。

关于这个问题，有位作家的一段话说得特别好。他说：

在我们的社会中，“浪费”两个字不知使人们失去了多少快乐和幸福。浪费的原因不外乎三种：一、对于任何物品都想讲究时髦，比如服饰、日用品、饮食都要最好的、最流行的。总之，生活的一切方面都愈阔气愈好。二、不善于自我克制，不管有用没用，想到什么就去买什么。三、有了各种各样的嗜好，又缺乏戒除这些嗜好的意志。总结起来就是一个问题，他们从来没有考虑过要修养自己的性格，克制自己的欲望。造成这种追求浮华虚荣的最大原因就是人们习惯于随心所欲、任性为之的做法。

当然，节俭不等同于吝啬。然而，即便是一个生性吝啬的人，他的前途也仍然大有希望；但如果是一个挥金如土、毫不珍惜金钱的人，他的一生可能将因此而断送。不少人尽管以前也曾经刻苦努力地做过许多事情，但至今仍然是一穷二白，主要原因就在于他们没有储蓄的好习惯。

有的年轻人从来不存钱，到中年以后仍然是不名一文。一旦失去了职业，又没有朋友去帮助他，那么他就只好徘徊街头，没有着落。他要是偶然遇到一个朋友，就不断地诉苦，说自己的命运如何不济，希望那个朋友能借钱给他。这样的人一旦失业稍久，就容易落到饥肠辘辘、衣不遮体的地步，甚至到了寒冬沦落到挨冻而死的地步。他所以落到这种地步，要吃这样的苦头，就是因为不肯在年轻力壮时储蓄一点钱。他似乎从来没有想到过，储蓄对他会有怎样的帮助，也从来不懂得许多人的幸福都是建立在“储蓄”这两个字之上的。

为什么有那么多人如今都过着勉强糊口的生活呢？因为这些人不懂得，以前少享些安乐、多过些清苦的日子。他们从来不知道去向那些白手起家的伟大人物学一学；他们从来不懂得什么叫自我克制，无论口袋里有多少钱都要把它花得分文不剩；他们有时为了面子，即便债台高筑也在所不惜。

我从来没有见过挥金如土的青年人最后竟能成就大业。挥霍无度的恶习恰恰显示出一个人没有大的抱负、没有希望，甚至就是在自投失败的罗网。这样的人平时对于钱的出入收支从来漫不经心，从来不曾想到要积蓄金钱。如果要成功，任何青年人都要牢记一点：对于钱的出入收支要养成一种有节制、有计划的良好习惯。

存款是我们为生活中的不幸购买的保险，否则，没有人能承受不幸的打击。如果你不节约金钱、爱惜时间，那么你就不会成功地主宰自己。当然，也有许多在某个方面具有才能的人完全没有金钱价值的概念，他们一有钱就挥霍无度。但是，只要他们不为未来储蓄，他们就会章法大乱，无异于野蛮的原始人。

那些因为自己不够富有而烦躁的人，那些不能克制自我的人，那些被自己的冲动所支配，不愿为未来积蓄而放弃及时行乐的人，都将处于不利的境遇。

由于没有多少现款，我们失去了生活中的许多好机会，而这仅仅是因为我们在一帆风顺的时候总是把钱花得精光！预留一些现钱，在银行存些钱，花点钱买保险，或者做一些固定投资，这样可以预防不测。

每个年轻人都应当有储蓄的远见和机智。这能使他在患病、面对死亡或紧急情况下镇定自若，而且万一遭受重大损失，也可以东山再起。没有储蓄，他可能许多年都不得翻身，尤其是在还有一大家子指望他供养的情况下。

在恐慌或危急情况下，少量的现金就可能带来许多的幸运。多数人通常都会碰到几次急需现金的情况，或许一千块钱就决定着人们是成功还是失败。但要是没有这一千块钱，他们也许就失败了，从此陷入绝望之中。

几年前，报纸上曾报道过这样一位富人，他和别人一样，通过自己的努力挣了很多钱，但是很愚蠢地花掉了。一篇报告登出了如下从印第安纳波利斯拍来的电报：

"在英格兰大酒店里，匹兹堡的弗兰克·福克斯先生用一张 50 美元的钞票擦完脸后，就把钞票扔到地板上。然后他从兜里的一摞 5 元和 10 元的钞票中抽出一叠扔到吧台上，说道：'伙计，给我一杯酒，快点！要不我就买下整个酒店，然后炒你的鱿鱼！'"

我们很容易就能猜出这个人最后的命运。除了知道他是靠自己敛聚财富外，我们对他的过去一无所知。他如果要拥有巨额财富，也必须和别人一样相当节俭。但是，他从来不知道节俭为何物，而节俭能教会人们如何花钱和储蓄。有许多人积累了很多钱，却不知如何明智地花钱。

有些消费行为看起来似乎是浪费，但其实往往是最节约的。有许多家庭，特别是小城镇和农村的家庭拥有私人汽车，但是家里却没有浴缸，而他们又在考虑支付其他的昂贵开支。

消费最重要的就是做到物有所值。有些人表面上穿的是绫罗绸缎，戴的是金银珠宝，坐的是豪华轿车，肚子里却是一包稻草，骨子里更是龌龊不堪，这是很为人所不齿的。要穿舒适的衣服，但同时也要给自己以自尊的品格、好学而健康的头脑和美好的性情。把金钱和时间花在更具持久影响力的事情上，进行自我投资来提升自己。把钱花在追求更高的目标方面，不仅个人会获得极大的满足，而且更高的素质也有利于进一步的创富。

选择在最有价值的事情上进行投资，这是一种有益的消费和积极的生活方式，它将会使你活得诚实、简朴而有价值，最终得到你梦想的财富。

有些人收入不高，但花起钱来可真是愚蠢至极。他们会为了买只有富人才买得起的小古玩和衣服，把所有的钱都花光，但等到想做点事情时却身无分文。

有一个原本相当出色但如今却穷困潦倒的女人，她从小到大就不知道怎样衡量物品的价值。她要去市场上买许多食物，但她心里很清楚，自己没有可以穿得出去的衣服来遮蔽难堪。但她只知道哀叹餐桌上没有丰富多样、美味可口的食物。和许多奢侈浪费、不计后果的人一样，这位家庭主妇如今从家庭的开支分配中得到了教训。

很多人没有考虑过这个问题：我们在创富过程中无时无刻不在花钱。许多不切实际的需要都让我们把钱往外掏，如果我们没有坚定的自制力，粗心大意，没有良好的判断能力，那么我们就会浪费金钱。

今天，在原本事业受挫的人中，在贫穷的家庭中，在接受慈善组织救济的群体中，有许多人已经相当独立了，他们懂得了明智消费的艺术。我们说“不恰当地花一分钱，就是浪费了一分钱”，那么，为什么不记住这句格言，从中获益呢？

别陷入债务的泥淖

如果你认为只要借得到一笔资本，就可以创富了，那你就完全想错了。实际上，即使你已经借到了资本，你也未必能创富成功。因为那些毫无商业经验的青年人靠着借来的钱做生意，而最后能成功的实在不多见。但是，如果他的确有相当能力和充分的成功把握，这样无形中就已经在别人面前树立了信用，那么即使他靠借来的本钱创富，也没有太大关系。

一个立志要创富的人，首先必须熟悉所要从事的业务范围的详细情形；其次，还要有挑选录用合格雇员的眼力。如果对于所要经营的事业毫无头绪，在挑选录用员工方面也不加区别，那么即使你做事很忠诚，待人很诚恳，当你向别人开口借钱，以作为你的创富资本时，别人也会毫不犹豫地一口回绝。

当你准备创富之时，最好不要心存太大的奢望，开始规模小些倒不要紧，只要你的确是一个杰出的人、能干的人，经过一段时间的筹划经营后，自然能发展得非常好。如果你能做到这一点，即使资本是借来的，倒也无妨。

富兰克林在《贫穷的查理》一书中有句话说得好：“借钱等于自投苦恼的罗网。”

当然，这句话并不适用全部的情形。当一个人因为意外事件而陷入困境时，当遭遇从天而降的祸患的时候，很多人难以靠自己的努力去避免，即使是满怀希望的事业也难免遇到意外的困难和阻力。到了那时，无论你如何小心谨慎，无论你思想上怎样正确，无论你怎样不爱向人借钱，你都必须硬着头皮去向银行贷款。但就是到了那时，你也要谨记一条：“借得慢，还得快。”

这一原则也适用于生意上的放账和借款。实际上放账和借款都是在所难免的，但你在两个方面都得有一个限制。

一个走上生活的正轨、沿着事业的健康道路前进的青年人，首先要注意的是，要在自己的才能和创富目标之间建立恰当的平衡。不要因为野心太大，眼光太高，便走上举债经营的道路。应该记住一句话："尽可能地避免举债。"

世界上每年有无数本来大有前途的年轻人，因为借债而遭到了意外的失败。当他们刚跨入社会时，也许还没有染上借债这种恶习；他们原先也许特别看重名誉，也从不喜欢到处去借钱来胡乱花用，那时他们的前途是非常光明的。但后来因为一点小小的用途，无意中开启了借债的大门后，他们便逐渐陷入了难以自拔的危险境地。

其中一些年轻人常常因为大意的缘故，借贷不立契约或不立书面的凭据而发生许多有损名誉的纠纷，使他们的前途受到不利的影响，渐趋暗淡，而且他们还在道德与精神上受到极大的伤害。

你要使自己过上一种安稳的生活，要保持自己良好的名誉，必须要遵守一条规律，那就是赚得多花得少。在这个到处布满陷阱的现代社会，没有什么比这件事更需要人们加以小心防范的了。

有的青年之所以喜欢向人借债，是因为他们看不到借债背后所隐藏着的危险。如果他们考虑到万一不能还清债务的严重后果：包括丧失人格、迫不得已的撒谎、可能的营私舞弊、为逃避债务而东躲西藏等，他们真不知道要急成什么样子，甚至连觉也睡不香，饭也吃不下了。如果他们弄清了一旦戴上了债务的手铐就无法挣脱的情形，他们一定会喊起来："宁可穷苦而死也不做债务的奴隶。"

负债是世界上最苦恼的事情。只有那些因债务缠身而时刻受着债主的胁迫并吃尽苦头的人，才知道负债是人生的最大威胁。债务会把一个人的体力、气魄、人格、精神、志趣消磨得一干二净，还会把一个人一生的希望全部毁灭。

做自己的老板

对于你来说，也许最正确的工作选择就是建立你自己的企业。这个问题你也许并没有考虑过。我们也不是详细探讨如何创业、办公司、投资等问题，但是在详尽分析和讨论如何选择职业这个问题的时候，让我们最后来看一看你是否有可能选择做一个企业家，是很有必要的。

有一位企业家，以前是个教授。他抱着一种错误想法生活了有40年之久。

他原是某著名大学的副教授，在系里也有一个有权势的“指导人”，似乎命中注定要在这里干下去了。但是后来由于各种人际关系上的原因，他没有得到聘任。

于是他又到另一所著名大学去任教。在他到新的大学工作之前，他有一年休假期，在这一年里，他没有去周游世界，也没有撰写论文，而是到了一家大公共关系公司担任了研究部主任。虽然大学里保留着他的职位，但他再也没有回去。

作为研究部主任，他对自己的新权力和新职位非常满意。虽然他在教育界的工作地位高，工作时间也较随便，但是他感到在他现在所涉足的这个“真实的”世界里更有挑战性。后来，他又当上了某分部的总裁。但几年以后他感到自己虽然在公司里不断地升迁，但仍然有不满意感。这是因为尽管他是这里的负责人，可仍然得听命于人，也不能分享公司的利润。

他很烦恼：既然由于他在市场研究和公共关系方面具有卓越能力，使公司客户越来越多，他应得的报酬就不该只限于工资。他为公司的发展作出了很大贡献，但却没有得到与之相应的公平报酬。

最后，他采取了重大行动：离开了这家公司，创办了他自己的市场研究公司。由于他在那家公司担任分部总经理时已建立了声誉和联络网，所以他已经有了基本的客户。一年不到，他的公司就很兴盛，办得十分成功。

现在让我们回过头来看看他的错误想法是什么。很长时间以来，他只把自己看作是一个为别人干活的雇员，从来不懂得他的不满不是由于工作或单位不好，而是由于他总在为别人干活这一事实。实际上，即使他在大学任教时，他也一直是个敢于创新的人，并且在他身上还闪耀着企业家的火花，只是他没有意识到他“命中注定”的职业是要管理经营自己办的企业。

谁能想到，资产达310亿美元，且闻名于世的惠普公司，当年是以538美元在一间车库起家的呢?

1938年，两位斯坦福大学的毕业生惠尔特和普克德，在寻找工作的过程中，看到打工的艰辛和许多人因找不到工作而走投无路的窘态，并因此悟出了一个人生哲理：与其去找工作，不如自己开创一番事业，为别人创造工作的机会。

于是，他俩摆脱了受雇于人的思路，决定合伙开创自己的事业。两人凑了538美元，在加州租了一间车库，办起了公司，公司以两人姓的第一个字母合而为名。

刚开始时，迎接他们的是挫折：研制出的音响调节器推销不出去；试制出的显示器无人问津。但两人毫不气馁，仍然夜以继日地研究、改进，四处奔波去推销。终于他们研制的检验声音效果的振荡器有了几个买主。到了第二年总算没有白干，赚了1563美元。

他们深知创业固然比受雇于人的名声响、气魄大，但付出的辛劳、代价更大，也更多。他们一日又一日，一年又一年，挖空心思，苦心研制，试验推销。终于使惠普公司变成了美国电子元件和检测仪器的大供应商。这对黄金搭档也有了分工：惠尔特专心于新技术的研究发明，普克德担当起了企业管理的重任。

创业的可贵，在于永不停步，在于永远进取。“与其去找工作，不如自己创业”，正是这种先见之明，赋予了他们非凡的智慧、非凡的毅力、非凡的苦干精神，从而让他们形成了战胜一切困难，不惧任何风险的品格。然而，造就他们成功的另一条件是他们所具有的投资的80/20法则，如果没有这些，他们就不会有魄力去自己创业，更不会积累和创造财富。

事实上，企业家精神散布在不同年龄的人们之间，有些很成功的企业家，在他们创业时还是青年人。

有一个成功的企业，是由两位好吃的高中学生开创的。他们考虑做硬面包，不过器材太贵；第二个选择，决定做冰激凌。所以他们一同付5块钱参加了雪糕制作函授课程。

他们以新的知识，投下所有的积蓄，向亲戚借钱，以极低的租金在废弃的加油站开设了第一间店铺。几年内，他们的冰激凌的销售额超过了2700万元。

加州有两个学生，他们卖了一部福特汽车和一部计算机，筹得约1300元作为创业的资本，他们卖出了100张电路板作为开始的希望。但是当他们拿了几张给开电脑售卖店的朋友时，那朋友说他对电路板毫无兴趣，只对电脑有兴趣。这是几年前个人电脑还未普及的时候，所以他们只造了一些。

销售在开始时发展缓慢，其中一个伙伴变得很沮丧，无论如何，他们并未放弃，他们的公司最终还是好转起来。这间苹果电脑公司如今一年销售超过10亿元，这一对学生老板就是史蒂夫·乔布斯和史蒂夫·沃兹尼亚克。

这些成功的故事，有没有刺激你？销售10亿元？有什么机会可以做到那样？不要因为机会甚微而气馁，你可以借着意想不到的途径而获得成功，只要肯尽力一试。

记住，你用不着建立10亿元的公司才算成功，千千万万的企业家所建立的企业比这小得多，然而也算是成功的。

寻找自己的创富之路

美国人理察二十多岁时，已在一家卡车制造厂工作了5年，赚的钱仅够糊口。他知道靠薪水一辈子也不可能致富，所以很不安。他不知道要做什么，但是后来发生的一件事，改变了他的命运。

有一次，理察的上司要他将一辆失事的卡车卖给收购废弃车辆的人，车子卖了500美元。两星期之后，上司又要他去买一个二手的引擎，装在另一辆卡车上。理察又来找那位收购废弃车辆的人，那人从两星期前理察卖给他的那辆卡车上拆下引擎，以500美元的价格卖给了理察。

这令理察茅塞顿开，他发现卡车有许多零件很有价值。事实上，他以500美元出售的卡车，拆解零件之后，价值翻了5～10倍以上。这时候他发现，应当从事废弃物事业。从此，理察开始经营二手卡车零件，并因此大赚特赚。

据说，美国有2.2万种不同的行业，理察又创造了一个新行业。史丹利认为，美国以地理分割，可以分成几十个市场，几十个市场再乘以2.2万种不同的行业，就有好几十万个以成功致富的事业。

许多百万富翁说他们能够致富，主要的原因是从事特殊的行业，而且在那个地区没有竞争对手。理察从事的就是很特殊的行业，他不只是买卖零件，他收购失事的十八轮大拖车，将车拆解，出售零件，工作很简单，但却很赚钱。现在，理察的资产净值达上千万，每年个人净收入超过70万美元。

项目选得准，创富才有把握。而选择项目并不是专门选择那些热门、时髦的项目，而要根据自己的资金实力、个人条件、周边环境等来确定。创富的道路千万条，只要你认真分析，潜心研究，就一定能找到一条适合自己的生财之道。

要使投资行为符合自己的个人实际，并取得长期、稳定的效益，你在选择投资项目时应注意以下几个方面：

（1）不可游戏投资而交纳“学费”。有些人为了在创富路上寻找捷径，怀着试一试的心态投资于自己不懂的行业或知之甚少的项目，甚至抱着交“学费”的想法盲目投资，最终因选项失误造成大量资金流失。

（2）不可投资于大众化的项目。搞项目要有特色，因为在信贷关系比较发达的情况下，筹集资金并非难事，而获得好的投资报酬才是难事。

（3）不可投资发展前景不乐观的项目。作为投资者如果不掌握国家政策和行业发展动态信息，一旦选项失误，将会备尝苦果，后悔不迭。

（4）不可偏信创富信息而轻率投资。时下，到处都有一些诈骗钱财的所谓信息服务机构编印的快速创富技巧和创富信息。这些信息多以提供设备和技术并保证回收产品为诱饵骗你上钩，等你投上大笔资金购买他们的设备或技术后，他们便销声匿迹，无影无踪。因此，对于那些包你一夜之间暴富的所谓的“创富秘诀”，千万不能盲目轻信，因为越是能轻易获得高效益的宣传，其欺骗性越大。

在经济腾飞的时代，各行各业都可以赚钱，关键是不是适合你。因此，创富不能凭感情用事，而应该多一些思考和调查分析，看看自己究竟适合从事哪一类创富项目。众多创富者的成功经验是，不要在不明真相、不摸底细的情况下，投资无把握的项目。

让金钱流动起来

你可以种下一颗种子，不断施肥浇水，培育它长大。这个办法可以套用在金钱上。一般来说，你每用钱进行一次正确的投资，你便是在助长你的现金流，一段时间之后，它还会带着更多的金钱回来。往往善于投资的高财商的人，更容易创富，为什么呢？因为他们懂得怎样运用自己的资金进行投资和赚钱。

金钱是包装起来了的能源——让它流动吧！这种能源是独一无二的。你可以将它送到遥远的地方，去协助一个你信赖的计划；同时你可以待在家里做你最喜欢的事。

可以说，金钱是一种可即刻伸缩的能源，你只要加进一点爱，并将它送到该送的地方，它就可能为你带来更多的财富。

也许你会说：“我需要足够的财力，以期生活得很好。当我退休的时候，我需要一笔积蓄，以保证我今后的生活。”

“如果我是一个公司的雇员，仅靠薪金生活，我又该怎样办呢？”

以下是我们的回答：

奥斯朋先生是靠工资生活的雇员，然而他得到了财富。几年前当他退休时，他说："现在我想要做的事，就是花时间使我的钱为我赚钱。"

奥斯朋先生遵循的创富原则太平凡了，以致它常常不为人所注意。

奥斯朋先生在阅读《巴比伦之首富》的时候发现：财富是可以获得的，如果你：

——从你赚的每一美元中节省下 10 美分来；

——每 6 个月把你的储蓄的利息或这种储蓄投资时所得的利润拿去投资；

——当你投资时，你要听取行家关于安全投资的忠告，这样你就不致冒险而损失你的本金。

让我们再重复一遍：以上 3 条正是奥斯朋的创富原则。想一想，从你赚得的每一美元中节省 10 美分，并进行安全投资，这样，你就能得到安全和财富。

你应当何时开始呢？那就从现在开始吧！

一位成功的企业家曾对资金做过生动的比喻："资金对于企业如同血液对于人体，血液循环欠佳导致人体机理失调，资金运用不灵造成经营不善。如何保持充分的资金并灵活运用，是经营者必须注意的事。"这话既显示出这位企业家的高财商，又说明了灵活运用资金有利于加速创富的深刻道理。

有的私营公司老板，初涉商场比较顺利地赚到一笔钱，就想打退堂鼓，或把这一收益赶紧投资到家庭建设之中；或把钱存到银行吃利息；或一味地靠稳妥生意，避免竞争带来的风险，而不想把已赢得的利润进行再投资，更不想投资到带有很大风险性的房地产、股票生意之中。这样就把本来可以活起来的资金封死了，不能发挥更大的作用。

有这样一个故事：从前，有一个爱钱的人，他把自己所有的财产变卖以后，换成一大块金子，埋在墙根下。每天晚上，他都要把金子挖出来，爱抚一番。后来有个邻居发现了他的秘密，偷偷地把金子挖走了。当那人晚上再掘开地皮的时候，金子已经不见了，他伤心地哭了起来。有人见他如此悲伤，问清原因以后劝道："你有什么可伤心的呢？把金子埋起来，它也就成了无用的废物，你找一块石头放在那里，就把它当成金块，不也是一样吗？"

现在，大家若从经济学的角度看，这人所劝说的话，是颇有一番道理的。那个藏金块的人是一个爱钱的人，他把金块当作富有的标志，忘记了作为"钱"的黄金只有在进行商品交换时才产生价值，只有在周转中才产生价值。失去了周转，不仅不可能增值，而且还失去了存在的价值。那么和埋藏一块石头，确实没有什么区别。

如果那个人能够把黄金作为资本，合理加以利用，一定会赚取更多的钱。即使一个公司老板手中有一定数额的资金，但他从思想上已不再愿意把钱用来再赚钱，不愿意把钱用来周转，那么对于他未来的事业来说，就像是人体有了充分的血液，但心脏已坏死，不再能够促进血液循环一样，他的事业也会静止不动而死亡。

资金只有在不断流通中才能发挥其增值的作用。创富者把钱拿到手中，或存起来，或投入流通领域，情况则大不相同。创富者完全可以把钱用以办工厂、开商店、买债券、买股票等，把“死钱”变成“活钱”，让它在流通中为你增利。一个简单的道理，用货币去购买商品，然后再把商品销售出去，这时所得到的货币已经有了剩余价值，也就是说，原来的货币已经增值了。

假若创富者能够出色地管理自己的工厂，办好自己的公司，看准炒股的时机，让它健康地运作，时间越长久，钱财的雪球便越滚越大，创富者手中的钱财也会变成一棵摇钱树。

掌握财富增长的法门

经营金钱就等同于经营事业。经营金钱意味着需要掌握财富增长的学问。如何处理你的金钱，实际上也确实是你“自家”的事，别人无法帮忙。但是不同的人因采取的方式不同而造成的结果迥异。那么，什么是管理我们金钱的原则呢？我们如何展开预算和计划？

1. 把事实记在纸上

亚诺·班尼特50年前到伦敦，立志作一名小说家，当时他很穷，生活压力大。所以他把每一便士的用途记录下来。他难道想知道他的钱怎么花掉了？不是的。他心里有数。他十分欣赏这个方法，不停地保持这一类记录，甚至在他成为世界闻名的作家、富翁、拥有一艘私人游艇之后，也还保持这个习惯。约翰·洛克菲勒也保有这种总账。他每天晚上总要把每便士的钱花到哪儿去了弄个一清二楚，然后才上床睡觉。

我们都一样，必须去弄个本来，开始记录，记录一辈子？不，不需要。预算专家建议我们，至少在最初一个月要把我们所花的每一分钱作准确的记录——如果可能的话，可作3个月的记录。这只是提供我们一个正确的记录，使我们知道钱花到哪儿去了，然后便可依此作一预算。

2. 拟定一个真正适合你的预算

预算的意义，并不是要把所有的乐趣从生活中抹杀。真正的意义在于给我们物质安全，使我们免于忧虑。

“依据预算来生活的人，”史塔里顿夫人说，“比较快乐。”史塔普里顿夫人告诉我，假设有两个家庭比邻而居，住同样的房子，同样的郊区，家里孩子的人数一样，收入也一样——然而他们的预算却会截然不同。为什么？因为人性是各不相同的，她说，预算必须按照各人需要来拟定。

但怎么进行呢？方法是：你必须把所有的开支列出一张表来，然后要求指导。你可以写信到华盛顿的美国农业部，索取这一类的小册子。在某些大城市——主要的银行都有专家顾问，他们将乐于和你讨论你的财务问题，并帮你拟定一项预算。

有一本名叫《家庭金钱管理》的书由“家庭财务公司”发行。顺便提一下，这家公司出版了一整套的小册子，讨论到许多预算上的基本问题。例如，房租、食物、衣服、健康、家庭装饰和其他各项问题。

3. 学习如何聪明地花钱

意思是说，学习如何使金钱得到最高价值。所有大公司都设有专门的采购人员，他们什么事也不做，只要设法替公司买到最合理的东西。身为你个人产业的男、女主人，你何不也这样做?

4. 投保医药、火灾，以及紧急开销的保险

对于各种意外、不幸，及可预料的紧急事件，都有小额的保险可供投保。并不是建议你从澡盆里滑倒至染上德国麻疹的每件事皆投上保险，但我们郑重建议，你不妨为自己投保一些主要的意外险。否则，万一出事，不但花钱，也很令人烦恼，而这些保险的费用都很便宜。

5. 教导子女养成对金钱负责

《你的生活》杂志上有一篇文章，作者史蒂拉·威斯顿·吐特叙述她如何教导她的小女儿养成对金钱的责任感。她从银行里取得一本特别储金簿，交给她9岁大的女儿。每当女儿得到每周的零用钱时，就将零用钱“存进”那本储金簿中，母亲则自任银行：然后在那个礼拜之中，每当她须使用一毛钱或一分钱时，就从账簿中“提出”，把余款结存详细记录下来。这位小女孩不仅从其中得到很多的乐趣，而且也学会了如何处理金钱。

6. 家庭主妇可在家中赚一点外快

如果你在聪明地拟好开支预算之后，仍然发现无法弥补开支，那么你可以选择下述两事之一：你可以咒骂、发愁、担心、抱怨，或者你想赚一点额外的钱。怎么做呢？想赚钱，只需找人们最需要而目前供应不足的东西。下面是一个多年前的案例：

娥拉·史令克夫人住在一个3万人口的小镇——伊利诺伊州梅梧市，她就在厨房里以一毛钱价值的原料开创了事业。她的丈夫生病了，她必须赚点钱补贴家用。但怎么办呢？没经验，没有技术，没有资金，只不过是一名家庭主妇。

她从一颗蛋中取出蛋清加上一些糖，在厨房里做了一些饼干；然后她捧了一盘饼干站在学校附近，将饼干售给正放学回家的学童，一块饼干一分钱。“明天多带点钱来，”她说，“我每天都会带着饼干在这儿。”第一周，她不只赚了4.15元，同时也为生活带来情趣。她为自己及儿童们带来了快乐，现在没有时间去忧愁了。

这位来自伊利诺伊州梅梧市的沉静的家庭主妇相当有野心，她决定向外扩展——找个代理人在嘈杂的芝加哥出售她的家制饼干。她羞怯而害怕地和一位在街头卖花生的意大利人接洽。他耸耸肩膀，说他的顾客要的是花生，不是饼干；但她第一天就赚了2.15元。

4年后，她在芝加哥开了第一家商店。店面只8尺宽。她晚上做饼干，白天出售。这位以前相当羞怯的家庭主妇，从她厨房的炉子上开创了饼干工厂，现在已拥有19家店铺——其中18家都设在芝加哥最热闹的鲁普区。

不要为缺钱烦恼，而是要为挣钱想方法。看看你的四周，你将会发现许多尚未达到饱和的行业。例如，如果你自己是一名很优秀的厨师，你也许可开设烹饪班，就在你自己的厨房内教导一些年轻人，这也是赚钱之道。说不定上门求教的学生络绎不绝。

7. 不要赌博

对于那些想从赌赛马及玩吃角子机器上赢钱的人，我总是觉得很惊异。我认识一个拥有多架这种“单手土匪”机器并依靠它们为生的人，他对于那些天真得妄想打败这些早已设计来骗他们钱的机器的傻瓜，除了轻视之外，别无同情。

有一名赌赛马的老手是我成人教育班上的一名学生。根据他对赛马所具备的所有知识，也无法从赌赛马中赚到钱。然而，事实上，每年却有众多的人，在赛马中赌下60亿美金的钱——刚好是美国在1910年全国总债务的6倍。这位赛马老手说，如果他想毁灭他的敌人，再也没有比说服这位敌人去赌赛马更好的方法了。

赌博不仅会使你输掉所有的积蓄，还会打击你的上进心。要想创富，就要远离赌博。

第二十五章

保持激情，点燃成功的火炬

充满热忱去行动

一个人成功并获取财富的因素有很多，而居于这些因素之首的就是热忱。英文中的“热忱”是由两个希腊字根组成的，一个是“内”，一个是“神”。事实上一个热忱的人，等于是有神在他的内心里。热忱也就是内心里的光辉——一种发自内心的炽热的光辉。

无论任何地方都能培养出热忱，其回报必然是积极的行动、成功和快乐幸福。这可以从体育比赛中看出来。我常引述纽约中央铁路公司前总经理佛瑞德瑞克·魏廉生的话：“我愈老愈相信热忱是成功的秘诀。成功的人和失败的人在技术、能力和智慧上的差别通常并不很大，但是如果两个方面都差不多，具有热忱的人将更能得偿所愿。一个人能力不足，但是具有热忱，通常会胜过能力很强、但是欠缺热忱的人。”魏廉生的话清楚地反映出他自己的观念，因此就写了一本小册子，谈论热忱的重要性，并给每个成员都发了一份。

南非的一位学员阿尔夫·麦克依凡运用了热忱原则，和一个难缠的顾客建立了生意往来。麦克依凡是一家出租起重机给承包商的公司的推销员。那位被他称之为“史密斯先生”的人总是非常粗鲁无礼，经常大发脾气，见了两次面，“史密斯”都拒绝听他的解说。但是麦克依凡还是要再见史密斯一次。麦克依凡说出了经过：“史密斯先生又在发脾气，站在桌子前面向另一个推销员大声吼叫。史密斯先生脸红得像以前一样，而那个可怜的推销员正浑身抖个不停。我不愿意让这种景象吓倒我，我决心表现出我的热忱。我走进他的办公室，他粗声粗气地说：‘怎么又是你。你要什么？’在他继续说下去之前，我先展开微笑，以平静的声音和最热忱的态度对他说：‘我要将所有你要的起重机租给你。’他站在办公桌后面15秒钟没有说话。他以很不解的眼光看着我，然后说：‘你坐在这里等我。’他在一个半小时以后回来，招呼我说，‘你还在这里？’我告诉他我有非常好的计划提供给他，因此我必须要向他介绍了这个计划之后才会离开。结果我们订了一年的合约，并且还新开展了一些业务。”

对于创业者们来说，热忱能使他们发挥更大的潜力，能为他们赢得更多的创富机会。而且热忱不能只是表面功夫，必须发自一个人的内心，假装的热忱不可能持续多久。产生持久的热忱方法之一是订出一个目标，努力工作去达到这个目标，而在达到这个目标之后，再订出另一目标，再努力去达成。这样做可以提供兴奋和挑战，如此就可以帮助一个人维持热忱。

詹姆士·伦第威曾经参加我在明尼亚波利斯开的课，那时候他在为约翰韩考克保险公司推销人寿保险。他极为热心于我的课程，以至于他被公司调到密苏里州圣路易市之后，就去找那里的负责我的课程的经理雷德·史托瑞，志愿担任小组长（由毕业学员担任，做协助教师的工作），最后自己也获得了担任教师的资格。

不到一年的时间，伦第威就升任了人事经理，并且在圣路易建立了业绩最优的推销员群。他已经有资格买凯迪拉克车了，但是他还不满意，他去找他的上司，说是他如果做现在的工作，做久了就不会快乐。他说：“我要做你的工作或者和你差不多的工作，否则在今年年底之前我就会辞职不干了”。他做人事经理做得太好了，公司不愿意失去他。在第二年初，他被派到奥克拉荷马州杜沙市担任分公司经理。以前公司在杜沙没有分公司，没有推销人员，没有顾客，但是不出一年伦第威雇用了42名推销员，并且打破了公司的推销纪录。

后来，公司把他调到波士顿担任那里的发展训练经理，负责在全美国各地设立分公司。过了一年，公司派他回到圣路易市，担任地区副总经理，而这时候，他才30岁刚出头。不论在什么地方，只要有时间，他就会为我的培训班上课。不到35岁，伦第威的职务又调动了——调为公司的副总经理。

不论男女，只有像伦第威这种对工作抱有高度热忱和兴趣的人，才会有资格在我的课程上担任授课任务。通过伦第威的故事，我们可以得出以下几点关于热忱的好处的结论：

（1）增加你思考和想象的强烈程度。

（2）使你获得令人愉悦和具有说服力的说话语气。

（3）使你的工作不再那么辛苦。

（4）使你拥有更吸引人的个性。

（5）使你获得自信。

（6）强化你的身心健康。

（7）建立你的个人进取心。

（8）更容易克服身心疲劳。

（9）使他人感染你的热忱。

热忱就像汽油一样，用的好，它就会做一些有意义的工作；反之，就会带来灾难。热忱失控可能会使你垄断谈话的内容，如果你一直谈论你自己，则其他人就会降低和你谈话的意愿，并且在你寻找帮助和建议时，拒绝给你帮助和建议。

你必须注意不要让你的热忱蒙蔽了你的判断力，更不要因为你认为某项计划很好，就把它泄露给你的竞争对手。如果你能看出它的价值，别人同样也看得出来。在你所拟的计划还需要其他资源或环境配合之前，切勿匆忙付诸实施。

别把所有的热忱都用来消遣时光，你将不再有多余的热忱来实现你的明确目标，而且你很快就会连做一些消遣活动的资源都没有了。

让我们的内心也充满热忱吧，对生活、对别人、对未来。如果能做到这一点的话，成功与创富的机遇一定会降临到我们身上。

如何培养热忱

热忱可以鞭策一个人从浑噩中奋起做事。有这样一个例子：

纽约州柴第凯的凯布陆那医生，讲到他以前想寻求支持，在他那个郡里面成立美国防癌协会分会，但却遭到挫折的情形。他说："我提出每一办法，每一建议，别人都会说'我们以前做过，但是没有结果'或者是'没有人会有兴趣'。我大为恼火，心里难过。大概一星期以前，我和我医院里的同事谈及此事，我不再像以前那样只是坐在办公桌前面，我站起来了，热忱地说出我的理由、主张。我并没有到处乱跳乱蹦、乱叫乱喊，我只是表现出我的诚恳、热情、渴望和愿意追求一个目标。这种感觉是不容易描述出来的，但是可以从我的听众的密切注意和面部表情看得出来。结果是大家都积极活动，支持我们在那里成立这么重要的一个组织。”

培养热忱首先也要去处理他们最不感兴趣的事。而在努力工作后，他们会发现这些事，并不如他们以前所想的那样无趣或困难。该如何做呢？

（1）制定一个明确目标。

（2）清楚地写下你的目标、达到目标的计划，以及为了达到目标你愿意做的付出。

（3）用强烈欲望作为达成目标的后盾，使欲望变得狂热，让它成为你脑子中最重要的一件事。

（4）立即执行你的计划。

（5）正确而且坚定地照着计划去做。

（6）如果你遭遇到失败，应再仔细地研究一下计划，必要时应加以修改，别只因为失败就变更计划。

（7）与你求助的人结成智囊团。

（8）断绝使你失去愉悦心情以及对你采取反对态度者的关系。务必使自己保持乐观。

（9）切勿在过完一天之后才发现一无所获。你应将热忱培养成一种习惯。

（10）保持着无论多么遥远，你必须以达到既定目标的态度推销自己，自我暗示是培养热忱的有力力量。

（11）随时保持积极心态，在充满恐惧、嫉妒、贪婪、怀疑、报复、仇恨、无耐性和拖延的世界里不可能出现热忱；热忱需要积极的思想和态度。

“你怎么能够使学员的热忱增加5倍？”有些在我课程上担任授课的教师这样问我，我在给我的同事茂瑞·莫休的一份备忘录中这样写着：

第一，强迫自己采取热忱的行动，你就会逐渐变得热忱。

第二，深入发掘你的题目，研究它、学习它，和它生活在一起，尽量搜集有关它的资料。这样做下去就会不知不觉地使你变得更为热忱。例如，我以前对于崇拜林肯并不热忱，直到我写了一本有关林肯的书以后才改变，现在我非常热忱地崇拜他。华盛顿可能是和林肯一样伟大的人物，但是我对他并不如我对林肯那样崇拜，因为有关华盛顿的事我知道得并不太多。对于任何事情，只有在深入了解以后，你才会产生出热情。

我有两个邻居。一个是公鉴名人，如果请他谈公鉴方面的事，他可以说上一整天；另一个是有名的雕刻家，对于雕刻他可以立刻表现出热忱，但是对于公鉴方面的事，他就不可能表现出热忱了。

我太太桃乐丝并不崇拜林肯，因为她对林肯知道得不多，但她几乎可以说是莎士比亚的权威专家，因只要谈到莎士比亚，她就会兴奋得不得了。莎士比亚的事我知道得很少，林肯的事我知道得很多，我崇拜莎士比亚的热忱，不及我崇拜林肯的热忱的2/3。

热忱是什么？热忱就是将内心的感觉表现到外面来，让我们把重点放在促使人们谈论他们最感兴趣的事上，如果我们做到这一点，说话的人就会像呼吸一样的，不自觉地表现出生机。我们教课要尽量从人们的内心着手。

热忱和大声讲话或呼叫不是一码事。我还这样写道：

我说热忱，是指一种热情的精神特质，是深入人的内心里……我喜欢称之为“抑制的兴奋”。如果你内心里充满要帮助别人的愿望，你就会兴奋。你的兴奋从你的眼睛、你的面孔、你的灵魂以及你整个为人方面辐射出来。你的精神振奋，而你的振奋也会鼓舞别人。

在我的办公桌上和我家的镜子上都有同样一块牌子，巧的是麦克阿瑟将军在南太平洋指挥盟军的时候，办公室墙上也挂着一块牌子，上面写着同样的座右铭：

你有信仰就年轻，疑惑就年老；
有自信就年轻，畏惧就年老；
有希望就年轻，绝望就年老；
岁月使你皮肤起皱，但是失去了热忱，就损伤了灵魂。

这是对热忱最好的赞词。培养发挥热忱的特性，我们就可以对我们所做的每件事情，加上火花和趣味。

一个热忱的人，无论从事的是什么职业，都会认为自己的工作是一项神圣的天职，并怀着深切的兴趣。对自己的工作热忱的人，不论工作有多么困难，或需要多大的训练，始终会用不急不躁的态度去进行。只要抱着这种态度，任何人一定会成功，一定会达成目标。

爱默生说过：“有史以来，没有任何一件伟大的事业不是因为热忱而成功的。”

这真是一句精彩的忠告，它不仅是华美的词藻，更是一个指导成功的路标。

如果认为你的热忱应该发生作用，而它却跟不上你发挥其他原则方面的进度时，你可以利用一些简单的练习来刺激你的热忱。

（1）进行热忱的行动。这个建议好像是不必要的吧！不，它是有必要的。不要以为你以热忱的态度参加会议，就不用再谈这项建议了。自信地和他人握手，以明确的言词回答问题，坚定地主张你的观念和建议所具有的价值。理想的情况是以自己的热忱，使这些行为都变成自动自发的反应。但如果你能有意识地执行这些行为的话，你将会看到积极结果，而这又会再燃烧热忱的火花。

（2）记好热忱的日志。你的热忱高涨时，可将它记在记事簿里，记录激发热忱的环境，以及因为热忱而表现出来的举动：你会因为被激励而展开行动吗？你解决问题了吗？你说服某人了吗？同样，在记事簿中记入你的明确目标和达到目标的计划，每当你的热忱高涨时就把它记下来。这不但会提醒你出现热忱的原因，同时也能使你回顾一下热忱所带来的好处。热忱就像一个螺旋，它会向内转或向外转，也会上升或下降，使你的热忱循着正确的方向发展。当热忱的螺旋转错方向时，不妨回顾一下你的记事簿。

（3）做一些“办得到”的工作。从另一种角度讲“办得到”的工作就像是拐杖一样，但如果你不出门，拐杖对你是不会有什么帮助的。“办得到”的工作，是你知道你能做得既好又快的工作。你应该使它的和你的明确目标发生关系，以使它能帮助你引导并且控制你的热忱。例如你有一家五金行，虽然你的责任不是照顾销售柜台，而是在后面的办公室中处理业务，但你却很清楚你对于销售工作是多么的感兴趣，这个时候你不妨站到销售的柜台边卖一些东西，以重新振奋一下你的热忱。

失败时为自己打气

一个人在奔赴成功的路上，最害怕的就是自己缺乏必胜的信心。一个人光有发达的四肢、健壮的肌体，这并不是一个完全健康的人。在一个发育良好的体内，必须同时具有一种正常而良好的心理，这才是我们获得幸福、取得成功的前提。

我们每个人都可能遭受情场失意、商场失利等方面的打击；我们每个人都会经历幸福时的欢畅、顺利时的激动、委屈时的苦闷、挫折时的悲观、选择时的彷徨，这就是人生。人生就是一碗酸、甜、苦、辣的汤，任何人都要品尝。

人生的幸福美满其实是人的一种感觉，一种心情。一个人是欢欣鼓舞、兴高采烈，还是孤独苦闷、垂头丧气，这主要由我们的心理、态度来支配。事物本身只是影响我们的态度，并不能直接影响我们的心情。

这世上信心不足的人数和营养不良的人数一样多。信心不足这种“疾病”会使人把自己约束在昨日的生活模式之中，而不敢轻易尝试突破现状，过着没有明天、没有希望的日子。营养不良，会使人身体无法正常发育；同样地，信心不足会使人能力无法得到充分发挥。

不同的是，营养不良有药可医，信心不足必须靠自身努力来医治。以下是拳击手杰克·丹普先生远离忧虑的故事：

在我的拳击生涯中，我发现最强劲的敌人不是那些重量级的选手，而是自己内在的情绪困扰，因为情绪上的忧虑不但会消耗体力，还会影响拳击的进行。所以，我为自己制定了一套原则，借以保持充沛的体力与旺盛的精力。这一套原则就是：

（1）为了让自己有充分的勇气，每当拳赛开始前我都会自我鼓励一番，反复地对自己说：“不要怕，没有什么可以伤得了我的，他击不倒我。”这种积极的鼓舞确实产生了不少作用。

例如，在我和佛波比赛的时候，我不断地对自己说：“没有人敌得过我，他伤不了我，他的拳头伤不了我，我不会受伤，不管发生什么事，我一定要勇往直前。”像这样为自己打气，使想法趋向积极，对我帮助很大，甚至使我不觉得对方的拳头在攻击。

在我的拳击生涯中，我的嘴唇曾被打破，我的眼睛被打伤，肋骨被打断，而佛波的一拳将我打得飞出场外，摔在一位记者的打字机上，把打字机压坏了，但我对佛波的拳头却并无感觉。只有一次，那天晚上李斯特·强森一拳打断了我的三根肋骨，那一拳虽不致让我倒下，但影响到了我的呼吸。我可以坦白地说，除此之外，我在比赛中未对任何一拳有过知觉。

（2）我一再地提醒自己，忧虑不但于事无补，反而还会产生相反效果。我的大部分忧虑，都出现在我参加重大比赛之前，也就是接受训练期间。我经常在半夜醒来，一连好几个钟头，心里十分忧虑，辗转反侧，无法成眠。我担心会在第一回合中被对方打断手，或扭了脚踝，或眼睛被严重打伤，如果是这样的话我就不能充分发挥攻势。所以，每次我因为担心第二天的赛程而睡不着觉时，就会下床对着镜子中的自己说："你真是个傻瓜，何必为了尚未发生的事或根本不会发生的事而担忧呢？人生如此短暂，应该好好把握、享受生命才是啊，还有什么比健康更重要呢？"这样日复一日、年复一年地提醒自己，久而久之，这些话好像印到我的骨髓里，经常不自觉地就浮现在脑海中，帮助我克服了许多情绪上的困扰。

世界上不是每个人都要面临着十分巨大的困难，但是每个人都存在着若干问题。每个人都能通过暗示或自我暗示让激励标记产生作用。一种最有效的形式就是有意记住一句自我激励语句，以便在需要的时候，这句话能从下意识心理闪现到有意识心理，如："我激励你！"

阿廉·方索斯是美国密苏里州东南地区某农场的一个病弱的孩子。他在小学遇到了一位优秀老师，这位老师鼓励小阿廉·方索斯去改变自己的世界。老师用挑战的方式鼓励他："我激励你！""我激励你成为学校中最健康的孩子！""我激励你"成了阿廉方索斯一生自我激励的语句。

他果真变成了学校中最健康的孩子。他在85岁逝世之前，帮助了数以千计的青年获得良好的健康，他还帮助他们立志高远、做事刚勇、服务周到。

"我激励你！"激励着他建立了美国最大的公司之一——若尔斯通培里拉公司；"我激励你！"激励他从事创造性的思考，把负债转化为资产；"我激励你！"激励着他组织美国青年基金会——它的目的是训练男女青年独立生活的能力。

"我激励你！"激励着阿廉·方索斯写了一本书，名叫《我激励你》。今天这本书正在激励着人们勇敢地把这个世界改造为更好的社会。

每天早晨给自己打气，这在心理学上是非常重要的。阿廉·方索斯作了多么好的一个证明：一句自我激励语有力地帮助人们发挥积极的心态！如果你要加强信心，可采用以下方式：

（1）正确评价自己的才能与专长。你不妨将自己的兴趣、嗜好、才能、专长全部列在纸上，这样你就可以清楚地看到自己所拥有的东西。另外，你也可以把做过的事制成一览表。譬如，你会写文章，记下来；你擅长于谈判，记下来；另外，打字、演奏乐器、修理机器等事情，你都可以记下来。知道自己会做哪些事，再去和同年龄其他人的经验做比较，你便能了解自己能力的强弱。

（2）利用微笑鼓舞勇气。许多人都知道，微笑对他们有较大帮助。微笑是治疗“信心衰弱症”的最佳药方。但许多人还是将信将疑，他们在恐惧的时候，也从未试图微笑过。

做个小小试验：试着在感觉沮丧、失败的时候微笑。一般讲来，你做不到。因为微笑与失败难以并存。但微笑会战胜恐惧、赶走忧虑，也会击垮你的依赖情绪。

一个真正的笑脸远比仅仅治疗你的不良感觉有用得多。一个真正的微笑，可以融化别人对你的反对意见。面对你的微笑，别人也不可能暴跳如雷。

微笑会使你觉得“幸福日子又回来了”。但是一定要充分自然地笑，半笑不笑或皮笑肉不笑均不能表示你的善意。笑至露齿，这种充分的微笑才能取得最佳效果。

（3）恢复优越感与自信心。笑就是胜利的表现，的确，笑可以说是一种优越感的表现。运动场上的胜利者，常常面带笑容，这就是因为他这时陶醉在优越感里。当我们观赏滑稽故事或相声时，也都会被引得哈哈大笑起来。

如果你能积极利用这种笑的效果，则可医治因失败而产生的悲观和紧张，甚至可将绝望感吹得无影无踪。怪不得有许多人在怏怏不乐时，就会跑到游乐场所去调剂一下情绪。同样地，如果在忧郁的时候，读一读身旁的漫画或幽默小说，心情立刻会开朗起来，甚至干劲十足。换句话说，利用外界的刺激，来引发自己大笑，便会使自己恢复优越感或自信心。

同样地，不管想尽什么办法，都不易把忧郁症消除殆尽。在这种情况之下，最有效的办法，莫过于先创造一个令人发笑的环境。不愉快的心情常会因阅读幽默小说或漫画，而在不知不觉中开朗起来，当然，斗志也跟着旺盛起来。

看到舞台，而不是薪水

也许是亲眼目睹或者耳闻父辈或他人被老板无情解雇的事实，现在的年轻人往往将社会看得比上一代更冷酷、更严峻，因而也就更加现实。

在他们看来，我为公司干活，公司付我一份报酬，等价交换，仅此而已。他们看不到薪水以外的价值，在校园中曾经编织的美丽梦想也逐渐破灭了。没有了信心，没有了热情，工作时总是采取一种应付的态度，宁愿少说一句话，少写一页报告，少走一段路，少干一个小时的活……他们只想对得起自己目前的薪水，从未想过是否对得起自己将来的薪水，甚至是将来的前途。

某公司有一位员工，在公司已经工作了10年，薪水却不见涨。有一天，他终于忍不住内心的不平，当面向雇主诉苦。雇主说："你虽然在公司呆了10年，但你的工作经验却不到1年，能力也只是新手的水平。"这名可怜的员工在他最宝贵的10年青春中，除了得到10年的新员工工资外，其他一无所获。

也许，这个雇主对这名员工的判断有失准确和公正，但我相信，在当今这个日益开放的年代，这名员工能够忍受10年的低薪和持续的内心郁闷而没有跳槽到其他公司，足以说明他的能力的确没有得到更多公司的认可，或者换句话说，他的现任雇主对他的评价基本上是客观的。这就是只为薪水而工作的结果！

大多数人因为不满足于自己目前的薪水，而将比薪水更重要的东西也丢弃了，到头来连本应得到的薪水都没有得到。这就是只为薪水而工作的可悲之处。

如果要让我对于刚跨入社会的青年所遇到的切身问题发表意见，那么我希望每个青年都切切牢记："在你们开始工作的时候，不必太顾虑薪水的多少。而一定要注意工作本身所给予你们的报酬，比如发展你们的技能，增加你们的经验，使你们的人格为人所尊敬等等。"

雇主所交付给年轻人的工作可以发展我们的才能，所以，工作本身就是我们人格品性的有效训练工具，而企业就是我们生活中的学校。有益的工作能够使人丰富思想，增进智慧。

如果一个人只是为着薪水而工作，而没有更高尚的目的，那么这实在不是一种好的选择。在这个过程中，受害最深的倒不是别人，而是他自己。他就是在日常的工作中，欺骗了自己，而这种因欺骗蒙受的损失，即便他日后奋起直追，振作努力，也不能赶上。

雇主只支付给你微薄的薪水，你固然可以敷衍塞责来加以报复。可是你应当明白，雇主支付给你工作的报酬固然是金钱，但你在工作中给予自己的报酬，乃是珍贵的经验、优良的训练、才能的表现和品格的建立，这些东西的价值与金钱相比，要高出千万倍。

许多年轻人认为他们目前所得的薪水太微薄了，所以竟然连比薪水更重要的东西也宁愿放弃了，他们故意躲避工作，在工作过程中敷衍了事，以报复他们的雇主。

这样，他们就埋没了自己的才能，消灭了自己的创造力和发明才能，也就使自己可能成为领袖的一切特性都无法获得发展。为了表示对微薄薪水的不满，而选择敷衍了事地工作，这无异于使自己的生命枯萎，使自己的希望断送，终其一生，只能做一个庸庸碌碌、心胸狭隘的懦夫。

每个人对于自己的职位都应该这样想：我投身于企业界是为了自己，我也是为了自己而工作；固然，薪水要尽力地多挣些，但那只是个小问题，最重要的是由此获得踏进社会的机会，也获得了在社会阶梯上不断晋升的机会。通过工作中的耳濡目染获得大量的知识和经验，使自己的能力得以提升，这将是工作给予你的最有价值的报酬。

能力比金钱重要千万倍，因为它不会遗失也不会被偷。许多成功人士的一生跌宕起伏，有攀上顶峰的兴奋，也有坠落谷底的失意，但最终能重返事业的巅峰，俯瞰人生。原因何在？是因为有一种东西永远伴随着他们，那就是能力。他们所拥有的能力，无论是创造能力、决策能力还是敏锐的洞察力，绝非一开始就拥有，也不是一蹴而就，而是在长期工作中积累和学习得到的。

你的雇主可以控制你的工资，可是他却无法遮住你的眼睛，捂上你的耳朵，阻止你去思考、去学习。换句话说，他无法阻止你为将来所做的努力，也无法剥夺你因此而得到的回报。

许多员工总是在为自己的懒惰和无知寻找理由。有的说雇主对他们的能力和成果视而不见，有的会说雇主太吝啬，付出再多也得不到相应的回报……

一个人如果总是为自己到底能拿多少工资而大伤脑筋的话，他又怎么能看到工资背后的成长机会呢？他又怎么能理会到从工作中获得的技能和经验，对自己的未来将会产生多么大的影响呢？这样的人只会逐渐将自己困在装着薪水的信封里，永远也不会懂得自己真正需要什么。

总之，不论你的雇主有多吝啬、多苛刻，你都不能以此为由放弃努力。因为，我们不仅是为了目前的薪水而工作，我们还要为将来的薪水而工作，为自己的未来而工作。一句话，薪水是什么？薪水仅仅是我们工作回报的一部分。

世界上大多数人都在为薪水而工作，如果你能为自己的成长而工作，你就超越了芸芸众生，也就迈出了成功的第一步。

从前在宾夕法尼亚的一个山村里，住着一位卑微的马夫，后来这位马夫竟然成了美国最著名的企业家之一。他靠着惊人的魄力和独到的思想撑起了事业的大厦，他一生的成就为世人所景仰。他就是查尔斯·齐瓦勃先生。

年轻的朋友们很关心齐瓦勃先生的成功，那么为什么他会获得成功呢？齐瓦勃先生的成功秘诀是：每谋得一个职位，他从不把薪水的多少视为重要的因素，他最关心的是新的位置和过去的职位相比较，是否前途和希望更为远大。

他最初在工厂里做工，当时他就自言自语地说："终有一天我要做到本厂的经理。我一定要努力做出成绩来给老板看，使老板主动来提拔我。我不会计较薪水的高低，我只要记住：要拼命工作，要使自己工作所产生的价值，远超过我所得的薪水。"他下定决心后，便以十分乐观的态度，心情愉快地努力工作。在当时，恐怕谁也不会想到齐瓦勃先生会有今日巨大的成就。

齐瓦勃的童年时代家境异常艰苦，所以，他只受过很短时间的学校教育。齐瓦勃从 15 岁开始，就在宾夕法尼亚的一个山村里做马夫。两年之后，他又获得了另外一个工作机会，周薪为 2.5 美元。但他仍然无时无刻不在留心其他的工作机会。果然他又遇到一个新的机会：他应一位工程师之邀，去某钢铁公司的一个建筑工场工作。工资由原来的周薪 2.5 美元变为日薪 1 美元。做了一段时间后，他就又升任技师，接着一步一步升到了总工程师的职位上。到了齐瓦勃 25 岁时，他晋升到房屋建筑公司的经理了。5 年之后，齐瓦勃开始出任该钢铁公司总经理。到 39 岁时，齐瓦勃接过了全美钢铁公司的权柄，出任总经理。如今，他是贝兹里罕钢铁公司的总经理。

齐瓦勃只要获得一个位置，就决心要做所有同事中最优秀的人。他绝不会像某些人那样脱离现实胡思乱想。有些人经常会不守公司的纪律，常常抱怨公司的待遇，甚至于宁愿在街头流浪，静待所谓的良机，也不愿刻苦努力。齐瓦勃深知，只要一个人有决心，肯努力，不畏难，必定可以成为成功者。在今天的年轻人看来，齐瓦勃先生一生的奋斗与成功故事，简直是一个情节曲折的传奇，但更是一个对人教益最大的典范。

从他一生的成功史中，我们可以看到努力劳动所具有的非凡价值。干任何事情，他都能做到非常乐观而愉快，同时在业务上求得尽善尽美、精益求精。所以，在他与同事们一起工作时，那些有难度、要求高的事情，都得请他来处理。齐瓦勃先生做事的态度是一步一个脚印，他从不妄想一步登天、一鸣惊人，所以，他地位的上升也是势所必至、天意使然。

重视自我激励的力量

人的一切行为都是受到激励而产生的。你激励别人，别人也激励你，同时通过不断地自我激励，会使你有一股内在的动力，朝着期望的目标奋斗，最终到达生命的高峰。

没有人是不受到激励而去做任何事的。当你为了任何一定的目的而要激励自己或激励别人时，就必须有积极的心态、美好的希望。激励的动因是人体内的一种“内部体能”，我们每个人自身都有一个巨大的宝库，只要找到了自我激励的钥匙，打开它，并行动起来，那么你就能打开成功的大门。

任何一个阳光的人面对着一个严重的个人问题时，自我激励语句就会从潜意识闪现到显意识去帮助他。在紧急情况下，特别是在死亡的大门即将开启的时候，这一点就显得尤为重要。约翰的情况就是这样。

午夜1点30分。在医院的一间病房里，两位女护士正紧张地工作着——每人各抓住约翰的一只手腕，力图摸到脉搏的跳动。因为约翰在整整6个小时里都未能脱离昏迷状态。医生已经做了他所能做的一切事情，然后离开了这个病房，给其他病人看病去了。

约翰不能动弹、谈话或抚摩任何东西。然而，他能听到护士们的声音。在昏迷时期的某些时间里，他能相当清楚地思考。他听到一位护士激动地说：

“他停止呼吸了！你能摸到脉搏的跳动吗？”

回答是：“没有。”

他一再听到如下的问题和回答：

“现在你能摸到脉搏的跳动吗？”

“没有。”

“我很好，”他想，“但我必须告诉他们。无论如何我必须告诉他们。”

同时他对护士们这样近于“愚蠢”的关切又觉得很有趣。他不断地想：“我的身体状况十分良好，并非即将死亡。但是，我怎样才能告诉他们这一点呢？”

于是他记起了他所学过的自我激励的语句：如果你相信你能够做这件事，你就能完成它。他试图睁开眼睛，但失败了。他的眼睑不肯听他的命令。事实上，他什么也感觉不到。然而他仍努力地睁开双眼，直到最后他听到这句话：“我看见一只眼睛在动——他仍然活着！”

“我并不感觉到害怕，”约翰后来说，“我仍然认为那是多么有趣啊！一位护士不停地向我叫道：‘约翰先生，你还好吗……’对这个问题我要以闪动我的眼睑来作答，告诉他们我很好，我仍然在世。”

这种情况持续了一段相当长的时间，直到约翰通过不断的努力睁开了一只眼睛，接着又睁开另一只眼睛。恰好这时候，医生回来了。

医生和护士们以精湛的技术、坚强的毅力，使他起死回生了。

无论别人如何评价你的能力，你绝不能容许自己怀疑自己成就一番事业的能力，你绝不能对自己能否成为杰出人物心存疑虑。要尽可能地增强你的信心，在很大程度上，运用自我激励能使你成功地做到这一点。

（1）读名人传记。经常地阅读一些名人的传记．特别是你所喜欢的名人的传记，你会发现你能从那个名人的身上汲取到你所需要的力量，作为自己成功的动力。

（2）做自己怕做的事情。这类人一般是属于极度缺乏自信心的人。做这种事的目的就是要从中获得一次成功的机会，从而增加自己的自信心。

（3）积小胜为大胜。每个小小的胜利对于其本身来说算不了什么，但是把这些小小的胜利积累起来，到了一定的时间，就是一个大大的胜利了。

（4）再给自己一个机会。人非圣贤，孰能无过？过而能改，善莫大焉。每个人都有犯错误的时候，只要能改过来，就是好的，可是你得给自己一个改过的机会，这样对自己才是一个公平的举动。

（5）给失败找出适当的原因。人们最害怕的事情就是毫无理由的失败，即便是失败了，也得找出一个理由。这不是掩盖自身的问题，而是给自己的心理找一个安慰，这样就不至于把自己的自信心也输掉。

（6）改变成功的观念。成功并不是说非得要打败对手，独占鳌头，真正的成功是指自己的自我价值得到社会的肯定，自己的人生价值得到周围人的肯定。

要重视自我激励的力量，让它成为你立身行事、成就大业的人生资本。

不让坏情绪影响自信心

一个对自己相貌没有自信的人，会觉得做事没底气儿；一个刚刚经历挫折的人，对成功的目标会敢想不敢做；一个时常遭受别人否定的人，对自己拥有的能力会产生深深的怀疑。所有的这一切皆因为它们所带来的坏情绪，从而导致失去自信心。

因为一个被不良情绪主宰的人，在行动之时缺乏理性的判断，一般会产生对再一次失败的恐惧，这将深深影响到他的自信心。

她是一个奇丑无比的女人。据说，她刚生下来的时候，连医生都吓得大叫起来。长大后，谁见了她都说她是这个世界上最丑的女人了，连亲戚都避着她，大人小孩没有一个愿意接近她的，更不要说去爱她了。

在她的记忆里，只有母亲一个人没有嫌弃过她，可是母亲在她15岁那年就得病死了。她一生唯一能做的事，就是整日躲在母亲开辟的那个不大的花园里摆弄那些花草。

直到有一天，人们惊讶地发现，她的花园里开出了很多漂亮的花，比上电视的那些名贵花卉还要漂亮许多。于是，有人要买她的花，可是她不卖，因为她不相信他们真的喜欢那些花。

不久，邻居从报上得知省里要举办花卉大赛，有丰厚奖金，便急着来告诉她，劝说她去参赛，并且断言她一定能够获大奖。

她很固执，不肯参赛，但后来还是有人说动了她。当她带着她的花出现在比赛现场的时候，几乎所有人都惊呆了，那些花太漂亮了！而这个女人的脸上也散发着动人的光彩。女人鼓起勇气微笑着把花赠送给观众，那一刻她觉得自己快乐极了。在人们的盛赞中，她已经忘记了自己丑陋的脸……

一个人关于失败的体验会深深地烙在脑海中，经久不衰、历久弥新。因此有人说："我们通常不容易回忆起幸福和成功的喜悦，但却能在第一时间记忆起伤心的往事。"

一个大学毕业不久，却接连遭受用人单位的拒绝和解聘的男孩，在经历那么多的挫折之后，他一度怀疑自己是否一无是处。他开始降低自己对工作的要求——他感到他已不能胜任职位较高的工作，他对新工作已失去信心和激情，连一份简单的工作都干不好，他不得不被迫辞职。这一次，他没有立刻投入到找工作的大军中，而是与他的密友认真分析了几次失败的求职与工作经历，得出的结论居然是：由于第一次的一点挫折而造成了情绪的困扰，既而影响以后做事的信心。

调整心情后，他觉得信心大振，对前途感到一种从未有过的信心。

沃尔特·迪斯尼当年被报社主编以缺乏创意的理由开除，建立迪士尼乐园前也曾破产好几次。爱因斯坦4岁才会说话，7岁才会认字，老师给他的评语是："反应迟钝，不合群，满脑袋不切实际的幻想。"他曾遭到退学的命运。牛顿在小学的成绩一团糟，曾被老师和同学称为"呆子"。

这些成功的人并不在意别人对他们的讥讽和否定，而是坚持了下来。而很多人却因为他人无谓的评价而消沉下去，他们会认为既然受到了批评，就一定是自己的问题，但是他们并不去真正深刻地剖析自己，使自身的价值不幸地埋没在他人的批评中。

戴高乐说："眼睛所看着的地方，就是你会到达的地方。唯有伟大的人才能成就伟大的事，他们之所以伟大，是因为决心要做出伟大的事。"而伟大的人之所以有要做出伟大的事的决心，就是他们在评价自己的时候能够不受他人的影响，更不会因为情绪的影响而丧失自信心。

第二十六章

不惧挫折，跌倒后站不起来才失败

永存希望在心中

按照我们所希望的方式，或者说按照事物所应有的方式去思考和评判事物，并相信我们自身的完美，相信我们不会有任何缺憾，这样一种思维方式会成为一种巨大的内在力量，从而改变我们的生活，改变我们的人生。要时时记得我们所想要成为的那种理想的人。牢记你对自己能力、自己各方面素质的期望，不断地克制自己。不要总是想着自己的弱点、不足或失败。而要牢记理想，勇往直前，顽强拼搏，这才有助于你实现自己的目标。

时时期望，相信自己能实现雄心壮志，这种习惯会产生一种神奇的力量，促使我们的梦想变成现实。时时充满希望，坚信事物是在向好的方向发展而不是朝着坏的方向发展，相信我们是在走向成功而不是在走向失败，这种积极向上的生活态度会使我们精神振奋，备受鼓舞。无论发生任何事情，我们都会感到快乐。

当法国被战争浓浓的硝烟笼罩的时候，一群艺术家住在巴黎一栋破旧的房子里。他们中有音乐家、作家、诗人，还有画家。贫穷的人们挤在一栋房子里相互帮助着，而冬天的寒冷和疾病缠绕着他们。在每天面包和水都岌岌可危的日子里，能挺过疾病的人真是太少了，隔不多久，就有人被抬出这栋破房子。在房子对面的矮墙上曾爬满了常春藤，可冬天的风使一切生命都失去了颜色与活力。

在房子最下一层一个房间里，住着两位年轻的姑娘，她们极可能成为未来巴黎舞台上的舞蹈家。但现在她们中的一位因疾病来袭，已经躺在病床上很久了。缺乏食物的人们更无力承担医药费用。早晨，病床上的姑娘对自己的同伴说：“我从我的窗口可以看见对面的矮墙，我可以看见上面还有五片树叶，如果那里还有一片树叶，我就会看到下一个春天的来临。”姑娘了解自己的病情已十分严重，医生的脸上也流露出不太乐观的神情。每一天，姑娘都会睁开双眼去看对面矮墙上的树叶。狂风吹过，树叶也一一掉落，到了第三天，墙上只剩下最后一片树叶了。

姑娘的同伴很焦急。她们的家里已没有任何值钱的东西，能卖的已经全卖了。这位好心的伙伴来到同一栋楼的老画家那儿，请求他去帮帮忙，想办法挽留那片树叶。同样一贫如洗的画家对那位好心的姑娘说：“风一夜能吹落所有的树叶，我也没有办法，冰天雪地的又怎么去想办法呢？”大家都充满悲伤地等待着明天，希望明天病床上的姑娘还能活着。第二天早上，姑娘从病床上睁开眼，疲惫而又欣喜地说：“我就知道还会有一片绿色的树叶悬挂在枯萎的藤蔓上。”

她不知道那是老画家晚上提着灯，赶在天亮前在矮墙上画上了一片绿叶，是他给了病危的姑娘一个新的希望。

永远充满希望，保持乐观向上的态度——朝最好处着想，用最高标准要求，保持最快乐的心态——而绝不容许自己陷入悲观、绝望的心境。

你要完全相信，你能完成你想做的事情。对此，你不能有一丝一毫的怀疑。如果这种怀疑的念头爬上你的心头，你要毫不客气地把它驱逐出去。在你的脑子里，只能保留那些与你的理想一致、对你理想的实现有帮助的思想，而要排斥一切敌对的思想，抛弃一切令人沮丧的情绪，包括那些有可能导致失败和不愉快的情绪。

你想做什么事，或者说，你想成为什么样的人，这倒没什么关系。重要的是，你要时时充满希望，保持乐观的态度。这样，你各种能力的增长，你全面素质的提高，会令你本人也大吃一惊。

有位医生素以医术高明享誉医学界，事业蒸蒸日上。但不幸的是，就在某一天，他被诊断患有癌症，这对他无疑是当头一棒。他一度情绪低落，但最终还是接受了这个事实，而且他的心态也为之一变，变得更宽容、更谦和、更懂得珍惜所拥有的一切。在勤奋工作之余，他从没有放弃与病魔搏斗。就这样，他已平安度过了好几个年头。有人惊讶于他的事迹，就问是什么神奇的力量在支撑着他。这位医生笑盈盈地答道：是希望。

一旦你形成了乐观、快活、充满希望的精神风貌，你就不会轻易陷入与之相反的颓靡状态。要是我们的后代获得了这种良好的素质，就会使人类的文明很快发生彻底的革命，使我们的生活水平极大地提高。

一个受到此种训练的心灵会时时保持一种良好的状态，它会最大限度地发挥自己的潜力，克服人生旅途中的种种不和谐、不友善，消除那些妨碍我们的安宁、舒适和成功的敌对因素。

你的前途无限光明，你会变得富有和幸福，你会拥有一个温馨舒适的家，你会事业有成，正是这些对未来的憧憬和向往，构成了你生活中的最大资本。

把自己所要达到的目标大胆地表达出来，即使这种目标表面上看来希望渺茫，甚至完全遥不可及。如果我们常常把自己的理想表达出来，我们所期盼的结果往往会变成现实。我们所想获得的东西——不管是强壮的身体、高尚的品德，还是上等的职业，如果我们尽可能地使之具体化，并全力以赴地为之奋斗，那么，这种目标实现的可能性要比我们消极无力时大得多。

布莱恩·布洛辛拥有过他想要的一切：美式足球的球员合约、漂亮的妻子珍和即将诞生的儿子班。布莱恩回想以往，说："突然有一天，我的美好世界开始支离破碎。球队排挤我，我失业了，没有能力找一份好工作。更糟的是，我的儿子生来没有双脚、少了一只手，医生遗憾地告诉我们，他得了非常罕见的疾病，全加拿大仅有 3 桩病例。几年前我的妻子驾车失控，迎面撞上一辆时速 65 英里的货柜车，我就坐在她旁边，亲眼看见她断气。被送到加护病房后，医生发现我的脖子断裂，所幸仍能走路。"

假如你觉得相信未来是困难的，记住布莱恩的故事，他像浴火凤凰般从梦想的残骸里劫后余生。他说："那实在是一段艰苦的岁月，没有上帝和朋友的支持，我早已陷入绝望的无底深渊了。"

他没有绝望。我们问他是如何走过那段黯淡的岁月，他说："我对美式足球很在行，我可以阻球、抱球、运球，但我对自由创业一无所知，所以我渴望获得知识。我每个星期读一本书，每天听一卷录音带，我发现良师益友和心中理想的人物。我并不害怕问他们问题，我接受各方的指导，相信上帝可以帮我度过每一天，而且我一直相信自己。"

如今布莱恩有成功的事业、美丽的新妻子黛卓和快乐的家庭。15 岁的儿子班克服了残障，成为一个杰出的学生和出色的作家。

是什么因素使布莱恩相信他自己呢？那是个秘密，但这是通往未来的关键。假如你相信自己，你将会成功；假如你不相信自己，不妨听从布莱恩的建议，阅读他人战胜困难的故事，找寻一群积极、相信你的人，相信上帝和你自己。就像布莱恩一样，你会从悲剧中走出来，实现新梦想。

坚韧战胜一切

在西班牙，斗牛之前，小公牛要在斗牛场里接受考验。每一头被带进场的牛，得攻击一名用长矛刺它的骑马斗牛士。每一头牛的勇敢程度，就按照它不顾刺伤，勇往直前的冲锋的次数，定出高低。我们也要承认，生命每天都在接受类似的考验。如果坚忍不拔，不断尝试，继续向前，就会成功致富。

我们并不是在失败中来到这个世界上的，血管里也没有失败的血液在流动。我们不是一只等待牧人来戳刺的绵羊，而是一头猛狮，不能和绵羊在一起谈话，在一起走路，在一起睡觉。我们不想听哭泣者的哭泣，抱怨者的抱怨。因为，那些都是有传染性的疾病。让他们加入羊群吧！失败的屠宰场不是命运的归宿，致富的康庄大道才是我们的前途。

生命的评价是在每一次旅程的终点，而不在起点的附近，但我们不知道要走多少步才能到达致富的目标。虽然可能在第一千步的地方遭遇失败，但成功就隐藏在失败的后面。我们不知道它有多远，除非我们迈过它。如果一步没有用，我们就再迈一步。实际上，一次一步不会太困难。坚持到最后者必能成功，不懈努力者才能创富。

坚韧是解决一切困难的钥匙。试问诸事百业，有哪一种能不经坚韧的努力而获成功呢？有无数因坚韧而成功的事实。坚韧可以使柔弱的女子们养活她们的全家；使穷苦的孩子，努力奋斗，最终找到生活的出路；使一些残废人，也能够靠着自己的辛劳，养活他们年老体弱的父母。除此之外，如山洞的开凿、桥梁的建筑、铁道的铺设，没有哪一样不是靠着人的坚韧而成功的。在世界上，没有别的东西可以替代坚韧。教育不能替代，父辈的遗产和有势者的垂青也不能替代。而命运则更不能替代。

秉性坚韧，是成大事立大业者的特征。这些人获得巨大的事业成就，也许没有其他卓越品质的辅助，但肯定少不掉坚韧的特性。从事苦力者不厌恶劳动，终日劳碌者不觉疲倦，生活困难者不感到志气沮丧，原因都是由于这些人具有坚韧的品质。

依靠坚韧为资本而终获成功的年轻人，比以金钱为资本而获得成功的人要多得多。人类历史上所有成功者的事例都足以说明：坚韧是克服贫穷的最好药方。已过世的克雷夫人说过：“美国人成功的秘诀，就是不怕失败。他们在事业上竭尽全力，毫不顾及失败，即使失败也会卷土重来，并立下比以前更坚韧的决心，努力奋斗直至成功。”

有这样一种人，他们不论做什么都全力以赴，总是有着明确而必须达到的目标，在每次失败时，他们能够站起来，然后下更大的决心向前迈进。他们从不知道屈服，从不知道什么是“最后的失败”，在他们的词汇里面，也找不到“不能”和“不可能”，任何困难、阻碍都不足以使他跌倒，任何灾祸、不幸都不足以使他灰心。

坚韧勇敢，是伟大人物的特征。没有坚韧勇敢品质的人，不敢抓住机会，不敢冒险，一遇困难，便会自动退缩，一获小小成就，便感到满足。历史上许多伟大的成功者，都是由于坚韧而造成的。发明家在埋头研究的时候，是何等的艰苦，一旦成功，又是何等愉快。世界上一切伟大事业，都在坚韧勇敢者的掌握之中，当别人放弃时，他们却仍然坚定地去做。真正有着坚强毅力的人，做事时总是埋头苦干，直到成功。

有许多人做事有始无终，在开始做事时充满热忱，但因缺乏坚韧与毅力，不等做完便半途而废。任何事情往往都是开头容易而完成难。所以要估计一个人才能的高下，不能看到他所做事情的多少，而要看他最终完成的成就有多少。例如，在赛跑中，裁判并不计算选手在跑道上出发时怎样快，而是计算跑到终点时间的先后。

要考察一个人做事成功与否，要看他有无恒心，能否善始善终。持之以恒是人人应有的美德，也是完成工作的要素。一些人和别人合作完成一件事时，起先是共同努力，可是到了中途便感到困难，于是多数人就停止合作了，只有少数人，还在勉强维护。可是这少数人如果没有坚强的毅力，工作中再遇到阻力与障碍，势必也随着那放弃的大多数人，同归失败。

有人在向其从事商业的朋友推荐店员时，举出了某人的许多优点，那位商人问道:“他能保持这些优点吗？”这实在是最关键的问题。首先是，有没有优点？然后是，有了优点能否保持？遇到失败，能否坚持不懈？所以，具有坚韧勇毅的精神是最宝贵的，具有这种精神才能克服一切艰苦困难，获得成功。

永不放弃，就能反败为胜

研究动物世界的人们都知道，某些动物的身上有着让人尊重的精神力量，它们不屈不挠地按照自己的意志生活，不甘心接受命运的摆布，它们永不言败，哪怕为理念而丧命。这种精神常常使它们反败为胜。

消沉、萎靡、颓废等可怕的精神敌人不会使它们绝望，也无法摧毁它们的力量。它们的信念永远都是那么的坚定，它们不会甘心等待，不到死亡的时刻，它们绝不会承认自己已经失败。

有一头误踩到猎人布下的铁圈的小狐狸，铁圈的齿轮已经紧紧卡住了小狐狸的右后腿。它蹦来跳去，挣得铁圈响个不停，它不断冲扑撕咬，就像一个被堵住出气孔的高温锅炉，随时可能爆炸。可是铁圈怎么也咬不动，它开始发狂发怒，边跑边扑边咬，有时一个急停，接着又是一个猛扑，撕咬，拉扯，决意要甩脱这个缚住它的家伙。

牙齿怎么能和铁器相匹敌呢？不断的挣扎只能使齿轮越来越紧，已经可以看见胫骨了。小狐狸又猛咬了一通，最后它停了下来，站在那里大口喘气，身体晃了两下，噗地趴倒在地。不，它没有放弃。它的字典中根本没有“放弃”这两个字眼，即使是母狐狸丧子，公狐狸受伤，断腿断爪，那暂时的痛苦也绝不会消磨它们的斗志。过了一会儿，它缓过劲来，不顾四爪的疼痛，顽强地站起来，四条腿疼得不停地发抖，口中滴着血，却又梗起脖子，开始了跟铁圈的战斗。

狐狸是最有耐心的，同时也是聪明的，它开始飞快地转动脑筋，琢磨眼前的事物，刚才的方法不行，它要另外寻找求生的途径。它冷静下来，不再急躁，而是轻轻咬住铁圈，小心翼翼地用爪子拔拉着。就在这时候，它咬到了一个柔软的东西——铁圈的橡皮活扣！它全身的血液都沸腾了，就像被点着火的汽油一样。它用尖牙磨砺着橡皮扣，没过多久，橡皮就被它咬烂了，再用力一扯，齿轮松了开来，它自由了！

没有一只狐狸会像狗一样甘心被人牵着走。拒绝认命，拒绝服输，是狐狸的生存准则，哪怕是在生命受到威胁的情况下，也不会违背这条准则。

狐狸有着勇往直前的精神、百折不挠的勇气，在猎食的路上会有着无数的坎坷与挫折，狐狸从不因为这些坎坷与挫折而对自己产生怀疑。

柏拉图曾经说过：“成功的唯一秘诀，就是要坚持到最后一分钟。”就如同长途赛跑，最费力的不是你开始迈出的第一步，而是你最后迈向终点的那一步。而最后的那一步的迈出就代表一种毅力，它同时也是恒心的一种体现。一个没有毅力的人，是不能成大器的。

大凡有成就的人，无一不是具有坚强意志与毅力的人。多数做出贡献的人，都是执着一念的人。

开普勒研究苯环的结构形状，久久不能得出结果，后来，他在梦中得到了答案。他执着地探究，竟能在梦中也念念不忘自己的任务。众所周知的居里夫人，从几百吨的矿石中提炼出几克铀来，没有超常的毅力，怎么能做得到呢？马克思写《资本论》，40年如一日，以致在大英博物馆里，他曾经坐过的座位下，留下两个深深的脚印。如果没有超常毅力，谁又能够做到这等地步呢？

目标确定了，事业的成功，关键就在于你是否具有超常的毅力，是否在困难面前能够比别人多坚持一下。只有你时时刻刻想到自己的目的，时时刻刻践行自己的理念，久而久之，你才可能超越自我。

世界上最伟大的科学家之一爱因斯坦，在物理学上为人类做出无与伦比的巨大贡献的同时，还为我们留下了重要的启迪。

爱因斯坦在成年之前，曾被一串串难听的绰号穷追不舍，人们都认为他愚钝不堪。然而当他发现了相对论，成为世界伟人时，人们又将他的成功归结于他有一颗绝顶聪明的头脑，以至于在他死后，人们不惜将他身首异处，把他的头脑留在世间保护起来进行各种研究。时光流逝，谁也没能研究出结果。倒是爱因斯坦自己早就根据自己的成功经验说出了成功的真谛：“钢铁般的意志比智慧和博学更重要。”爱因斯坦所说的成功真谛不仅是他自身经验的总结，而且已经得到了科学研究的充分证明。

弱者与强者之间、大人物与小人物之间，最大的差异就在于意志的力量，即有没有在成功到来以前再坚持一下的决心。一个目标一旦确立，那么，不在坚持中死亡，就在坚持中成功。具备了这种品质，你就能做成在这个世界上可以做的任何事情。否则，不管你具有怎样的才华，不管你身处怎样的环境，不管你拥有怎样的机遇，你都不能成为一个真正成功的人。

有没有超常的毅力是决定人生成败的分水岭。成功的人都有坚定的毅力、矢志不移的魄力，当他们设定某个目标时，一定会贯彻始终，不达目的绝不轻言放弃。这种毅力来自于他们永远比别人多坚持的那么一点点，他们的人生格言就是：“为了实现理想，绝不放弃！”

的确，每一个人在人生旅途上，都有倒霉的时候，都有遇到挫折和打击的时候。这时，似乎诸事不顺，做什么都不对，好像全世界都合起来和你作对……但这也正是你发挥意志力迎接打击，强迫自己往前冲的时候。

很多成功者都有过失去机会、丢掉饭碗，甚至被爱侣抛弃的时候，但正是因为有过这么多曲折，他们的毅力与意志才会像钢铁般坚强。他们咬着牙活下来，靠着一种顽强的意志支撑着自己走过人生最难过的关隘，最终攀到了人生的高峰。

杰西卡·萨维奇是美国著名的电视新闻主持人，因表现出色而被誉为“全国广播公司的黄金女郎”。

当年，她在广播公司是从地位很低的杂工做起的。当时，在办公室里，别人想喝咖啡或是需要什么东西，都由她去取。她要走上通向全国知名人士的道路，必须设法渡过许许多多的难关。

她在面对新的挑战时是这样想的：“如果必须去做艰难的事，我就冲上前去，因为我不能够后退。我别无选择，唯有继续努力。如果退缩的话，是无路可走的。既然选上这一行，就要干得像个样子。如果我倒下去，没有人会拉我，我不能回到家里对家人说‘照顾照顾我吧’，也不能对丈夫说‘帮帮我的忙吧’！所以必须坚持下去。”

杰西卡的经历告诉我们，不要给自己留下一条退路，除了成功之外，别无选择。人生不如意的事十有八九，谁都难免有跌落人生谷底的时候，一次失败，不代表一生会满盘皆输。遭遇失败，就想放弃是最简单又愚蠢的做法。如果你放弃了，成功就会永远与你失之交臂，没有挑战的人生是毫无乐趣可言的。

每当遇到失败的时候，千万不可一蹶不振，而是应该以更为坚强的毅力重返“战场”。有一句名言说：“如果没有你可以倒下的地方，你就不会摔跟头。”仔细研究你就会发现，绝大多数有成就的人在生活中都是这样的——不肯后退。

人生中，什么都可以失去，但坚强的毅力绝不可以丢弃。一旦失去了毅力，一个人就真的一无所有、一事无成了。

在人生的道路上，存在着各种风险与挑战，同时又隐藏着各种机遇。我们每个人都不可避免地在人生道路上艰难地跋涉，有失败，也有成功。人生的胜利不在于一时的得失，而在于谁能坚持到最后，谁是最后的胜利者。没有走到生命的尽头，我们谁也无法说我们到底是成功了还是失败了。所以，在生命的任何阶段，我们都不能泄气，都要充满希望。用美国股票大王贺希哈的话说：“不要问我能赢多少，而是问我能输得起多少。”只有输得起的人，才能赢得最后的胜利，也只有能坚持到最后的人，才能最终获得成功。

保持超常的勇气

勇气是你必须有的，只有时刻保持一种超常的勇气，你才有可能扭转不利局面。

勇气使人奋发，绝不允许人在困难面前畏缩、退却。在激动、兴奋的时刻，勇气让你形成了自己的决心；在沉着、冷静的时刻，勇气则更加坚定了你的决心。不屈不挠的顽强毅力，如果用在刀刃上，即使是那些极其卑微的人，也将获得丰厚的报酬。

很多时候，成功只需要伸出一只手的勇气。

有一个国王，他想委任一名官员担任一项重要的职务，就招集了许多孔武有力和聪明过人的官员，想试试他们之中谁能胜任。

“聪明的人们，”国王说，“我有个问题，我想看看你们谁能在这种情况下解决它。”国王领着这些人来到一座大门——一座谁也没见过的最大的门前，说：“你们看到的这座门是我国最大最重的门。你们之中有谁能把它打开？”许多大臣见了这门都摇了摇头，其他一些比较聪明一点的，也只是走近看了看，没敢去开这门。

当这些聪明人说打不开时，其他人也都随声附和。只有一位大臣，他走到大门处，用眼睛和手仔细检查了大门，用各种方法试着去打开它。最后，他抓住一条沉重的链子一拉，门竟然开了。其实大门并没有完全关死，而是留了一条窄缝，任何人只要仔细观察，再加上有胆量去开一下，都会把门打开的。国王说：“你将要在朝廷中担任重要的职务，因为你不光限于你所见到的或所听到的，你还有勇气靠自己的力量冒险去试一试。”

“推销大王”史东就是一个有勇气推开大门的人。史东是“美国联合保险公司”的主要股东和董事长，同时，也是另外两家公司的大股东和总裁。然而，他能白手起家，创下如此巨大的事业，是经历了无数次磨难的结果，或者我们可以这样说，史东的发迹史也是他勇气作用的结果。

在史东还是个孩子时，就为了生计到处贩卖报纸。有家餐馆赶了他好多次，但是他却一再地溜进去，并且手里拿着更多的报纸。那里的客人为其勇气所动，纷纷劝说餐馆老板不要再把他踢出去，并且都解囊买他的报纸。

史东一而再、再而三地被踢出餐馆，屁股虽然被踢痛了，但他的口袋里却装满了钱。

史东常常陷入沉思："哪一点我做对了呢？""哪一点我又做错了呢？""下一次，我该这样做，或许不会挨踢。"这样，他用自己的亲身经历总结出了引导自己达到成功的座右铭："如果你做了，没有损失，而可能有大收获，那就放手去做。"

当史东 16 岁时，一个夏天，在母亲的指导下，他走进了一座办公大楼，开始了推销保险的生涯。当他因胆怯而发抖时，他就用自己总结出来的座右铭来鼓舞自己。

就这样，他抱着"若被踢出来，就试着再进去"的念头推开了第一间办公室。

他没有被踢出来，那天有两个人买了他的保险。从数量而言，他是个失败者。然而，这是个零的突破，他从此有了自信，不再害怕被拒绝，也不再因别人的拒绝而感到难堪。

第二天，史东卖出了 4 份保险。第三天，这一数字增加到了 6 份……

20 岁时，史东设立了只有他一个人的保险经纪社。开业第一天，销出了 54 份保险单。有一天，他更创造一个令人瞠目的纪录——122 份。以每天 8 小时计算，每 4 分钟就成交了一份。在不到 30 岁时，他已建立了巨大的史东经纪社，成为令人叹服的"推销大王"。

在人生路上追求成功，绝不能缺少勇气。只有有勇气去想去做，才有可能成功。如果连想和做的勇气都没有，成功怎能与你为伍呢？

伟大的美国总统林肯之所以可以废除黑奴制度，发表《解放黑奴的宣言》，据一段采访他的笔记上说："并不是我能够废除黑奴制度，皮尔斯和布坎南（注：上两届总统）都曾想过废除黑奴制度，可是他们都没拿起笔签署它。如果他们知道拿起笔需要的仅仅是一点勇气，我想他们一定非常懊丧。"

西方有句名言说："失败的人不一定懦弱，而懦弱的人却常常失败。"这是因为，懦弱的人害怕有压力的状态，因而他们害怕竞争。在对手或困难面前，他们往往不善于坚持，而选择回避或屈服。懦弱者并非忽视自尊，而是他们常常更愿意用屈辱换回安宁。

懦弱者常常害怕机遇，因为他们不习惯迎接挑战。他们从机遇中看到的是忧患，而在真正的忧患中，他们又看不到机遇。懦弱者不善冲突，因而他们也害怕刀剑，进攻与防卫的武器在他们的手里捍卫不了自身。他们当不了凶猛的虎狼，只愿做柔顺的羔羊，而且往往是任人宰割的羔羊。懦弱总是会遭到嘲笑，而遭到嘲笑，懦弱者会变得更加懦弱。懦弱者经常自怜自卑，鸿图壮志是他们眼中的海市蜃楼，可望而不可即。懦弱通常是恐惧的游伴，懦弱带来恐惧，恐惧加强懦弱，它们都束缚了人的心灵和手脚。

面对困难，一定不能懦弱，无论何时，都要保持超常的勇气，才有可能扭转人生的牌局。

用微笑迎接挫折

困难和挫折是人生中不可避免的。有的人成功了，则是因为他们能够坚强地面对，而有的人失败了，是因为他们面对困难一蹶不振，失去了继续拼搏的勇气。伟大的发明家爱迪生说过，厄运对乐观的人无可奈何，面对厄运和打击，乐观的人总会选择笑脸迎接挫折。

泰戈尔说："不要让我祈求免遭危难，而是让我能大胆地面对它们。"

琼妮小姐是新西兰一位建筑商的女儿，移居美国后，曾在休斯敦一家电视台工作，1920年起任摄影记者。1922年6月，她被派往萨拉热窝进行战地采访。在那里，曾有多名记者丧生。

琼妮在萨拉热窝逗留6个星期后，已经习惯周围的流弹，一天清早，一颗子弹击穿车玻璃，正好击中她的脸部，几乎掀掉了她的半边脸，她的颧骨被打得粉碎，牙齿没有了，舌头被打断。送到诊所时，大夫们直摇头，认为她不行了。

经过二十多次手术后，她又奇迹般地回到了工作岗位。这时的她，下颌仍无感觉，脸部还留着弹片，体重减轻了8公斤。令大家吃惊的是，她要求重返萨拉热窝。

她幽默地说："说不定我还能在那里找回我的牙齿。"她甚至想认识一下当初袭击她的枪手。有人问她，见到那个枪手后怎么办。她说："我会请他喝一杯，问他几个问题，比方说当时距离有多远。"

琼妮面对厄运的乐观态度证明她是一个具有坚韧毅力的女孩，正是这种乐观的性格，使她能够迅速摆脱挫折的阴影，积极地投入到新的工作中去。

威廉·詹姆斯说："完全接受已经发生的事，这是克服不幸的第一步。"快乐是什么？快乐是血、泪、汗浸泡的人生土壤里怒放的生命之花，正如惠特曼所说：“只有受过寒冷的人才感觉得到阳光的温暖，也只有在人生战场上受过挫败、痛苦的人才知道生命的珍贵，才可以感受到生活之中的真正快乐。”

逆境是人生中不可避免的事件。既然逆境是不能避免的，那就让我们从逆境找到动力吧，让逆境成为推动我们走向成功的动力。我们应该将逆境视为成功的预兆。

困难与挫折其实是上天故意安排来考验我们的，其实，它就是成功的化身。成功与失败把握在我们自己手中。因此，面对苦难和挫折，你要抬起头来，笑对它。

要想能够在挫折面前微笑起来，就必须注重抗挫能力的培养。

（1）正确对待挫折。当你面对挫折的时候，不要回避，不要气馁，要冷静地分析失败的原因，总结经验教训，并以乐观主义精神，“用笑脸来迎接悲惨的厄运，用百倍的勇气来应付一切的不幸。”在挫折中磨炼意志，继续奋斗。

（2）提高承受能力。有位叫布朗的心理学者说得好，一个人如果想没有任何阻碍，永远保持其满足水平和平庸状态，悠然自得，那是既愚蠢又颟顸的。为了提高承受挫折的能力，一方面对工作、学习和生活中可能遇到的困难和失败应有充分的心理准备，以防止或减轻一旦受到挫折时的沉重打击；另一方面，若能学些诙谐、幽默的谈吐，培养开朗、豪放的性格，养成乐观、深沉的处事态度，也将有助于提高受挫折的能力。

（3）调整抱负水平。个人的抱负应符合主、客观的具体条件，实事求是，从实际出发而定。力避志大才疏，想入非非。要懂得人的抱负应该随时随地做适当的调整，否则的话，极易产生受挫感。

（4）寻找补偿途径。积极的补偿途径大致有两条：一条是“失之东隅，收之桑榆”。当你在某一方面受到挫折时，可在另一方面谋求成功，从中获得心理上的快慰。例如，情场失意者可埋头攻读，以求事业有成；数理化思维能力差的学生可竭力在文学、体育等方面一显才能。再一条是发愤图强，矢志不移。在受到挫折的时候，把眼光放远一点，想得开一点，以顽强的毅力和百折不挠的精神去转败为胜，转弱为强。从逆境中找有利条件。

做一个坚强刚毅的人

在生活中的不幸面前，有没有坚强刚毅的性格，在某种意义上说，也是区别伟人与庸人的标志之一。巴尔扎克说：“苦难对于一个天才是一块垫脚石，对于能干的人是一笔财富，而对于庸人却是一个万丈深渊。”

有的人在厄运和不幸面前，不屈服，不后退，不动摇，顽强地同命运抗争，因而在重重困难中冲开一条通向胜利的路，成了征服困难的英雄，掌握自己命运的主人。而有的人在生活的挫折和打击面前，垂头丧气，自暴自弃，丧失了继续前进的勇气和信心，于是成了庸人和懦夫。培根说：“好的运气令人羡慕，而战胜厄运则更令人惊叹。”

罗吉尔·冯·奥赫讲过这样一个故事：

两只青蛙掉进了奶油桶。第一只看见四周黏乎乎白乎乎一片，只觉得浑身黏稠，无处下脚，接受了命运的安排，淹死了。第二只不喜欢这种结局，不停地乱蹬乱踢，无论如何也要让自己浮起来。很快，这种剧烈搅动产生了奇迹，使奶油化成了固状的黄油，于是青蛙一下子就跳出来了。

这个故事的寓意在于：环境状态与人的奋争状态往往是有着微妙的内在联系的，有时是可以随着人的奋争状态的优劣而发生改变的。也就是说，原本貌似无望的环境，也是可能由于人们锲而不舍、韧性生存的执着态度，转化为有利的环境因素的。

谁能以不屈的精神对待生活中的不幸，谁就能最终克服不幸。在不幸事件面前愈是坚强，就愈能减轻不幸事件的打击。贝多芬以他那孤独痛苦然而又是热烈追求的一生，给世界留下一句名言：“用痛苦换来欢乐。”它曾经鼓舞无数人奋起和自己的不幸进行斗争。

一个人能在任何情况下都勇敢地面对人生，无论遭遇到什么，依然保持生活的勇气，保持不屈的奋斗精神，他就是生活中的强者，一个真正刚强的人。相反，有些人在失恋、失学、疾病，或工作中的挫折、失败，或其他生活不幸事件的打击面前，之所以一蹶不振、精神崩溃，弄到十分可怜的地步，原因之一就在于缺乏坚强刚毅的性格。

美国的四星上将弗兰克斯，在他当少校时，因手榴弹片戳进了他的左腿，只得做了截肢手术。但他以惊人的毅力重返沙场，经历了一次次穿越恶劣地形的野战训练。这位一条腿的四星上将谈到成功的体会时说：“失去一条腿使我认识到：限制因素的大小，取决于你的态度。”“关键是要全力集中于你所拥有的，而不是你所没有的。”

没有一个人生而刚毅，也没有一个人不能培养出刚毅的性格。

我们不要神化强者，以为自己成不了那种钢铁般坚强的人。其实，普通人所有的犹豫、顾虑、担忧、动摇、失望，等等，在一个强者的内心世界也都可能出现。伽利略屈服过，哥白尼动摇过，奥斯特洛夫斯基想到过自杀，但这并不排除他们是坚强刚毅的人。

刚毅的性格和懦弱的性格之间并没有千里鸿沟，刚毅的人不是没有软弱，只是他们能够战胜自己的软弱。只要加强锻炼，从多方面对软弱进行斗争，那就可能成为坚强刚毅的人。

毅力是一种心理状态，因此它是可以培养的。正如其他的心理状态一样，毅力乃基于明确的原由而来，其中有：

（1）目标的明确性。知道自己要什么，是培养毅力最初、可能也是最重要的步骤。强烈的动机驱使人超越重重困难。

（2）欲望。一旦我们矢志去追求，有强烈欲望的目标时，毅力就比较容易获得和保持。

（3）自恃。相信自己有实现计划的能力，可激励一个人有毅力的贯彻计划。

（4）计划之明确可行性。条理分明的计划即使不切实际，也能激发毅力。

（5）正确的知识。基于经验或观察，知道自己的计划的确可行，也能激发毅力；以“猜测”取代“真正认知”则会摧毁毅力。

（6）合作。取得同情、体谅以及与他人协调合作，易于培养毅力。

（7）意志力。将自己的意念专注于构筑达成目标所需的计划可引发毅力。

（8）习惯。毅力是习惯直接的结果。心灵会吸收日常经验且成为所吸收经验的一部分。恐惧（人类最糟糕的一个敌人）能借助“强迫式的重复勇气行为”来治愈。每一个在战场上出生入死、身经百战的人，都了解这一点。

培养你的毅力必须克服“毅力薄弱症”。在以下所列的16个弱点里，你将发现横阻于你和卓越成就之间的真正敌人。你不只会看到表现毅力薄弱的“症状”，更可看到这个弱点深处于潜意识层的原因。假如你想知道自己能做什么，那么就仔细地研究这份清单，并客观地面对自己。

（1）无法认清和明确定义自己究竟要什么。

（2）有理由或没理由的拖延（通常总有一连串有力的托辞或借口撑腰）。

（3）缺乏获取专业知识的兴趣。

（4）犹豫不决且习惯于在任何情况下，推诿责任、不肯正视问题（这也总是由托辞所支撑）。

（5）习惯于诸事不顺遂时依赖托辞、借口，而不愿研拟解决问题的明确计划。

（6）自满。这项为无药可医。患有此症的人是没有希望的。

（7）漠不关心、凡事不在乎。通常的反应便是，随时准备妥协、不愿面对逆境的态度。

（8）习惯因自己的错误而责怪他人，且认为不利环境乃不可避免的。

（9）欲望薄弱。原因在于，忽略了选择能驱策行动的动机。

（10）一见失败之征兆就准备放弃。

（11）缺乏条理分明的计划，而且也没有将它写出来，置于看得见并可经常分析检视之处。

（12）疏于将构想化为实际行动，或者没有在机会现身时及时掌握它的习惯。

（13）徒然空想，未能凝聚成意志。

（14）安于贫穷而不想成功致富。通常欠缺了“实现”、“执行”和“拥有”的雄心壮志。

（15）寻找致富捷径，企图不付出相当代价便有收获。这点通常反应在赌博的习惯上，即从事于投机买卖上。

（16）害怕批评。只因担心别人的想法、做法和说法，而导致无法拟订计划，并付诸实行。这个敌人该列于清单之首，因它通常存于潜意识中个人无法察觉之处。

不幸时保持觉醒

“处于不幸之时要保持觉醒。”斯迈尔斯曾这样说过。病人，遭受过挫折、失败打击的人，他们都很容易产生出自己运气不好的错觉。在这个时候，请务必睁开双眼，更加敞开心怀，观察他人的境遇，人未必都是只有成功没有失败的，一定会有去闯失败、逆境的险关，付出加倍努力的人。你有没有考虑过有多少人处于与自己相同的境地呢？绝不会有只属于你自己一个人的独特疾病。同一种疾病总有许多人在同样承受着。

美国曾有一位坐轮椅的总统。一般人的身体需要轮椅时，便已很难参加社会活动了，可是，这位总统的工作却极为出色。他与别人的不同之处，便是从不为自己的人生做辩解，而是努力克服身体上的障碍，做事善始善终。他就是美国历史上最伟大的总统之一——罗斯福。

在困境中能够承受一般人所不能承受的困难，能够抬起头来的人，他们具有共同的特点：第一点，面对逆境、困境绝不责怪他人，绝不埋怨他人或命运。这是因为他们深知从反面去做是毫无益处的。第二点，去承受被赐予的命运。不要考虑有这样的命运如何不好，而应该从正面去面对困厄、逆境。这就是承认现实，而后考虑如何在这种现实中复苏。决心去承受厄运的现实就是勇气。第三点，他们必定能从逆境中找出教训。逆境要告诉自己什么？如果找出了答案，这个答案将成为心灵之宝，变为终生的财富。

我们每个人需要掌握的应对不幸的技巧有：

（1）下定决心坚持到底。局面越是棘手，越要努力尝试。过早地放弃努力，只会增加你的麻烦。面临严重的挫折，只有坚持下去，加倍努力和增快前进的步伐。下定决心坚持到底，并一直坚持到把事情办成。

（2）不要低估问题的严重性。要现实地估计自己面临的危机，不要低估问题的严重性。否则，去改变局面时，就会感到准备不足。

（3）做出最大的努力。不要畏缩不前，要使出自己全部的力量来，不要担心把精力用尽。成功者面对危机时，总能做出最大的努力。他们从不去考虑什么疲劳和筋疲力尽。

（4）坚持自己的立场。一旦你下定决心要冲向前去，要像服从自己的理智一样去服从自己的直觉。顶住家人和朋友的压力，采取你所坚信的观点，坚持自己的立场。是对是错，现在就该相信你自己的判断力和智慧了。

（5）生气是正常的。当不幸的环境把你推入危机之中时，生气是正常的。一方面对你来说，重要的是要弄明白自己在造成这种困境中起了什么作用；另一方面，你是有权利为这些问题花那么多时间恼火的。

（6）不要试图一下子解决所有的问题。当经历了一次严重的危机或像亲人去世这样的严重事件之后，在你的情绪完全恢复以前，要满足于每次只迈出一小步。不要企图当个超人，一下子解决自己所有的问题。要挑一件力所能及的事，就干这么一件。而每一次对成功的体验都会增强你的力量。

（7）让别人安慰你。无论局面好坏，失败者总是一味地抱怨不停。结果当危机真的来临时，人们很少会信以为真和安慰你，因为人们已经习惯了你的消极态度，就像那个老喊“狼来了”的孩子一样。但是，如果你是个积极的人，平时能很好地应付自己的生活，那么，在困境中，你可以放心地把自己的懊悔和恐惧告诉别人，给别人以安慰你的机会，你理当得到这种支持，而且对于自己这种请求，你完全可以感到坦然。

（8）坚持尝试。克服危机的方法不是轻易就能找到的。然而，如果你坚持不懈地寻求新的出路，愿意在成功的可能性很低的情况下去尝试，你就能找到出路。要保持自己头脑的清醒，睁大眼睛去寻找那些在危机或困境中可能存在的机会。与其专注于灾难的深重，莫若努力去寻求一线希望和可取的积极之路。即便是在混乱与灾难中，也可能形成你独到的见解，它将把你引导到一个值得一试的新的冒险之中。

信心不死，梦想不灭

每个人在身处逆境时，总是有着超出自己想象的忍受力，而只有从逆境中走出来的人才比别人更深刻地感受到成功的芬芳。

阿兰·米穆是一位历经辛酸从社会最底层拼搏出来的法国当代著名长跑运动员、法国一万米长跑纪录创造者、第十四届伦敦奥运会 1 万米赛跑亚军、第十五届赫尔辛基奥运会 5 千米亚军、第十六届墨尔本奥运会马拉松赛冠军，后来在法国国家体育学院执教。

米穆出生在一个相当贫寒的家庭。从孩提时代起，他就非常喜欢运动。可是，家里很穷，他甚至连饭都吃不饱。这对任何一个喜欢运动的人来讲都是颇为难堪的。例如，踢足球，米穆就是光着脚踢的。他没有鞋子。他母亲好不容易替他买了双草底帆布鞋，为的是让他去学校念书穿的。如果米穆的父亲看见他穿着这双鞋子踢足球，就会狠狠地揍他一顿，因为父亲不想让他把鞋子穿破。

11 岁半时，米穆已经有了小学毕业文凭，而且评语很好。他母亲对他说：“你终于有文凭了，这太好了！”可怜的母亲去为他申请助学金。但是，遭到了拒绝！

这是多么不公正啊！他们不给米穆助学金，却把助学金给了比他富有很多的殖民者的孩子们。鉴于这种不公道，米穆心里想：“我是不属于这个国家的，我要走。”可去哪里呢？米穆知道，自己的祖国就是法国。他热爱法国，他想了解它。但怎么去了解呢？因为他太穷了。

没有钱念书，于是米穆就当了咖啡馆里的跑堂。他每天要一直工作到深夜。但还是坚持锻炼长跑。为了能进行锻炼，每天早上5点钟就得起来，累得他脚趾都发炎脓肿了。总之，为了有碗饭吃，米穆是没有多少功夫去训练的。但是，他还是咬紧牙关报名参加了法国田径冠军赛。米穆仅仅进行了一个半月的训练。他先是参加了1万米冠军赛，可是只得了第三名。第二天，他决定再参加5000米比赛。幸运的是，他得了第二名。就这样，米穆被选中并被带进了伦敦奥林匹克运动会。

对米穆来说，这简直是不可思议的事情！他在当时甚至还不知道什么是奥林匹克运动会，也从来想象不到奥运会是如此宏伟壮观。全世界好像都凝缩在那里了。不过，在这个时刻，最重要的是，他知道自己是代表法国。他为此感到高兴。

但是，有些事情让米穆感到不快。那就是，他并没有被人认为是一名法国选手，没有一个人看得起他。比赛前几小时，米穆想请人替自己按摩一下。于是他便很不好意思地去敲了敲法国队按摩医生的房门。

得到允许以后，他就进去了，按摩医生转身对他说："有什么事吗，我的小伙计？"

米穆说："先生，我要跑一万米，您是否可以助我一臂之力？"

医生一边继续为一个躺在床上的运动员按摩，一边对他说："请原谅，我的小伙计，我是派来为冠军们服务的。"

米穆知道，医生拒绝替自己按摩，无非就是因为自己不过是咖啡馆里一名小跑堂罢了。

那天下午，米穆参加了对他来讲是有历史意义的1万米决赛。他当时仅仅希望能取得一个好名次，因为伦敦那天的天气异常干热，很像暴风雨的前夕。比赛开始了。米穆并不模仿任何人。同伴们一个接一个地落在他的后面。他成了第四名，随后是第三名。很快，他发现，只有捷克著名的长跑运动员扎托倍克一个人跑在他前面进行冲刺。米穆终于得了第二名。

米穆就是这样为法国和为自己争夺到了第一枚世界银牌的。然而，最使米穆感到难受的，还是当时法国的体育报刊和新闻记者。他们在第二天早上便边打听边嚷嚷："那个跑了第二名的家伙是谁呀？啊，准是一个北非人。天气热，他就是因为天热而得到第二名的！"瞧瞧，多令人心酸！

米穆感到欣慰的是，在伦敦奥运会4年以后，他又被选中代表法国去赫尔辛基参加第十五届奥运会了。在那里，他打破了1万米法国纪录，并在被称之为

“本世纪 5000 米决赛”的比赛中，再一次为法国赢得了一枚银牌。

随后，在墨尔本奥运会上，米穆参加了马拉松长跑比赛。他以 1 分 40 秒跑完了最后 400 米。终于成了奥运会冠军！他不用再去咖啡馆当跑堂了。可是，米穆却说：“我喜欢咖啡，喜欢那种香醇，也喜欢那种苦涩……”

咖啡总是苦涩与香醇并存，人生也是痛并快乐着，在米穆从咖啡馆跑堂跑到奥运会冠军的这条路上，布满了障碍，几乎没有一种境遇是有利的，但是这并没有阻碍他的发展，逆境给了他锻炼意志、增加能力的机会，他最终喜欢上了咖啡的苦涩，从这苦涩中他获得了晋身之阶。

人生没有一帆风顺的，人总要经历这样或那样的挫折。泰戈尔曾说：“让我不要祈求免遭危难，只要我能大胆地面对它们。”因为有了苦味，咖啡才香醇；因为有了不幸的阻力，我们才更能飞奔向前。困苦永远是坚强之母，它所蕴藏的力量能让你永远跑在最前面，只要你不被它击倒。只要不失去信心，梦想就不会破灭，就能重燃希望。

第二十七章

勇担责任，尝试为世界添点色彩

绝不逃避，勇敢担责

蜜蜂的天职是采花造蜜，猫的天职是抓捕老鼠，蜘蛛的天职是张网捕虫，而狗的天职就是忠诚地服务主人，造物主对每个物种都有职责上的安排。人，作为万物的灵长、天地的精英，同样具有与生俱来的责任。人来到世上，并不是为了享受，而是为了完成自己的使命。

每一个人从出生那一天起，就拥有了作为社会和国家的一员应当拥有的权利，他不需要什么前提条件。但同时，我们不能忽视的是，权利因为责任而存在，在上天赋予我们权利的同时，也赋予了我们相应的责任，这也是不需要什么前提条件的。只有在履行责任的前提下，才能充分享受权利。承担责任是人的天职。

一对年轻的父母带着他们可爱的孩子去游玩，风景很美丽，他们也非常开心，一切都是美好的。然而他们不知道，灾难正在一步一步逼近。

为了欣赏更美好的风光，他们一家一起坐上观光的高空缆车。正当他们为美不胜收的美景而陶醉的时候，忽然缆车从高空坠落。灾难突然降临，大家认为没有人会生还，因为缆车离地面的距离太高了。然而，营救人员却带来唯一幸存者，一个两三岁的小孩。

一位营救人员说：缆车坠落时，是他的父母将他托起，他的父母用自己的身躯阻挡了缆车坠落时致命的撞击，孩子因此得救了。

所有在场的人无不为之肃然，他们不只是感动而且深受震撼。这就是父母，在生命的最后一刻，仍旧没忘记保护孩子的责任，在危难的瞬间，用自己的双肩托起了孩子的生命。

这就是责任，这是对责任的最好阐释。因此，责任也是一种使命，是人生最根本的义务。责任能让一个人充满信念地生活，能让家庭充满爱，能让社会平安、稳健地发展。守住责任，就守住了生命最高的价值，守住了人性的伟大和光辉。

责任是人生最根本的义务和使命，是我们实现个人价值和人生理想的前提。效仿伟人践行责任的精神，把使命感和责任心融入日常的工作和生活中，你的事业和人生必将因此而变得更加辉煌和壮阔。责任不仅仅是承担应尽的义务，同时还要对自己行为引发的后果负责。

1920 年的一天，美国一位 12 岁的小男孩正与他的伙伴们玩足球，一不小心，小男孩将足球踢到了邻近一户人家的窗户上，一块窗玻璃被击碎了。邻居向他索赔 12.5 美元，这在当时并不是一个小数目。

回到家，闯了祸的小男孩怯生生地将事情的经过告诉了父亲。过了很长时间，父亲才冷冰冰地说道："家里虽然有钱，但是你闯的祸，就应该由你自己对过失行为负责。"停了一下，父亲还是掏出了钱，严肃地对小男孩说："这些钱我暂时借给你，不过，你必须想法还给我。"小男孩从父亲手中接过钱，飞快跑过去赔给了邻居。

从此，小男孩一边刻苦读书，一边用空闲时间打工挣钱还父亲。由于他人小，不能干重活，他就到餐馆帮别人洗盘子刷碗，有时还捡捡废品。经过几个月的努力，他终于挣到了 12.5 美元，并自豪地交给了他的父亲。父亲欣然拍着他的肩膀说："一个能为自己的过失行为负责的人，将来是一定会有出息的。"

许多年以后，这位男孩成为美利坚合众国的总统，他就是里根。后来，里根在回忆往事时，深有感触地说："那一次闯祸之后，使我懂得了做人的责任。"

无论做人还是做事，都要承担责任，责任是上天赋予的使命。责任无法逃避，我们只有勇敢地承担责任。用一颗虔诚的心来履行自己的责任，你会发现人生的多姿多彩。

弗洛伦斯·南丁格尔是英国护理学先驱、妇女护士职业创始人和现代护理教育的奠基人，被誉为"护理学之母"。

在 1854 ~ 1856 年的克里米亚战争中，她带着护士小分队来到战场为双方伤员服务。战争非常惨烈，常常是几个小时之间，就运来了成百上千的伤员。南丁格尔需要在这个痛苦嘈杂的环境中把事情安排得井井有条，有时她需要连续站立二十多个小时。

“我曾经和她一起做过很多非常重大的手术，她可以在做事的过程中把事情做到非常准确的程度……”一位和她一起工作过的外科医生说，“特别是救护一个垂死的重伤员，我们常常可以看见她穿着制服出现在那个伤员面前，俯下身子凝视着他，用尽她全部的力量，使用各种方法来减轻他的疼痛。”

一个伤员说：“她和一个又一个的伤员说话，向更多的伤员点头微笑，我们每个人都可以看着她落在地面上的那亲切的影子，然后满意地将自己的脑袋放回到枕头上安睡。”另外一个士兵说：“在她到来之前，那里总是乱糟糟的，但在她来过之后，那儿圣洁得如同一座教堂。”

正是在对她所热爱的护理工作的强烈责任感的驱使下，在短短3个月的时间内，南丁格尔使伤员的死亡率从42%迅速下降到2%，创造了当时的奇迹。

南丁格尔不推卸自己分内的责任，以虔诚的态度去完成自己的工作使命，责任感使她成为人们所敬仰的光辉女性。南丁格尔的故事告诉我们，一个人来到世上并不是为了享受，而是必须完成自己的使命——承担责任。

承担责任其实就是做好社会赋予你的任何有意义的事情。从人生大义上来讲，责任是我们完善和成就自己的一双翅膀。我们不能逃避责任，逃避责任就意味着我们失去了实现自己价值的机会。一个人只有具备了勇于负责的精神，才会产生改变一切的力量。

负起责任是成功的保障

负责是成功的关键。一个不负责的人永远不可能获得成功，他如同一个莽汉，对自己的行为不加约束，不加重视，做事既没有严谨负责的精神和态度，也没有清晰的规划，最终只能接受失败的下场。相反，一个有强烈责任感的人，就像一个有计划的工程师，时时刻刻让事情朝着自己想要的方向发展，从而取得成功。

克里·乔尼是一位火车后车厢的刹车员，因为他聪明、和善，常常面带微笑而受到乘客们的欢迎。

一天晚上，一场暴风雪不期而至，火车晚点了。克里抱怨着，这场暴风雨不得不使他在寒冷的冬夜里加班。就在他考虑用什么样的办法才能逃掉夜间的加班时，另一个车厢里的列车长和工程师对这场暴风雪警惕了起来。

这时，两个车站间，有一列火车发动机的汽缸盖被风吹掉了，不得不临时停车。而另外一辆快速车又不得不拐道，几分钟后就要从这一条铁轨上驶来。列车长赶紧跑过来命令他拿着红灯到后面去。克里心里想，后车厢还有一名工程师和助理刹车员在那儿守着，便笑着对列车长说："不用那么急，后面有人在守着，等我拿上外套就去。"列车长一脸严肃地说："一分钟也不能等，那列火车马上就要来了。"

"好的！"克里微笑着说，列车长给他安排了任务后又匆匆忙忙向前面的发动机房跑去了。但是，克里没有立刻就走，他认为后车厢里还有一位工程师和一名助理刹车员在那替他扛着这件工作，自己又何必冒着严寒和危险，那么快跑到后车厢去。他停下来喝了几口酒，驱了驱寒气，这才吹着口哨，慢悠悠地向后车厢走去。

他刚走到离车厢10多米的地方，才发现工程师和那位助理刹车员根本不在里面，他们已经被列车长调到前面的车厢去处理另一个问题了。他加快速度向前跑去，但是，一切都晚了，在这可怕的时刻，那辆快速列车的车头，撞到了自己所在的这列火车上，受伤乘客的嘶喊声与蒸汽泄漏的嗞嗞声混杂在了一起。

后来，当人们去找克里时，在一个谷仓中发现了他。此时，他已经疯了，在凭空臆想中叫喊着："啊，我本应该……"

他被送回了家，随后又被关进了精神病院。

责任承载着个人的基准和道德的操守，落实就是对责任的坚守。

责任到此，不能再推。对责任的推卸，只能是对自己的一种伤害。坚守责任，则是守住生命中最高的价值，守住人性的伟大和光辉。

责任是认为世界和人生欠我们多少的时候，也感觉到我们欠世界和人生究竟是多少。而对别人的责任，是当你用手按住自己的伤口时，不为自己的生死所限制，在为受伤的别人分担着所有的痛苦。

责任是国家让每个公民都应该享有的。而公民对国家又负有什么责任呢？不能忘记责任这两个字。对他人不负责任，就是对自己不负责任。人是家庭的一分子，也是社会的一分子。人如果在这两个方面都尽到了责任，那么当死神突然降临时，也就问心无愧而少有遗憾。

责任不会理睬厄运的压力。就是喝下了许多苦水，它也不会杂乱无章。责任的格言是："如果某一件事的原状是如此，那就是如此，不容变更。"

生活让人感到美好。创造这种美好生活的就是那有责任感的一类人。由于他们对生活的热爱，对人类、对大自然、对一切美好事物的爱，才认识到了自己，而在努力地向社会作出贡献，以尽到自己的责任。

不推诿塞责，是承担责任最本质的要求，也是最能展示一个人职业素养的细节。在一个单位里工作，面对老板或上司追究责任，是一件非常尴尬的事情。但无论多么没面子，只要是自己的责任，哪怕只是一点点错失，都应该去承认，千万别去辩解，别去找客观原因。

即使其中包括他人的责任，只要这种责任不是非常严重的，也没有必要去计较，有点被冤枉被误解也没关系，时间久了，大家就会看出你是一个什么样的人。

一个人要想要在事业上有更好的表现，在生活上有更舒适的改善，那这个人一定要在工作中和生活上对自己的行为负起责任。在工作上要尽心尽责完成上级交给的任务。人一旦树立了这样的思想意识，就会发现以前认为困难的事情，现在会便得轻松起来。越是认真负责，得到的就越多。然而，一个人的责任感不是很好培养的，所以我们要从小事、不起眼的事情做起，同时也要负起你认为是大事的责任。

负责是成功的关键，只有我们把责任看成是自己的义务，看成是自己迈向成功的一段阶梯。只要我们做好自己的义务，努力走完这段阶梯，成功就在你面前。

责任是神圣的“职业”

洛克菲勒的公司遭遇到了前所未有的危机时，他突然不知道什么叫害怕，他知道必须依靠自己的智慧和勇气去战胜它。因为在他的身后还有那么多人，可能就因为自己，他们从此倒下。洛克菲勒不能让他们倒下，这是他的责任。

所以洛克菲勒在最艰难的时候变得异常勇敢。当他走出困境的时候，洛克菲勒对自己的勇敢表示难以置信。他在想：我会这么勇敢吗？是的，他很勇敢，但是也让他知道了，“唯有责任，才会让你战胜自身的懦弱，真正勇敢起来。”

当遇到困难的时候，一个主动承担责任的人会让大家十分感激，甚至就是局外人也会为这种正直和勇气而钦佩不已。但是我们是不是应该反过来思考一下，当自己面对责任的时候又会怎样呢？

许多人都不愿意承担责任，尤其是一些公司里的员工。在工作的过程中，他们假装不知道有责任和任务的存在，当事情中途出现了糟糕的局面后，便推说自己并不知道有关的任务或责任，以此来逃避，或者推卸自己应该承担的责任。

有一家少儿刊物的一位编辑说过："我的工作，是要反映孩子们的内心世界，反映他们成长中小小的坎坷与悲欢。怎样才能做到这一点？一种境界是蹲下来和孩子们平等交流对话，另一种是要自己再和他们重新成长一次，再来做一回孩子。只有做到这个层次，工作才是一种乐趣。和读者共同成长，一起面对，像海绵浸在水里，你的每一个毛孔都沉浸在工作中；而不是像油花浮在水面上，工作是工作，你是你。那种游离的状态不是全心全意，你也就无法体会到全心全意时与工作水乳交融的乐趣。"

有个老木匠准备退休，他告诉老板，说要离开建筑行业，回家与妻子儿女享受天伦之乐。老板舍不得做得一手好活计的木匠走，再三挽留，但木匠决心已下，不为所动。老板只得答应，同时问他是否可以帮忙再建一座房子。老木匠答应了。

在盖房过程中，老木匠的心已不在工作上了。他草草地用了劣质的技术和材料，很快就把房子盖好了。

落成时，老板来了，顺便检视一下房子，然后把大门的钥匙交给老木匠，并对他说："你为公司工作了大半辈子，为了表达公司对你的感激，我决定把这幢房子作为礼物送给你！"

老木匠愣住了！他这一生盖了多少好房子，最后却为自己建了这样一幢粗制滥造的房子。老木匠是可以为自己和家人建造一座精致的房子的，但为什么会有这样的"悔恨"发生呢？这样的结局究竟是怎样造成的呢？

扪心问自己一句：当还有半个小时就午饭了，当仅剩半小时就下班了，当明天就是某个假日时……我们真的能和平日一样保质保量地完成工作吗？我们中的某一个人是不是另一个老木匠呢？

很多人每天都在说谎欺骗自己的老板，用谎言遮掩他们低劣的工作质量，他们偷懒的行为，他们对公司利益的漠不关心。低劣的工作质量和偷懒，与说出来的谎言并没有什么区别。总是有一些办公室的员工，他们从不跟自己的老板直接说谎，但是他们会在有差事出去的时候偷懒，或是在上班时间藏起来抽根烟、吃点零食。他们没有认识到，谎言可以是说出来的，也可以是通过行为实现的，而后者的性质更恶劣。

美国总统林肯做过邮政局长，其实是一个只有他一个人的邮局。他要做的事情很多，有一次他为了要及时送信给当地的居民，居然徒步走了几十里的山路。很多人会认为他“太傻”或“太诚实”，然而伟人之所以是伟人，必然有其伟大之处。上面例子中的老木匠就是因为没有做事贯彻始终的恒心与毅力，所以才被社会无情地淹没与抛弃！“最后 1 分钟干好 60 秒”要的就是一种可贵的坚持，坚韧是带给你卓越一生最可宝贵的财富。好好珍惜并利用它来为我们做事，而非敷衍了事，这么做的好处是不让你将来悔恨——因为你原来有能力得到一座好房子！

如果我们把目光集中到那些影响了历史的伟人们身上，我们会发现，就像规律一样，这些人在创业之初无法预见自己会有光辉的未来。但与那些被自己的成就冲昏头脑的年轻人相比，他们能够踏踏实实地做好每一天的工作，坚持做完手里的每一件工作，而且做得很出色。他们成功的秘诀就在于决心、恒心和诚实。

也许你在遇到困难或者做错了事情时依然会逃避责任。逃避责任是行动上的事实，但是你的内心一定不会同意你这样做。也许你心里说我要负责，可是行动起来却两腿发软。如果是这样，首先要恭喜你，你是一个心智正常的人。你所需要的就是迈出扎实的第一步！一旦迈出这一步，你就能够成为强者。

做问题的终结者

埃尔德·克利弗说，这个世界上有两种人。一种人是看见了问题，然后界定和描述这个问题，并且抱怨这个问题，结果自己也成了这个问题的一部分。另一种人是观察问题，并立刻开始寻找解决问题的办法，结果在解决问题的过程中自己的能力得到了锻炼、品质得到了提升。

一对年轻夫妇顶着瓢泼大雨来见智者，原来是这对夫妇家的房子早就漏水了，如今被雨水猛烈冲击，家里的许多东西都被淹了。

这对夫妇不断争吵，互相埋怨。他们来找智者的目的，就是让智者来评一评到底是谁使家中遭受如此严重的灾难，关于这个问题他们已经吵了一整天。

智者对他们说：“如果你们不是互相埋怨，而是齐心协力地及早解决问题，如果你们是把争吵的时间和精力用在修补房子上，那你们今天就可以在房间里享受家庭的温馨了。”

你愿意成为问题的一部分，还是成为解决问题的人，这个选择决定了你是一个推动公司发展的关键员工，还是一个拖公司后腿的问题员工。因为公司不仅需要善于发现问题的员工，更需要能够在工作中主动找方法，将问题妥善解决的员工。因此，当你面对工作中的问题时，应当主动思考解决方案，在向上级提问题时，一定也要把解决方案拿出来，做问题的终结者。

试想，如果你是一名管理者，下属带着问题来找你，你希望他怎样做？是不负责地把问题推给你，对你说“这个问题很麻烦，需要解决”，还是带来几个方案，并能指出各个方案的利弊，请你选择？很显然，没有人会喜欢第一类的下属。一位人力资源主管说过：“公司聘请你来，是为了让你解决问题，作出业绩，而不是听你关于问题长篇累牍的分析。”

因此，当你的工作出现问题时，你首先要想到如何去解决，而不是简单地把问题推给上级。与上级商量或汇报工作时，必须把问题想一遍，考虑过可能解决的办法，最好有了自己的选择，这样的工作态度才能令上级满意，才算真正地懂得了方法。

1861 年，当美国内战开始时，林肯总统还没有为联邦军队找到一名合适的总指挥官。

林肯先后任用了 4 名总指挥官，而他们没有一个人能“100％执行总统的命令”——向敌人进攻，打败他们。最后，任务被格兰特完成。

从一名西点军校的毕业生，到一名总指挥官，格兰特升迁的速度几乎是直线的。在战争中，那些能圆满完成任务的人最终会被发现、被任命、被委以重任，因为战场是检验一个士兵、一个将军到底能不能出色完成任务的最佳场所。

在格兰特将军担任联邦军队总指挥官的期间，纽约方面派了一个牧师代表团到白宫求见林肯，要求撤换格兰特。林肯耐心地听他们讲了一个小时。然后林肯说：“诸位还有话要说吗？”代表们说：“没有了。”于是林肯问道：“诸位先生，你们讲得很好，我想请你们告诉我，格兰特将军喝的酒是什么牌子的？”大家回答说：“不知道。”林肯说：“这太令人遗憾了。如果你们能告诉我是什么牌子，我将派人购买该牌子的酒 10 吨，送给那些没有打过胜仗的将军们，好让他们也像格兰特一样打几场胜仗！”

为什么林肯总统这么器重格兰特？因为在当时的局势下，联邦军队大部分的将领一直在打败仗，他们甚至差点被南方军队打到华盛顿。他们中间没有一个人敢于主动进攻，更没有一个人能像格兰特那样：当他还是上校时，他就开始打胜仗；当他升为陆军准将时，他还是在打胜仗；当他升为少将时，他仍然在打胜仗。他打胜仗越来越多，规模也越来越大。他总是能利用手中的有限的军队、有限的武器，创造战场上的最大胜利。

在后来格兰特升为联邦军队的总指挥后，他更创造了战争史上一个又一个的奇迹。格兰特因为创造了无数影响后人的经典战役，他本人也被称为“战场上的想象大师。”林肯总统是格兰特最有利的支持者。而格兰特以他非凡的执行力赢得了林肯的信任。林肯在后来的评价也曾说道：“格兰特将军是我遇见的一个最善于完成任务的人。”

在林肯心中，格兰特将军是一个善于找方法，克服困难的人，而不是一个只会找借口，提困难的下属。

工作中难免会出现种种问题，这就和日出日落一样是很自然的现象。面对问题，我们每个人都要让自己成为解决问题的人，而不是让自己成为问题的一部分，用自己的行动和智慧推动公司的发展。做问题的终结者，我们才能赢得更大成功。

行动需要带上责任

路途虽然很近，但不走就不会到达；事情虽然很小，但不带上责任去做就不会成功。这个看似人尽皆知的道理，在许多人身上却未能引起足够的重视。他们常常把失败归于外部因素，而不从自身找原因。其中很重要的一条就是：这些人的思维只停留在幻想上，面对那些看不见、摸不着的东西总是心动不已，总以为光凭自己的意愿就能实现人生理想，就能过上自己想要的生活。归根结底，他们之所以没有成功，就是因为他们不曾采取行动。

对于责任，爱默生有过这样的阐述：“责任具有至高无上的价值，它是一种伟大的品格，在所有价值中它处于最高的位置。”

责任，从本质上说，是一种与生俱来的使命，它伴随着每一个生命的始终。责任无处不在，我们的家庭需要责任，因为责任让家庭充满爱；我们的社会需要责任，因为责任能够让社会平安、稳健地发展；我们的企业需要责任，因为责任让企业更有凝聚力、战斗力和竞争力；我们的团队需要责任，因为责任让团队更有凝聚力、战斗力和竞争力。

洛克菲勒标准石油公司在人事培训上，非常重视“责任”这一课题。在公司的培训课上，有一个叫“责任者”的游戏。游戏规则是两个人一组，两个人相距一米远的距离。整个游戏必须在黑暗中进行，一个人背对另一个人仰面倒下去，另一个人站在原地不动，只是用手接着对方的肩膀，并说：“放心吧，我是责任者。”接人者要确保能扶住倒下者。游戏的寓意是让每个人意识到承担责任的重要性，让每个人做一个责任者。

那么，责任到底是什么？在这个世界上，每一个人都扮演着不同的角色，每一种角色又都承担着不同的责任，从某种程度上说，对角色饰演的最大成功就是对责任的完成。正是责任，让我们在困难时能够坚持，让我们在成功时保持冷静，让我们在绝望时懂得不放弃，因为我们的努力和坚持不仅仅是为了自己，还为了别人。

佳思里亚河岸有一棵高高的合欢树，每当太阳落山时，就有几百只鸟儿飞来，栖息在树上。有一天早晨，一个捕鸟人从那里经过，他把大米撒在地上，张上大网，然后到树丛里躲藏起来。

这时，一只叫艾特尔的鸽子王领着二十几只鸽子飞来了。鸽王看见地上有许多雪白的大米粒，想到：在这人迹罕至的树林里怎么会有这么多的大米呢？这里面一定有蹊跷。

它对同伴们说：“大家不要去贪吃这些大米，贪心是会上当的。”但是有一只鸽子不听鸽王的话，它说：“永远不应该有疑心，疑心重的人常常吃亏。”听了它的话以后，其他的鸽子都和它一起飞到网下去啄食大米。有人曾经说过：“聪明人有时也会因为贪心而吃亏的。”的确，鸽子们由于听信了那只贪心鸽子的话，结果都落入网中。

等到大家发现自己已经无路可逃时，只好你看着我，我看着你，唉声叹气，等待捕捉。鸽王知道大家都害怕了，便鼓励大伙儿说：“团结和组织起来就是力量，只要我们一致行动，就能对付任何强大的力量。大家不要发愁，咱们一齐往上飞，就能把这张网抬起来，带走。”

大家听了它的话，便一齐使劲，果然把网抬上了天空。捕鸟人见此情景，只好站在地上干瞪眼。它们把网抬到了很远很远的地方以后，一只鸽子说：“我们怎么能从这张网里逃出去呢？”

鸽王说：“别慌，我有一个老鼠朋友，名叫勃格，我们先去找它，它能用尖利的牙咬断这网的，那时我们就自由了。”鸽子们听从了鸽王的意见，抬着网飞到老鼠勃格住的地方。

老鼠勃格看到一群鸽子抬着一张网飞来，感到十分奇怪，吓得赶快钻进地洞里躲起来。鸽王在外面喊道：“喂，朋友勃格，你是不是生我们的气了？怎么不出门来迎接我们？”

老鼠听到朋友的喊声，连忙从洞里跑出来说：“我今天真是高兴极了，能见到朋友，同朋友在一起玩耍、聊天，是我的最大幸福。”

老鼠一见鸽王和其他鸽子都陷在网里，心里很是难过，说：“艾特尔朋友，你这是怎么搞的。”鸽王说：“这是我的愚蠢和贪心造成的结果。”听了鸽王的叙述，老鼠就咬断网绳，解救鸽王。鸽王说：“朋友，我的伙伴没有脱网以前，你不应该先救我，因为作为一个保护人，如果我没能让大家先脱险，那我就是一个极大的罪人。”

老鼠勃格说：“常言道：‘先顾自己是上策，留得青山在，不怕没柴烧。’你应该先救自己，然后再考虑救不救其他鸽子。”

鸽王说：“朋友啊，你应该知道，身体总有一天会毁灭的，可一个人的责任是永存的。我自己的生命是微不足道的；我想先救出我的伙伴。”勃格听了朋友的话非常感动，便咬碎了网，使鸽子们都得到了自由。鸽王谢过他的朋友，带领着伙伴们，飞上了蓝天，回家去了。

责任能够让一个人具有最佳的精神状态，积极投入生活与工作中，并将自己的潜能发挥到极致。有责任心的人，必定是敬业、热忱、自动自发的人。在责任的内在驱使下，我们常会生出一种崇高的归属感和使命感。当我们把人生当成一项伟大的事业，用全部热情去实践的时候，生命更容易激发出绚丽的色彩，成功也变得触手可及。

成功的力量就潜藏在我们的身体内，寻求外界的帮助是徒劳无益的。在充满挫折的人生道路上，我们只有勇于负责、面对现实、凝聚力量，未来才会更加灿烂光明。

一个再有能力的人如果没有责任感的话也不会很认真地做好一件事情，因为这样的人很容易给自己找借口不去做事情，或者做事情的时候推三推四，这样，还有谁敢把重任交给他呢？责任是一种与生俱来的使命，从来到这个世界到离开这个世界，我们每时每刻都要履行自己的责任。

成功来自责任感的驱使

安德鲁·卡内基是一个不甘示弱、自认为是世界第一富豪的人，可就是这个自大的人来拜访洛克菲勒，并向洛克菲勒讨教了一个非常严肃的问题。

有一天，卡内基先生不期而至，或许是洛克菲勒友善的态度，他们之间轻松的谈话气氛，融化了卡内基先生钢铁般的自尊，他放下架子问了洛克菲勒一个问题：

“我知道，你领导着一群很能干的人。不过，我不认为他们的才干无可匹敌，但令我疑惑的是，他们似乎无坚不摧，总能轻松击败你们的竞争对手。我想知道，你究竟施了什么魔法，能让他们拥有那种精神，难道是金钱的力量？”

洛克菲勒本以为，这个话题到此就应该结束了，但洛克菲勒的回答显然挑动了卡内基先生的好奇心，卡内基先生表情严肃地进一步追问：“那你能告诉我你是怎么做到的吗？”

看着卡内基先生谦逊的神态，洛克菲勒无法拒绝并告诉他，如果我们想要永久持续生存下去，那么这就意味着，不管任何理由，我们领导者都要断然拒绝去责难任何一个人或任何一件事。责难就如同一片沼泽，一旦失足跌落进去，你便失去了立足点和前进的方向，你会变得动弹不得，陷入憎恨和挫折的困境之中。这样的结果只有一个：失去部属的尊重与支持。一旦落到这步田地，那你就好比是一个将王冠拱手让人的国王，从此失去了主宰一切的权利。

责任是所有一切的基础，责任是对使命的忠诚和信守，它是一个人的高贵品质。作为社会中的一分子，责任就是立身之本，就是一个人求生存谋发展的重要品格，责任是催化剂、是成功必不可缺的推动力。

一个人可以清贫，可以不伟大，但不可以没有责任感。责任心的驱使，能使我们将自己的能力充分发挥。强烈的责任心，也将使我们的工作变成一种乐趣，正如俗语所说的“假如你热爱工作，那你的生活就是天堂，假如你讨厌工作，那你的生活就是地狱”。

所有人做的工作，都有自己所要负的责任。成功者具有强烈的责任感。一个没有责任感的人，即使是天才也成就不了事业。负责更多的不是体现一个人的学识、水平和能力，而是体现一个人的品格，体现一个人的价值观和思想境界。负责是一个人成功的关键所在。

在标准石油公司里，经理吩咐亨利、杰克、戴维去做同一件事情：去供货商那里调查一下石油的价格和品质。其实这件事，也是考验他们谁能上任副经理的职位。

亨利只用了10分钟就回来了，他并没有亲自去调查，而是向下属打听了一下供货商的情况就回来汇报了。30分钟后，戴维也回来汇报，他亲自到供应商那里理解了石油的数量和品质。

杰克120分钟后才回来汇报，原来他不但亲自到供货商那里了解了石油的数量和品质，而且根据公司的采购要求，将供货商那里最有价值的信息做了详细的记录，并且和供应商的销售经理取得了联系。

在返回的途中，他还去了另外两家公司了解那里的石油商业信息，将3家供货商的情况做了详细的比较，最后还制定出了最佳的购买方案。最后，杰克升职为副经理的职位。

在实际工作中，很多人都会认为自己做得很好很不错，但是你真的尽职尽责了吗？你对老板所交代给你的任务负责吗？一个人平庸不要紧，如果这个人掌握成功的关键——负责，对自己的工作负责，对团队负责对自己负责，对老板负责，那么将来在事业上一定会有所成就。

对于自己，你别无他物。有人帮你，是你的造化；无人帮你，是别人的本分。没有人应该为你做什么，因为生命是你自己的，你要为自己负责。这就是人对自己的责任。

工作中，不少人一旦碰到问题，不是全力以赴地去面对，而是千方百计地找出种种理由或借口搪塞，逃避责任。长此以往，因为有各种各样的借口可找，人就会疏于努力，不再想方设法争取成功，而把大量的时间和精力放在如何寻找一个合适的借口上。

不管老板在与不在，都能主动去做对公司发展有利的事，不找理由，不找借口，一心为了做好工作，把工作当成自己的事业，这才能称得上是真正的负责和敬业。

作为员工，如果只做老板交代的事，没有交代的就敷衍了事，甚至不去做，同事间相互推诿，得过且过，糊弄自己的工作，这样的员工是不可能有大发展的。

只有认真负责，任何时候都冲在第一线，能做的全力去做，做不好的努力去做，主动给自己加压，那么他的职场空间肯定是无限宽广的。

第二十八章

完善自己，成功就是每天进步一点点

锻造一生的资本

要想成就一番事业，首先必须要有资本，你的资本在哪里？它就在你自己身上，只要肯进取、负责，不断地去做有利于社会的事，你就能成功。

世上很少有年轻时没打好根基，到后来能成就大业的人。那些成功的伟人，他们后来所获得的伟大成就大都是由于他们事先辛勤地播下了良种。

有许多年轻人，常常急于求成。其实我们对任何事，都不应抱过高的奢望，而应该通过学习把学问与经验一点点地灌入自己的头脑，作为将来成功的资本。须知今日社会所需要的，都是受过良好教育、博学多才的人。

也许你的经济状况不允许你去专门的学校学习，甚至你还背负着一份沉重的负担，可是你仍然可以抽出一些时间强迫自己学习。如果你每天都能抽出一个小时来专攻一门学科，将来所获得的成就必大为可观。

在任何地方，如果你看见一个青年人，时时都充实自己的学识与经验，从不浪费时间；凡是与他事业有关的信息，也无时不在注意；做事敏捷、有头有尾——这样的人，就可以说是具备了成功的资本了。

许多身强体健的年轻人都受过教育，处理事情也有一些经验，照理说似乎都可以做出一番事业来，可是他们仍旧过着平庸的生活。为什么会这样？原因就在于他们没能真正掌握学习能力这一资本。事实上，学习能力是一种可以让你终身受益的资本。

要想通过学习积累起一生的资本，你可以从知识与经验两方面着手。

1. 知识积累与技能培养

知识分两种：其一为一般性知识，其二为专业知识。无论你拥有的一般性知识数量如何多，种类如何繁多，对于成功用处都不大。大学里的教授集各式的一般性知识于一身，但许多教授却没有太大的成就，因为他们只精于传授知识，并不擅长使用知识、组织知识。

知识不足以引导你走向成功，除非加以组织，并以实际的行动计划精心引导，才能达成你追求的目标。许多人都明白“知识就是力量”，但却忘了这样一点：知识只有经过组织，变成确切的行动计划，才能导向确切的目标，才能成为真正的力量。

很多人都有这样一种误解，就是以为“亨利·福特‘上学’不多，所以不是受过‘教育’的人”。其实他们并不了解“教育”一词的真正含义。“教育”一词的拉丁字源，意思是由自心去开拓延展、推理演绎。受过教育的人是指已经发展自己的心智能力至相当程度，可以得其所愿，不会侵犯他人权利的人。受过教育的人不见得要具备丰富的一般性知识。

发明家爱迪生一辈子只上过 3 个月的学校，但他并不缺乏知识，也没有潦倒一生。亨利·福特小学都没有毕业，在财务上却游刃有余，乃至白手起家。受过教育的任何人都知道，在需要知识时，哪里可取得知识，并且知道，要如何把知识组织为确切的行动方案。亨利·福特可以借着“智囊团”之助，随时获取所需的一般性知识，而他自己未必需要具备这种知识。

除了有专业知识外，我们还需要掌握一定的职业技能。一些职业学校、商业学校可以帮助人们得到很好的训练。我们应充分运用学习能力学习这些职业技能。唯有这样才能过上快乐、幸福的生活而不致处在贫穷愁苦之中。

2. 学以致用，善读“无字之书”

“读万卷书，行万里路”，是说人要有较多的学识和丰富的经验，也是要人们能将理论与实际联系起来，学以致用，善于利用知识处理各种情况。丰富的经验也是成大事者不可或缺的资本，特别是年轻人，由于涉世未深，他们的经验一般较少，这就要求他们不但要注意书本知识的积累，也要注重现实生活中的知识积累。

时代的发展促使人们打破了往日对知识的理解。人们已认识到，知识并不等于能力。培根的“知识就是力量”口号提出以后，又明确地指出：“各种学问并不把它们本身的用途教给我们，如何应用这些学问乃是学问以外的、学问以上的一种智慧。”也就是说，有了同等知识，并不等于有了与之同等的能力，掌握知识与运用知识之间还有一个转化过程，也就是学以致用的过程。

如果有知识不知应用，那么拥有的知识就只是死的知识。死的知识不但没有一点益处，有时还可能有害。因此，在学习知识时，不但要让自己的头脑成为知识的仓库，还要让它成为知识的熔炉，把所学知识在熔炉中消化、吸收。

结合所学的知识，参与学以致用的活动，提高自己运用知识的能力，使学习过程转变为提高能力、增长见识、创造价值的过程。要想正确地做到学以致用，应加强知识的学习和能力的培养，并把两者的关系调整到最佳位置，使知识与能力能够相得益彰，共同促进，发挥出前所未有的潜力和作用。

要想做到学以致用，不仅应苦读与爱好、兴趣、职业有关的“有字之书”，同时还应该领悟生活中的“无字之书”。阅读“有字之书”可以学习前人积累的知识、前人的学以致用经验，并从中借鉴，避免走弯路；读“无字之书”可以了解现实，认识世界，并从“创造历史”的人那里学到书本上没有的知识。

3. 学会在逆境中读书

任何成功的人在达到成功之前，没有不遭遇过失败的。爱迪生在历经一万多次失败后才发明了灯泡，而沙克也是在试用了无数介质之后，才培育出小儿麻痹疫苗。挫折是你发现思想的特质。如果你真能了解这句话，它就能调整你对逆境的反应，并且能使你继续为目标努力。挫折绝对不等于失败，除非你自己这么认为。

爱默生说过：“我们的力量来自我们的软弱，直到我们被戳、被刺，甚至被伤害到疼痛的程度时，才会唤醒隐藏着神秘力量的愤怒。伟大的人物总是愿意被当成小人物看待，当他坐在占有优势的椅子中昏昏睡去时，当他被摇醒、被折磨、被击败时，便有机会可以学习一些东西了。此时他必须运用自己的智慧，发挥他的刚毅精神，才会了解事实真相，从他的无知中学习经验，治疗好他的自负精神病。最后，他会调整自己并且学到真正的技巧。”

然而，挫折并不保证你走向成功，它只是提供成功的种子，你必须找出这颗种子，并且以明确的目标给它养分并栽培它，否则，它不可能开花结果。上帝永远不欣赏那些企图不劳而获的人。你应该感谢你所处的不利环境，因为如果你没有和它作战的经验，就不可能真正了解它。

约翰经营一座农场，当他因为中风而瘫痪时，就是靠着这座农场维持生活的。由于他的亲戚们都确信他已经没有希望了，所以他们就把他搬到床上，并让他一直躺在那里。虽然约翰的身体不能动，但是他还是不时地在动脑筋。忽然间，一个念头闪过他的脑海，而这个念头注定了要补偿他不幸的缺憾。他把他的亲戚全都召集过来，并要他们在他的农场里种植谷物。这些谷物将用做一群猪的饲料，而这群猪将会被屠宰，并且用来制作香肠。几年后，约翰的香肠已被陈列在全国各商店出售，结果约翰和他的亲戚们都成了富翁。

当你遇到挫折时，切勿浪费时间去计算你遭受了多少损失，相反的，你应该算算看，你从挫折中可以得到多少收获和资产。你将会发现你所得到的，会比你所失去的多得多。

书籍是人类的精神食粮

精神食粮随处可得，书籍就是一个很好的途径。

书籍对人的指引作用毋庸置疑。由伟大的心灵撞击而写成的书籍，没有一本不是洗涤并充实我们心灵的食粮，它们早已为后人指明了方向，而我们可以任意挑选其中我们想要的。伟大的书籍就是伟大的智慧树，是伟大的心灵之树，我们将在其中得以重塑。

1. 成功需要好书指引

一本优秀书籍就是一个好的老师，多读好书，吸取丰富的精神营养，提高自己的知识和文化素养，对于自己的性格是一种很好的陶冶。

许多生活实例告诉我们，丰富的知识文明能够极大地丰富一个人的内心世界。野蛮的人有了文化素养，可以变得文明。缺乏教养的人有了丰富的知识，可以逐步变得有教养。骄傲的人，多学一些知识，就能看到知识的无穷，从而变得谦虚起来。自卑感强烈的人，有了丰富的知识，也会看到自身的力量，从而增强自信。

丰富的知识不仅能使人变得更加文明，还能使人成熟老练，多谋善断。智勇双全的将领，都与他们博才广学有关；而鲁莽家的蛮干，无不与孤陋寡闻相连。

2. 读书需要选择

试想，一个经常在阅读沉思中与哲人文豪倾心对语的人，与一个只喜爱读凶杀言情故事和明星花边轶闻的人，他们的精神空间是多么不同，他们显然是生活在两个不同的世界中。

在茫茫书海中，我们要力求寻觅上乘之作、经典之作，要多读名著，多读“大书”。所谓经典名著、“大书”，需要经过时间的沉淀和筛选。一些社会学家曾作过统计，其结论是：至少要横穿20年的阅读检验而未曾沉没，这样的著作方有资格称为经典、名著。

美国学者，《大英百科全书》董事会主席莫蒂然·J. 阿德勒认为：所谓名著，必须具备6条标准：

（1）读者众多。名著，不是一两年的畅销书，而是经久不衰的畅销书。

（2）通俗易懂。名著，面向大众而不是面向专家教授。

（3）永远不会落后于时代。名著，绝不会因政治风云的改变而失去其价值。

（4）隽永耐读。

（5）最有影响力。名著最有启发教益，含有独特见解，是言前人所未言，道古人所未道。

（6）探讨的是人生长期未解决的问题，在某个领域里有突破性意义的进展。

3. 读书需要方法

SQ3R是我们应重点掌握的一种阅读方法。SQ3R是英文Survey（纵览）、Question（提问）、Read（精读）、Recite（复述）、Review（复习）的词头缩写，相应的有5个步骤：

（1）纵览——拿起一本书后，先浏览一遍，了解全书内容，可以试着读一下作者的序言，研究一下书的目录和索引，看一看各章的介绍。这时，学习者要记得自己的学习目的，如果发现这本书与目的不符，或文笔不好，或难度太大，则要马上停止。

（2）提问——快速地浏览全书，并不断地给自己提出问题，思考书中提出的那些观点。在一些文笔好的书中，作者往往用一些明确的问题作为下面内容的"引子"，或者让你在读书时始终面临一些问题的情景。凡有头脑的人是不会只是一味地"读书"的，如果你能坚持带着问题去读，很快你就会养成用批判的眼光读书的习惯。

（3）精读——从头到尾一字不漏地读全书，对不理解的部分可反复阅读。阅读时，要记住各部分的主题和重点。读的过程中还要经常翻到前面的内容，以便回忆起某些事实。

（4）复述——读书不是要对字句死记硬背，而是要牢固地掌握文章的基本要点。复述时，要把书放在一边，努力去想读过的内容。复述本身并无价值，但是你如能借此积极主动地阅读，那么每次复述都会加深对材料的理解。

（5）复习——一般在上一阶段结束一两天后进行，三四天后再进行一次。我们都有这样的经历：学过的许多细节在记忆中消失得非常快，常常大约在一小时之后就都忘记了。为了防止过早发生遗忘的情况，你就要尽早地进行温习。

一般来说，SQ3R 法适用于精读。为了更好地体会这 5 个步骤，你可以挑选几部值得精读的书，仔细地、一步一个脚印地试几次，直到这种学习成为你的自觉行为。

4. 用心理学书籍改造个性

我们每一个人都有自己不完善的地方，都有某些性格缺陷，都有不适当的心理反应，要想使自己很好地应付生活中可能碰到的任何情况，就必须学会控制自己的心理，就要改造自己的个性。运动员通过心理训练，可以使自己更适应重大比赛而发挥出最高的水平，这已为人们所了解。心理训练对每个人都会有用，这一点却是大多数人尚未发觉的。

当你对自己的毛病比如说怯场无可奈何的时候，你可能会感慨说：“真是江山易改，本性难移啊！”当你面对自己想改而又难改的习惯，比如说抽烟的时候，你也许只好用“习惯成自然”为自己开脱。你也许从来也没想过，本性与习惯是可以改造的。现代心理学书籍会告诉你，所有这些都是可以改造的，或者说得更“玄”一些，人的个性是可以重新塑造的。

现代心理学认为人体内有一个不断追求目标的自动机器，而指引这个机器的是人的自我意象。所谓个性的改造，就是通过对自我意象和目标的改造来实现的。通过心理学知识的指引，你就会认识到这一点，你就会知道自己的力量该用在那里、该怎样用，而不至白费劲。

现在社会已经为我们提供了更多浏览心理学书籍的可能。在生命锻造的过程中，我们应该充分运用现代心理学的研究成果，自觉地多浏览多学习一些心理学书籍，掌握一些心理学知识，正确了解自己心理发展的特点，了解自身心理和个性的正常和异常状态，并正确运用现代心理学的思想和方法，有针对性地改造自己的个性，追求成功、愉快的人生。

改变就在今天

很多人都有这样的习惯，他一边后悔着昨天的虚度，一边下定决心，从明天开始做出改变，而今天就在这后悔和决心之余被他轻轻放过。其实，很多人都不知道，你所能拥有的只有实实在在的今天、明天和昨天。只有好好把握今天，明天才会更美好，更光明。

1871年春天，一个年轻人拿起了一本书，看到了一句对他前途有莫大影响的话。他是蒙特瑞综合医科的一名学生，平日对生活充满了忧虑，担心通不过期末考试，担心该做些什么事情，怎样才能开业，怎样才能过活。

这位年轻的医科学生所看见的那一句话，使他成为当代最有名的医学家，他创建了全世界知名的约翰·霍普金斯学院，成为牛津大学医学院的教授——这是学医的人所能得到的最高荣誉。他还被英国皇帝册封为爵士，他的名字叫作威廉·奥斯勒爵士。

下面就是他所看到的——托马斯·卡莱里所写的一句话，帮他度过了无忧无虑的一生："最重要的就是不要去看远方模糊的事，而要做手边清楚的事。"

40年后，威廉·奥斯勒爵士在耶鲁大学发表了演讲，他对那些学生们说，人们传言说他拥有"特殊的头脑"，但其实不然，他周围的一些好朋友都知道，他的脑筋其实是"最普通不过了"。那么他成功的秘诀是什么呢？

他认为这无非是因为他活在所谓"一个完全独立的今天里"。在他到耶鲁演讲的前一个月，他曾乘坐着一艘很大的海轮横渡大西洋，一天，他看见船长站在舵房里，揿下一个按钮，发出一阵机械运转的声音，船的几个部分就立刻彼此隔绝开来——隔成几个完全防水的隔舱。

"你们每一个人，"奥斯勒爵士说："都要比那条大海轮精美得多，所要走的航程也要远得多，我要奉劝各位的是，你们也要学船长的样子控制一切，活在一个完全独立的今天，这才是航程中确保安全的最好方法。你有的是今天，断开过去，把已经过去的埋葬掉。断开那些会把傻子引上死亡之路的昨天，把明日紧紧地关在门外。未来就在今天，没有明天这个东西。精力的浪费、精神的苦闷，都会紧紧跟着一个为未来担忧的人。养成一个生活好习惯，那就是生活在一个完全独立的今天里。"

奥斯勒博士接着说道，"为明日准备的最好办法，就是要集中你所有的智慧、所有的热忱，把今天的工作做得尽善尽美，这就是你能应付未来的唯一方法。"

奥斯勒博士的话值得我们每个人珍视。其实，人生的一切成就都是由你"今天"的成就累积起来的，老想着昨天和明天，你的"今天"就永远没有成果，到老的日子，你的"昨天"也就会一事无成。珍惜今天就意味着改变从今天开始、从眼前开始、从此刻开始。只有每天使自己进步一点点，每天都能超越昨天的自己，我们的事业才能不断向前、向上。

科恩是位精力充沛、在家忙碌的妻子和母亲。18年来，她每天都要安慰和支持她的家人，她有个需要特殊照料的患脑积水的儿子。等孩子们长大后，科恩越发不安，她渴望做名计算机检修工。

她走出家门，在富有挑战性、男人所统治的领域工作，引发了科恩无限忧虑。她的女性朋友分担了她的忧虑。在她们的鼓励下，科恩开始慢慢地克服忧虑，接着就开始积累成功所需的经验。当然她经历了挫折，但她没有灰心，一次又一次地越过挫折并坚持下来。最后，科恩开始认同并相信她做女商人的能力。

现在，科恩拥有成功的事业。她的成功是一点一滴积累而成的，例如参加成人教育班、自愿担任计算机初学者的培训员、组织收费低廉的小型讨论会等。她的最大成功就是超越了忧虑，超越了自我，并集中每次取得的小小成功，才取得了最后的胜利。

我们每个人都要对自己有信心，并竭尽所能地工作——这是成功改变不利现状的根本。只要说服自己做得到，不论多么艰巨的任务，你必能完成。反过来说，如果想象自己做不到，就是最简单的事，对你也是座无力攀登的险峰。无法每天超越自己的人，通常成不了大事。每天超越自己，哪怕仅仅超越一点点，你就能每天都有进步，你就能越来越接近成功。

虚心用知识打造自己

“知识是产生杰作的基础，也是力量的源泉”，人们要成功，就必须有足够的知识作为基础和前提。人类知识总量在急剧增加，新知识层出不穷，知识体系日益庞杂。与此相矛盾的却是人的时间和精力的有限性，一个人一生中所能掌握的知识也非常有限。因此，人们要成功，不仅取决于掌握知识的多寡，而且取决于知识的结构是否合理。

成功的人一般都具有较合理的知识结构，具有一定的知识基础，既博又专；既有扎实的专门知识，又有广阔的视野，从而为其成功奠定了坚实的知识基础。

知识结构是人类知识在个人头脑中的内化状态，包括一个人占有知识的多少，各种知识之间的比例、相互关系、相互作用以及由此而形成的整体功能。知识结构因人才类型的不同而呈现出特殊性。大部分成功人士的知识结构都可归入以下三大类：

第一种是金字塔型知识结构。这是一种传统的知识结构。在此结构中：

第一层次是一般基础知识。包括数学知识、物理知识、化学知识、语文知识、历史知识、地理知识、外语知识、哲学知识、政治常识、经济常识、法律常识、体育常识等。它决定着一个人的基本知识素养。它是与专业有着千丝万缕联系的科学文化知识。这一层次的知识越宽广、越扎实，就越能启迪思维、开阔思路、利于个人事业的发展。

第二层次是专业基础知识，它是与专业直接相关的知识。以物理专业人才为例，它包括力学、热学、电磁学、光学、普通物理实验、复变函数、电子学基础、电子学实验、计算机应用等，它是专业知识的基础和延伸。这些基础打得越深厚，就越能把自己造就成为专业型人才。

第三层次是专业知识。这个层次的知识越丰富，就越有可能做出成就。它是从事科学研究的资本。例如，物理专业包括原子物理学、理论力学、热力学与统计物理、电动力学、量子力学、近代物理实验、固体物理学、原子核物理学等本专业学科的概念体系、理论体系、研究工具和基本资料。

第四层次是主要专业知识。例如物理学专业中的原子核物理包括原子核物理的历史发展、现实状况、发展前景等。它是专业知识中某一方面的科学知识，是从事科学研究的决定性条件，这个层次越精深，就越能快出成果、多出成果、出大成果。

金字塔型知识结构，易于把宽厚的知识集于一点，从而突破主攻目标，取得卓越成效。它侧重于基础知识的宽厚性、专业知识的精深性和主攻目标的明确性。但这种知识结构不太适应那些需要较大开拓性的工作。

第二种是网络型知识结构。主要由 3 个部分构成：

第一部分是以自己的专业知识为网络的“中心”。它主要包括基本管理理论和基本管理科学知识。

第二部分是与专业相近、直接作用于专业的应用理论知识。主要包括社会技术系统、社会合作系统、应用系统理论、群体行为、合理选择、人际关系、管理科学、管理经验总结和分析等，这是管理人才的主要专业知识。

第三部分是与专业相距较远、间接影响专业的基础理论知识。这是管理得以实施的外部环境的有关理论。它包括工业工程理论、政治学理论、一般系统理论、社会学、社会心理学、文艺人类学、决策理论、经济理论、心理学、数学、管理人员的实际管理经验等。

一年勤勤恳恳的积累。一步登天做不到，但一步一个脚印能做到；急于求成、一鸣惊人不好做，但永远保持一股韧劲，认认真真完成每天的功课可以做，一下子成为圣贤之人不可能，但要求自己每天进步一点点有可能。

要求自己每天进步一点点，就是要让自己在修道修德的漫长人生旅途中，今天要比昨天强，今天的事情今天做，每天都在为心中那个大目标做着永不懈怠的努力！为此，始终保持一份平静、从容的心态，步履稳健地走好人生的每一步，不允许每一天的虚度，不放过每一天的繁忙，不原谅每一天的懒散，用“自胜者强”来勉励、监督和强迫自己，克服浮躁，战胜动摇。要求自己在修道修德的旅途中每天进步一点点，不是做给别人看，所以不能懈怠，更不能糊弄自己，而是要用严于律己的人生态度和自强不息、每天进步一点点的可贵精神，走一条回归自然的光明大道。

所以每天进步一点点，不是可望而不可即，也不是可遇不可求，它就在我们每天自身的努力之中。所以不能有一点成绩就自以为了不起，而是要以一种平和的心态，笨鸟先飞的态度，永远不满足、不停步、不回头！认认真真做好每天该做的事，对于我们每天的学习要用雷打不动的精神把它完成好。

也许每天进步一点点并不引人注目，可就是这一个个小小的不引人注目的进步，终将会有一个“大器晚成”的效果。所以要坚信只要我们用每天进步一点点的精神，持之以恒地修道修德，就能使我们的人生充实而幸福，就能让我们的人生有“光而不耀”的风采！

成功来源于诸多要素的几何叠加。比如，每天笑容多一点点、每天行动多一点点、每天创新多一点点、每天的效率高一点点……假以时日，我们的明天与昨天相比将会有天壤之别。

每个人每天都能进步一点点，试想，有什么障碍能阻挡得住他最终的辉煌？竞争对手常常不是我们打败的，而是他们自己忘记了每天进步一点点；成功者不是比我们聪明，而是他比我们每天多进步一点点。我们不要满足现状、安于现状，只有不断进步，才能完善自我。

心灵上的自我完善

每个人都在建筑自己的世界，制造自己的气氛。他可用困难、恐惧、怀疑、绝望和忧郁来填充这个世界，使整个生活黯然失色；他也可以驱逐每一个忧郁、己严格要求。

（5）实践性。加强实践，知识才能更加有效地得到利用。因此，实践不仅是获取知识的一条途径，同时也是一条原则。让知识造福于人类是学习知识、掌握知识的目的。知识只有与实践相结合，才能发挥出它的效力。

每天进步一点点

成功就是简单的事情重复去做，成功就是每天进步一点点。一个人，如果能每天进步一点点，哪怕是 1% 的进步，试想，有什么能阻挡得住他最终的成功？量变积累到一定程度就会发生质变。一个人，只要坚持每天进步一点点，终有到达成功的那一天。

纽约的一家公司被一家法国公司兼并了，在兼并合同签订的当天，公司新的总裁就宣布：“我们不会随意裁员，但如果你的法语太差，导致无法和其他员工交流，那么，我们不得不请你离开。这个周末我们将进行一次法语考试，只有考试及格的人才能继续在这里工作。”散会后，几乎所有人都拥向了图书馆，他们这时才意识到要赶快补习法语了。只有一位员工像平常一样直接回家了，同事们都认为他已经准备放弃这份工作了。令所有人都想不到的是，当考试结果出来后，这个在大家眼中肯定是没有希望的人却考了最高分。

原来，这位员工在大学刚毕业来到这家公司之后，就已经认识到自己身上有许多不足，从那时起，他就有意识地开始了自身知识的储备工作。虽然工作很繁忙，但他却每天坚持提高自己。作为一个销售部的普通员工，他看到公司的法国客户有很多，但自己不会法语，每次与客户的往来邮件与合同文本都要公司的翻译帮忙，有时翻译不在或兼顾不上的时候，自己的工作就要被迫停顿。因此，他早早就开始自学法语了。同时，为了在和客户沟通时能把公司产品的技术特点介绍得更详细，他还向技术部和产品开发部的同事们学习相关的技术知识。

这些准备都是需要时间的，他是如何解决学习与工作之间的矛盾呢？就像他自己所说的一样：“只要每天记住 10 个法语单词，一年下来我就会 3600 多个单词了。同样，我只要每天学会一个技术方面的小问题，用不了多长时间，我就能掌握大量的技术了。”

我们每天的修道修德贵在持之以恒的坚持，贵在日复一日，月复一月，年复一年勤勤恳恳的积累。一步登天做不到，但一步一个脚印能做到；急于求成、一鸣惊人不好做，但永远保持一股韧劲，认认真真完成每天的功课可以做，一下子成为圣贤之人不可能，但要求自己每天进步一点点有可能。

要求自己每天进步一点点，就是要让自己在修道修德的漫长人生旅途中，今天要比昨天强，今天的事情今天做，每天都在为心中那个大目标做着永不懈怠的努力！为此，始终保持一份平静、从容的心态，步履稳健地走好人生的每一步，不允许每一天的虚度，不放过每一天的繁忙，不原谅每一天的懒散，用“自胜者强”来勉励、监督和强迫自己，克服浮躁，战胜动摇。要求自己在修道修德的旅途中每天进步一点点，不是做给别人看，所以不能懈怠，更不能糊弄自己，而是要用严于律己的人生态度和自强不息、每天进步一点点的可贵精神，走一条回归自然的光明大道。

所以每天进步一点点，不是可望而不可即，也不是可遇不可求，它就在我们每天自身的努力之中。所以不能有一点成绩就自以为了不起，而是要以一种平和的心态，笨鸟先飞的态度，永远不满足、不停步、不回头！认认真真做好每天该做的事，对于我们每天的学习要用雷打不动的精神把它完成好。

也许每天进步一点点并不引人注目，可就是这一个个小小的不引人注目的进步，终将会有一个“大器晚成”的效果。所以要坚信只要我们用每天进步一点点的精神，持之以恒地修道修德，就能使我们的人生充实而幸福，就能让我们的人生有“光而不耀”的风采！

成功来源于诸多要素的几何叠加。比如，每天笑容多一点点、每天行动多一点点、每天创新多一点点、每天的效率高一点点……假以时日，我们的明天与昨天相比将会有天壤之别。

每个人每天都能进步一点点，试想，有什么障碍能阻挡得住他最终的辉煌？竞争对手常常不是我们打败的，而是他们自己忘记了每天进步一点点；成功者不是比我们聪明，而是他比我们每天多进步一点点。我们不要满足现状、安于现状，只有不断进步，才能完善自我。

心灵上的自我完善

每个人都在建筑自己的世界，制造自己的气氛。他可用困难、恐惧、怀疑、绝望和忧郁来填充这个世界，使整个生活黯然失色；他也可以驱逐每一个忧郁、嫉妒和邪恶的思想，从而保持气氛的纯洁、清新和甜美。

我们的思维反映了自己的精神形象。对一个人来说，精神形象总是先于现实存在。精神画面被复印到生活里，铭刻在个性中。整个生理机能都在不断地把这些形象、这些精神画面翻印到生活和个性中去。

1. 紧守思想之门

与其让成功和幸福的大敌——混乱的思想、病态的思想、龌龊的思想、嫉妒的思想——进入你的头脑，窃走你的舒心，抢走你的和平与宁静，使你的生活变成一个活的坟墓，还不如让小偷进入你的房子，盗走你最值钱的财宝，抢走你的金钱或财产。

不管你做什么或是不做什么，都不要让龌龊、混乱、病态的思想进入你的头脑。保持头脑的清醒和纯洁意义重大。让你的头脑成为圣殿，让它一尘不染，不要让思想之敌乘隙而入。

混乱、龌龊的情绪一旦生根，就会滋养出更多混乱、龌龊的思想和情绪。当你心怀一两个这样的思想时，它们就会成千倍地繁衍，而且会迅速蔓延。绝不要滋生混乱、错误、龌龊的思想。这些思想无论碰到什么，都会加以破坏，它们留下的只是残破的印迹。它们会钻入一个人的希望、幸福和能力之中，并败坏这些东西。撕下你头脑中所有这些阴暗的画面、所有这些黑色的形象吧！要坚决地抛弃它们，它们只意味着瘫痪和失败，只意味着雄心的丧失和希望的毁灭。

我们必须紧守自己的思想之门，把一切幸福和成功之敌阻在门外。我们的冲动、偏见和自私心理所产生的那些东西，那些居住在我们头脑中的不良思想才是真正的敌人。

我们必须光明磊落、心地纯洁、公正无私、宽厚仁爱，只有这样我们才能真正拥有健康、成功、幸福。身心的完美和谐意味着一种圣洁的精神和高贵的灵魂。

众所周知，很多时候，一阵骤发的“忧郁症”和沮丧的情绪在几个小时内就会令人元气大伤，简直比数周的劳作带来的损耗更厉害。

我们常常能见识到思想的威力：巨大的痛苦和失望或严重的经济损失能在短时间内把一个人变得面目全非。残忍的思想竟让一个人迅即变得白发苍苍。

我们必须学会排除导致这些痛苦的根源。人不应该痛苦，他应该快乐，应该永远幸福、活泼、满足。是错误的思想习惯导致了人类的堕落。每个人都应该比我们当中最幸福的人更幸福，比我们当中最快乐的人更快乐。

2. 驱除思想敌人

要消灭思想敌人就需要持之以恒、行之有效地努力。如果没有精力和决心，我们就会一事无成。如果不精神抖擞地阻止这些思想敌人，把它们驱逐出人的意识，锁在头脑的门外，我们怎么能保持心境的平和与快乐呢？

把我们生活中的敌人、我们不喜欢的人、伤害和诽谤我们的人关在门外似乎并不困难，但为什么我们不能把思想的敌人挡在大脑的门外呢？

如果我们赤脚走在乡间，我们会学着避开伤脚的尖石头和荆棘，同样，也要学会避开伤害我们并会在我们的心灵上留下疤痕的思想。要做到这一点并不难。只需要把思想之敌挡在头脑之外，把思想之友迎接进来就行了。

有些思想送来溢满人心的希望和快乐、振奋和喜悦。另外一些思想却会限制、压抑所有的希望和快乐的满足感。

只要我们保有坚强、活跃、机智和富有创造力的思想，我们就会幸福快乐，健康长寿！

当心灵贯注于和谐的时候，当心灵之镜照见美丽的时候，当身心洋溢着幸福快乐的时候，悲伤就会烟消云散。

如果你坚持把这些思想敌人——恐惧思想、焦虑思想、病态思想——挡在头脑的门外，它们就会永远离开你。面对思想上的敌人，正确的做法是关上你的心灵之门，不要让它们进入。

不要让混乱的思想滋生，抛弃它们，忘掉它们。如果你遇到了不幸的事情，不要说："那是我的命，我总是这么倒霉。我就知道会这样，总是这样。"不要自怨自艾，那是个危险的习惯。要学会保持心境的平和，学会忘却不幸的经历，学会忘却悲伤屈辱和痛苦的记忆，要做到这几点并不困难。

只要你能除去各种私心杂念，弃绝痛苦悲伤，你就能体验到平静、舒适和幸福。

不要去管自己的错误和缺点，不管它们多么令人痛苦，要驱逐它们，忘掉它们，决心远离它们。

当然，这不是仅凭一个愿望就能做得到的，这还要靠一个人逐渐清除掉思想敌人的决心、毅力和警惕性。不去想痛苦、不幸和残酷经历的最好办法，就是用明朗、欢快、生动的思想填满你的头脑。

3. 拥抱仁爱乐观

思想也和其他事物一样，会吸引与它相似的东西。头脑中占主导地位的思想会把相逆的那一部分驱赶出去，乐观情绪会驱逐悲观情绪，快乐会驱逐忧伤，希望会驱逐失望。让爱的阳光撒满心田，所有的憎恨与嫉妒就会逃遁无踪。

坚持让心灵中充满好的思想，溢满慷慨、宽厚和仁爱的思想，溢满真理的思想、健康的思想、和谐的思想——于是所有混乱的思想都将消失。两种对立的思想不可能会同时存在于同一个头脑中。

我们对不同思想和建议的影响都缺乏甄别能力。我们知道，一个快乐、乐观、令人鼓舞的想法会让人激动不已，它能使人精力充沛，与过去判若两人。我们的指尖能感觉到它带来的刺痛感。它像一股快乐幸福的电流，迅速渗透全身；它带来新的勇气、新的希望和一张新的生命契约。

一个能保持正确思想的人会用希望代替绝望，用勇气代替胆怯，用坚定果敢代替踌躇犹豫。善于用乐观的思想填充心灵的人，会把思想之敌拒之门外，比起那些成为思想之敌牺牲品的人，他要优秀得多；比起那些不能控制自己情绪的人，他做起事往往事半功倍。

我们生活的质量主要取决于我们心境的和谐程度，取决于我们是否能杜绝思想之敌，因为思想之敌扼杀人的积极性，具有破坏作用。

如果我们能保持思想的完整性，保护它不受邪恶念头的侵害，我们就已经解决了科学生活的问题。一个训练有素的头脑在任何情况下总是能提供和谐的音符。那么所有的混乱都会烟消云散。当头脑处于富有创造力的状态时，所有负面与消极的东西——阴影和混乱——都会逃逸。黑暗在阳光下无处藏匿；混乱与和谐不能同在。如果你总是想着和谐，混乱就无法进入头脑；如果你坚持真理，谬误就会远离。